Maya2022

中文全彩铂金版 案例教程

桑莉君 高博 孟莎 任远　主编

中国青年出版社

律师声明

北京默合律师事务所代表中国青年出版社郑重声明：本书由著作权人授权中国青年出版社独家出版发行。未经版权所有人和中国青年出版社书面许可，任何组织机构、个人不得以任何形式擅自复制、改编或传播本书全部或部分内容。凡有侵权行为，必须承担法律责任。中国青年出版社将配合版权执法机关大力打击盗印、盗版等任何形式的侵权行为。敬请广大读者协助举报，对经查实的侵权案件给予举报人重奖。

侵权举报电话

全国“扫黄打非”工作小组办公室
010-65233456　65212870
http://www.shdf.gov.cn

中国青年出版社
010-59231565
E-mail: editor@cypmedia.com

图书在版编目（CIP）数据

Maya 2022中文全彩铂金版案例教程／桑莉君等主编. —北京：中国青年出版社，2022.11
ISBN 978-7-5153-6734-7

I.①M… II.①桑… III.①三维动画软件—教材 IV.①TP391.414

中国版本图书馆CIP数据核字（2022）第144215号

策划编辑：张鹏
执行编辑：张沣
营销编辑：李大珊
责任编辑：刘稚清
封面设计：乌兰

Maya 2022中文全彩铂金版案例教程

主　　编：桑莉君 高博 孟莎 任远

出版发行：中国青年出版社
地　　址：北京市东城区东四十二条21号
网　　址：www.cyp.com.cn
电　　话：（010）59231565
传　　真：（010）59231381
企　　划：北京中青雄狮数码传媒科技有限公司
印　　刷：天津融正印刷有限公司
开　　本：787 x 1092　1/16
印　　张：16
字　　数：471千字
版　　次：2022年11月北京第1版
印　　次：2022年11月第1次印刷
书　　号：ISBN 978-7-5153-6734-7
定　　价：69.90元（附赠超值资料，含语音视频教学+案例素材文件+PPT幻灯片课件+海量实用资源）

本书如有印装质量等问题，请与本社联系　电话：（010）59231565
读者来信：reader@cypmedia.com　投稿邮箱：author@cypmedia.com
如有其他问题请访问我们的网站：http://www.cypmedia.com

前言

首先，感谢您选择并阅读本书。

软件简介

Maya作为Autodesk旗下著名的建模和动画制作软件，自问世以来，凭借其强大的建模、动画、渲染和特效等功能，以及人性化的操作方式，大大提高了电影、电视、游戏等领域开发、设计、创作的工作效率。目前动画乃至整个CG行业正朝着越来越好的方向发展，国内外绝大多数的视觉设计领域都在使用Maya软件。Maya软件功能完善，工作灵活，易学易用，渲染真实感极强，是电影级别的高端三维制作软件。目前，我国很多院校和培训机构的艺术专业都将Maya作为一门重要的专业课程。

内容提要

本书以“知识点讲解+知识延伸+上机实训+课后练习”的学习模式，全面系统地讲解了Maya软件各个功能模块的应用，从基础知识开始，逐步进阶到灵活应用，将知识点与实战应用紧密结合。

全书共分为12章，第1至9章为基础知识部分，分别对Maya软件的入门知识、基本操作、多边形建模技术、材质与纹理应用、摄影机与灯光应用、渲染操作、动画技术以及绑定与变形技术的应用进行了详细介绍，并在每个功能模块介绍完成时以具体案例的形式，拓展读者的实际操作能力。第10至12章实战应用部分的案例，是根据Maya软件的几大功能特点，有针对性、代表性和侧重点，并结合工作中的实际应用进行选择的。通过对这些实用性案例的学习，读者能真正达到学以致用的目的。

为了帮助读者更加直观地学习本书，随书附赠的资料不但包括了书中全部案例的素材文件，方便读者更高效地学习，还配备了所有案例的多媒体有声视频教学录像，详细地展示了各个案例效果的实现过程，扫除初学者对新软件的陌生感。此外，每个案例还提供了“扫一扫”看教学视频的二维码，读者可以随时随地，边学边看视频讲解。

适用读者群体

本书将呈现给那些迫切希望了解和掌握Maya软件的初学者，也可用于指导提高设计和创新能力，适用读者群体如下：

- 各高等院校刚刚接触Maya软件的莘莘学子
- 各大中专院校相关专业及培训班学员
- 从事三维动画设计和制作相关工作的设计师
- 对Maya三维动画制作感兴趣的爱好者

本书在编写过程中力求严谨，但由于时间和精力有限，书中纰漏和考虑不周之处在所难免，敬请广大读者予以批评和指正。

编　者

目录

第一部分 基础知识篇

第1章 进入Maya 2022的世界

第2章 Maya 2022的基本操作

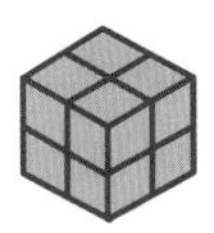
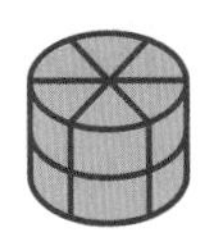

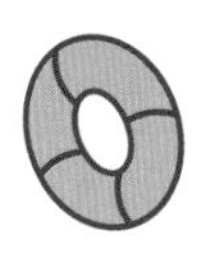

第3章 多边形建模技术

第4章 材质与纹理

第5章 灯光和摄影机的使用

第6章 渲染

第7章 动画基础

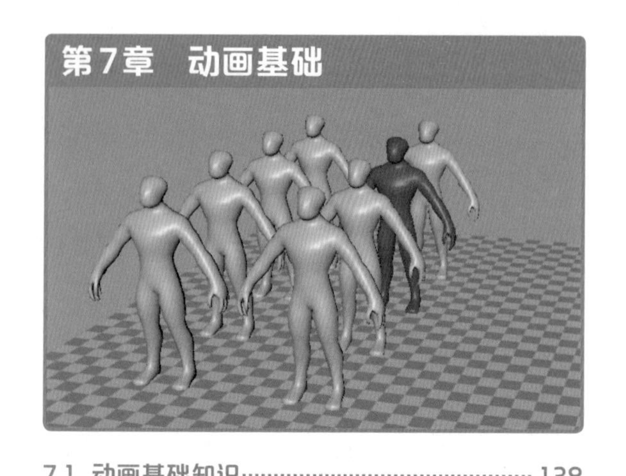

第8章 绑定基础

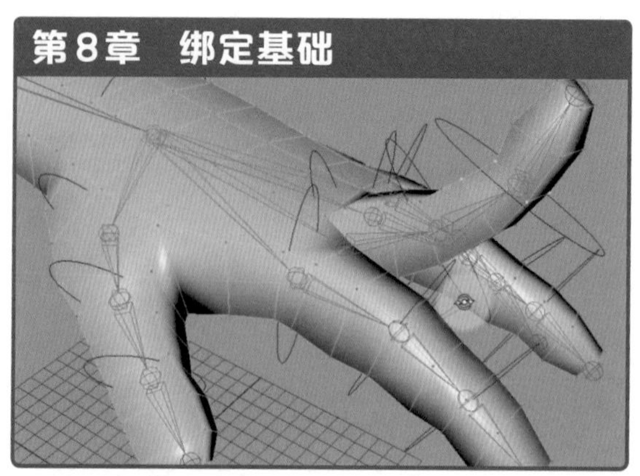

第9章 变形器

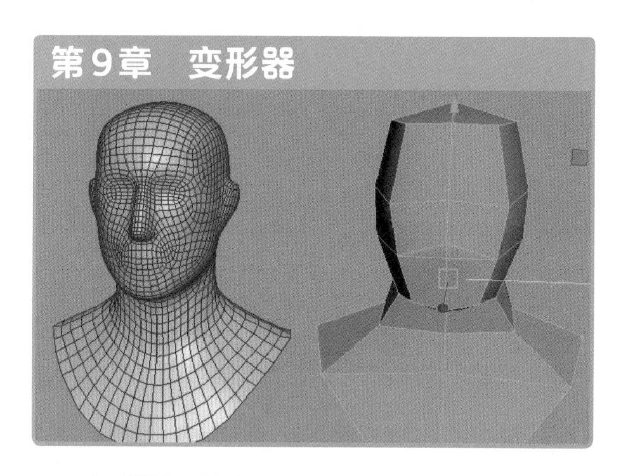

第二部分　综合案例篇

第10章　制作“百财狗”模型

第11章　使用HumanIK进行角色绑定

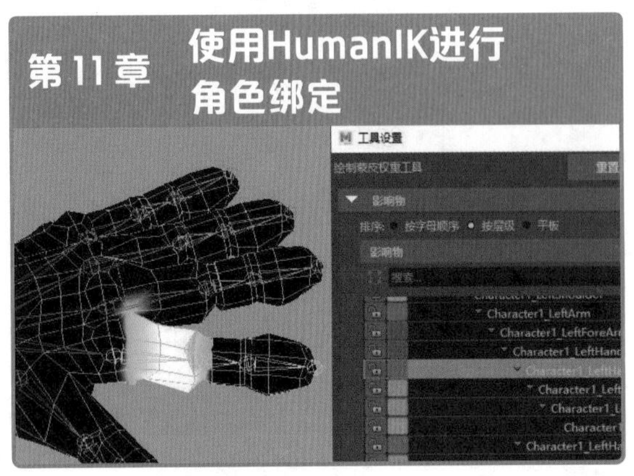

第12章　IKFK无缝切换实现手臂动画效果

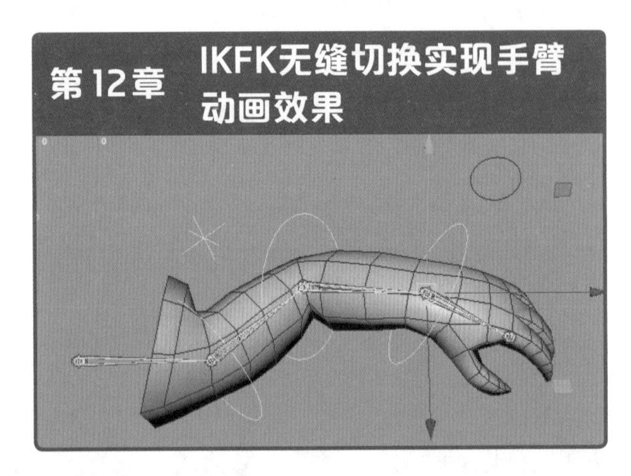

第一部分

基础知识篇

本篇将对Maya 2022的概念及各大应用模块的功能进行详细介绍，包括软件的用户界面操作、视图与对象的操作、多边形建模的相关操作、材质与纹理的应用、灯光与摄影机的应用、渲染的概念和相关操作、动画的应用、绑定的原理与运用、变形器的应用等。在介绍基础操作的同时，配以丰富的实战案例，让读者可以全面掌握Maya 2022的操作技术。

第1章 进入Maya 2022的世界

本章概述

Maya作为目前功能最完善的三维软件之一，被广泛应用于动画、游戏、影视和广告等多个行业。本章将带领读者初步了解Maya 2022，并对Maya 2022的发展史、工作流程、应用领域以及工作界面进行介绍。

核心知识点

❶ 了解Maya 2022的工作流程
❷ 了解Maya 2022的应用领域
❸ 熟悉Maya 2022工作界面的组成
❹ 熟悉工具架上各工具的应用

1.1 Maya概述

Autodesk Maya 2022是一款三维动画软件。Maya强大的功能以及完善的体系，使其广泛地应用于影视特效、游戏、机械设计、广告制作、建筑设计等诸多领域并作为主要的创作工具。目前Autodesk公司已将Maya升级到Maya 2022版本，新版本在建模、材质、灯光、渲染等多方面进行了改进，工作效率和流程得到极大的提升和优化。

1.1.1 Maya 2022简介

Maya 2022作为三维软件中功能最为强大的软件之一，受到了各个行业的欢迎和青睐。Maya 2022由于其所具有的强烈视觉冲击力被众人所喜爱，新版本在“网格”菜单新增设两个命令，在建模、绑定、渲染和灯光等方面都做了极大的改进。本章内容是为将来熟练使用Maya 2022打下基础，读者一定要仔细阅读，反复练习并熟练掌握。

1.1.2 Maya应用领域

Maya集成了先进的数字及动画效果技术，它强大的功能在三维动画中产生了巨大的影响，并在广播电视、游戏角色、场景设计以及建筑设计等领域有突出的表现。下面将对Maya 2022的应用领域进行详细的介绍。

（1）影视动画

Maya是影视动画行业的首选创作软件，被广泛应用于影视特效制作。国内外近年的影视动画作品，如《星球大战》《指环王》《最终幻想》《猩球崛起》《金刚》等电影都有Maya的参与，下图为《最终幻想》和《猩球崛起》的电影特效镜头。

（2）电视与视频制作

Maya强大的功能还可以应用在电视与视频制作行业，很多视频和电视节目中的绚丽特效就是Maya和后期编辑软件制作而成的，如下图所示。

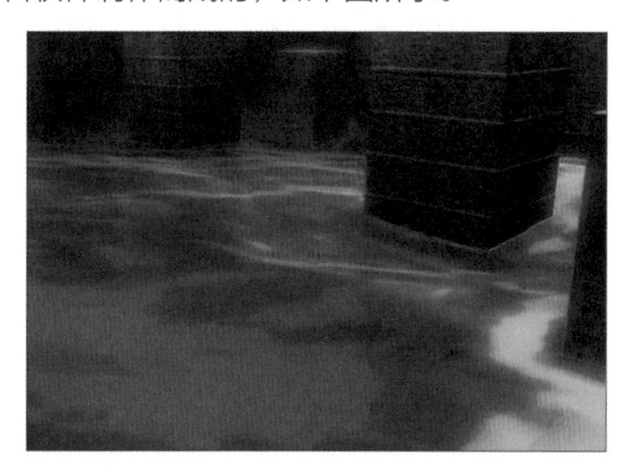

（3）游戏角色及场景

Maya因其本身所具备的一些优势，不仅可以用于制作流畅的影视动画作品，还可用于创建精致的游戏角色和场景，如下图所示。

（4）建筑表现

Maya在建筑行业也非常受欢迎，众多室内设计师都是使用Maya来制作室内效果图，下图是使用Maya制作出来的室外及室内效果图。

1.1.3 Maya工作流程

在进一步掌握Maya各项功能之前，我们首先应该了解关于Maya制作模型的流程知识。通常情况下，动画制作完整的工作流程大致包括方案制定、模型创建、材质设计、骨骼绑定、动画创建、灯光及摄影机的设计、渲染及后期合成。

（1）方案制定

方案制定在项目流程中属于前期准备工作，该阶段主要包括确定影片的风格、创建剧本、制作文字及画面分镜、角色及场景设计、总体效果构思等。

（2）模型创建

模型创建是制作作品的基础。根据前期人物、场景、道具的设计，在Maya中制作出相应的模型。前期模型的精确制作对于之后各项工作的展开至关重要，Maya提供了多种建模方式，用户可根据自己的操作习惯或项目需求进行建模。

（3）材质设计

完成模型的创建工作后，对模型赋予合适的材质，能够使模型看起来更加逼真，更符合项目的需求。Maya提供了多种类型的材质，不同的材质所展现出的纹理和质感都是不同的，用户可根据自己的需要进行选择。

（4）骨骼绑定

在三维动画制作中，角色骨骼的制作和绑定是角色动画的核心部分。为制定好的角色模型装配骨骼系统，包括IK、FK、控制器等，其中的每一个步骤都将直接影响到动画的最终效果。

（5）动画创建

骨骼系统装配完成后，用户就可以根据剧情的设定为角色创建动作和表情，要求对角色的运动规律有一定的了解。Maya提供了多种创建动画的方式，包括关键帧动画、路径动画、约束动画、序列帧动画等，用户可根据项目需求进行选择。

（6）灯光及摄影机的设计

Maya提供了多种灯光类型，包括普通灯光、物理天光、日光等在现实世界中的照明系统。合理的布光和摄影机的放置不仅可以烘托出当下的环境氛围，还可以清晰地表达出创作者的意图，使整个作品更加准确完整。

（7）渲染及后期合成

渲染及后期合成是整个工作流程的最后一个环节，也是前期工作的最终表现。使用默认或外部的渲染器对场景进行渲染，在渲染过程中，用户可根据个人的需求为场景增添颜色及效果。渲染完成后，使用后期编辑软件对渲染效果图进行再加工处理，并输出最终结果。

1.2 Maya 2022的启动与退出

在正式学习Maya 2022的各项功能和命令前，首先需要掌握如何启动和退出该程序，下面将分别进行介绍。

1.2.1 启动Maya 2022

Maya 2022安装完成后，常用的启动方法有两种。第一种是双击桌面上相应的图标进行启动，下页左上图为Maya 2022的启动界面。第二种方法是单击桌面左下角的开始按钮，在打开的列表中执行Maya 2022命令也可以启动软件，如下页右上图所示。

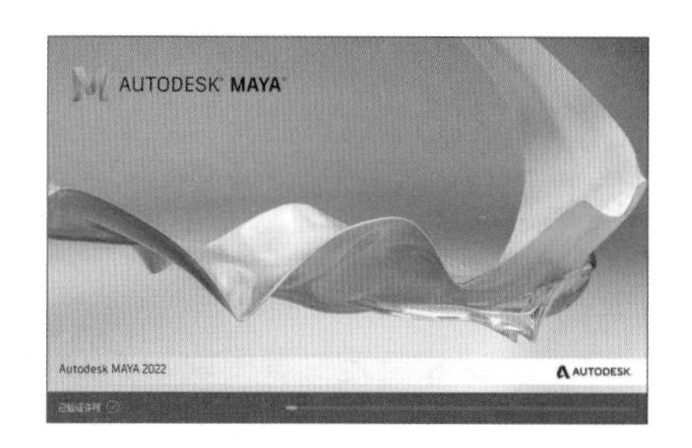

1.2.2 退出Maya 2022

退出Maya 2022常用方法有两种，第一种方法是用户直接单击操作界面右上角的“关闭”按钮，如下左图所示。第二种方法是在菜单栏中执行“文件>退出”命令，如下右图所示。

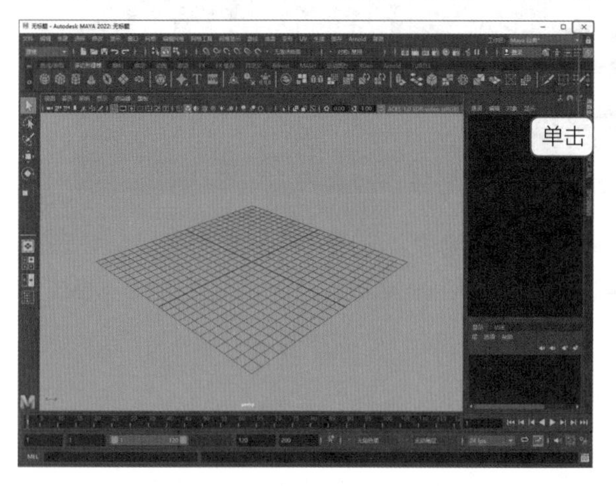

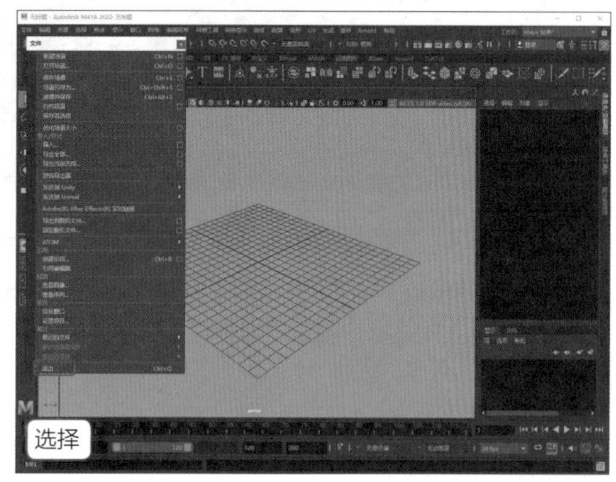

1.3 Maya 2022工作界面组成

Maya软件的工作界面从诞生至今一直延续着最初的设计，并没有大幅度地改变，这也为一直使用Maya的用户提供了极大的便利。Maya 2022的工作界面由标题栏、菜单栏、状态栏、工具架、工具箱、工作区、通道盒/层/属性编辑器、时间轴、范围条、命令栏和帮助栏共11大模块组成。下面为大家介绍各模块的功能和应用。

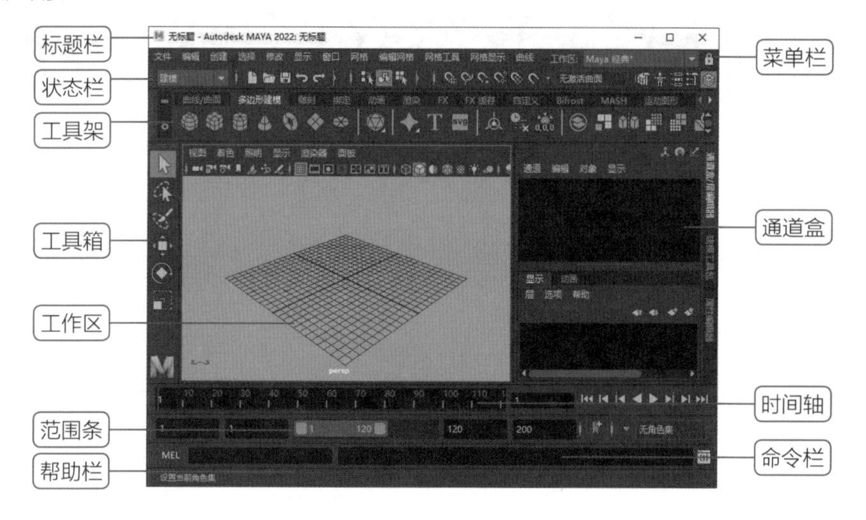

（1）标题栏

标题栏位于界面的最顶端，用于显示当前软件的版本、目录、文件名称，如果在当前的场景中选择了某个对象，那么在文件名称后面还会显示当前选择对象的名称。

（2）菜单栏

Maya 2022的菜单栏包括建模、绑定、动画、FX、渲染和自定义等模块，不同的模块对应的菜单组不同，可实现的功能也不同，但是在切换不同的模块时，通用菜单不会改变，它包括文件、编辑、创建、修改、显示和窗口等菜单，如下图所示。

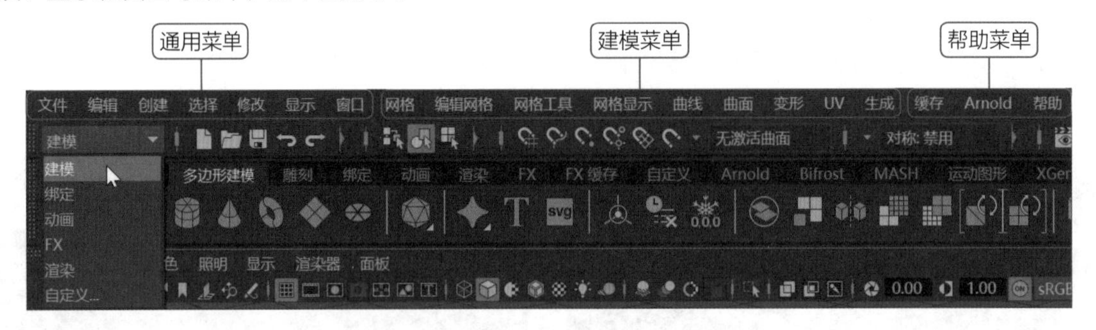

有两种方法用于切换模块，除了直接点击状态栏下拉菜单切换模块，还可按快捷键切换模块，按F2功能键切换到建模模式，F3功能键切换到绑定模式，F4功能键切换到动画模式，F5功能键切换到FX模式，F6功能键切换到渲染模式。

（3）状态栏

Maya的状态栏包含了多种工具，如模块选择器、文件、选择过滤器、选择模式、捕捉开关和渲染等类型的工具。通常某些工具部分处于收拢状态，用户可单击垂直分割线将其展开或关闭，如下图所示。

（4）工具架

工具架位于状态栏的下方，如下图所示。上面一行是按功能分类的标签栏，下面一行是不同标签栏对应的工具栏，这些图标分别代表每个集合最常用的命令，用户单击标签就可激活相应的面板，再单击对应的工具图标即可执行该命令。

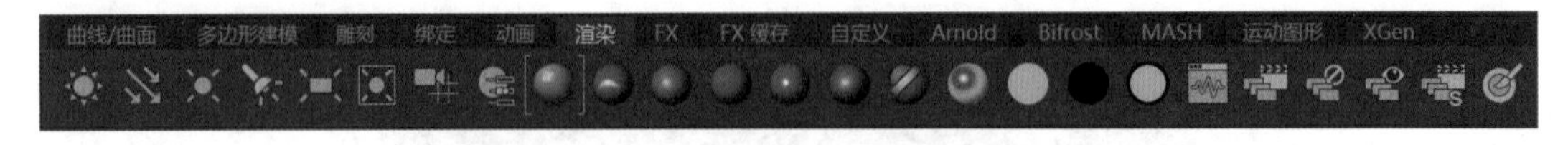

（5）工具箱

Maya的工具箱位于主界面的最左侧，其中包含了选择、套索、绘制选择、移动、旋转和缩放等常用工具的快捷图标。

（6）工作区

Maya的工作区是我们进行作业的主要区域，Maya的建模、绑定、动画、灯光和渲染等操作都需要通过工作区来进行观察，默认情况下显示的是经典工作区模式，用户可根据需要点击界面右上角工作区下拉列表来进行切换，如下页左上图所示。Maya默认的视图布局为四视图，四视图模式为顶视图、透视图、前视图和侧视图，用户可右击工具箱下方的面板布局图标切换视图，如下页右上图所示。

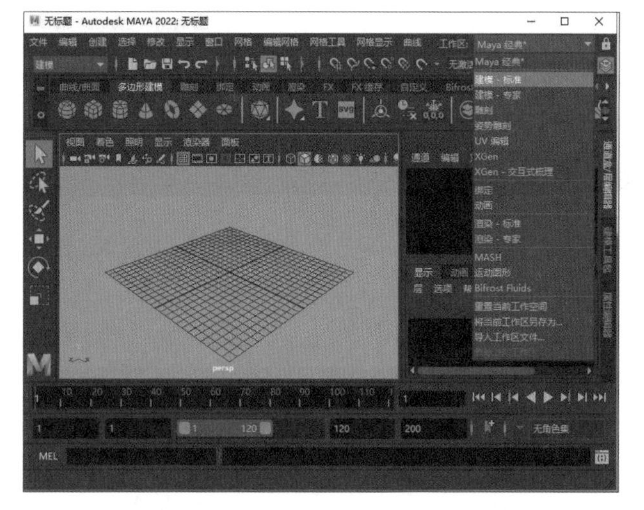

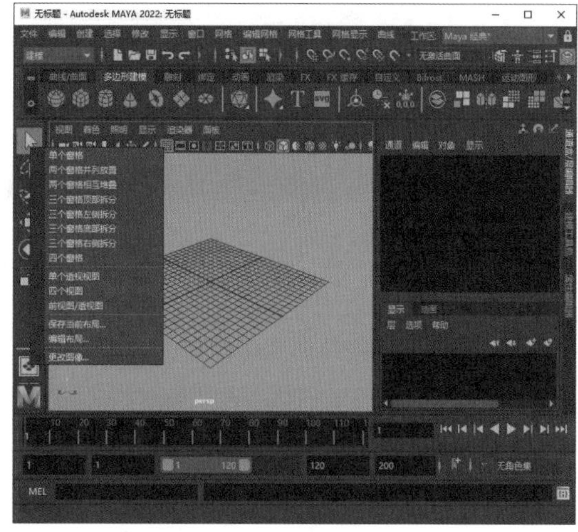

（7）通道盒/层/属性编辑器

通道盒、层、属性编辑器位于界面最右侧同一面板中，用户可通过单击右侧文字字样打开对应的编辑器，对物体的属性进行编辑。通道盒用于修改物体的名称、平移、旋转、缩放等属性的参数，还可以设置节点属性动画，如下左图所示。层编辑器可以显示两个不同的编辑器来处理不同类型的层，如下中图所示。属性编辑器用于编辑详细的节点属性，如下右图所示。

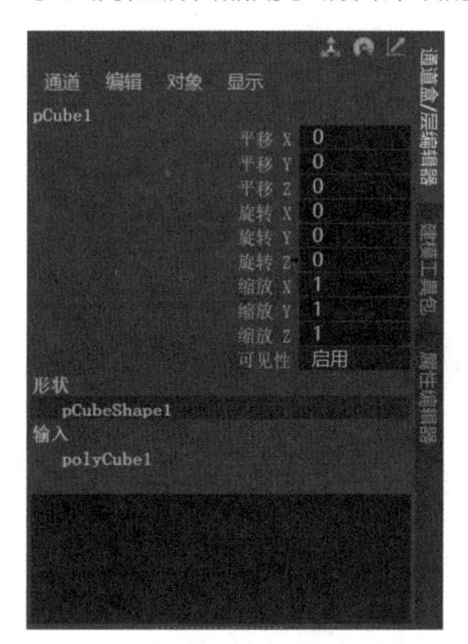

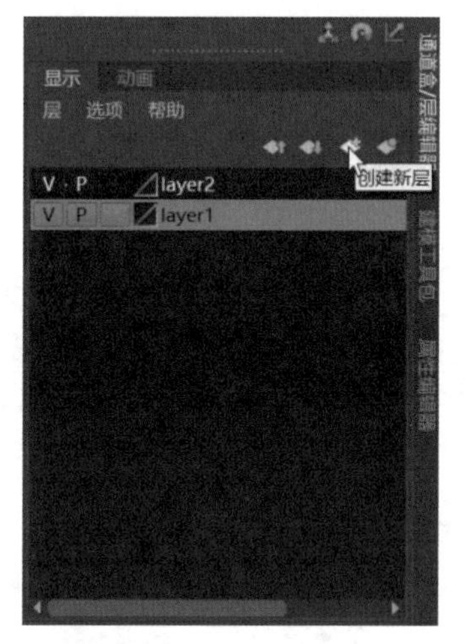

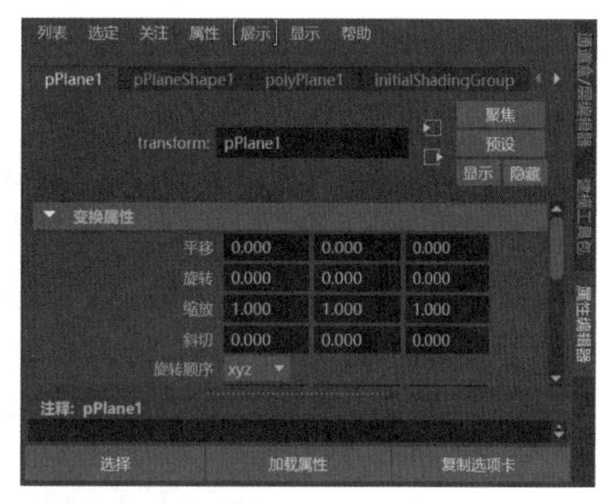

（8）动画控制区

动画控制区是用于制作动画的区域，包括时间轴和范围滑块两个部分。时间轴包括时间指示器，设置当前时间和动画的播放按钮。范围滑块包括设置动画开始时间和结束时间、设置播放范围的开始时间和结束时间、时间滑块书签菜单、选择播放速度、自动关键帧切换以及首选项等命令。

Maya默认的播放速度是24帧/秒，用户可以在“选择播放速度”的下拉列表中选择需要的播放速度，也可以单击“动画首选项”按钮，打开“首选项”对话框，执行“设置 > 时间滑块 > 帧速率”命令，选择需要的播放速度。

（9）命令栏和帮助栏

在命令栏中输入MEL命令或者脚本命令后，场景中将执行相应的动作。命令栏包括输入命令栏、显示命令响应栏和脚本编辑器3个部分。显示命令响应栏用于显示执行该命令后的反馈信息。

帮助栏位于命令栏下方，帮助栏会显示简单的帮助信息。当用户把光标放在命令或者工具按钮上时，帮助栏会显示相关的说明，在对物体进行移动、旋转、缩放操作时，帮助栏会显示相关坐标信息，便于用户直观地了解当前物体的变化信息，极大地提高了工作效率。

显示工具和当前选择的简短帮助提示

1.4 Maya 2022文件操作

了解Maya 2022的工作界面后，接下来介绍使用Maya 2022进行场景管理的一些基本操作，包括新建场景、打开场景和保存场景等。

1.4.1 新建场景

在Maya 2022中进行工作时，首先需要创建一个新场景，执行“文件＞新建场景”命令，或者按Ctrl+N快捷键即可创建新的场景，如下左图所示。如果当前文件未保存，系统会提示用户是否进行保存。

此时将打开“新建场景选项”对话框，用户可以根据需要设置场景工作单位、时间滑块和颜色管理等相关选项，如下右图所示。

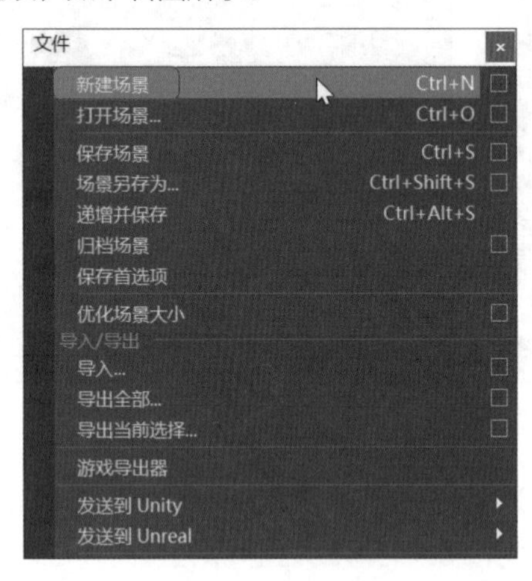

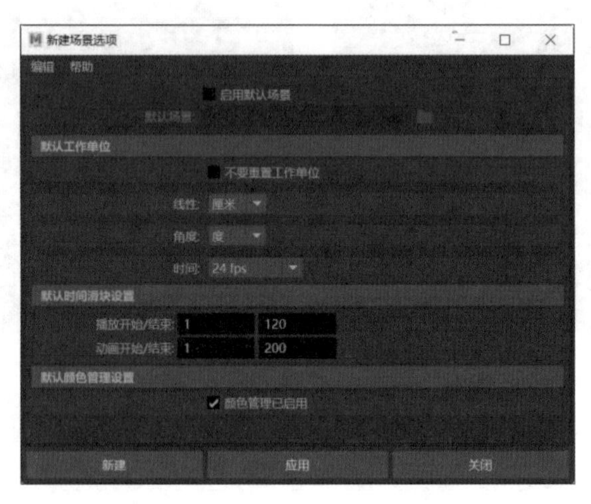

1.4.2 打开场景

要想打开一个场景文件，可以执行“文件＞打开场景”命令，或者按Ctrl+O组合键，打开“打开”对话框，在“打开”对话框右侧可以设置打开场景的常规选项、引用和文件类型特定选项。选择需要打开的文件，单击“打开”按钮，如下页左上图所示。打开场景时会关闭当前场景文件，如果当前文件未保存，系统会提示用户是否进行保存。或者单击“打开场景”命令右侧的方框图标，在弹出的“打开选项”对话框中也可以完成设置，如下页右上图所示。

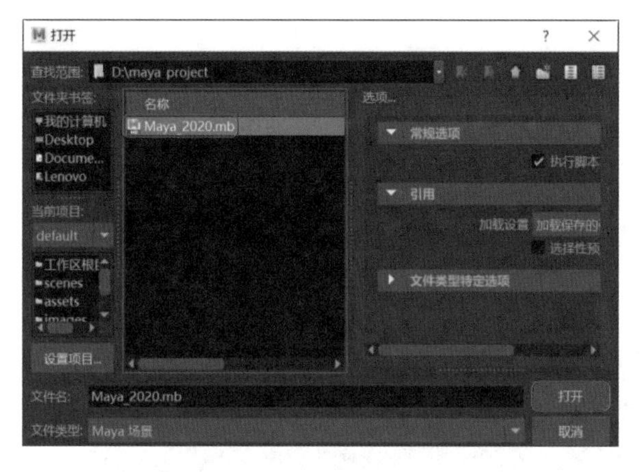

1.4.3 保存场景

执行“文件>保存场景”命令，或者按Ctrl+S快捷键即可保存当前场景，默认保存在当前设置的工程目录scenes文件夹中，如右图所示。用户也可以根据需要选择保存目录的位置。Maya 2022的场景文件有.mb和.ma两种格式，.mb格式文件在保存期内调用速度较快，而.ma文件是标准的Native ASCII文件，允许用户用文本编辑器直接进行修改。

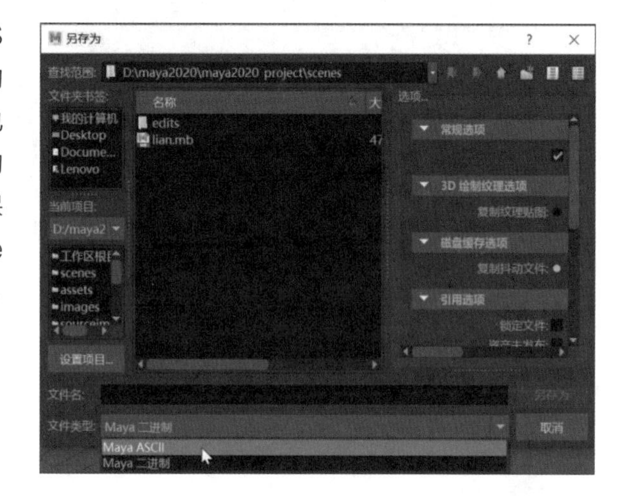

1.4.4 优化场景大小

使用“优化场景大小”命令可以移除无效的、未使用的项目，如无效的空层、无关联的材质节点或者变形器等，注意此操作不可撤回，在使用时要谨慎。若要优化所有项目，则执行“文件>优化场景大小”命令。若要优化其中某些项目，则勾选“优化场景大小”命令右侧的方框图标，打开“优化场景大小选项”对话框，单击该对话框中各项目类型右侧的“立即优化”按钮，即可对其单独进行优化，如右图所示。

提示：创建引用

执行“文件>创建引用”命令，然后在打开的对话框中选择要引用的文件，此命令只是将场景内容导入到当前打开的场景中，而文件并不会导入此场景。场景中的对象、动画等内容皆引用自仍然独立，并且尚未打开的已存在文件。

1.4.5 项目窗口

执行“文件>项目窗口”命令，弹出“项目窗口”对话框，在该对话框中，可以设置与项目有关的数据文件，如下左图所示。单击“当前项目”右侧的“新建”按钮，即可新建一个项目，在该文本框中，可以修改项目的名称。单击“位置”右侧的文件夹按钮，在弹出的“选择位置”对话框中选择用于保存此项目文件的位置，如下右图所示。“项目窗口”对话框中的“图像”参数用于放置渲染图像，“声音”参数用于放置声音文件。设置好所有选项后，单击“项目窗口”对话框中的“接受”按钮，即可完成工程目录的创建。

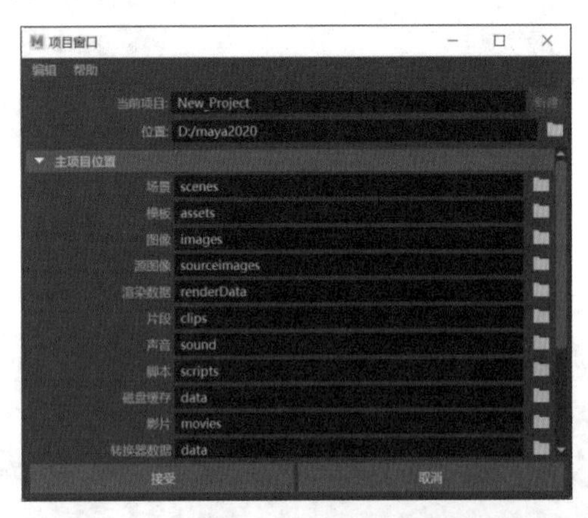

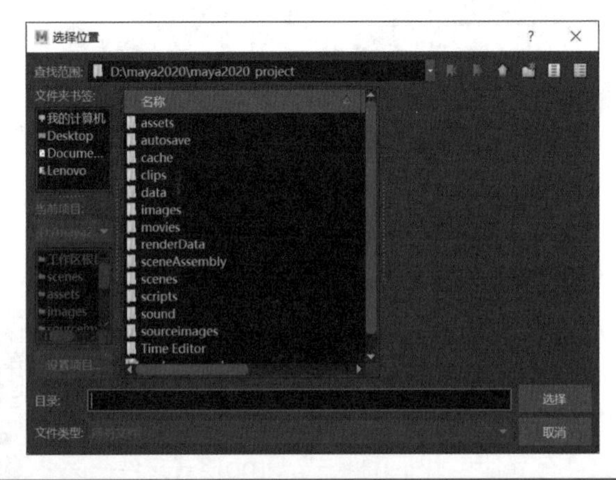

提示：设置项目

执行“文件>设置项目”命令，设置工程目录，即指定projects文件夹作为工程目录文件夹。

知识延伸：热盒工具的使用

前面所介绍的文件操作及其他基础操作都可通过热盒工具来实现。热盒工具是以鼠标指针为中心进行显示的，按住Space键不放即可显示该菜单，如下图所示。场景中显示出来的菜单即标记菜单，它包含了菜单栏、视图菜单栏及建模、动画、绑定、动力学和渲染等多个模块的菜单，操作简便高效，熟练掌握此工具，日后可极大地提升工作效率。

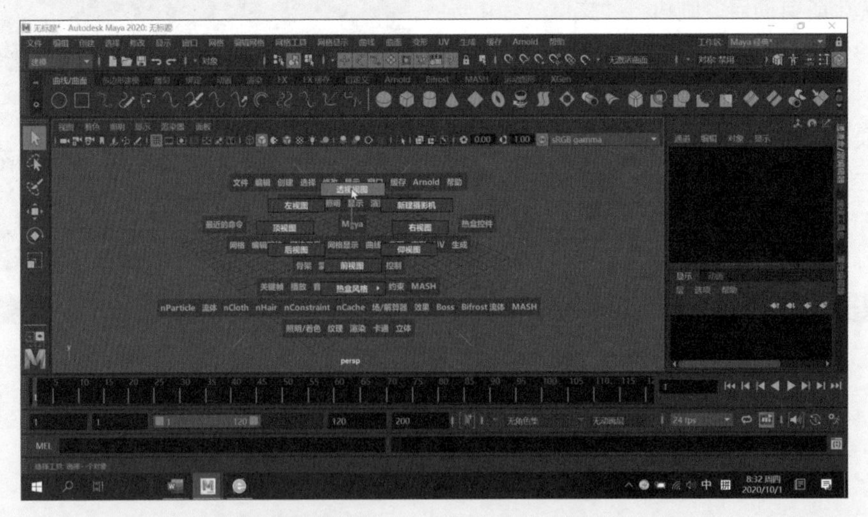

在使用Maya 2022热盒工具前，我们首先要了解此工具的基本操作，下面通过“新建场景”命令介绍热盒工具的使用方法。

步骤 01 在工作区按住Space键不放，场景中显示标记菜单，如下左图所示。

步骤 02 鼠标指针移至文件菜单并右击，如下右图所示。

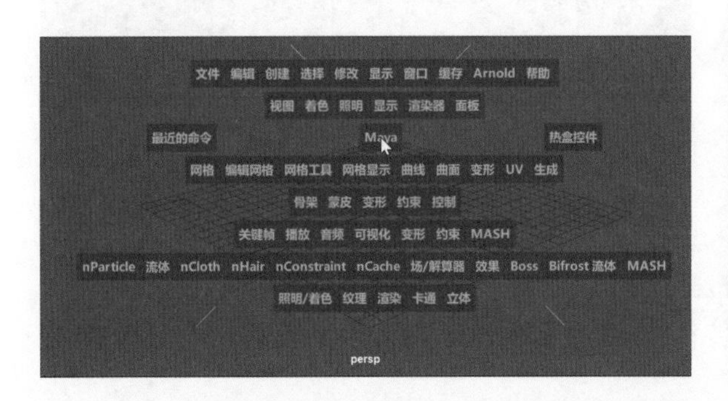

步骤 03 在快捷菜单中选择“新建场景”命令，如下左图所示。

步骤 04 系统提示是否需要保存当前场景，用户根据需要选择保存或不保存，即可完成新建场景的操作，如下右图所示。

上机实训：创建并保存maya文件

通过本章的学习，用户应当了解Maya 2022界面的组成元素以及文件的各项基本操作。下面将通过案例学习从新建场景、创建简单几何体到保存文件的基本流程。

扫码看视频

步骤 01 打开Maya 2022，执行“文件＞新建场景”命令，如果此时场景中有未保存的模型文件，则Maya会弹出对话框询问用户是否需要保存当前场景，用户可以执行“保存”命令来保存制作的文件，也可以点击“不保存”来新建一个空场景，或者是点击“取消”命令来终止“新建场景”的命令，如下页左上图所示。

步骤 02 新建一个空场景后，执行“多边形建模”工具栏中的“多边形球体”命令、“多边形立方体”命令和“多边形圆柱体”命令，在场景中创建几个模型，并随意移动模型，如下页右上图所示。

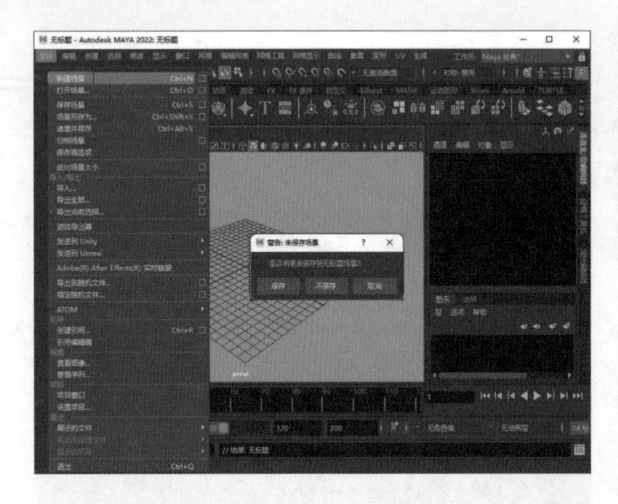

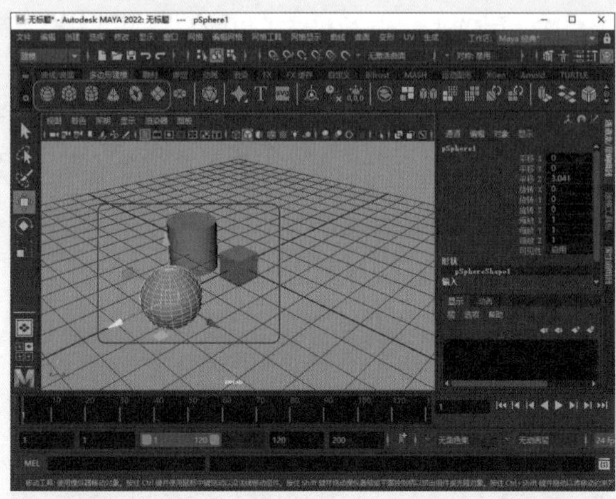

步骤 03 然后执行“文件>保存场景”命令，如下左图所示。

步骤 04 场景中会弹出“另存为”对话框，默认路径为项目文件目录下的scenes场景文件夹，如下右图所示。

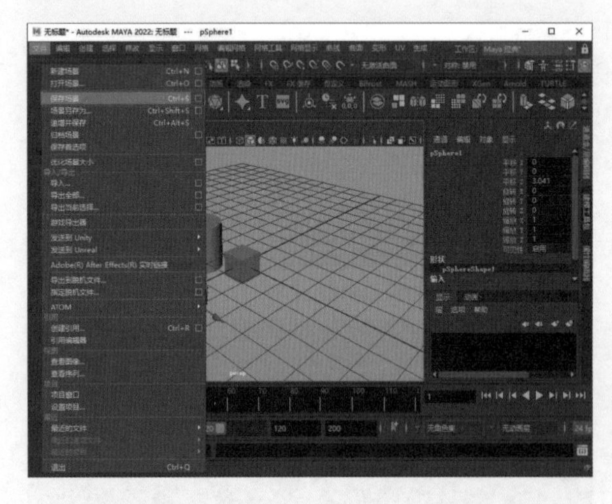

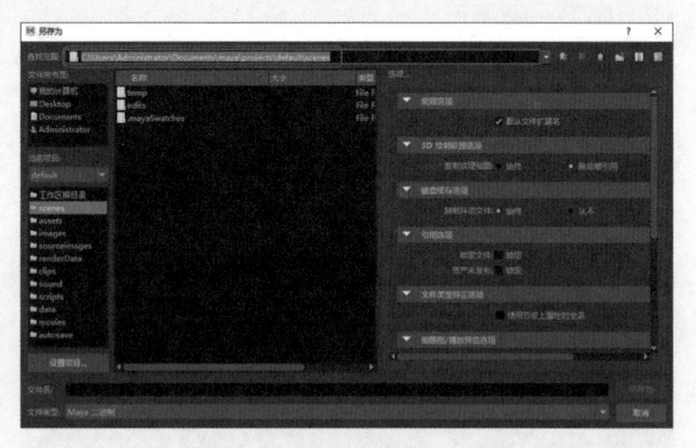

步骤 05 在“文件名”中输入一个名称，如“练习”。在“文件类型”列表中选择Maya ASCII（后缀名为.ma文件）或者“Maya 二进制”（后缀名为.mb文件），单击“另存为”按钮，完成文件保存，如下左图所示。

步骤 06 保存完成后就可以在相应的路径文件夹中看到带有Maya图标的后缀分别为.ma或者是.mb的Maya文件了，如下右图所示。

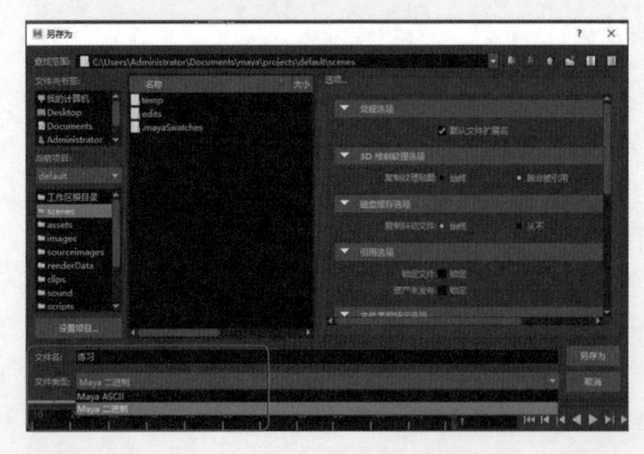

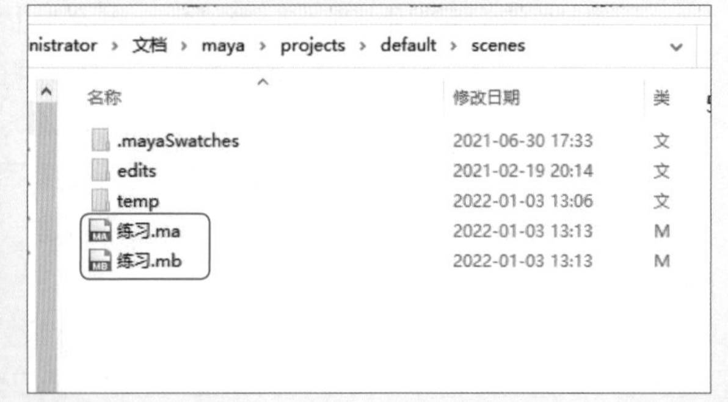

课后练习

一、选择题

（1）在Maya 2022中打开场景的快捷键为（　　）。

A. Ctrl+E　　B. Ctrl+N

C. Ctrl+O　　D. Ctrl+Shift+O

（2）Maya默认的播放速度是（　　）帧/秒。

A. 24　　B. 25

C. 30　　D. 28

（3）执行“文件＞保存场景”命令，或者按Ctrl+S快捷键即可保存当前场景，默认保存在当前设置的工程目录（　　）文件夹中。

A. scenes　　B. images

C. scripts　　D. renderData

（4）本章所介绍的文件操作及其他基础操作都可通过热盒工具来实现，它是以鼠标指针为中心进行显示的，按住（　　）键不放即可显示该菜单。

A. Shift　　B. Ctrl

C. Enter　　D. Space

二、填空题

（1）Maya 2022的工作界面由标题栏、菜单栏、__________、工具架、工具箱、工作区、通道盒/层/属性编辑器、时间轴、范围条、命令栏和帮助栏共11大模块组成。

（2）若要优化场景中某些项目，勾选“优化场景大小”右侧的方框图标，打开“优化场景大小选项”对话框，单击该对话框中类型后面的__________按钮，即可对其单独进行优化。

（3）执行__________命令，设置工程目录，即指定projects文件夹作为工程目录文件夹。

（4）Maya的工具箱位于主界面的最左侧，其中包含了__________、套索、绘制选择、移动、旋转、缩放等常用工具的快捷图标。

三、上机题

通过本章学习，用户可以熟练掌握文件编辑操作，打开Maya 2022并新建场景，在前视图中执行“视图＞图像平面＞导入图像”命令，将“墙纸”图片导入作为参考图使用，如下图所示。

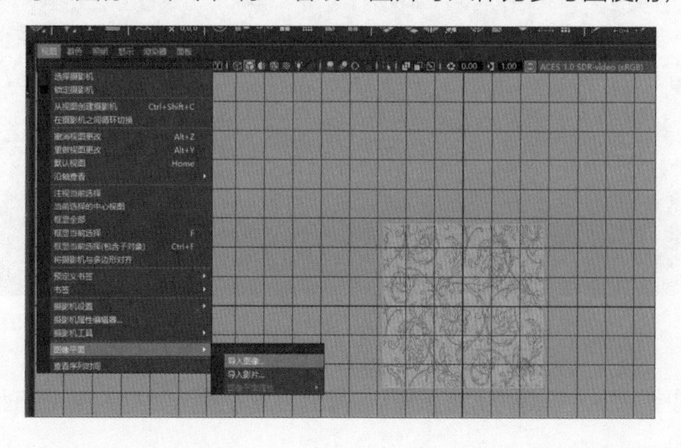

第2章 Maya 2022的基本操作

本章概述

在Maya中，每个视图实际上都是一个摄影机，我们进行旋转、缩放和推移等视图操作也就是对摄影机的操作。Maya有透视摄影机和平行摄影机两大类摄影机视图。

核心知识点

❶ 了解Maya 2022的视图基本操作
❷ 了解Maya 2022的视图菜单
❸ 熟悉Maya 2022视图中编辑对象的基本操作

2.1 视图操作

Autodesk Maya 2022是一款虚拟的三维软件，提供了一些视图使用户更加方便地编辑使用，在默认状态下，启动Maya 2022软件后，操作视图显示为“透视”视图模式。我们需要了解和掌握相应的视图操作，以便更好地完成场景设置。

2.1.1 视图基本控制

本节主要介绍Maya 2022的各种视图操作，包括视图的旋转、移动、缩放、切换以及最大化显示视图对象等。

（1）旋转视图

对视图的旋转操作只针对透视摄影机类型的视图，因为正交视图中的旋转功能是被锁定的。我们可以使用Alt+鼠标左键，旋转视图，如下图所示。

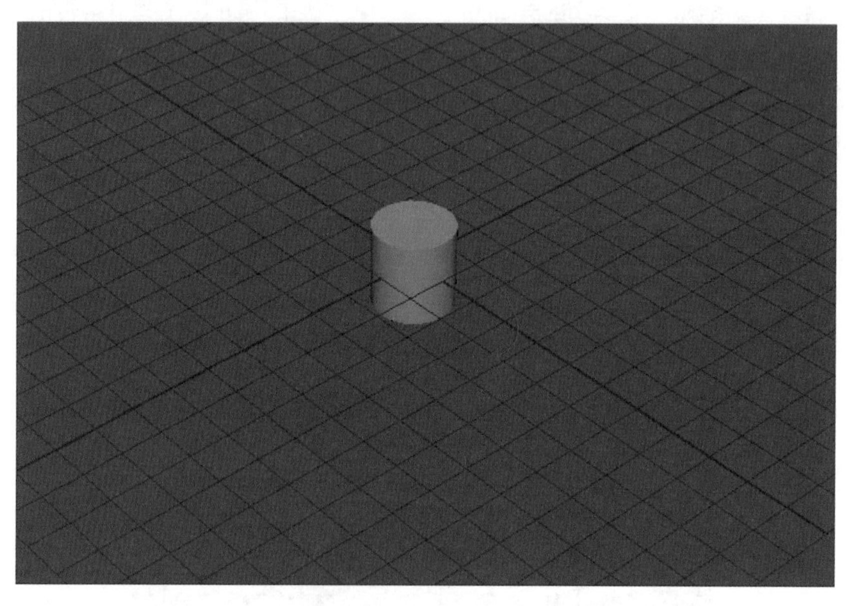

（2）移动视图

在Maya中，移动视图实质上就是移动摄影机。我们可以使用Alt+鼠标中键在Maya软件的任何区域移动视图，如下页上图所示。

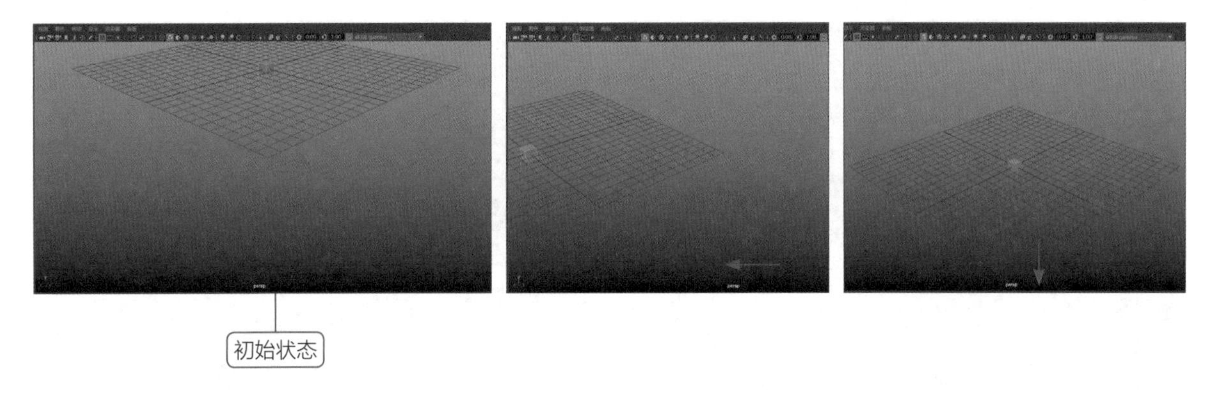

若使用Alt+Shift+鼠标中键，则只能在水平方向上进行移动操作，如下图所示。

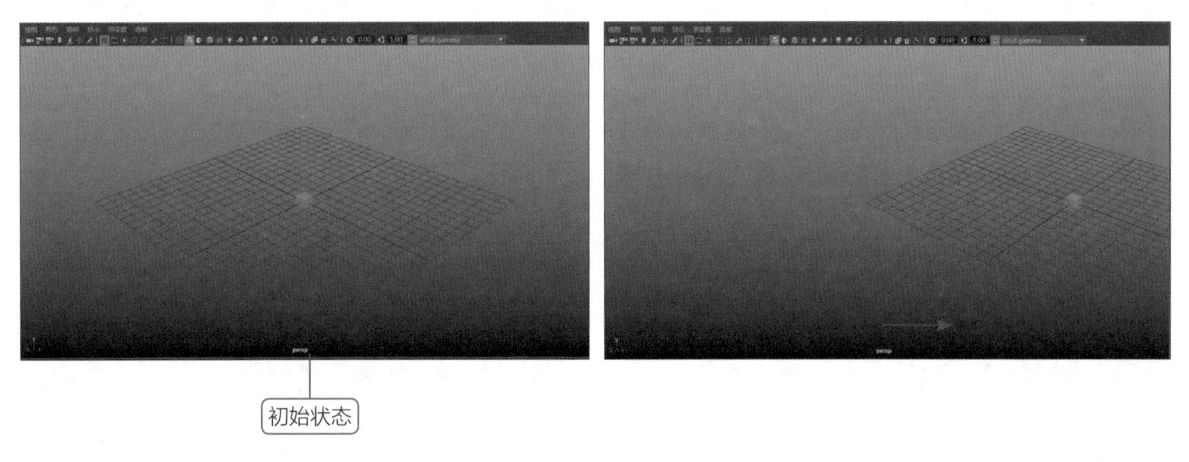

（3）缩放视图

在Maya中，缩放视图就是将场景中对象的显示模式进行放大或缩小，实际上就是改变视图摄影机与场景对象之间的距离。我们可以将视图的缩放操作理解为对视图摄影机的操作，按住Alt+鼠标右键，可以对视图进行缩放操作，如下图所示。

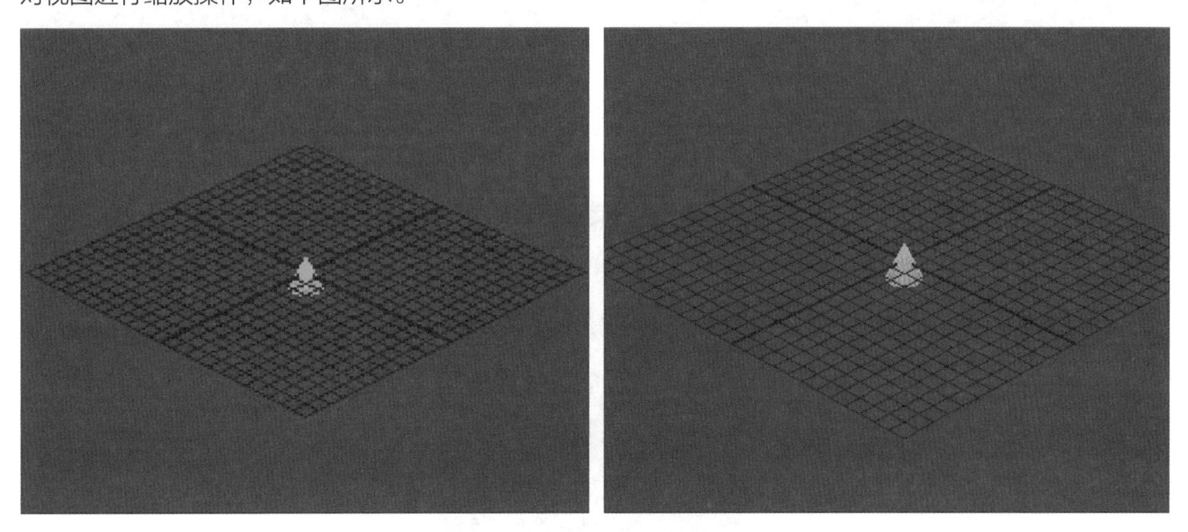

（4）使选定对象最大化显示

在选定某个对象的前提下，可以按下F键，使选择对象在当前视图中最大化显示。下页左上图为场景的最初状态，下页右上图为按下F键后最大化显示所呈现的效果。

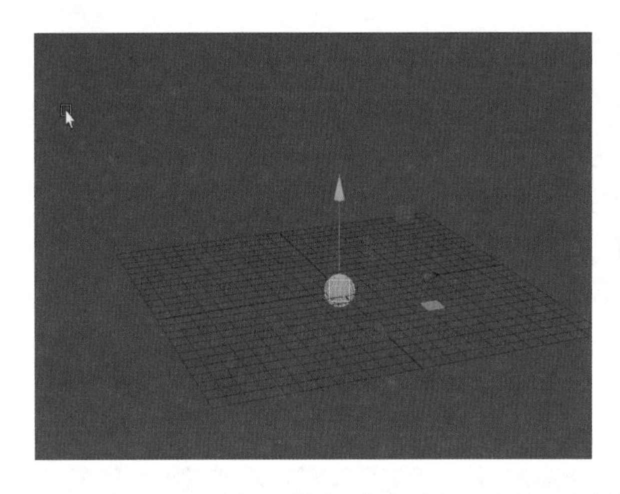

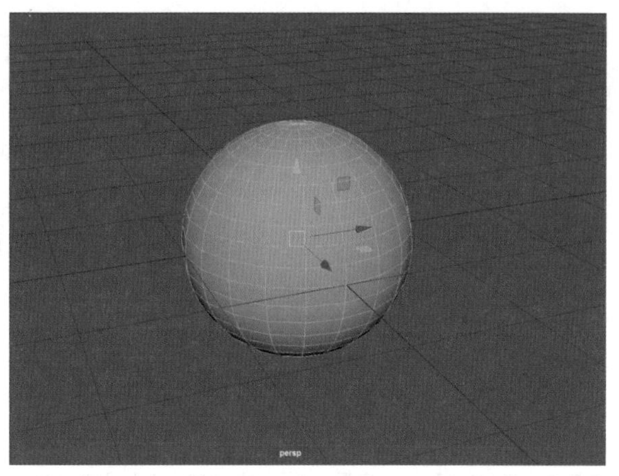

最大化显示的视图模式是根据光标所在位置来判断的，将光标放在想要放大的区域内，再按F键就可以在视图中将所选择的对象最大化显示。

（5）使场景中所有对象最大化显示

使用A快捷键，可以将当前场景中的所有对象全部最大化显示在一个视图中。下左图为最初场景状态，下右图为按下A键后的效果。

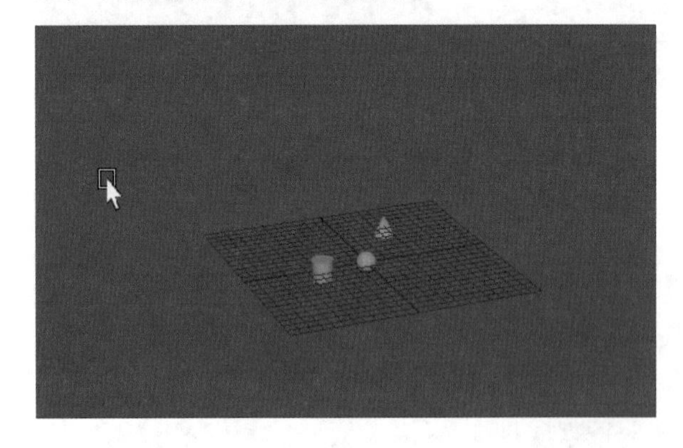

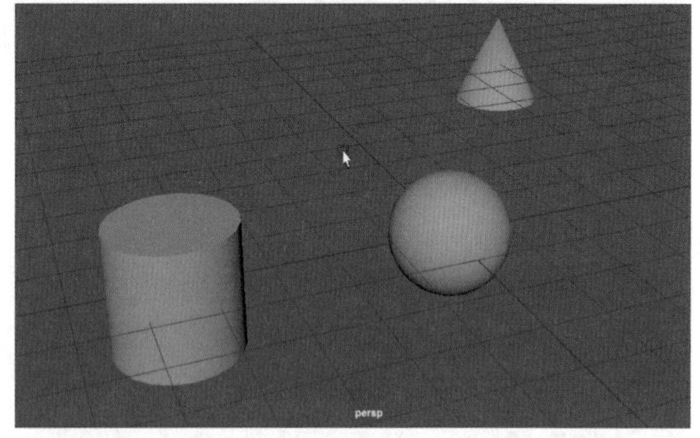

（6）切换视图

在Maya 2022中，既可以在单个视图中进行操作，也可以在多个视图组合中进行操作，切换视图一般有4种方式，对应的界面按钮如下图所示。

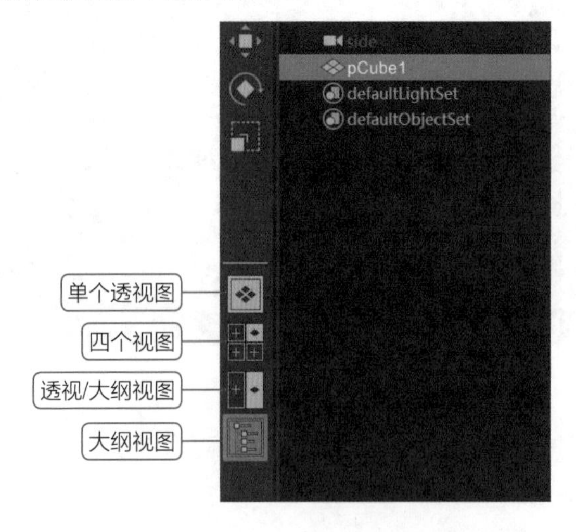

- **单个透视图：** 切换到单个透视图。
- **四个视图：** 切换到四个视图。
- **透视/大纲视图：** 切换到透视/大纲视图。
- **大纲视图：** 显示或隐藏大纲视图。

提示：快捷显示方式

Maya提供了一些快捷键来快速切换显示方式。大键盘上的数字键4、5、6和7分别为网格显示、实体显示、材质显示和灯光显示。

2.1.2 视图布局

在Maya使用过程中，用户可以按照个人习惯来调整视图布局，良好的视图布局有利于提高工作效率，常用的更改视图布局的方式有以下两种。

方法1：在视图最左侧“快速布局”按钮区域中单击相对应的按钮来切换操作，如下左图所示。

方法2：在“面板”菜单下执行“面板>布局”，执行弹出菜单中的命令来调整视图的布局方式，如下右图所示。

2.2 编辑对象的基本操作

学习一款新的软件技术，首先应该熟悉该软件的基本操作。我们将在本小节分别学习如何使用Maya 2022创建基本物体，了解属性编辑器的应用以及对象选择、移动和复制等操作内容。

2.2.1 创建物体

在Maya中，可以创建球体、立方体、圆柱体和曲线等。创建基本物体的命令都集中在“创建”菜单下，利用这些命令，可以创建诸如NURBS基本体、多边形基本体、细分曲面基本体、灯光、摄影机与曲线等基本对象。

下面以创建立方体为例介绍创建物体的具体方法。

步骤 01 打开Maya 2022后，新建一个项目文件，然后执行“创建>多边形基本体>立方体”菜单命令，如下页左上图所示。

步骤 02 在透视图中随意创建一个立方体，系统会自动将其命名为pCube1，如下右图所示。

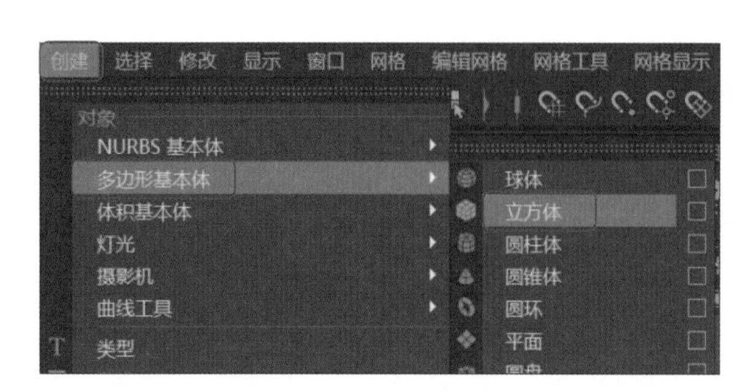

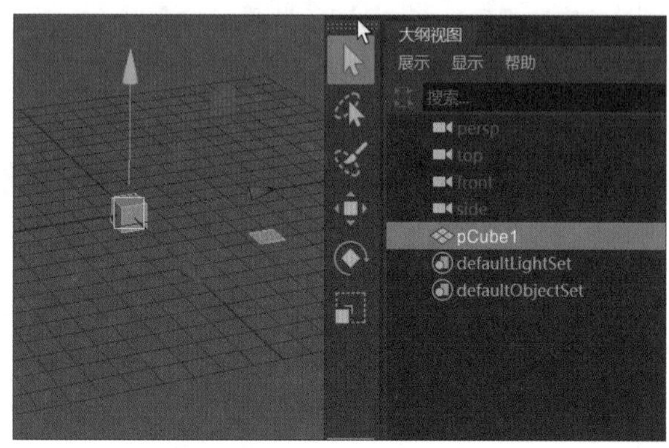

步骤 03 单击通道盒中“输入”属性下的polyCube1选项，展开其参数设置面板，在这里可以观察到里面记录了立方体的宽度、高度、深度以及3个轴向上的细分段数，然后设置“宽度”为6，“高度”为8，深度为3，如下左图所示。

步骤 04 设置“细分宽度”“高度细分数”“深度细分数”的数值为4，这时可以观察到立方体在x、y、z轴方向上分为了4段，也就是说“细分”参数用来控制对象的分段数，如下右图所示。

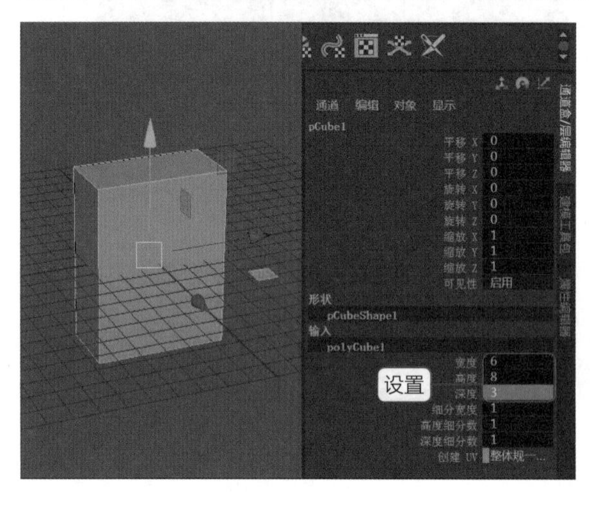

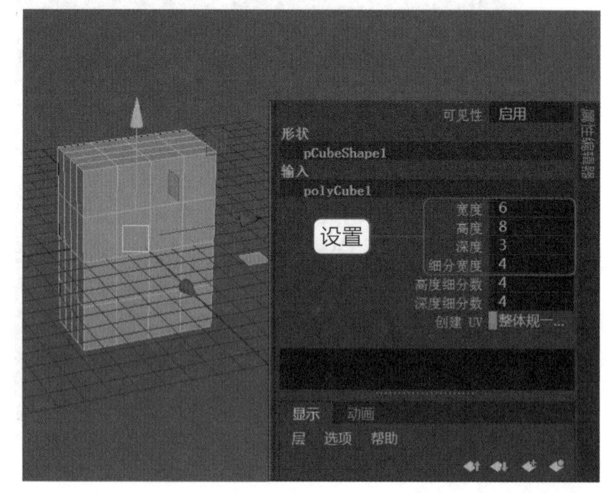

2.2.2 选择操作

在Maya中，选择对象的方法有很多种，既可以用单击的方式选择对象，也可以用“大纲视图”对话框选择对象，我们可以根据不同的场合使用合适的选择方法。

(1) 使用工具选择对象

我们可以使用选择工具，单击某个对象将其选择，也可以使用工具拖拽出一个选择区域，处于该区域内的所有对象都将被选择，如下页左上图所示。

(2) 大纲视图选择对象

执行“窗口>大纲视图”菜单命令，打开“大纲视图”面板，在该面板中可以选择单个对象，也可以进行加选、减选或编组等操作。

本场景中，如果要选择整个对象，可以在“大纲视图”面板中选择hero选项。如果要选择单个对象，可以单击加号图标，展开后单击相对应的对象即可选择，如下页中图和下页右上图所示。

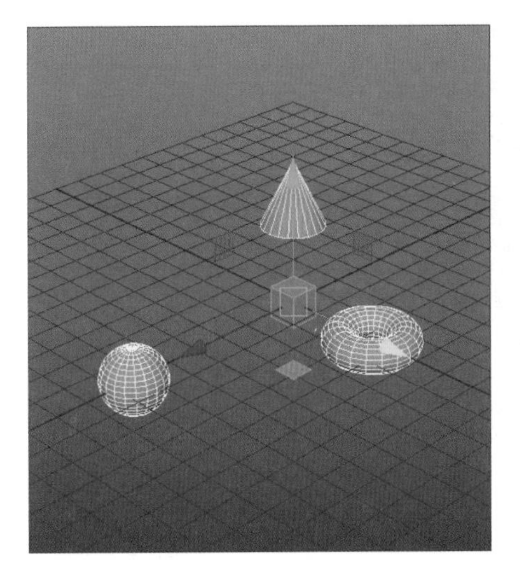

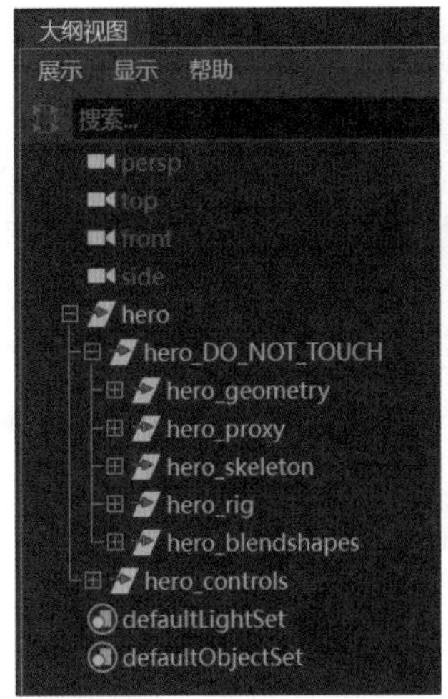

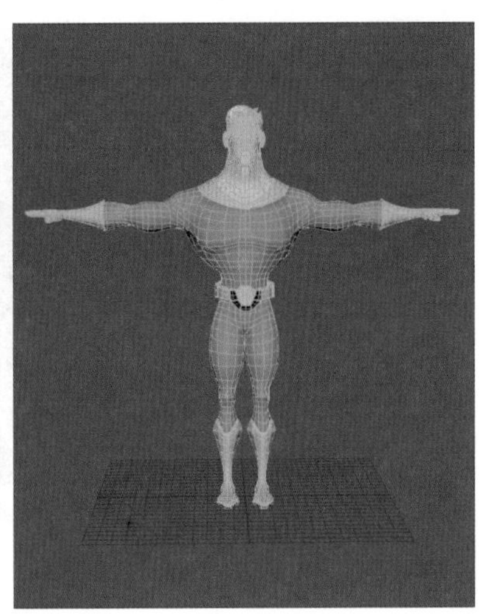

2.2.3 移动和变化物体

Maya的工具箱为用户提供3种用于变化对象操作的工具，分别为“移动工具”“旋转工具”和“缩放工具”，我们可以单击相对应的按钮在场景中进行操作。

（1）移动工具

使用移动工具，快捷键为W，不仅可以选择对象，还可以在视图中移动对象，更改对象的空间位置，改变对象在X、Y、Z轴的位置，在Maya视图中分别用红、绿、蓝来表示X、Y、Z轴，如下左图所示。

（2）旋转工具

使用旋转工具，快捷键为E，可将对象进行旋转。和移动工具一样，旋转工具也有X、Y、Z 3个轴，在Maya视图中也分别用红、绿、蓝来表示X、Y、Z轴。如下右图所示。

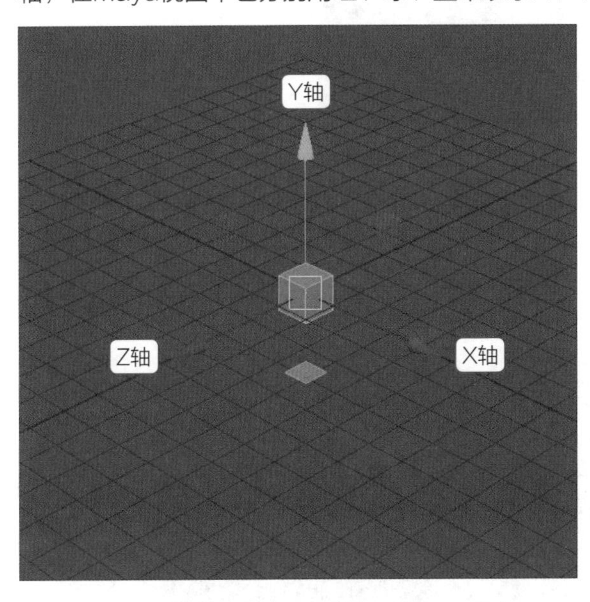

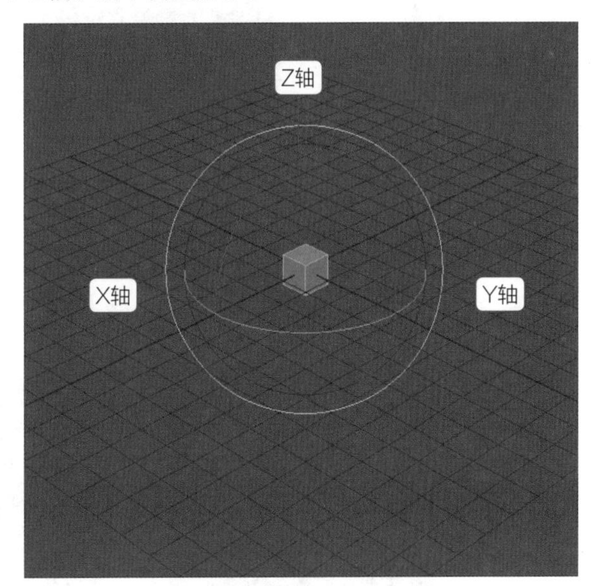

（3）缩放工具

使用缩放工具，快捷键为R，可以将对象自由缩放，同样，缩放操纵器用红、绿、蓝分别代表X、Y、Z轴，如下页左上图所示。缩放工具可以将对象在三维空间中进行等比例缩放，如下页右上图所示。

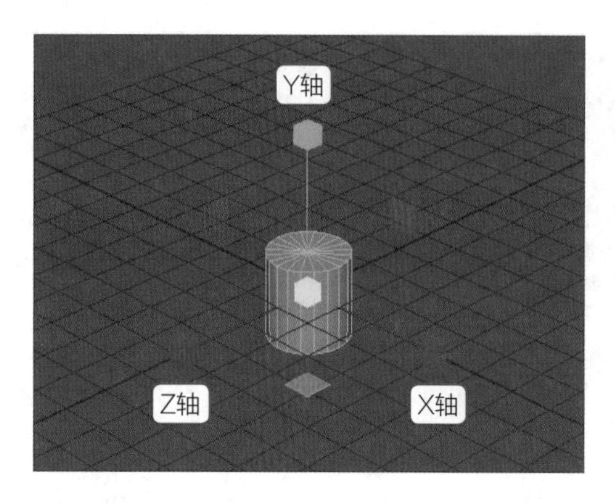

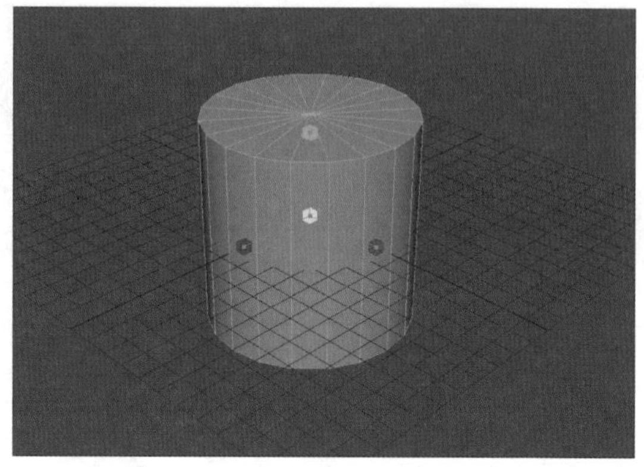

2.2.4 复制对象

复制对象是一种快捷的建模方法。例如在一个场景中需要创建多个相同的物体时，就可以先创建出一个物体，然后对这个物体进行复制。

（1）使用快捷键复制

在Maya 2022中复制对象有以下三种方法：

（1）按Ctrl+C、Ctrl+V快捷键即可复制出相同对象。

（2）按Ctrl+D快捷键原位复制对象。

（3）显示移动状态，按shift+鼠标左键向左或向右进行拖动即可复制出一个相同的对象，如下图所示。

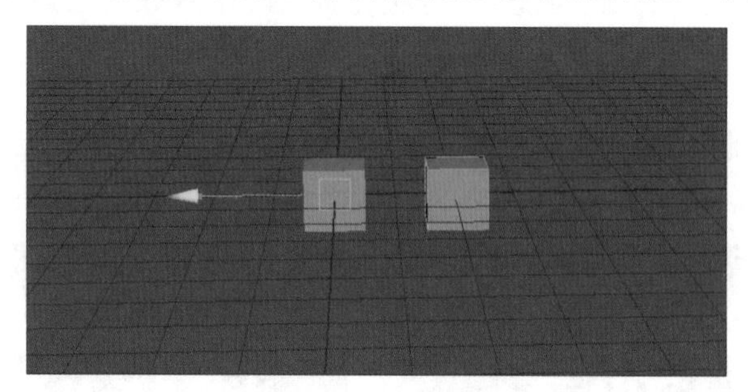

（2）特殊复制

特殊复制快捷键为Ctrl+Shift+D，这是在建模中使用频率较高的复制快捷键，利用特殊复制操作可以复制出原始物体的副本对象，也可以复制出原始物体的实例对象。我们还可以在菜单栏中执行“编辑>特殊复制”命令，如下左图所示。在打开的“特殊复制选项”对话框中设置相关参数，如下右图所示。

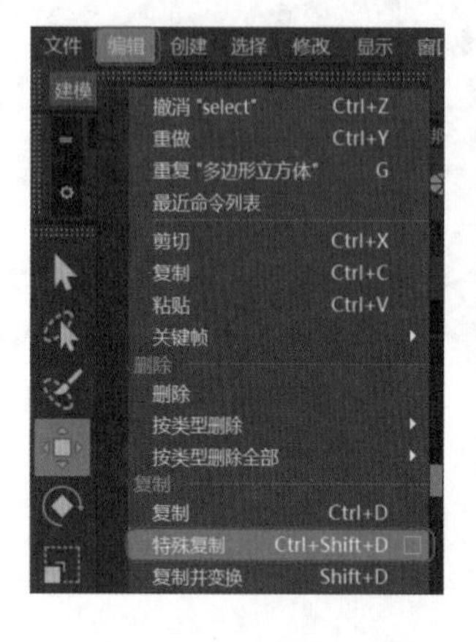

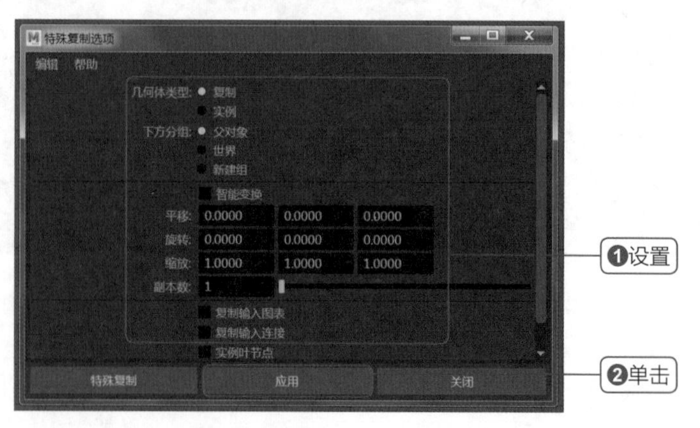

提示：

在一般操作中，几何体类型和下方分组都采用特殊复制的默认值，无须修改，“平移”和“旋转”选项的默认值是0。若复制后的对象之间有距离要求，就修改“平移”数值框中的数值。若复制后的对象之间有角度的要求，也可以修改“旋转”参数。

2.2.5 组合物体

使用Maya 2022制作项目时，若场景中物体对象太多，不好选择，可以将两个或多个物体组合（按Ctrl+G快捷键），所有的组成员都被严格链接至一个不可见的虚拟对象上，用户既可以单独编辑组内对象，也可以将组合视为一个整体来编辑和修改。

步骤 01 打开Maya软件，在操作界面创建一个立方体和一个圆锥体，同时选择两个物体，执行“编辑>分组”命令，如下左图所示。

步骤 02 这时，可以将两个物体看成一个整体，它只有一个中心点，一条中心轴，如下中、右图所示。

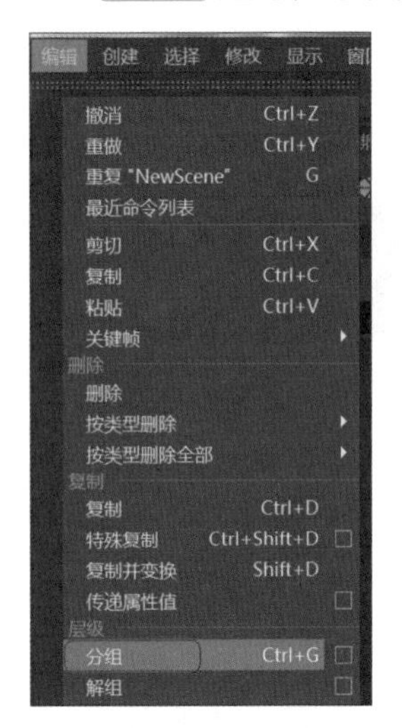

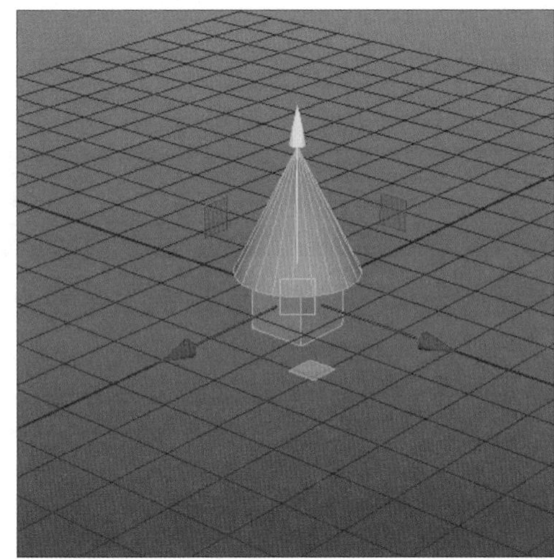

步骤 03 同时选中两个物体，执行“编辑>解组”命令，如下左图所示。或者在“大纲视图”面板中直接从组group1中将两个物体拖拽出来，如下中图所示。

步骤 04 此时又变成两个物体，它们有各自的中心点和中心轴，如下右图所示。

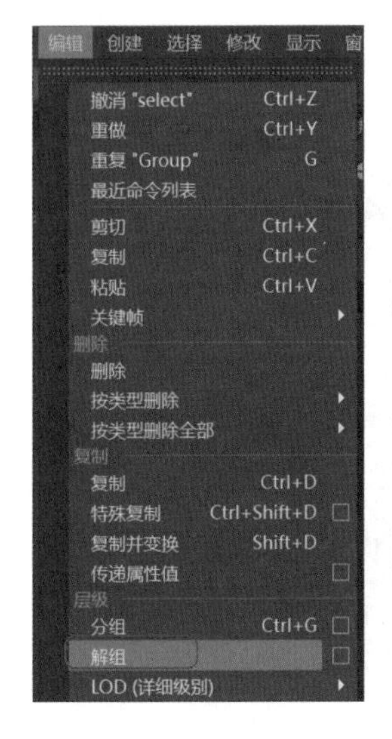

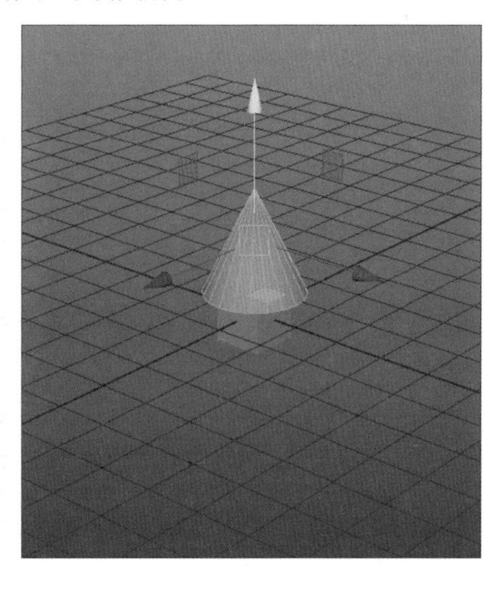

2.3 用户自定义设置

在Maya中，用户可以根据自己的操作习惯，向工具架里自行添加工具箱中的工具、菜单栏中的菜单选项或是一些命令脚本等。

2.3.1 自定义工具架

Maya菜单中的命令非常多，若在制作项目中按照菜单栏那样选择命令，往往会浪费很多时间。如果将一些常用的命令放在自定义工具架上，直接单击图标就可以执行相应的命令，如下图所示。

例如，每使用一次“冻结变换”命令，就要执行“修改>冻结变换”命令，这种方式在后期制作项目中会很烦琐。若要将“冻结变换”命令添加到自定义工具架上，则只需要同时按住Shift+Ctrl快捷键，并单击“修改>冻结变换”，这样就将“冻结变换”命令永久添加到自定义工具架上，以后使用该命令直接单击图标即可，如下图所示。

提示：

一般在项目制作中会将“按类型删除历史”“冻结变换”和“中心枢轴”这三个命令添加到自定义工具架上，若是动画师会增加“曲线编辑器”命令。

2.3.2 自定义视图

Maya 2022里面有很多快捷键，用户可以使用系统默认的快捷键，也可以自行设置快捷键，这样可以提高工作效率。

（1）自定义热键

用户可以在菜单栏中执行“窗口>设置/首选项>热键编辑器”命令，如下左图所示。打开“热键编辑器”面板，在左侧的列表中选择要添加热键的命令，在右侧可以观察到已经使用的热键，如下右图所示。

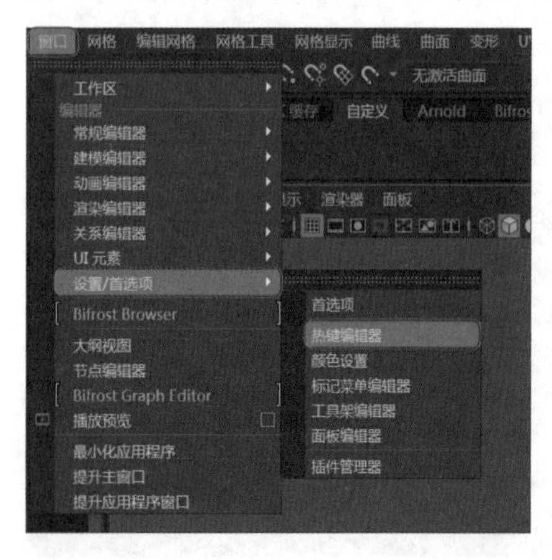

（2）自定义视图背景颜色

在Maya中，用户可以按Alt+B组合键，快速在视图面板中切换背景颜色，设置不同背景的效果，如下图所示。

用户也可以在菜单栏中执行“窗口>设置/首选项>颜色设置”命令，如下左图所示。打开“颜色”对话框，对用户界面、视图面板颜色、视图背景色进行自定义设置，如下右图所示。

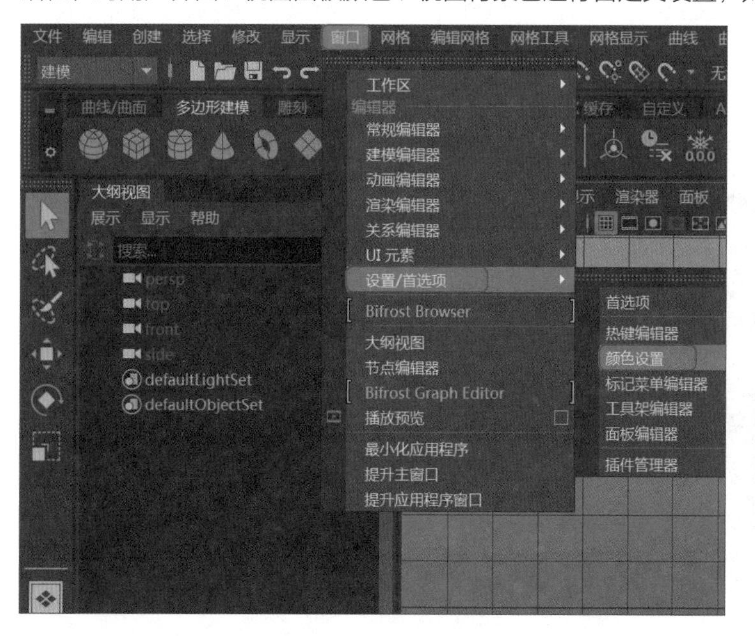

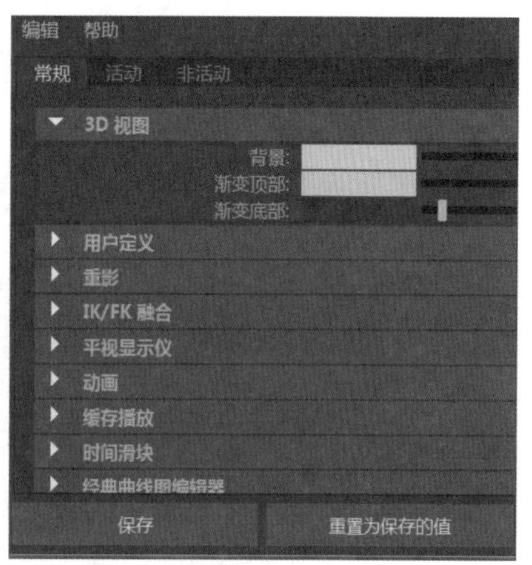

2.4 文件菜单

文件菜单下集合了操作场景文件的所有命令，如新建场景、打开场景和保存场景等。

Maya不仅可以储存自身的文件，还有固定的文件格式mb/ma，同时可以导出一些通用的格式，用于制作模型、动画、灯光等。还可以和别的软件进行互动，例如从Maya中导出obj格式在Max软件中也可以使用。这些文件格式可以在同一体系文件夹中统一管理。

步骤 01 执行“文件>项目窗口”菜单命令，如下左图所示。

步骤 02 打开“项目窗口”对话框，单击“新建”按钮，在“当前项目”文本框中输入新建工程的名称为New_Project（可根据项目要求来设置名称）。在“位置”后面输入工程目录所创建的路径。单击“接受”按钮，即可在指定的路径中创建一个名称为New_Project的工程目录，如下右图所示。

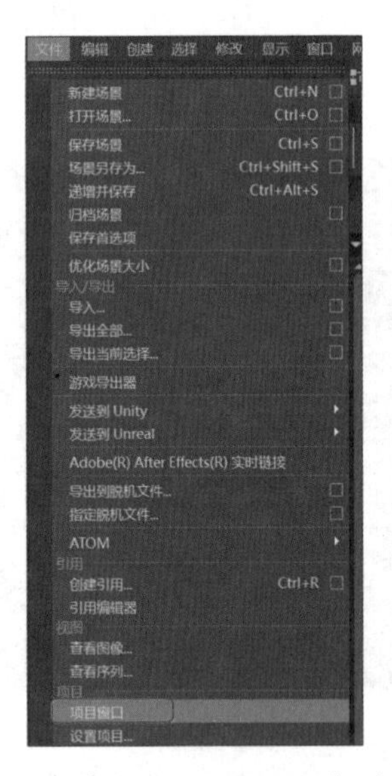

步骤 03 执行“文件>设置项目”命令，打开“设置项目”对话框，然后将项目文件目录指定到D:\Documents\maya\projects\default文件夹下，单击“设置”按钮，一般模型或动画文件都会放在scenes文件夹里，如下图所示。

提示：

在输入名称时最好使用英文，因为Maya在某些地方只支持英文，否则会出现无故报错。

知识延伸：捕捉工具的应用

在Maya中，如果用捕捉命令将对象捕捉到场景中的现有对象上，用户可以在状态栏中，显示捕捉图标，然后单击启用相应的捕捉按钮即可，如下图所示。

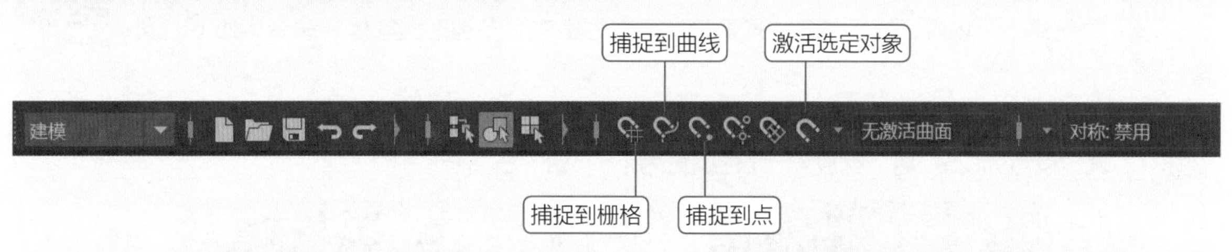

- **捕捉到栅格：** 捕捉到栅格工具，可以将对象捕捉到栅格上，快捷键为X键。当激活该按钮时，可以将物体在栅格上进行移动，如下图所示。

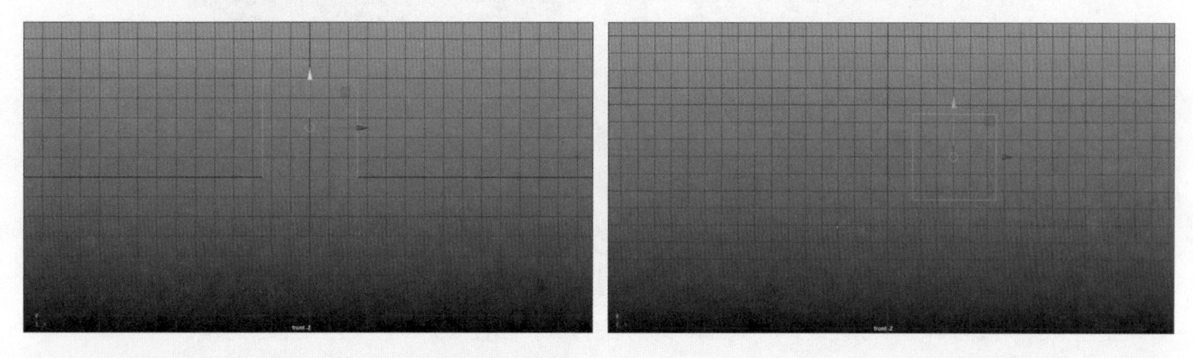

- **捕捉到曲线：**“捕捉到曲线”工具，快捷键为C。

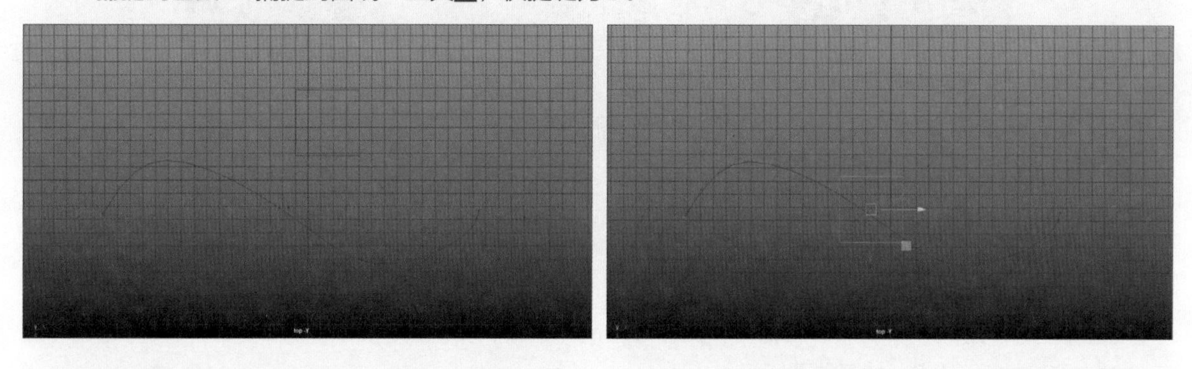

- **捕捉到点：**“捕捉到点”工具，快捷键为V。

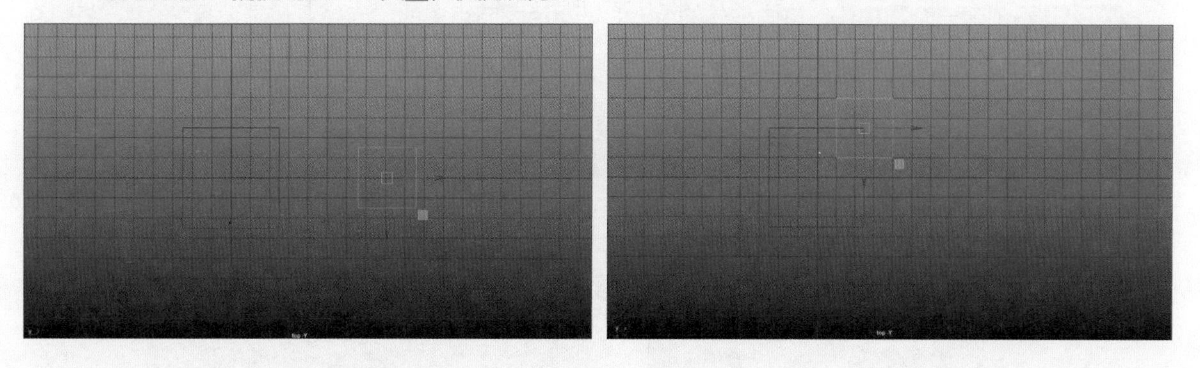

上机实训：制作钟表模型

采用本章以上学习的内容创建钟表模型，需要掌握的技术有：创建多边形基本体，复制对象，特殊复制对象，移动、旋转、缩放工具，分组命令等。

步骤 01 新建一个场景，执行“多边形建模”工具栏上的“多边形圆柱体”命令，如下左图所示。

步骤 02 在右侧属性面板中将圆柱体的“旋转Z”属性设置为-90，将“缩放X”属性设置为2.5，将“缩放Y”属性设置为0.5，将“缩放Z”属性设置为2.5，如下右图所示。

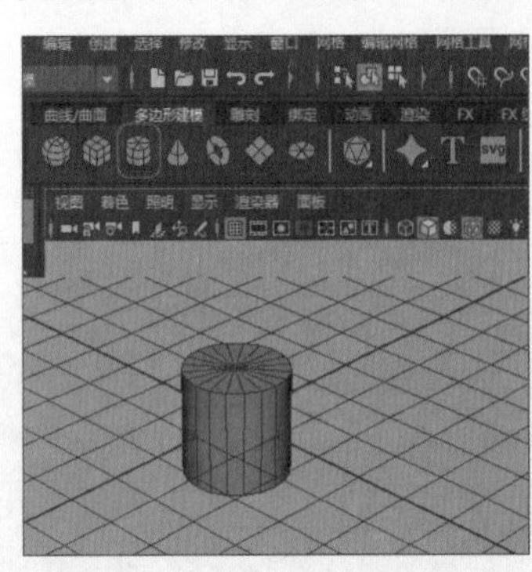

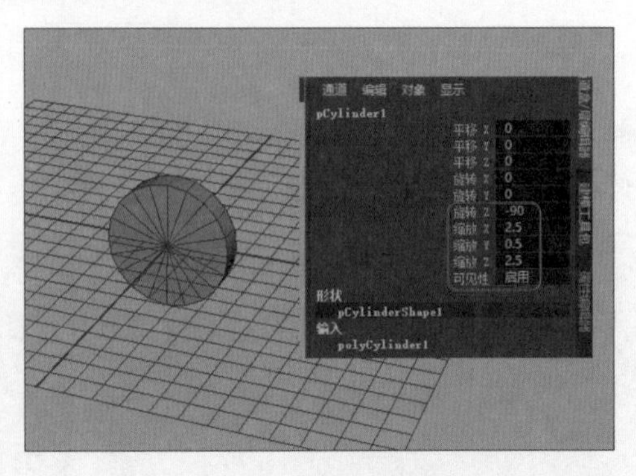

步骤 03 执行“多边形建模”工具栏上的“多边形圆环”命令，如下左图所示。

步骤 04 调整圆环的属性，将“旋转Z”属性设置为90，将三个轴向的缩放设置为10，将polyTorus1节点属性中的“截面半径”属性改为0.02,将“轴向细分数”属性改为50，如下右图所示。

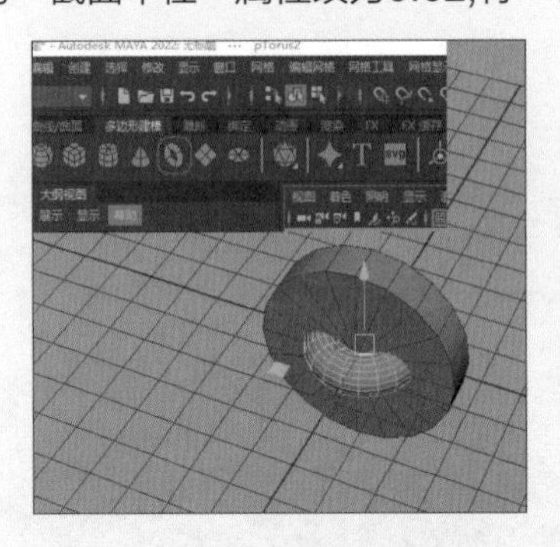

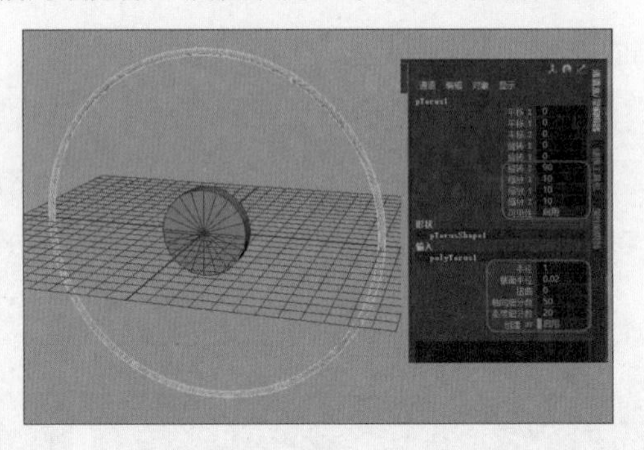

步骤 05 选中圆环，按Ctrl+D组合键，执行“复制”命令，复制出一个新的圆环，将新复制的圆环的三个轴向的缩放设置为9，如下左图所示。

步骤 06 再创建一个圆柱体，将圆柱体的polyCylinder2节点中的“半径”属性设置为0.1，将“高度”属性设置为22，如下右图所示。

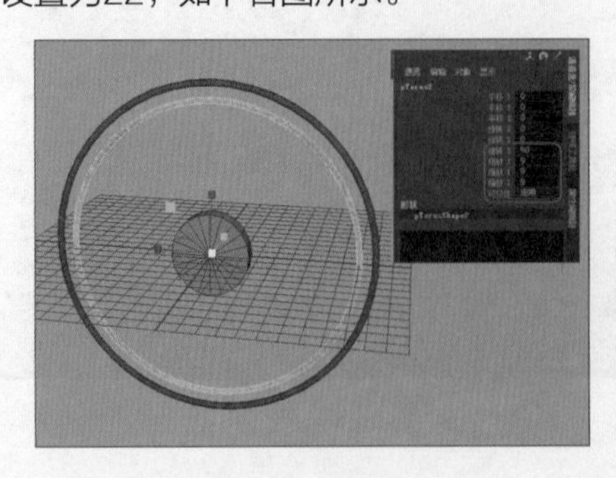

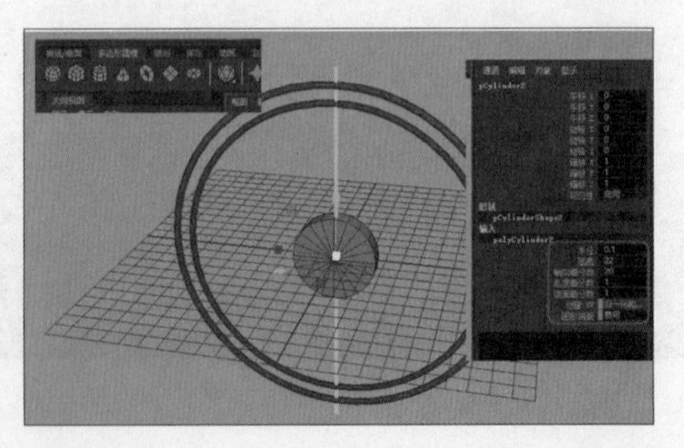

步骤 07 按Ctrl+D组合键，将圆柱体复制2个，分别移动到两侧，如下左图所示。

步骤 08 选中三个圆柱体，执行“编辑>分组”命令，也可以按Ctrl+G组合键来执行。这样就可以将3个圆柱体添加在一个组里，如下右图所示。移动这个group1的组就可以同时移动这三个圆柱体。

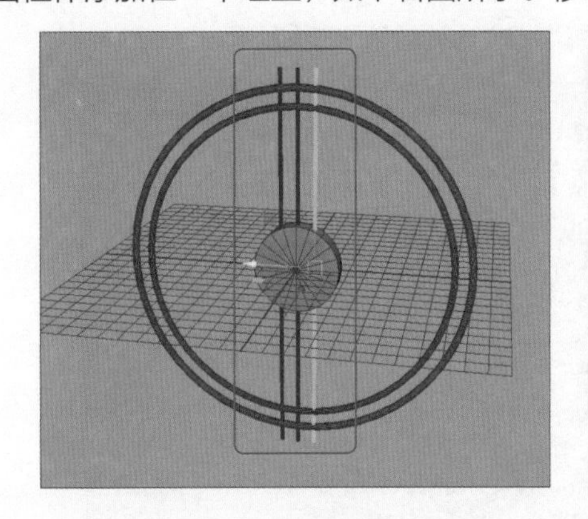

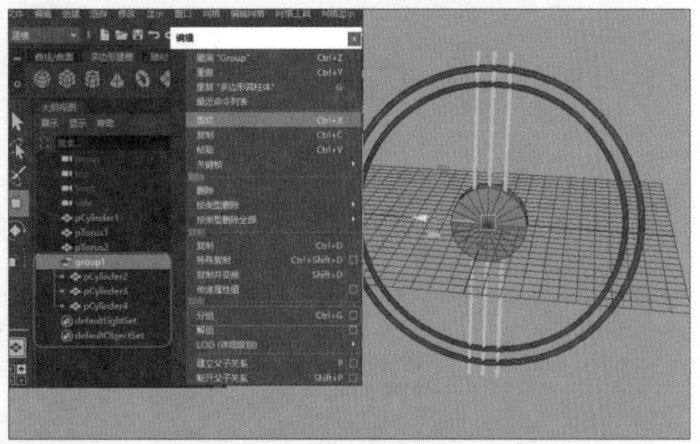

步骤 09 选中group1分组，按Ctrl+D组合键进行复制，就可以将group1里的所有模型复制一个出来，并将复制出的group2分组的“旋转X”属性改为-90，如下左图所示。

步骤 10 执行“多边形建模”工具栏上的“多边形圆锥体”命令，创建一个圆锥体，将圆锥体的“平移Y”属性改为8.3，将“旋转X”属性改为180，将三个轴向的缩放属性改成0.6，如下右图所示。

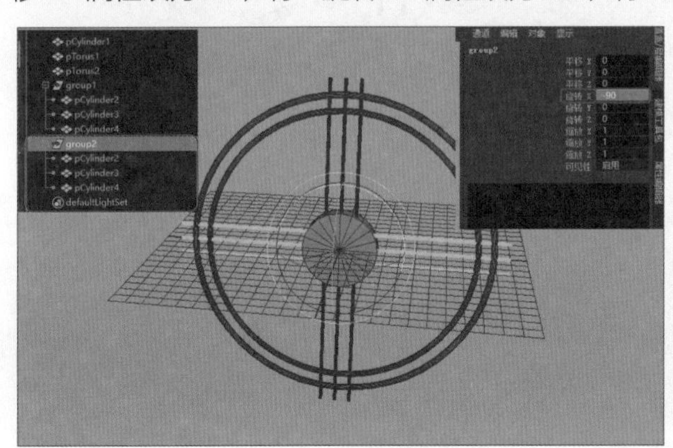

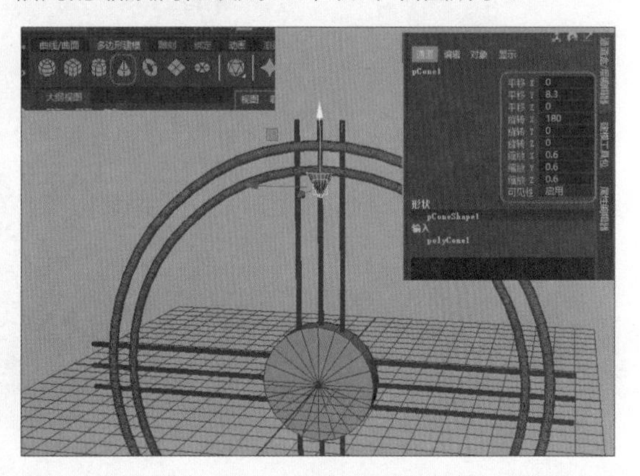

步骤 11 选中圆锥体，执行“编辑>分组”命令，给圆锥体添加一个分组，这时可以看到分组的坐标轴默认在原点位置上，如下左图所示。

步骤 12 选中group3圆锥体的分组，单击“编辑>特殊复制”命令后的小方块，打开“特殊复制选项”对话框。将“旋转”属性的第一格中的数值设置为30，将“副本数”属性改为11，单击“特殊复制”按钮执行特殊复制，如下右图所示。

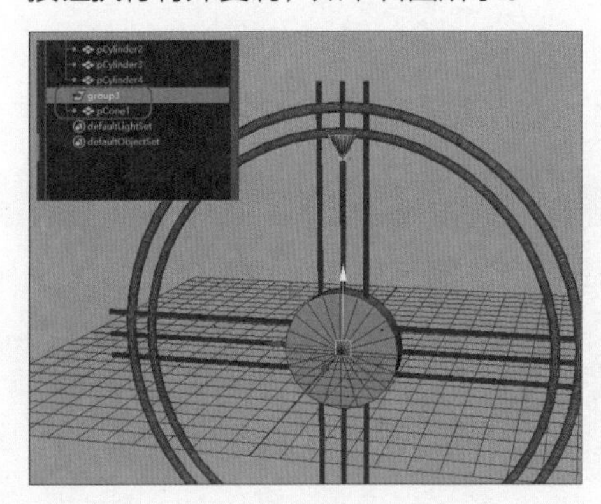

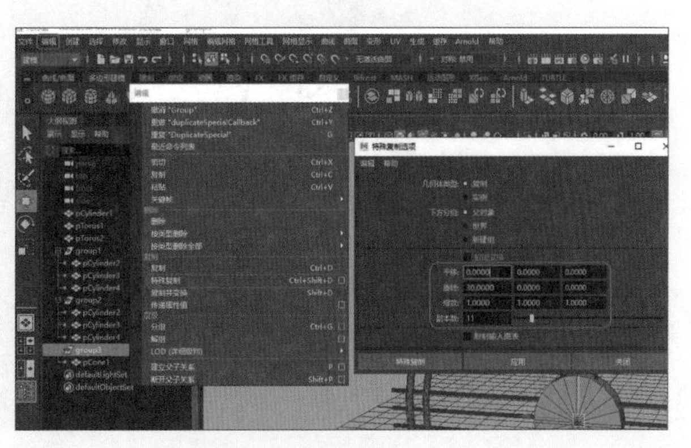

步骤13 这时可以看到因为圆锥体的分组的中心轴在原点上，所以圆锥体以原点为轴，以X方向每旋转30度就会创建一个新的椎体，这样就制作出了时钟的12个时间刻度，如下左图所示。

步骤14 下面开始制作时针和分针，再创建一个圆柱体，将它的“平移X”属性设置为0.5，将polyCylinder3节点中的“半径”属性改为0.1，将“高度”属性改为15，如下右图所示。

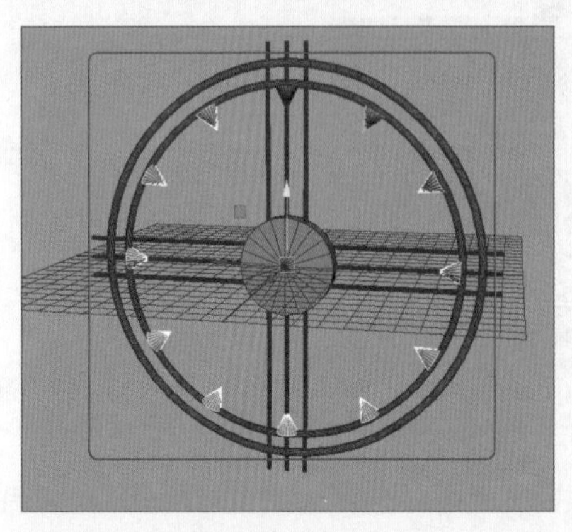

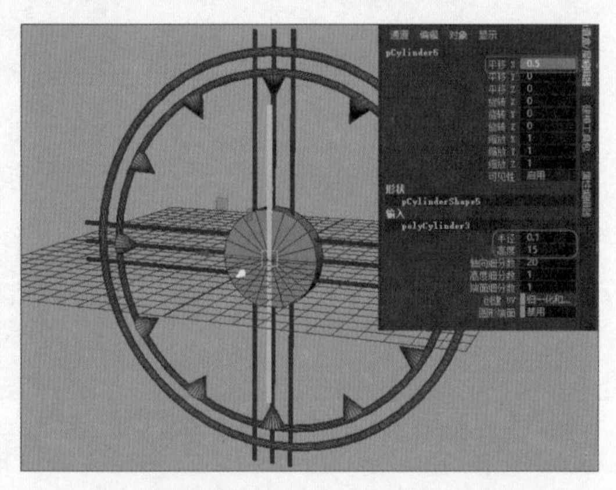

步骤15 选中圆柱体按住鼠标右键不放，在弹出的菜单中选择“顶点”命令，如下左图所示。

步骤16 选中圆柱体底板的顶点进行Y轴的移动，让圆柱体的一侧变短，如下右图所示。

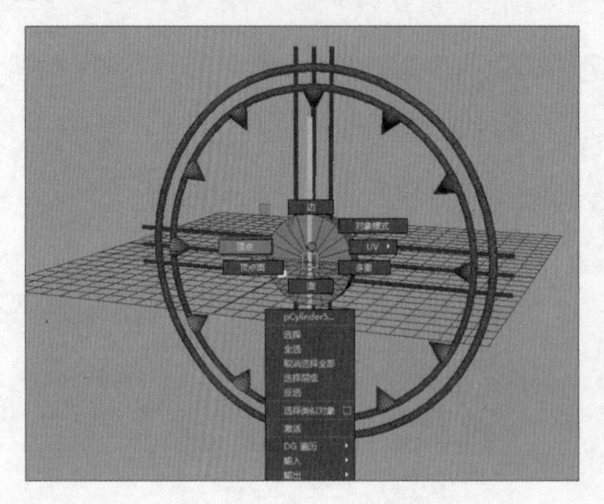

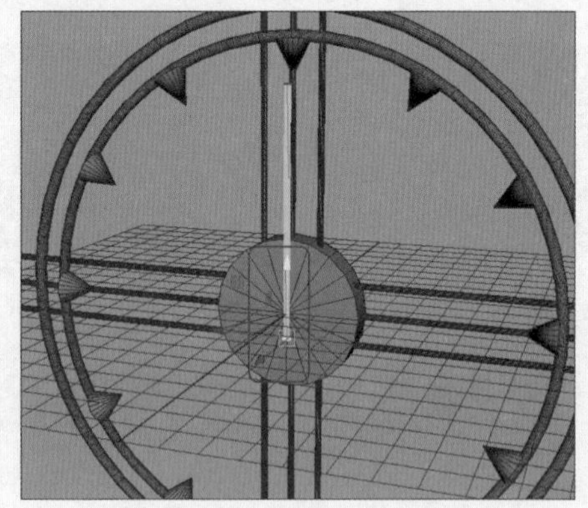

步骤17 将这个圆柱复制一个，用同样的方法将圆柱的顶部顶点向下移动，改变圆柱的长度，如下左图所示。

步骤18 选中2个圆柱体分别进行X轴的旋转，长的一个圆柱就是分针，短的圆柱就是时针，如下右图所示。这样就完成一个钟表模型的制作。如果分别给分针和时针的圆柱创建动画，就可以制作出一个时钟的小动画了。

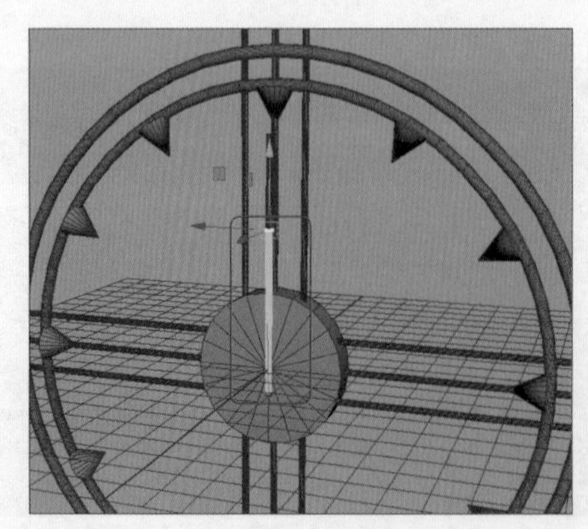

课后练习

一、选择题

（1）按住键盘上Alt键，然后按住鼠标左键进行移动，则（　　）。

A. 旋转视图　　B. 移动视图

C. 缩放视图　　D. 无变化

（2）在Maya 2022的系统默认设置下，打开Maya软件显示的默认视图为（　　）。

A. 侧视图　　B. 顶视图

C. 前视图　　D. 透视图

（3）在Maya 2022中组合物体的快捷键为（　　）。

A. Ctrl+E　　B. Ctrl+N

C. Ctrl+G　　D. Ctrl+Shift+O

（4）在Maya 2022中自定义视图背景的快捷键为（　　）。

A. Alt+E　　B. Alt+N

C. Alt+B　　D. Alt+O

二、填空题

（1）Maya 2022的视图区中可以使用快捷键来改变，大键盘中的__________键为线框模式。

（2）Maya 2022的视图区中原位复制的快捷键为__________。

（3）Maya 2022的视图区中切换视图分为________种操作方式，分别为________、________、__________和__________。

（4）在Maya 2022中单击键盘上的__________键，可以使对象最大化显示。

三、上机题

通过本章内容的学习，用户可以熟练掌握Maya 2022的基本操作，下面请打开Maya 2022并新建场景，创建一组桌椅板凳，效果如下图所示。

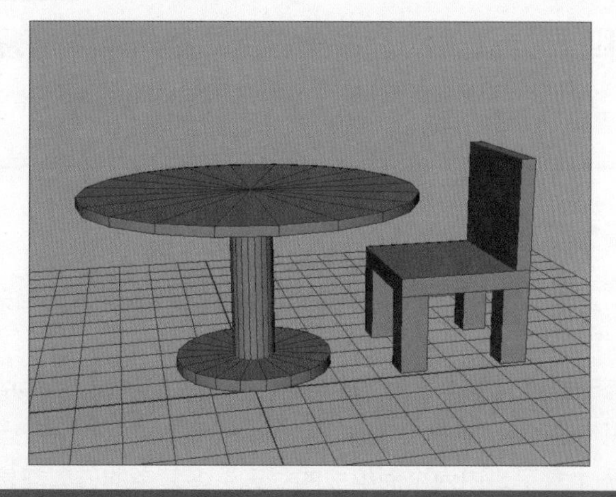

操作提示：

在多边形建模中，我们可以通过圆柱体的组合来完成圆几模型的创建，立方体的组合完成椅子模型的创建。

第3章 多边形建模技术

本章概述

建模是三维软件中最重要的，也是最基础的操作，本章将针对Maya初学者讲解如何创建多边形模型。从点、线、面等各方面了解Maya的建模方式，让初学者跳出二维思维模式，掌握三维空间的建模规律，最终制作出完美的三维模型。

核心知识点

❶ 了解多边形建模的基础知识
❷ 掌握多边形建模技巧
❸ 通过建模掌握模型的基本属性
❹ 了解实战中模型制作流程
❺ 学习如何创建立体文字

3.1 多边形建模基础

Maya 2020 软件中有很多模块，包括建模、绑定、动画、FX和渲染等，其中建模是其他模块的根基，创建一个规范且美观的模型对后续工作起到关键的作用。只有把模型创建好，后续才能有效地展示UV，设置好UV才能对模型制作贴图和材质，制作好正确的贴图和材质才能最终通过渲染得到一张高级的效果图。

在Maya中，建模主要分为多边形建模和曲面建模两种。多边形建模就是由多条边形成多组闭合的面围成的一个体积物，重点是要掌握点、线、面之间的关系。曲面建模则是专门为曲面物体设计的一种建模技巧，曲面建模很难制作有棱角的物体。所以针对不同造型的物体有更适合它们的建模方式，本章主要讲解多边形建模的方式和技巧。

在制作模型前，我们需要在Maya主界面左上方的模块下拉列表中选择“建模”模块选项，如右图所示。

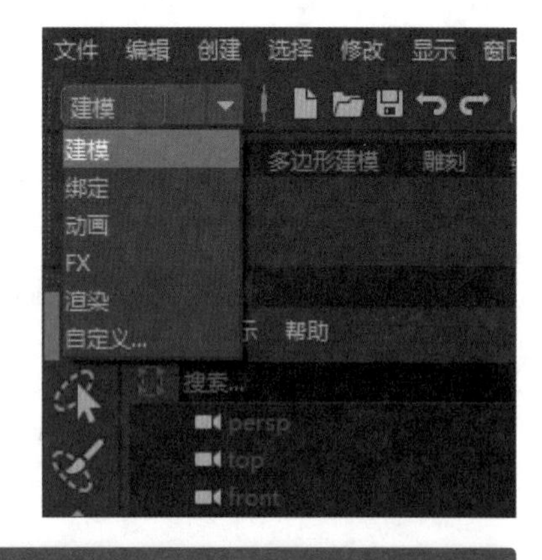

提示：只有多边形建模和曲面建模两种形式吗？

Maya主要以这两种形式为基础进行建模。但其他软件如ZBrush使用的是球形雕刻模式进行建模，有兴趣的同学可以自行了解。

3.1.1 多边形的概念及组成元素

在学习多边形建模之前，我们先来了解一些多边形的概念及组成元素的相关知识，方便之后更好地学习和理解多边形建模的原则和规律。

相信大家应该听过“点动成线、线动成面”这句话，那么在Maya软件中的点、线、面又有什么关系呢？在Maya中我们把点叫作“顶点”，把线叫作“边”，一个边是由两个顶点组成的，而一个面则是由两条以上的边组成的，如一个盒子是由六个面组成的。无论多复杂的模型都是由无数个基础面组成的，想学习如何做出好的模型就首先要掌握顶点、边和面的基本概念和操作，以及如何对它们进行创建、编辑和删除等。

顶点和边是不可以单独被渲染的，换句话说，因为单独的顶点和边不可以设置材质，所以不能在软件中被渲染出来。那么，如果想去制作一个“线”并把它渲染出来要怎么做呢？如果你想做一条线，需要做一个很细很长的圆柱形，这样才能被Maya渲染出来。

下左图为立方体的顶点，下中图为立方体的边，下右图为立方体的面。

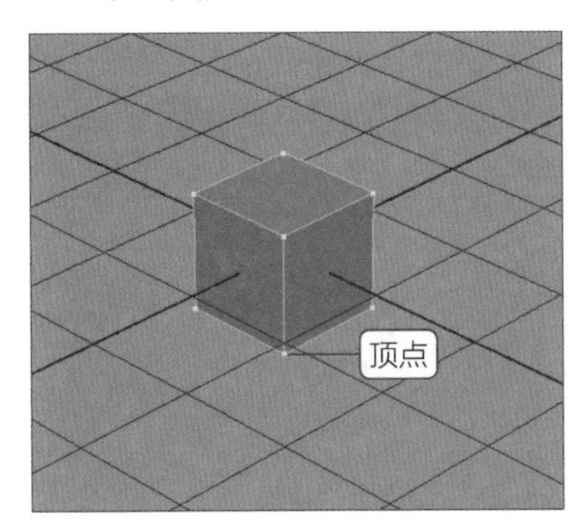

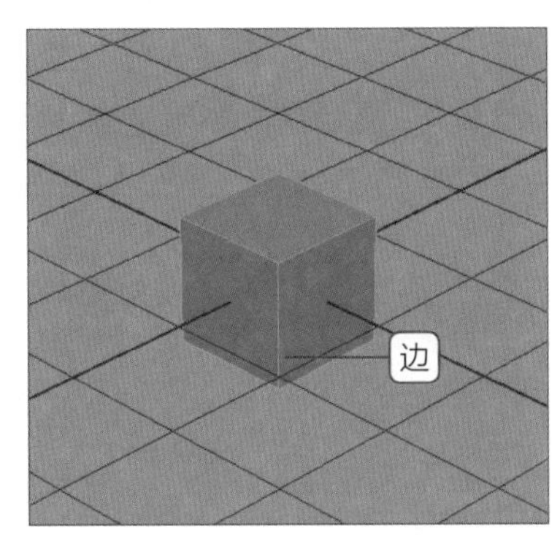

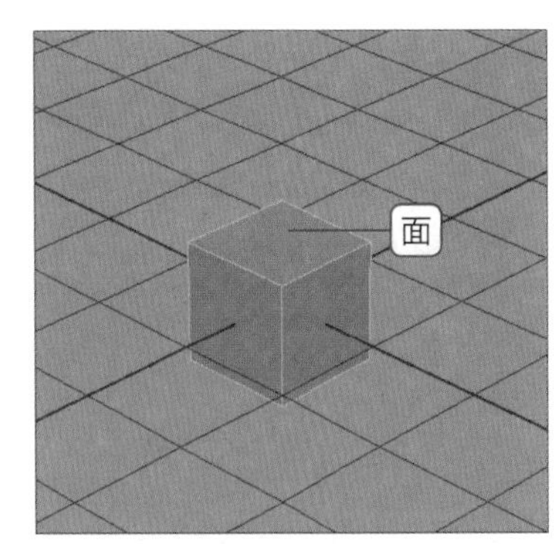

3.1.2 多边形的建模原则

在Maya中可以创建由多个边组成的面，但是超过四条边的面在后期制作中会存在很多不稳定的因素，例如无法正确地执行“平滑”和“倒角”命令等，所以在实际建模中一般只使用三边面和四边面，如下图所示。

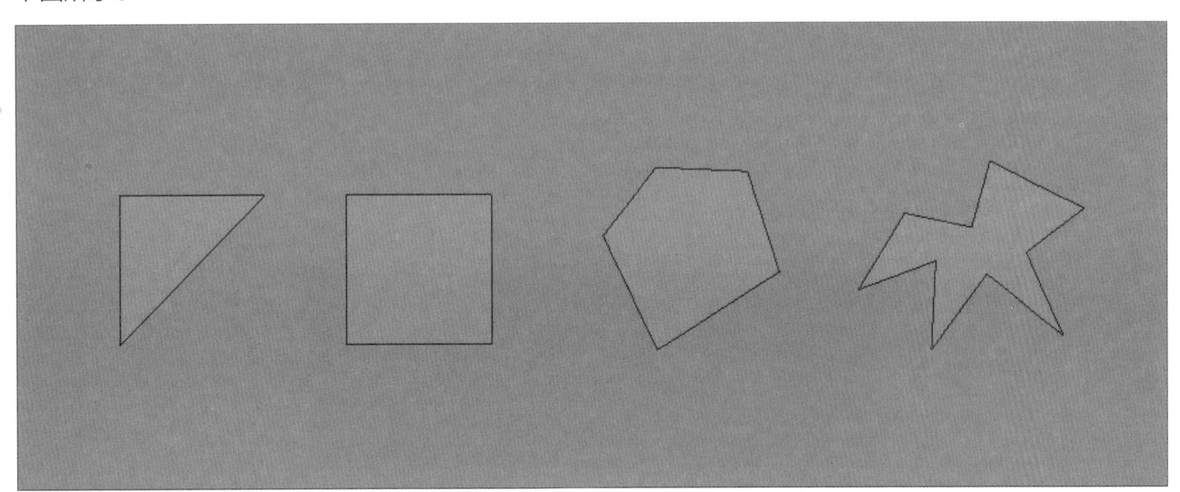

除了尽量保持模型三边面和四边面的原则外，还有一些建模规范也是需要初学者铭记在心的，具体如下：

- 不能有重叠的面
- 不能有未展开的面
- 一条边不能被三个面所共有
- 面上的一个顶点至少被三条边所共有
- 正确布线
- 尽量保持三边面和四边面

提示：尽量以四边面为主

虽然三边面的结构最为稳定，但考虑后续制作的方便性还是以四边面为主。如需三边面可以在模型制作完成后执行“建模>网格>三角化”命令，快速地将模型上所有四边面转换成三角面。

3.2 创建多边形对象

在Maya中，系统内置了多个多边形基本体，用户可以在这些基本体上进行外观的细节化处理，从而创建出造型复杂且形态各异的模型，如下图所示。创建这些多边形基本体有常用的几种方式，包括使用菜单栏命令、热盒菜单、工具架按钮命令和交互式创建，本节将会介绍这几种创建方式的区别和优势。

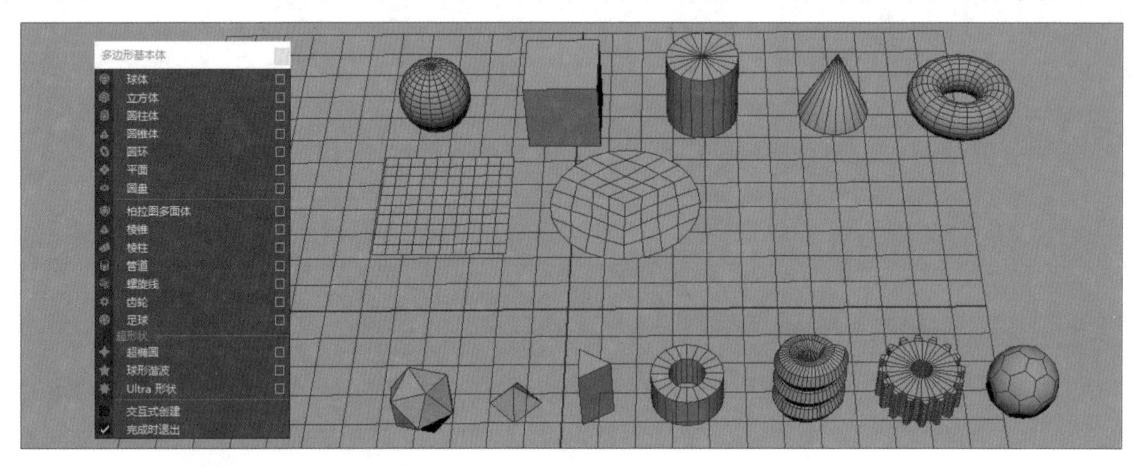

3.2.1 主菜单栏命令创建

下面演示通过主菜单栏命令创建一个球体，然后打开球体的属性面板，试着改动一下节点里的参数，观察节点对模型的外观会有哪些影响。

步骤 01 在主菜单栏中执行“创建>多边形基本体>球体”命令，如下图所示。这时在场景中就会创建出一个名为pSphere1的球体基本体。

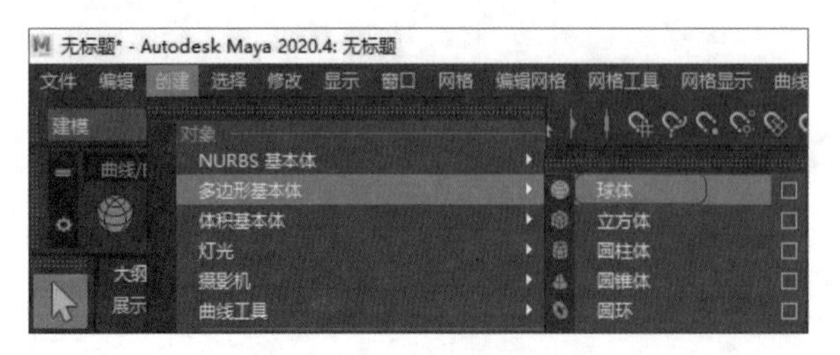

步骤 02 按Ctrl+A组合键，打开属性面板，在下方有一个名为polySphere1的节点，如下左图所示。

步骤 03 通过设置节点里的半径、细分等属性可直接改变球形基本体的大小和边的数量，如下右图所示。

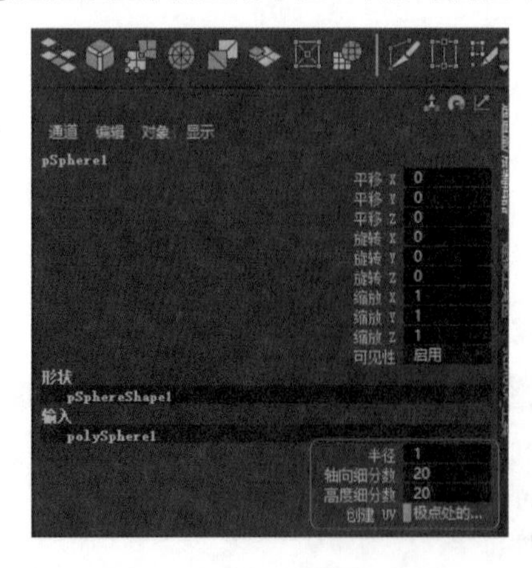

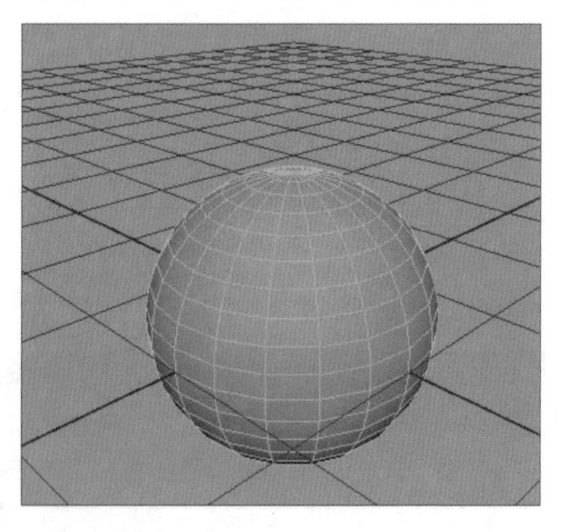

3.2.2 热盒菜单创建

在Maya的菜单命令中，可以看到有很多命令右侧都有方框的符号，如下左图所示。这个符号在Maya中称为“热盒”，执行“球体”热盒命令，会弹出一个“多边形球体选项”对话框，如下右图所示。在“多边形球体选项”对话框中先设置“半径”为2，再单击“创建”按钮，即可在场景中获得一个半径为2的球体基本体。

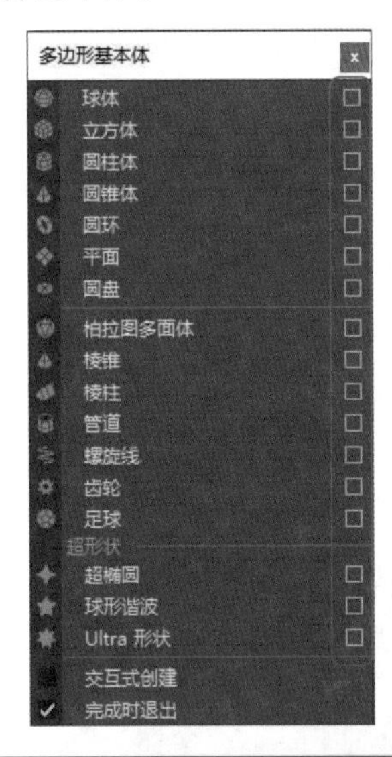

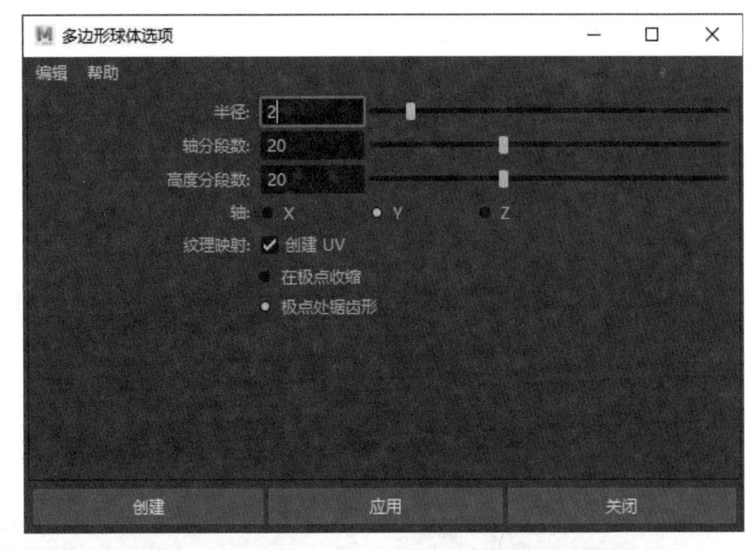

提示：热盒的使用技巧

在Maya中很多命令都有“热盒”功能，在使用命令前可以先执行“热盒”功能，了解其中的属性参数，灵活地运用“热盒”功能可以更高效地使用Maya进行建模。

3.2.3 工具架按钮命令

除了通过菜单栏执行建模命令外，Maya还将一些比较常用的命令放在了工具架中，方便用户更快速高效地执行命令。下面我们还是以创建球体为实例介绍使用工具架进行建模的技巧。

将工具栏选项卡切换至“多边形建模”模式，可以在工具栏上看到一排图标按钮，如下左图所示。单击第一个“多边形球体”按钮，即可在原点处创建出一个球体基本体，如下右图所示。

双击工具栏上的“多边形球体”按钮，同样可以打开“多边形球体选项”对话框。

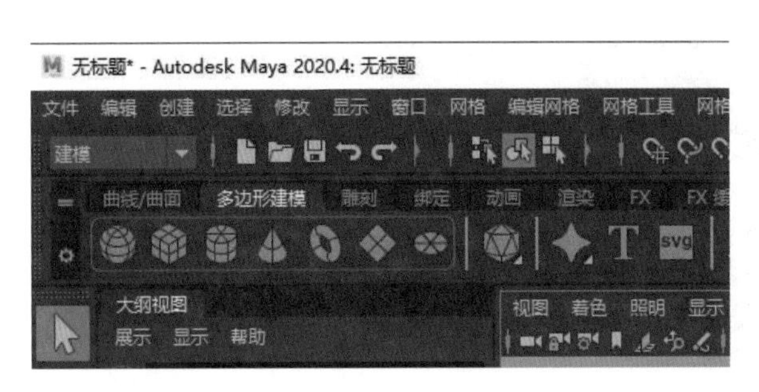

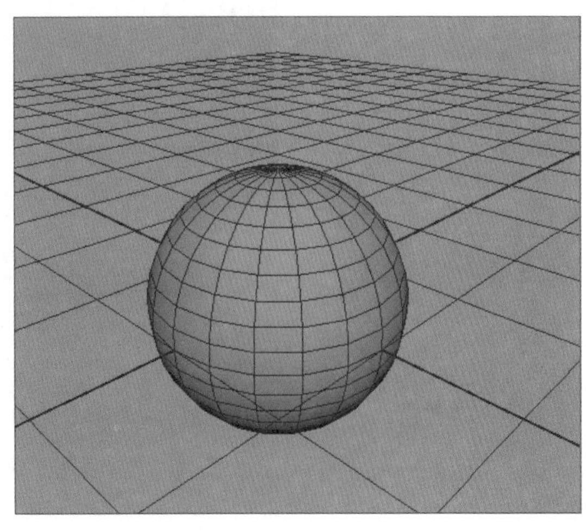

3.2.4 交互式命令创建

除了上述三种创建模型方式外，用户还可以根据场景创建中的实际需要自由调整大小和位置来进行模型的创建，本小节将介绍如何通过交互式命令进行建模。

首先在“创建>多边形基本体”面板里勾选“交互式创建”复选框，如下左图所示。再执行“创建>多边形基本体>球体”命令，这时不会在场景中直接创建一个球体，而是需要在场景栅格（网格）上进行鼠标拖拽。按住鼠标左键不放，拖拽鼠标时会发现场景中正在创建一个球体，随着鼠标的拖动球体的体积也会变化，这就是交互式创建模式，如下右图所示。

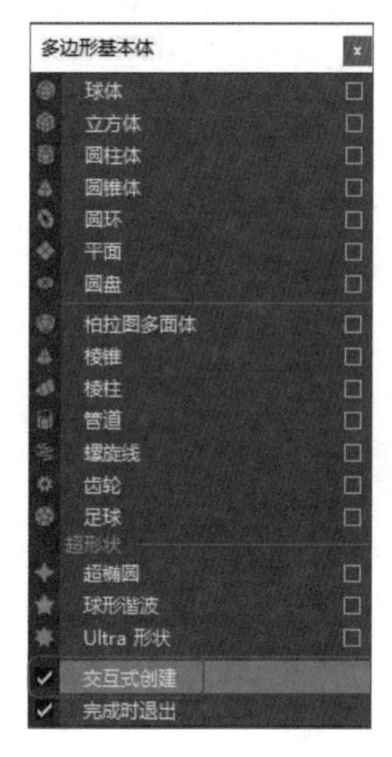

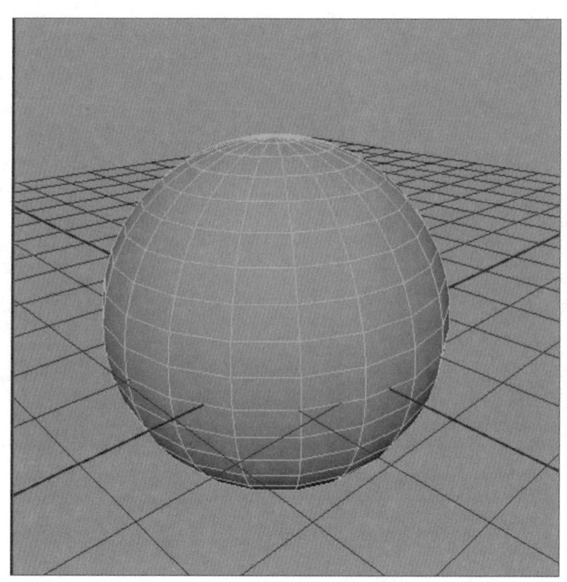

3.3 编辑多边形对象

上一节我们讲解到如何创建多边形对象，本节将讲解如何编辑多边形对象。学习编辑多边形对象之前，我们要对多边形对象的组件有所了解，在“选择>组件”的子菜单中显示组件菜单，如下图所示。

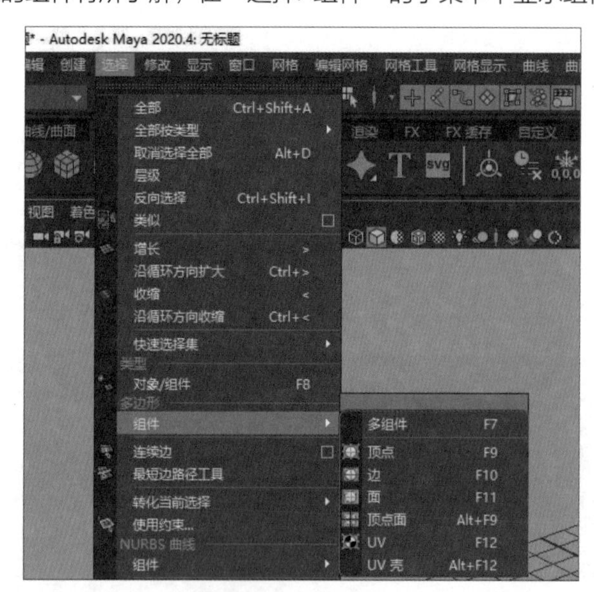

在“组件”子菜单中包括“多组件”“顶点”“边”和“面”等模式，下面介绍这些模式都有什么区别以及如何开启这些模式。

- **多组件：**按F7功能键可开启“多组件”模式，在多组件模式下可以选择顶点、边和面，无须在其他模式之间进行切换。当在多组件模式下对模型进行框选时，Maya将会选中所有的顶点。如果在选择模型面的情况下进入“多组件”模式，框选模型则会选中所有的面。
- **顶点：**按F9功能键可开启“顶点”组件模式，或者是在模型上单击鼠标右键，在弹出的快捷菜单中选择“顶点”组件模式。开启“顶点”组件模式后，就可以选择模型上的任意一个顶点，在此模式下只能对模型的顶点进行选择，如果需要编辑模型的边或面要进入相对应的组件模式。
- **边：**按F10功能键可开启“边”组件模式，或者是在模型上单击鼠标右键，在弹出的快捷菜单中选择“边”组件模式。开启“边”组件模式后，就可以选择模型上的任意一条边，边不仅可以进行移动操作，也可以进行旋转和缩放的操作。
- **面：**按F11功能键可开启“面”组件模式，或者是在模型上单击鼠标右键，在弹出的快捷菜单中选择“面”组件模式。在面的模式下可以对模型上的面进行操作，但要注意的是，Maya中的面是有“正面”和“反面”的，通过法线来决定哪个面是“正面”，因为默认情况下只有模型的“正面”才会被渲染出来。即使很多三维软件中可以设置双面渲染，但是如果是在模型的法线不正确的情况下进行其他操作，则会出现一些问题。

3.3.1 插入循环边命令

在Maya中进入多边形组件模式后，要开始学习如何对模型的顶点、边和面进行更复杂的操作。因为一个边是由2个顶点组成的，而面是由多个边构成的，所以可以理解为我们只要对边进行编辑就可以同时影响顶点和面。下面我们先学习关于边的操作。

步骤 01 先在场景中创建一个立方体，如下左图所示。

步骤 02 选择“建模 > 网格工具>插入循环边”工具，如下右图所示。

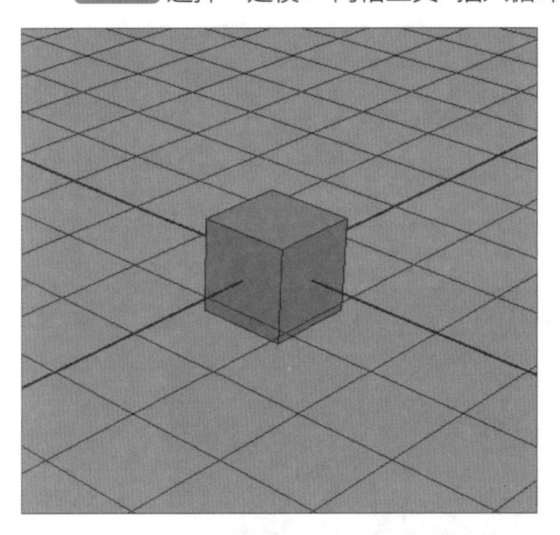

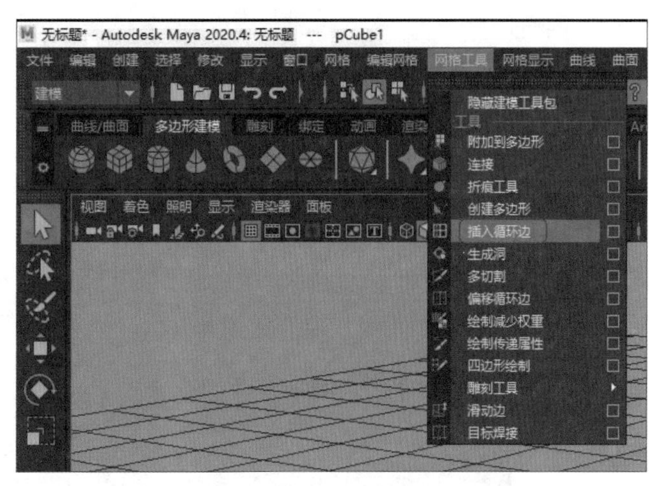

步骤 03 在立方体的一条边上单击或者拖拽，即可在立方体上创建出一条环形边，如下页左上图所示。

步骤 04 创建好循环边后的效果，如下页中图所示。如需退出“插入循环边”模式，要单击左边工具栏的选择按钮，或者按键盘W、E、R键，如下页右上图所示。

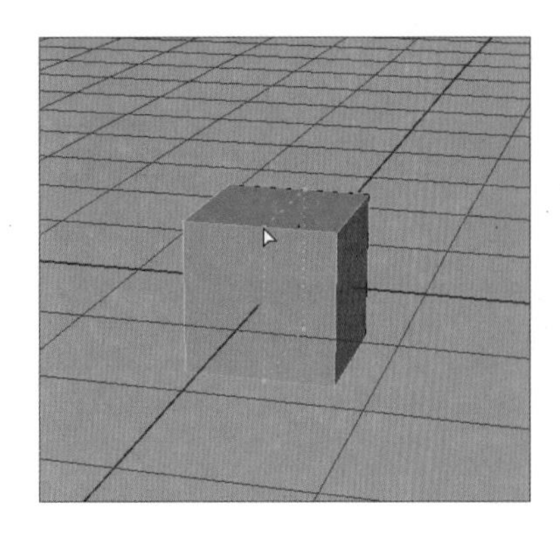

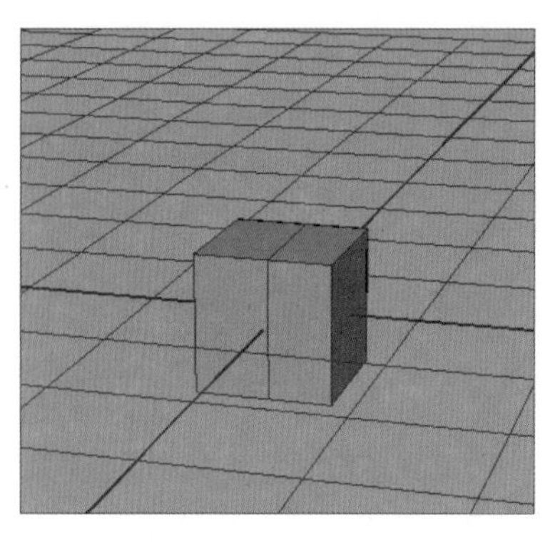

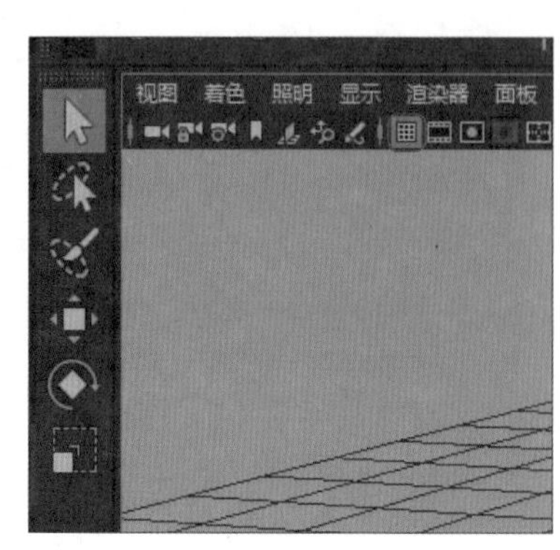

步骤 05 选中立方体，按F10功能键再次进入编辑边组件模式，选择立方体上方中间的一条边，如下左图所示。

步骤 06 然后按键盘W键向上移动这条边，如下右图所示。通过对边的移动、旋转和缩放就可以改变立方体的形状。

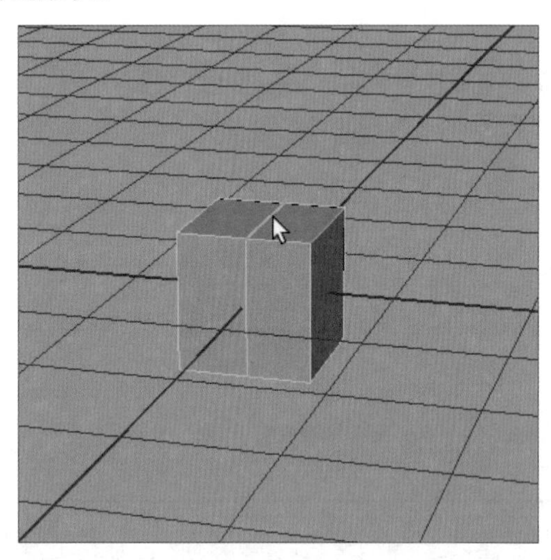

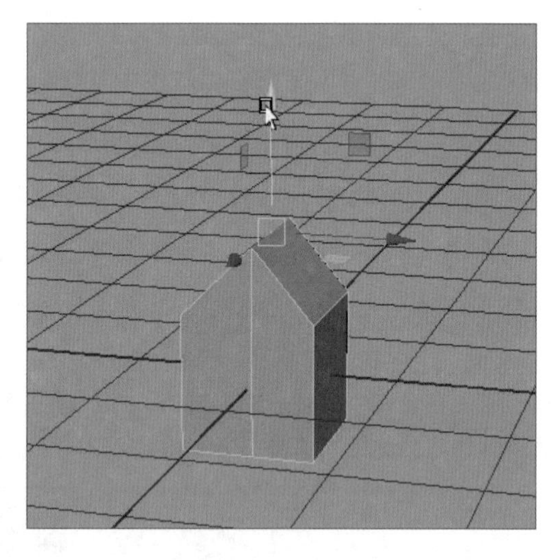

步骤 07 执行“建模 > 网格工具>插入循环边”热盒命令，如下左图所示。

步骤 08 弹出“工具设置”对话框，在该对话框中可以设置插入循环边工具的三种不同模式，如下右图所示。

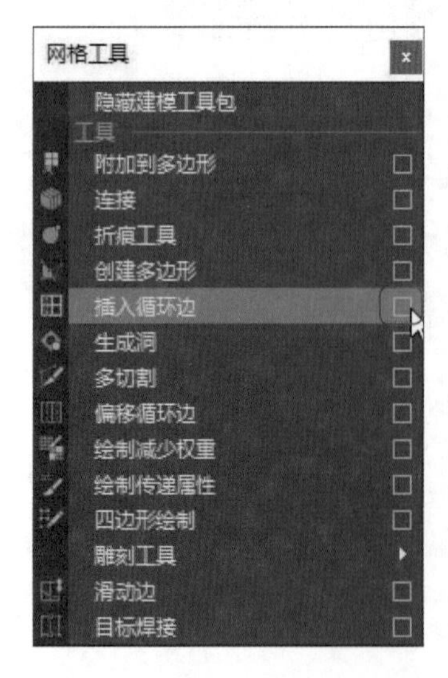

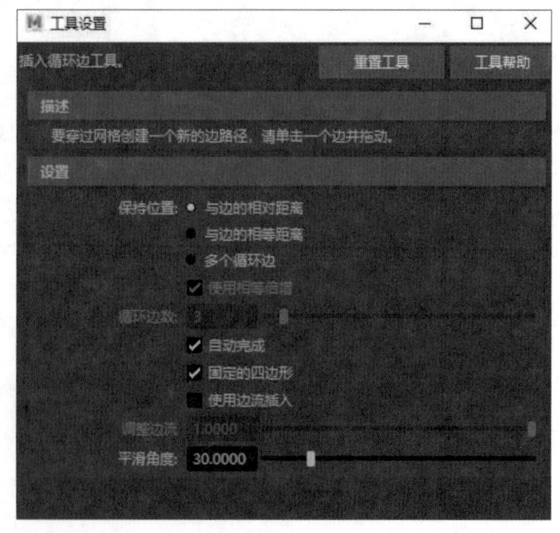

（1）与边的相对距离

在插入循环边工具设置里选择“与边的相对距离”并在刚才调整过的立方体上单击并拖拽，会创建一个跟立方体的边有着相似造型的循环边，如下左图所示。执行的时候，越拖拽接近立方体的底部，这条将要新生成的边就越会接近底部边的形状，如下中图所示。如果这个边越接近立方体的顶部，就会越像立方体顶部边的形状，如下右图所示。注意，这种模式是按照上下边形状的百分比进行计算的。如果是在两条边的正中间新添加一条边，那么这条边就会有50%上面边的形状和50%下面边的形状。

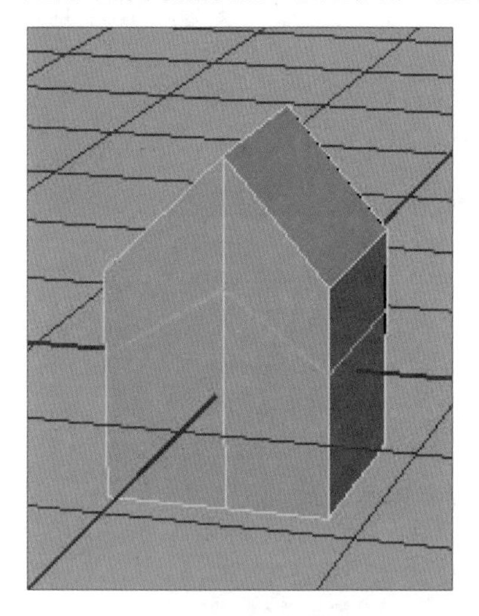

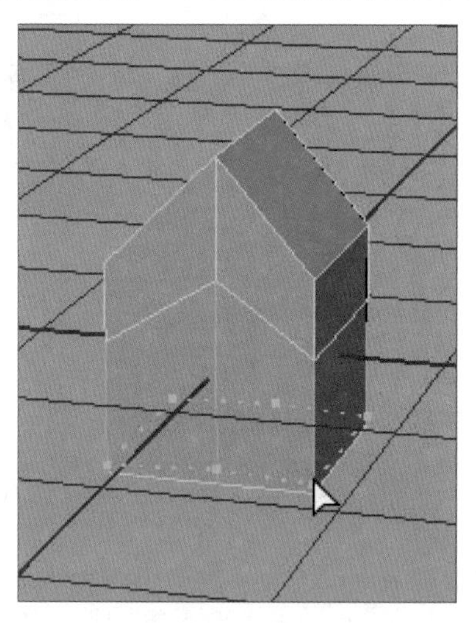

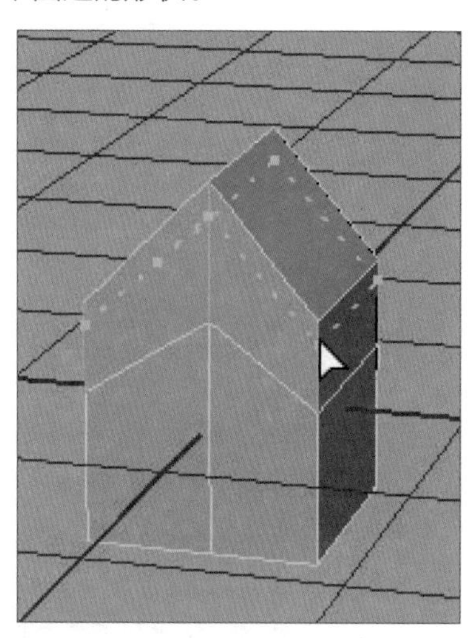

（2）与边的相等距离

选择“与边的相等距离”并在立方体靠近上方边的位置单击并拖拽，会发现在预览模式下将要创建的边的形状跟上面边的形状是完全一样的，如下左图所示。并且就算拖拽到立方体的底部，将要创建的边的形状也不会改变，如下中图所示。如果是在靠近底部的时候执行，将要创建的边的形状会跟底部边的形状保持一致，如下右图所示。

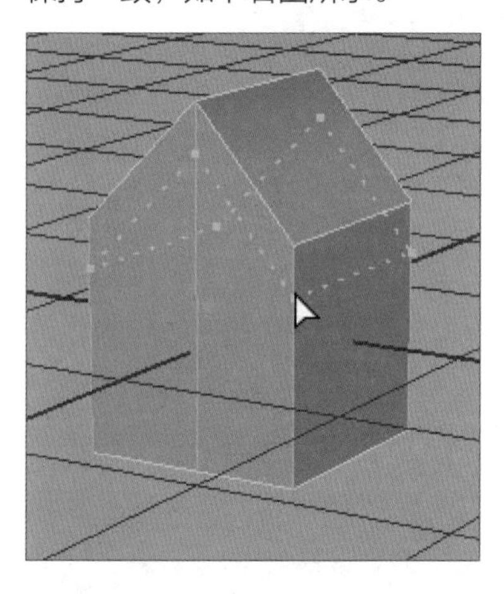

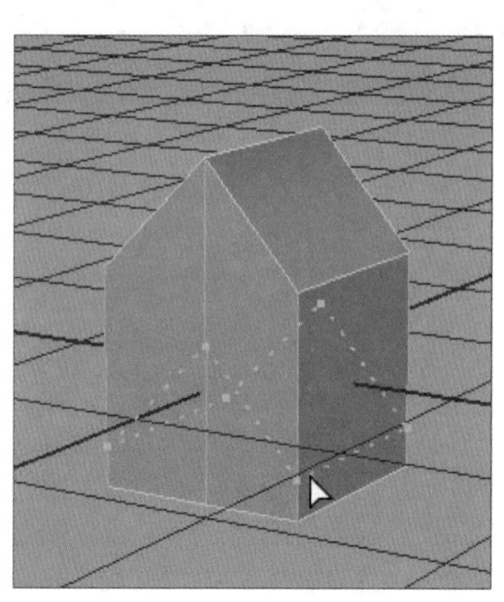

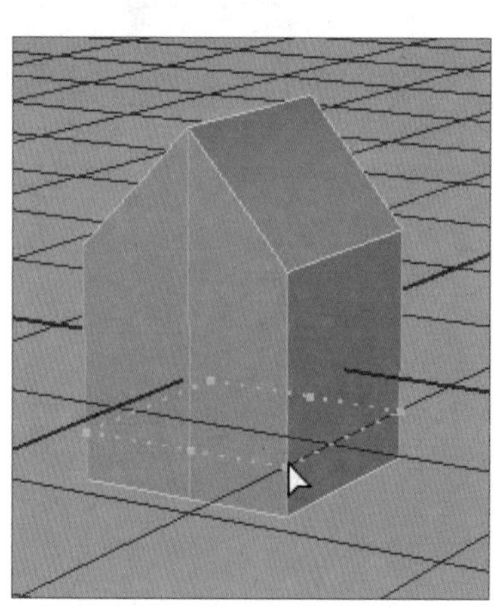

（3）多个循环边

“多个循环边”模式可以同时按照“与边的相对距离”模式创建多条循环边，默认的“循环边数”是3，在立方体上执行的效果如下页左上图所示。我们也可以设置不同的参数，例如设置“循环边数”为20再执行，可以生成20条间距相等的循环边，如下页右上图所示。

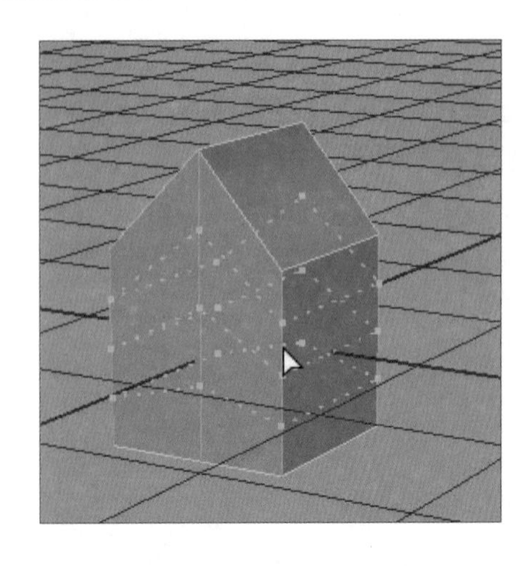

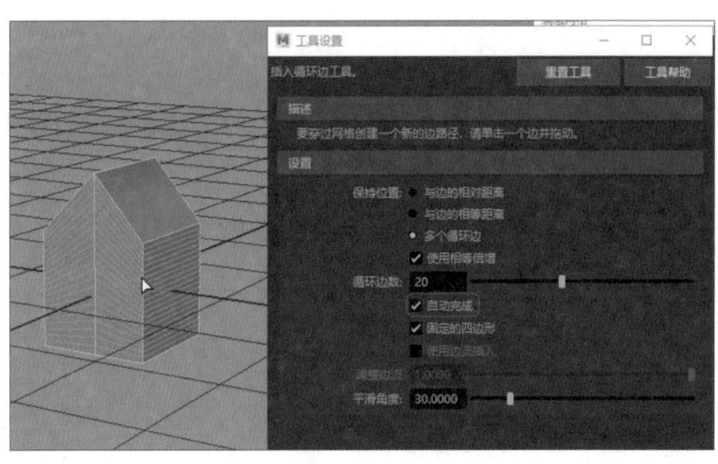

3.3.2 边的连接命令

添加循环边还有一种相对简单的命令，类似于插入循环边中的“多个循环边”命令。执行“建模>网格工具>连接”热盒命令，打开热盒会弹出连接命令的“工具设置”对话框，如下图所示。

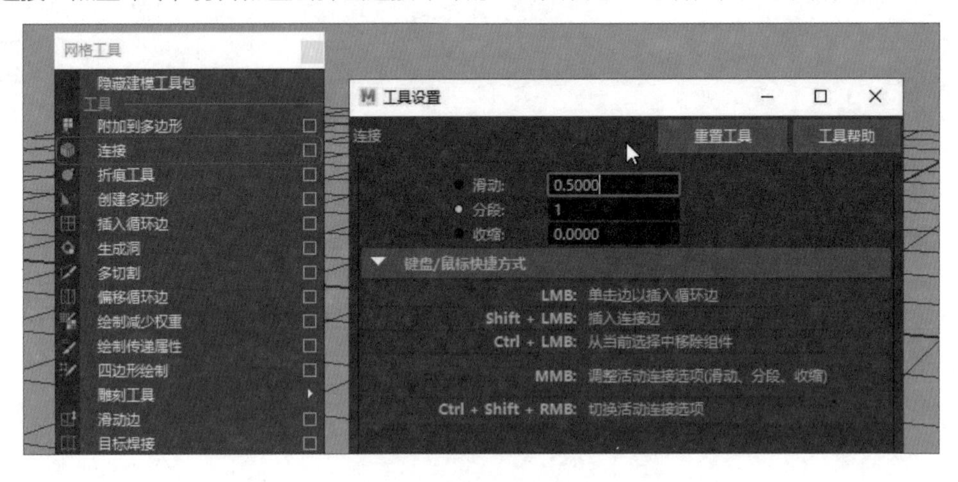

下面以圆柱体为例介绍“工具设置”对话框中设置“分段”参数的方法。

步骤 01 在场景中创建一个圆柱体，如下左图所示。

步骤 02 按F10功能键进入边组件模式，并选中一条边，在“连接”命令的“工具设置”对话框中将“分段”属性设置为3，并执行“连接”命令，可以看到在所选择的这条边上平均创建出3条间距相等的循环边，如下右图所示。

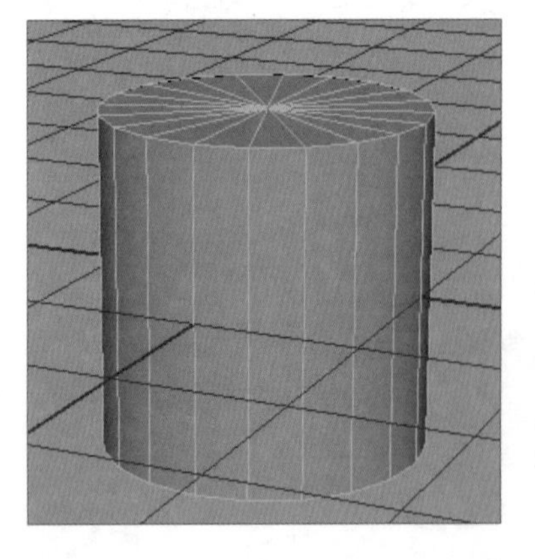

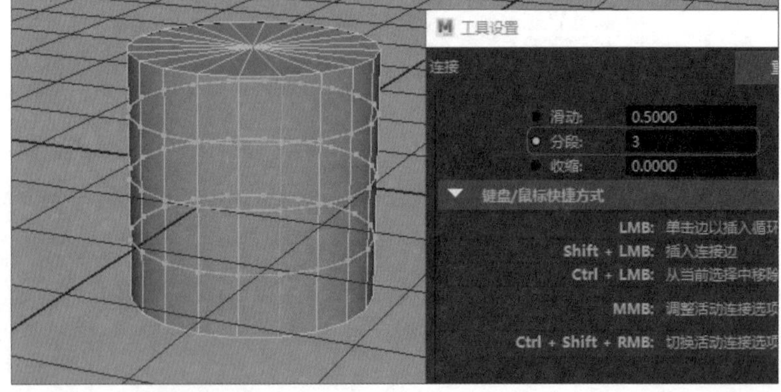

步骤 03 在执行“连接”命令后，圆柱体上会出现绿色带点的循环边，这其实是预览模式，并未结束“连接”命令的操作，这时在“工具设置”对话框中继续调整“分段”的数值，可以继续对这些循环边的数量进行调整。下左图为将“分段”值设为5的效果，下右图为将“分段”值设为10的效果。

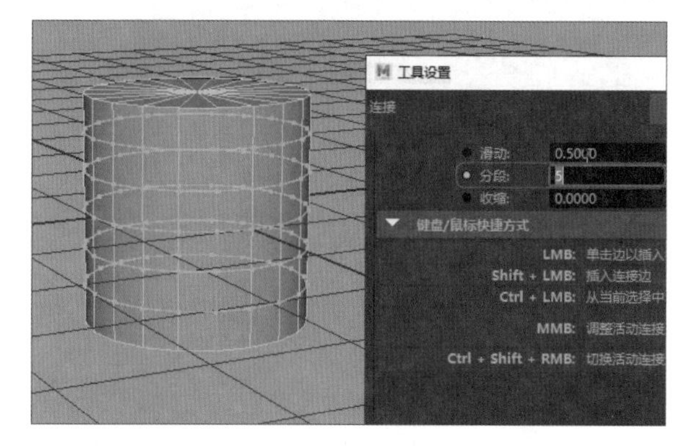

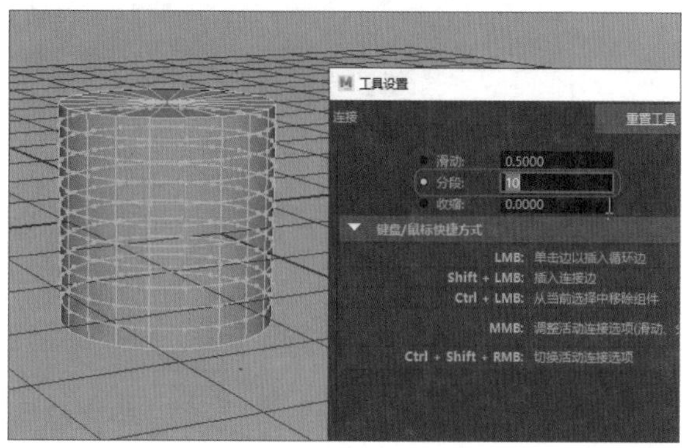

步骤 04 调整完成后，需要单击左侧工具栏中的选择按钮，或者按键盘上的W、E、R键退出“连接”模式，如下图所示。结束时Maya会默认选中这些新添加的循环边，方便用户对这些循环边进行下一步操作。

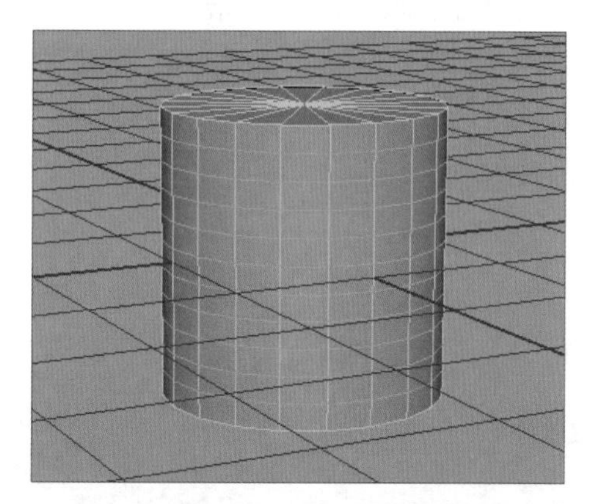

提示：用字母简称替代鼠标的操作

在Maya中，我们可以使用一些字母简称来替代鼠标操作，常用的如下：

- LMB=鼠标左键
- MMB=鼠标中键
- RMB=鼠标右键

3.3.3 边的多切割工具

在使用Maya进行多边形建模的时候，除了添加循环边以外，还可以通过“多切割”工具根据自己的需求在模型上添加边，还可以在模型上绘制出所需要的形状进行模型的拓扑。

下面介绍使用“多切割”工具调整立方体的方法。

步骤 01 在场景中创建一个立方体，执行“建模>网格工具>多切割”命令，光标会变成一把小刀的形状。

步骤 02 移动光标，当靠近某条边的时候，这个边会以红色显示，表示单击将会在这条边上创建一个起始点并进行切割，如下页左上图所示。如果光标移动到靠近顶点的位置时，这个顶点会以黄色方框显示，表示将这个顶点设置为起始点进行切割，如下页右上图所示。

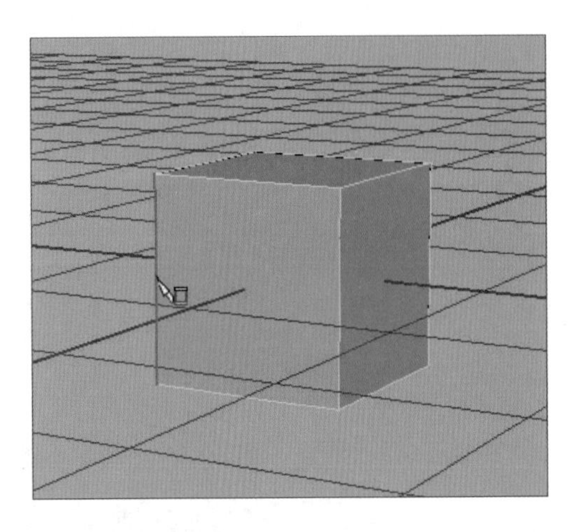

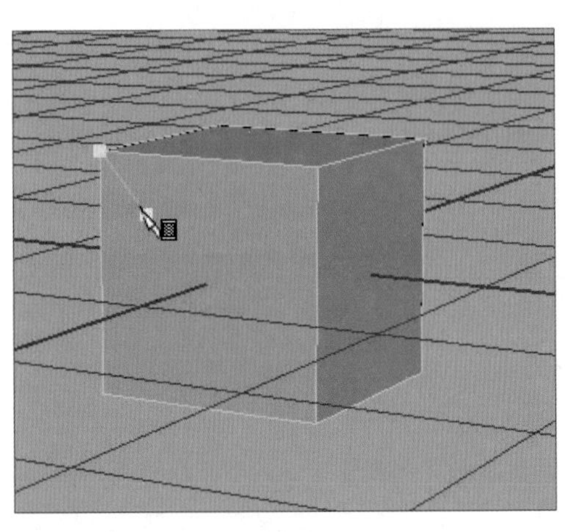

步骤 03 先从切割边开始演示。首先将光标靠近立方体的一条边，当边变成红色后按住鼠标左键不放，会看到单击的位置出现了蓝色的方框并显示出一个百分比的数字，如下左图所示。这表示在这条边的43.16%的位置开始创建一个顶点，这个顶点将成为切割边的起始点。

步骤 04 释放鼠标左键，在对面的边上再次按住鼠标左键不放，可以在另一条边上也创建一个顶点，同样会显示这个顶点在这条边上的百分比位置，如下右图所示。

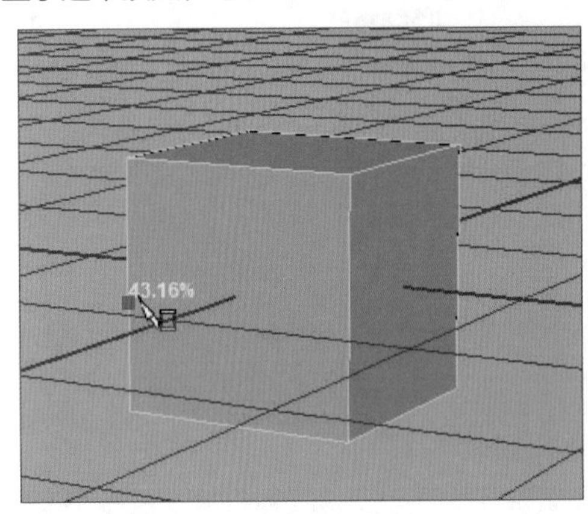

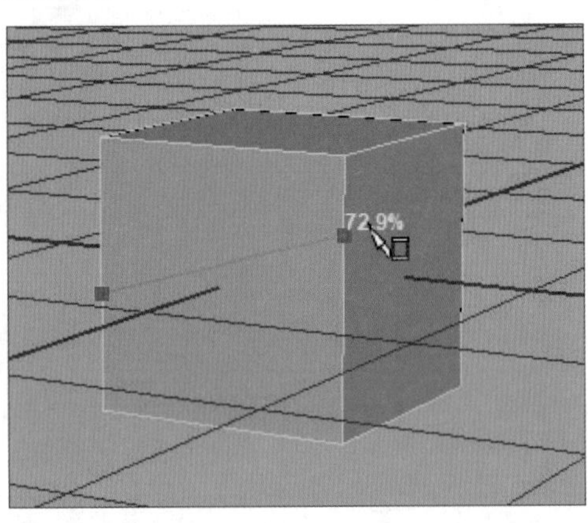

步骤 05 释放鼠标左键，将会在立方体上看到一条橙色的线，并且两头都有蓝色的方框，如下左图所示。

步骤 06 此时并没有完成“多切割”工具创建边的全部步骤，单击一个蓝色的框，蓝色的框会变成红色，如下右图所示。

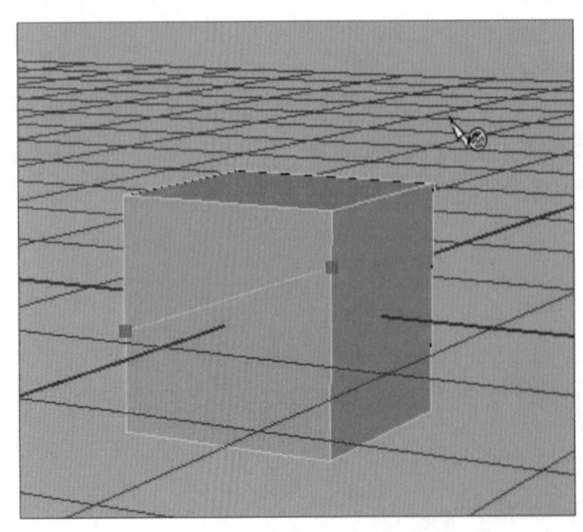

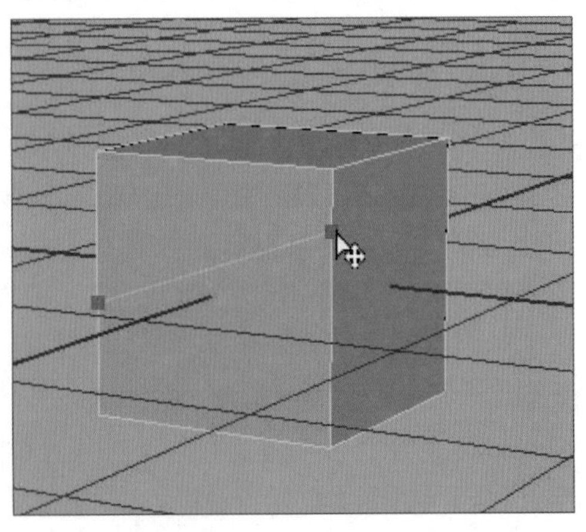

步骤07 选择这个红色的框上下拖拽，可以对这个顶点的位置进行编辑，如下左图所示。确定好位置后，单击鼠标右键完成一条边的创建。

步骤08 创建完成后，效果如下右图所示。

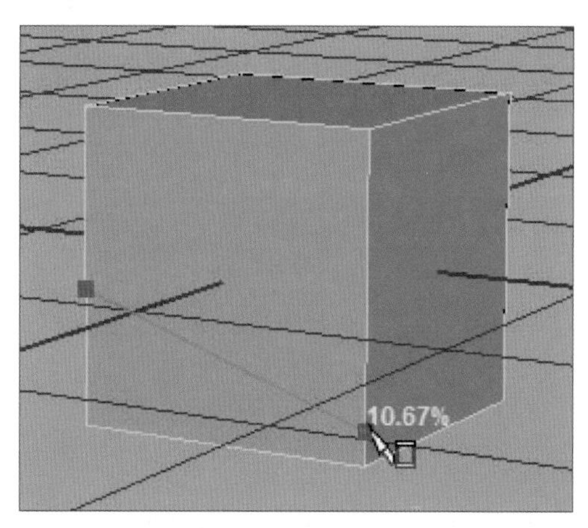

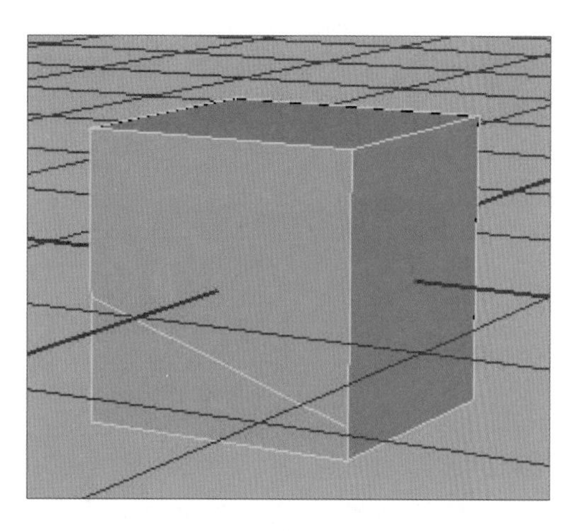

步骤09 此时光标还是小刀的形状，说明当前还在“多切割”模式下，还可以继续切割立方体，如下左图所示。

步骤10 在立方体的边上随意单击几个点，并调整点的位置，如下右图所示。

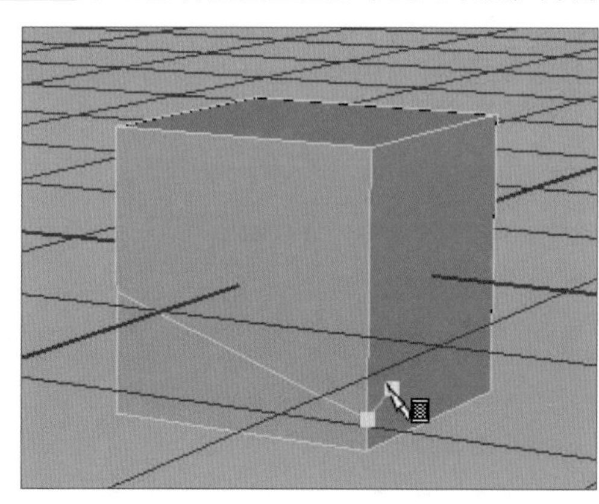
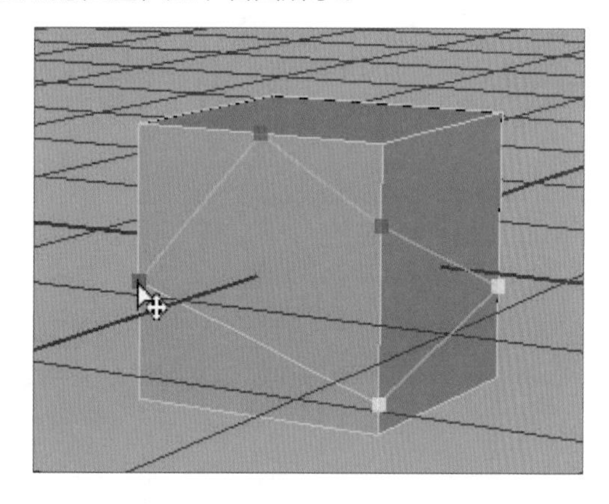

步骤11 单击鼠标右键可以结束操作，如下左图所示。

步骤12 再单击左侧工具栏的选择按钮，或者按键盘上的W、E、R键退出“多切割”模式，光标恢复原来的形状。按F10功能键进入边组件模式，可以对立方体的边再次进行移动、旋转和缩放等编辑操作，如下右图所示。

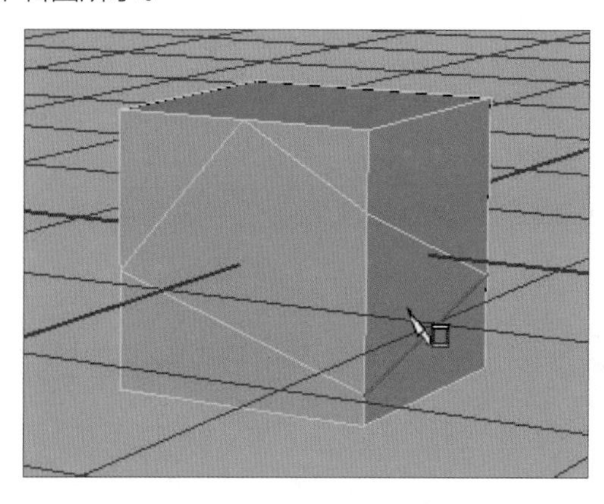
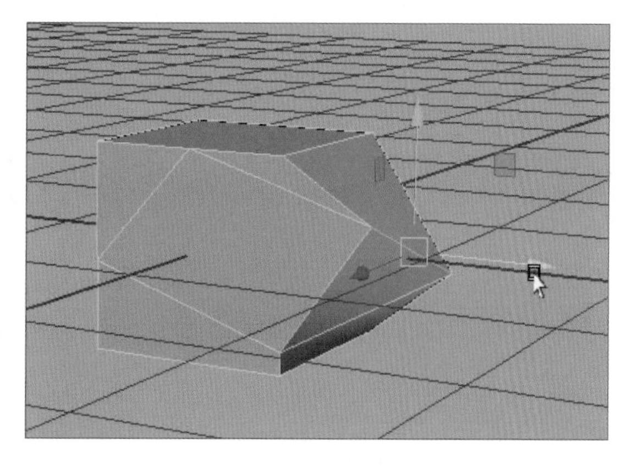

实战练习 使用多切割工具切割圆形的洞

多切割工具不仅可以在平面上进行切割，还可以在球体、圆柱体或者更复杂的模式中进行切割，比方说在一个圆柱体上可以切割一个圆形的洞，具体操作如下。

步骤 01 在场景上创建一个圆柱体，如下左图所示。

步骤 02 执行“多切割”工具命令，在圆柱体上绘制并调整点的位置得到一个比较类似圆形的形状，如下右图所示。

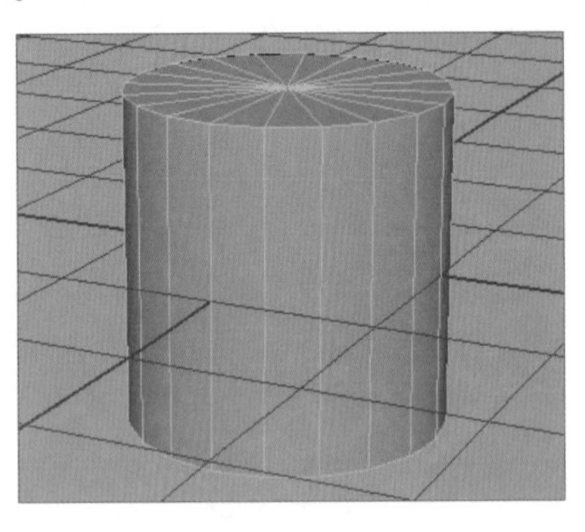
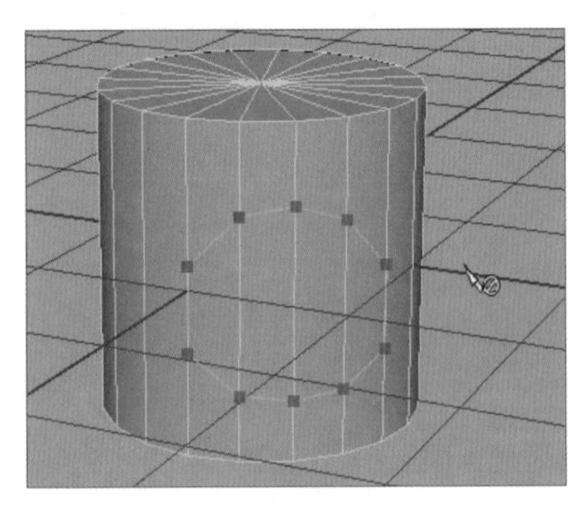

步骤 03 退出“多切割”模式，按F11功能键进入面组件模式，选中新创建的圆形区域的面，如下左图所示。

步骤 04 按Backspace或Delete键删除面，就可以在一个圆柱形状上开出一个圆形的洞，如下右图所示。

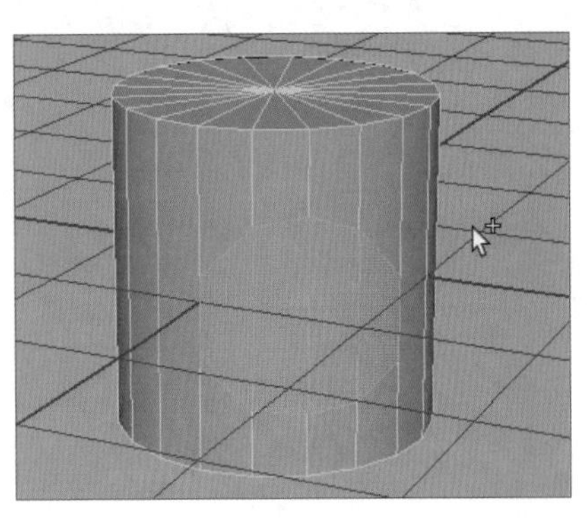
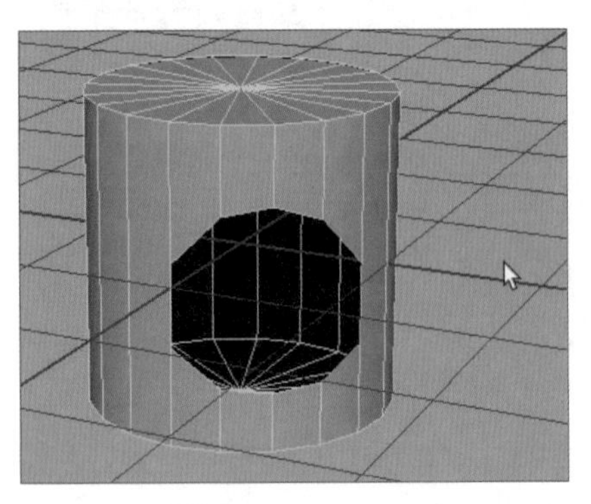

步骤 05 按F10功能键进入边组件模式，选中并双击这条边，可以选择这条环线，如下左图所示。

步骤 06 然后执行“建模>编辑网格>挤出”命令，可以在圆柱体的基础上再创建出一个圆柱体，如下右图所示。“挤出”命令的技巧及属性请查阅本章3.5.3节。

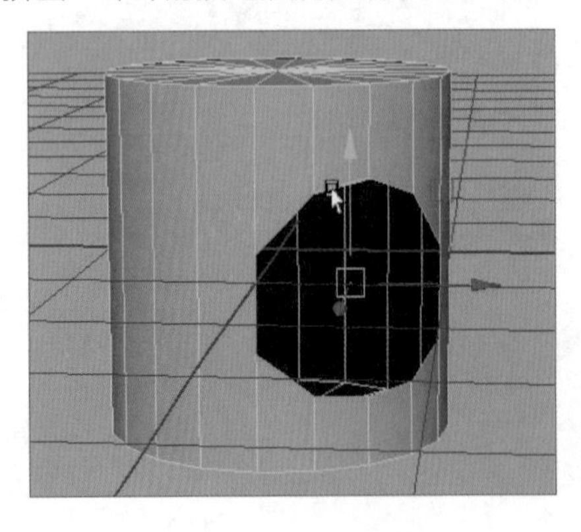
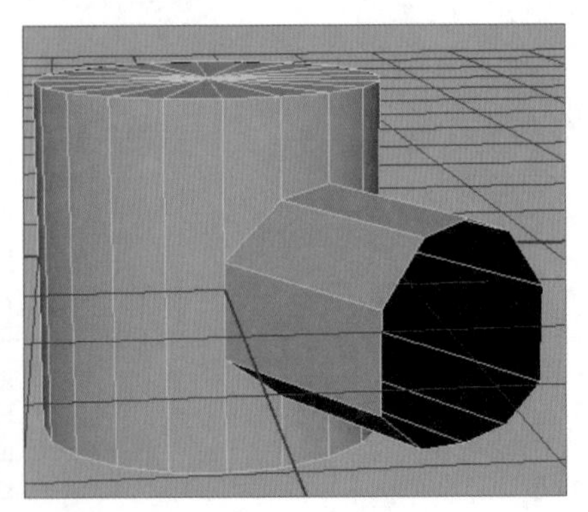

3.3.4 创建多边形

在Maya中建模不仅可以从基础体开始，还可以直接根据参考图来绘制模型的外观，从而更高效地对模型进行创建，下面将介绍使用“创建多边形”工具进行建模的方法。

步骤01 首先在场景中添加一张参考图，新建空白场景，在场景中按住空格键，并按住鼠标左键，在弹出的快捷菜单中选择“顶视图”，进入顶视图，如下图所示。

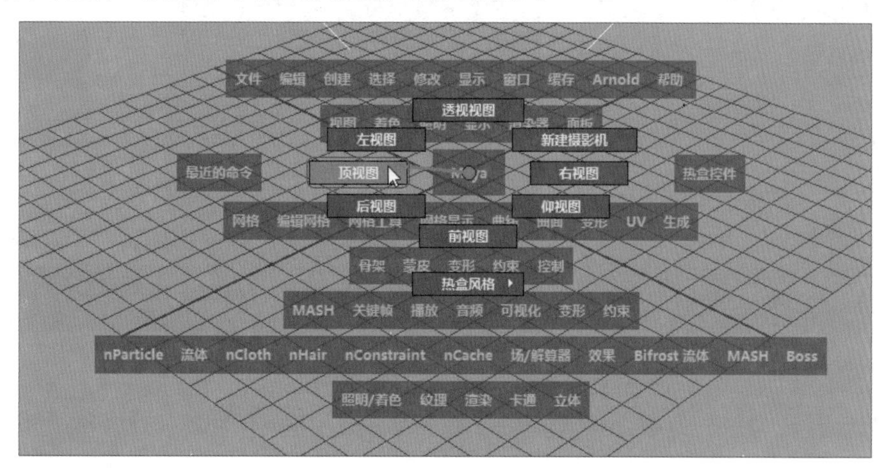

步骤02 进入顶视图后，在界面左侧的菜单栏中执行“视图>选择摄影机”命令，如下左图所示。

步骤03 在大纲视图中选择top顶视图的摄影机，如下右图所示。

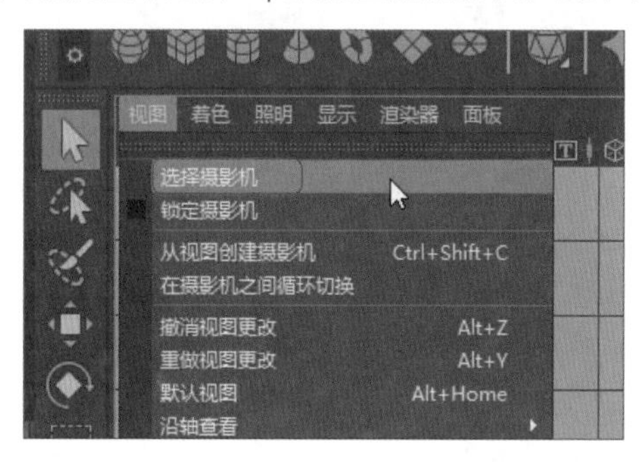

步骤04 选中摄影机后，在右边找到“属性编辑器”面板，如下左图所示。

步骤05 在属性编辑器面板中向下滚动菜单，展开“环境”区域，单击“图像平面”右侧的“创建”按钮，如下右图所示。

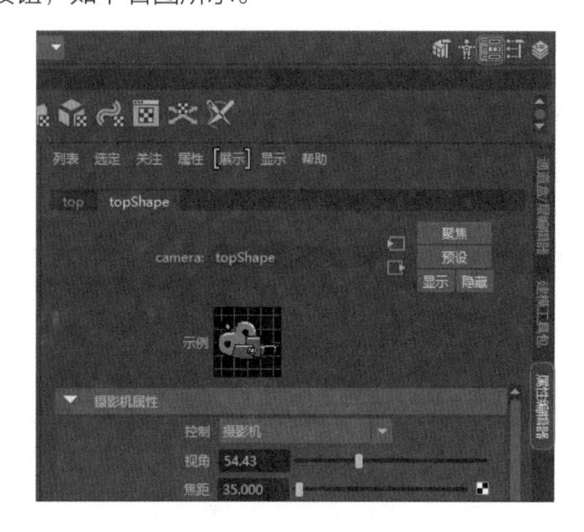

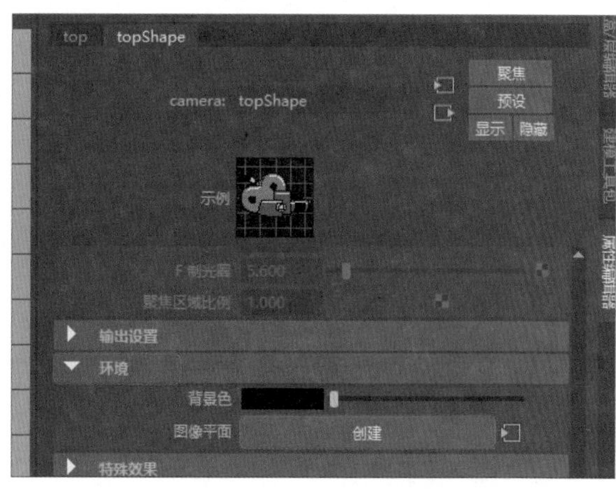

步骤 06 单击创建后，会显示imagePlaneShape1节点属性面板。单击“图像名称”后的文件夹图标，如下左图所示。

步骤 07 在打开的对话框中选择要打开的图片，单击“打开”按钮，如下右图所示。

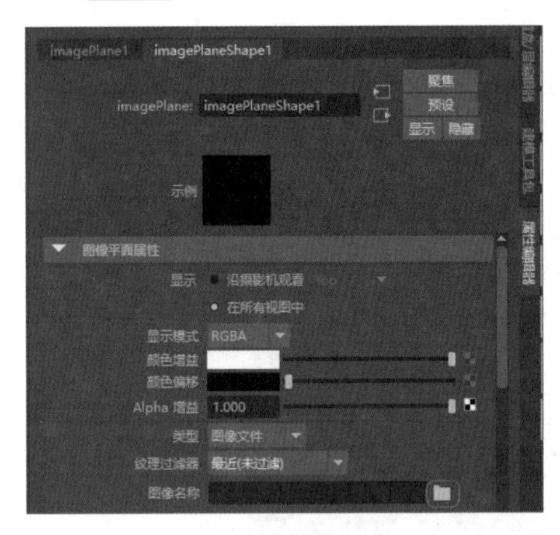

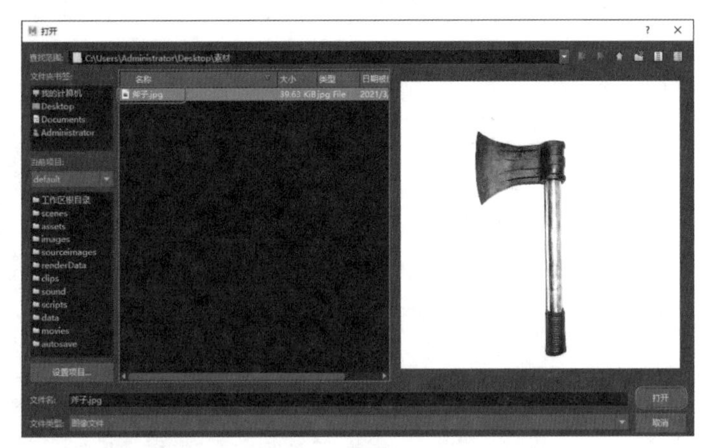

步骤 08 此时在顶视图中就可以看到参考图了，如下左图所示。

步骤 09 然后执行“建模>网格工具>创建多边形”命令，根据参考图的外观绘制一圈点，如下右图所示。

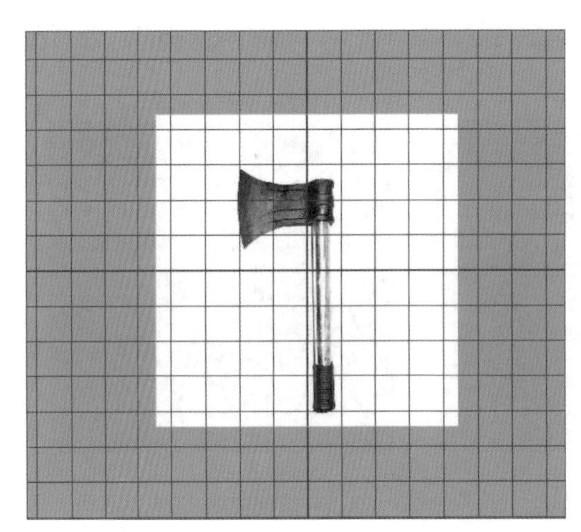

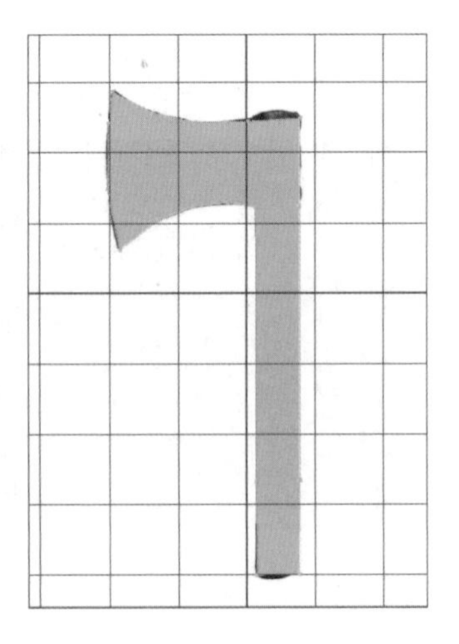

步骤 10 回到透视图中，可以看到我们根据参考图的外观，绘制了一个多边面，如下左图所示。

步骤 11 然后再执行“建模>编辑网格>挤出”命令，可以将这个平面挤出，成为多面体，如下右图所示。

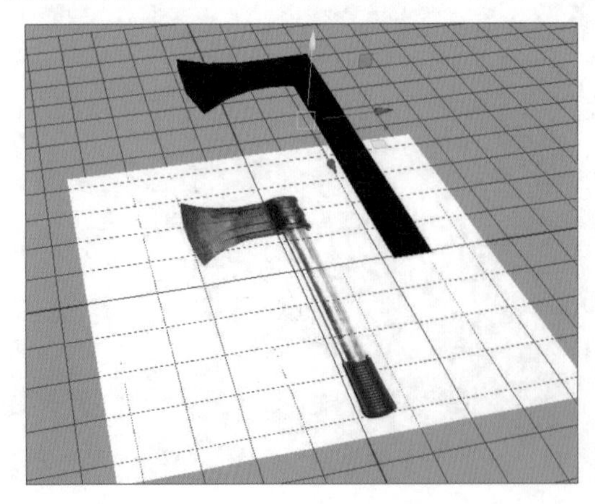

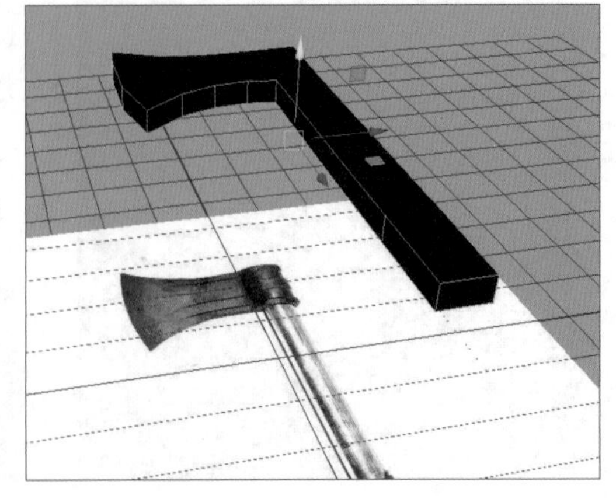

步骤 12 选中模型执行“建模>网格>重新划分网格”命令，如下图所示。

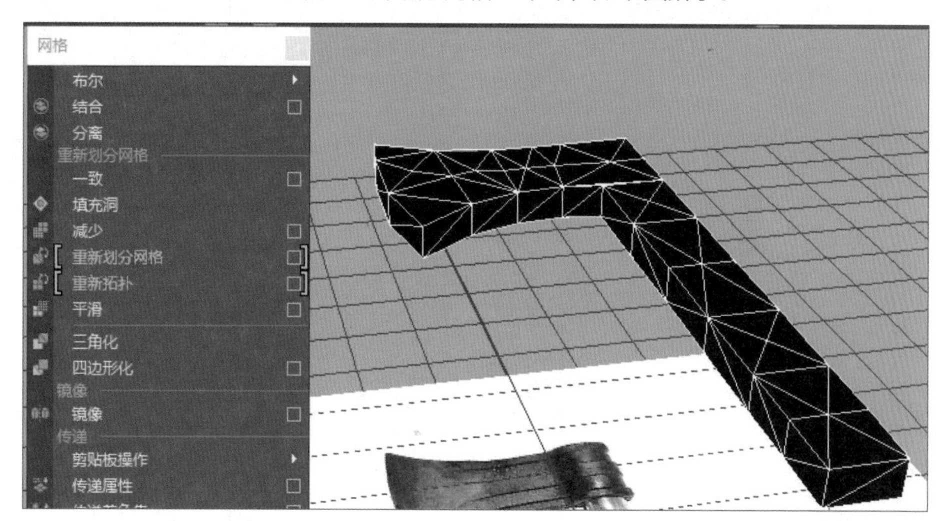

步骤 13 执行“建模>网格>重新拓扑”命令，即可创建出一个具有四边面可编辑的模型了，如下图所示。

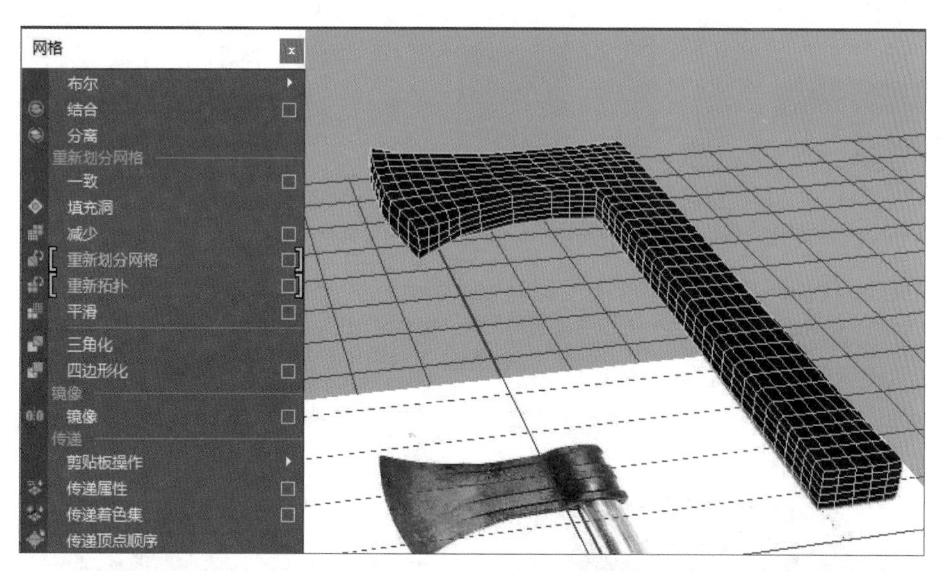

提示：设置“重新拓扑”命令的具体参数

如果想得到一个比较好的拓扑效果，还需要多尝试“重新拓扑”命令中的具体参数。

3.3.5 附加到多边形命令

在编辑多边形时还经常要对模型的面进行编辑，用“创建多边形”命令可以创建面。选中面，按Backspace或Delete键可以删除面。那如何对删除的面进行填补呢，我们将用到“附加到多边形”命令，下面介绍具体操作方法。

步骤 01 在场景中创建一个球体，并按F11功能键进入面组件模式，随机选中一个面或多个面进行删除，如下页左上图所示。

步骤 02 然后执行“建模>网格工具>附加多边形”命令，这时球体变成了绿色线框，鼠标变成了十字图标，如下页右上图所示。

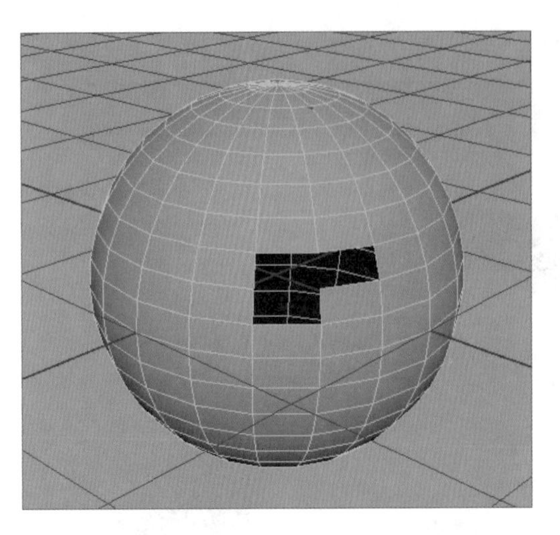
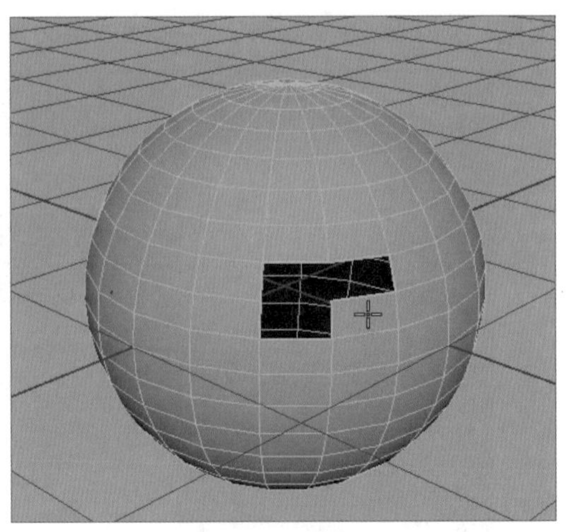

步骤 03 单击一个边后，可以看到镂空的边变成紫色，这是Maya在提示可以补面的边，如下左图所示。

步骤 04 再单击相邻的边，成功后会出现粉色的面，这是预览补面的效果，如下中图所示。

步骤 05 按Enter键可以确认补面，结束“附加到多边形”命令，补面操作完成，如下右图所示。

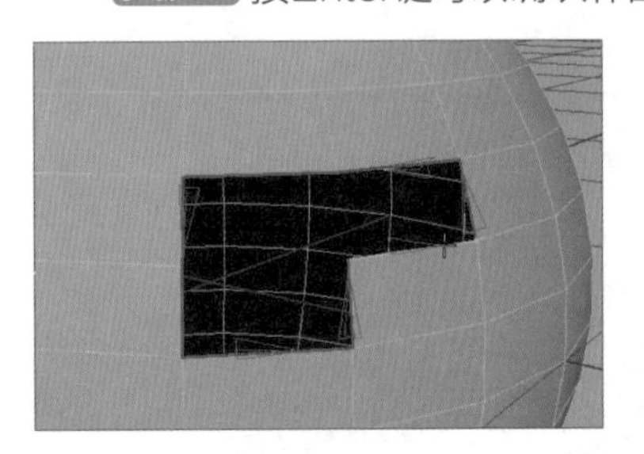
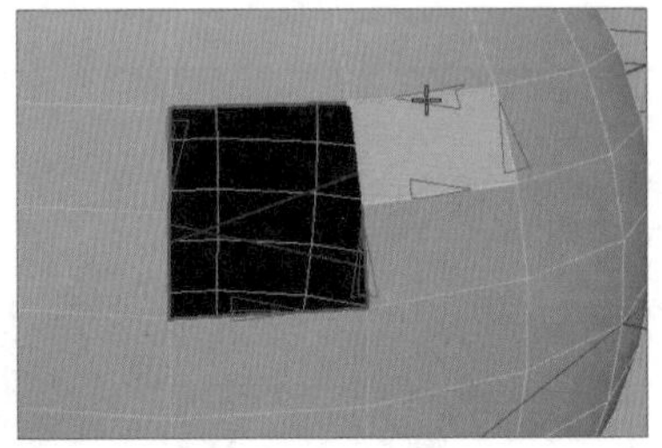
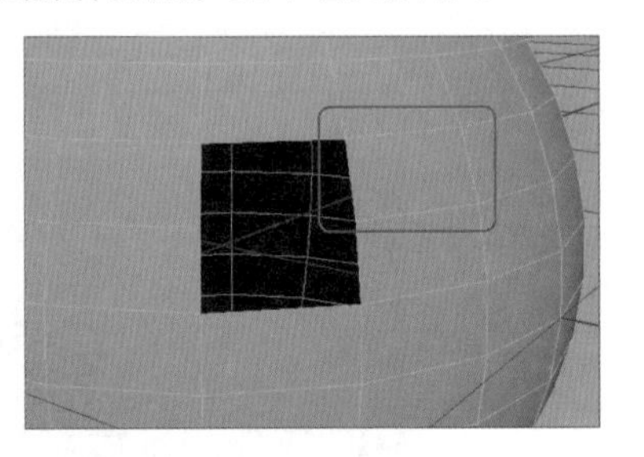

步骤 06 执行“附加到多边形”命令并选择2条相距较远的边，也可以创建一个面，如下左图所示。

步骤 07 但是要注意这个面是存在问题的，如下右图所示，中间两侧的顶点并不会连接在这个新创建的面上，如不处理将无法进行之后的操作。

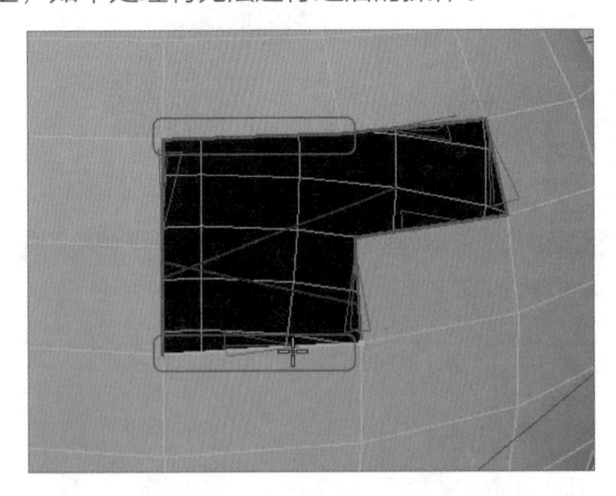
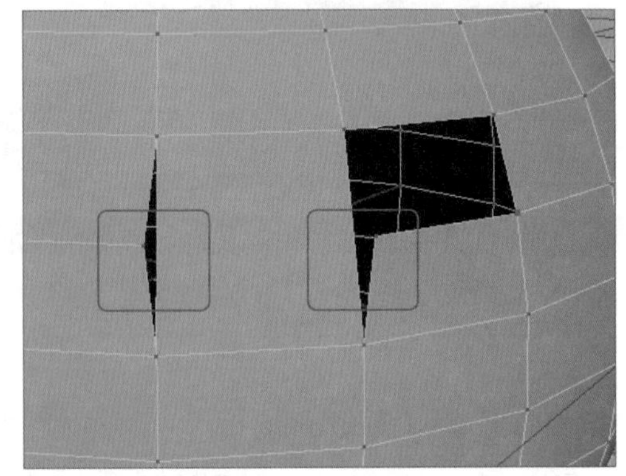

3.4 网格菜单

网格菜单主要包含“布尔”“结合”和“分离”命令，还有重置网格模型的一些命令，如“一致”“填充洞”“减少”“重新划分网格”“重新拓扑”“平滑”“三角化”和“四边形化”命令等。主要都是对模型整体进行操作的命令。

3.4.1 布尔运算

在Maya中有时很难用传统建模方式达到预期的效果，这时如果使用布尔运算，就可以通过对两个以上的模型进行并集、差集和交集的运算，得到一个新的物体形态。

执行“建模>网格>布尔”命令，在子菜单中包含布尔运算的3个选项，如下图所示。

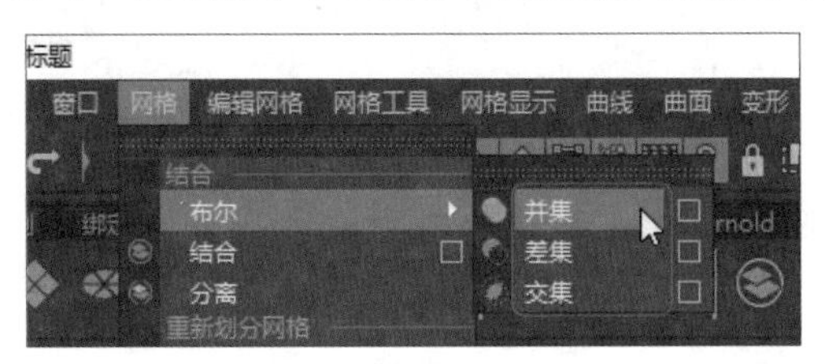

先用二维平面介绍并集、差集和交集的含义。假设平面上有一个圆圈和一个正方形，它们的部分区域重叠在一起，如下图❶所示。并集就是指2个图形相加并去除它们重叠的区域，如下图❷所示。差集就是指一个图形以另一个图形的形状为基础切除重叠的区域，如下图❸所示。交集是指保留2个图形之间重叠的部分，删除不重叠的区域，如下图❹所示。

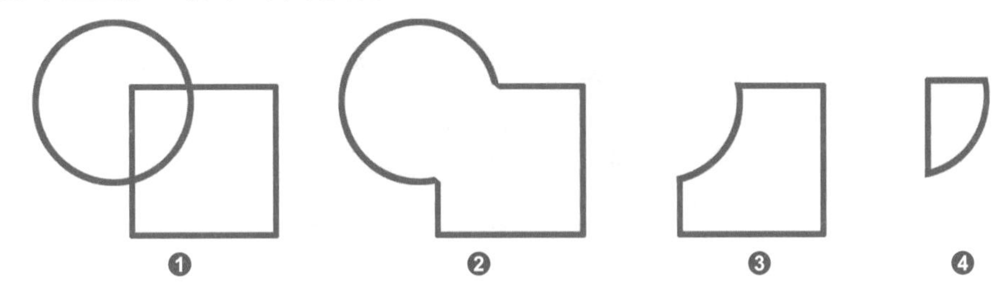

（1）并集

在场景中创建一个球体和一个立方体，并让它们有一部分区域重叠在一起，如下左图所示。先选择球体再加选立方体，执行“建模>网格>布尔>并集”命令，可见球体和立方体合并成一个物体，删除它们重叠的区域，如下右图所示。进行线框显示，可以看到球体已经不是一个完整的形状了。

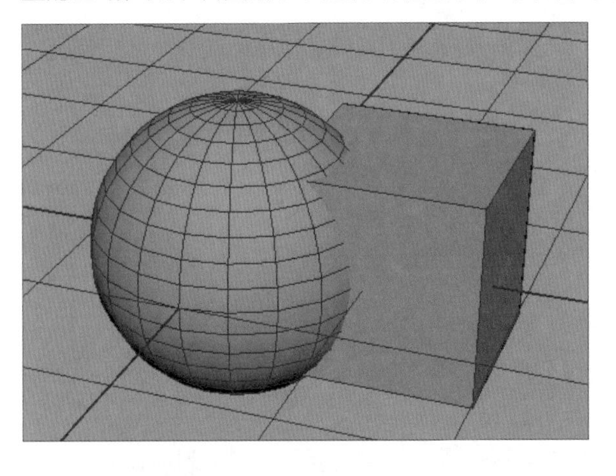

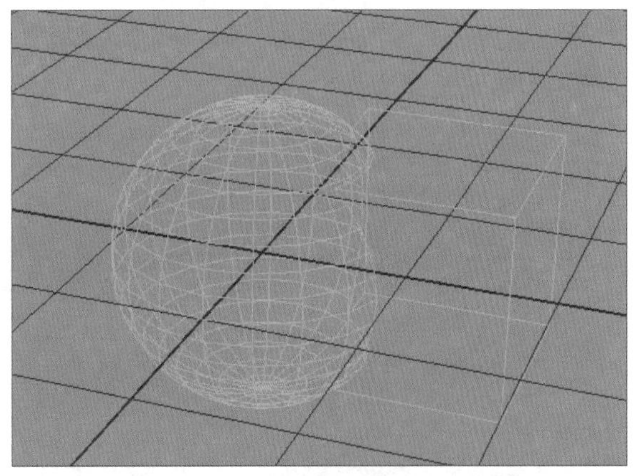

（2）差集

在场景中创建一个球体和一个立方体，并让它们有一部分区域重叠在一起，如下页左上图所示。先选择球体再加选立方体，注意，选择的顺序很重要。先选中的模型是将要保留下来的模型，后选中的模型是要删除的模型。执行“建模>网格>布尔>差集”命令，可以看到在球体上切出了一个方形的凹槽，如下页右上图所示。

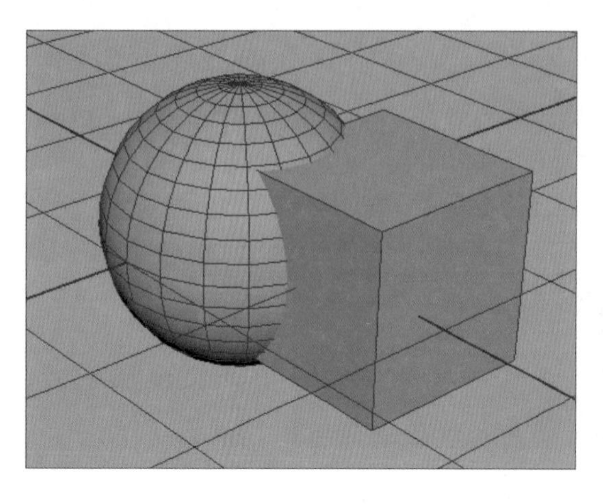

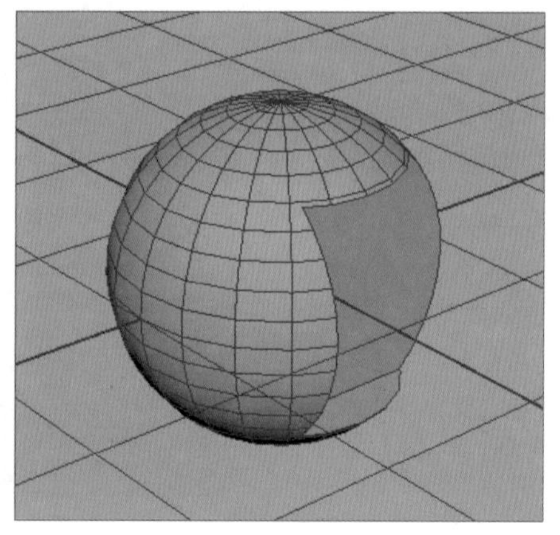

如果先选中立方体再选中球体，执行“建模>网格>布尔>差集”命令，可以看到立方体上被切出了一个球形的凹槽，如下图所示。

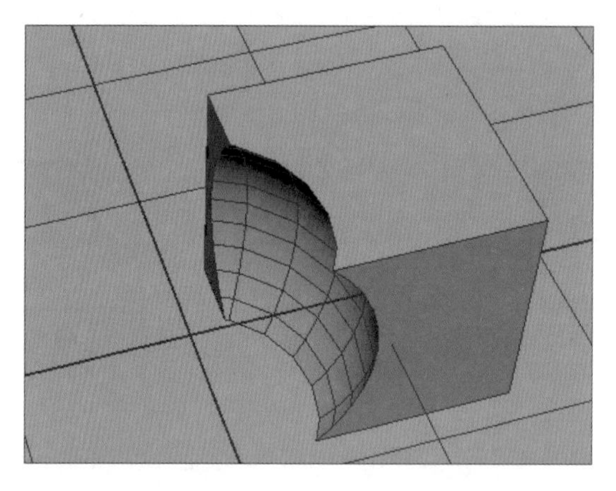

（3）交集

在场景中创建一个球体和一个立方体，并让它们有一部分区域重叠在一起，如下左图所示。先选中球体再加选立方体，执行“建模>网格>布尔>交集”命令，可以看到场景中只保留了球体和立方体相交区域的模型，如下右图所示。

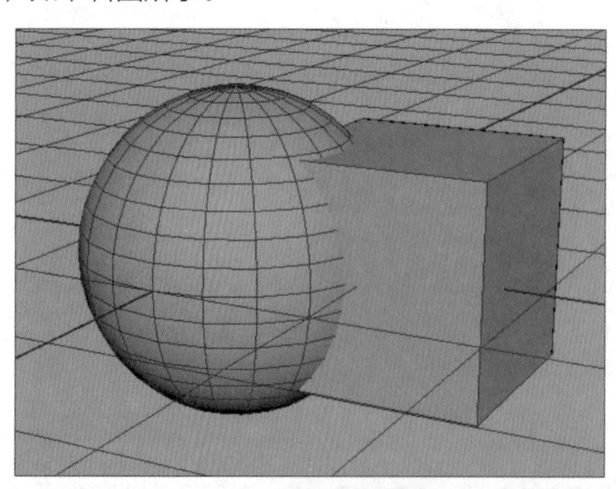

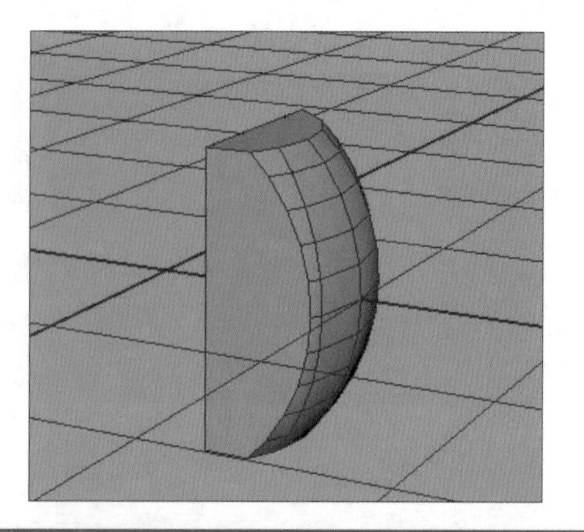

提示：选择物体顺序的差异

布尔运算中，只有差集命令对模型的选择顺序有要求。不同的选择顺序有着不同的效果，而且就算是多个模型之间执行差集命令，也只会保留第一个被选中的模型。

3.4.2 结合/分离多边形对象

结合就是将2个或2个以上的模型合并成一个模型的命令，结合后可以统一对模型进行移动、旋转和缩放等操作。例如制作一个沙发的模型，其中包括沙发主体、沙发腿、沙发垫和抱枕等多个模型，这时可以将这些模型结合成一个整体，就可以在场景中自由地移动、旋转和缩放沙发的全部组件了。也可以把这种结合理解成电脑中的多个文件被保存在一个文件夹中，然后对文件夹进行复制、剪切等操作。

分离是结合的反向操作，就是把一个由多个模型组成的模型，再次分离成多个模型。

注意如果结合的物体已经做了融合处理，是无法再分离成多个个体的，比如上节介绍的“并集”命令。如果通过“并集”命令把一个球体和一个立方体合并成一个模型后，因为它们的形态已经做了融合处理，所以无法再通过“分离”命令把它们分离成一个球体和一个立方体。下左图为进行结合的猩猩模型，下右图为结合后的猩猩模型效果。

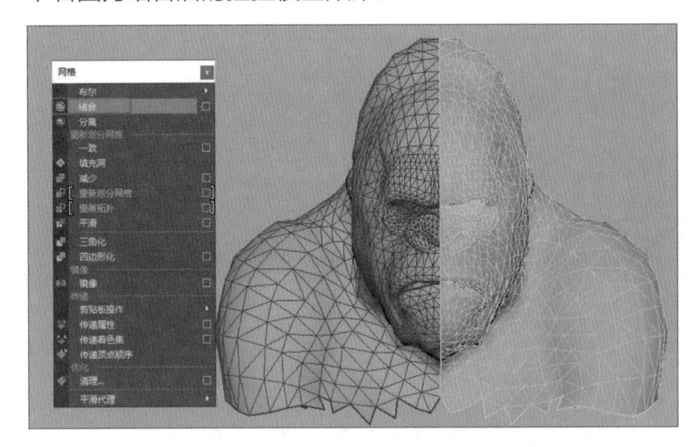

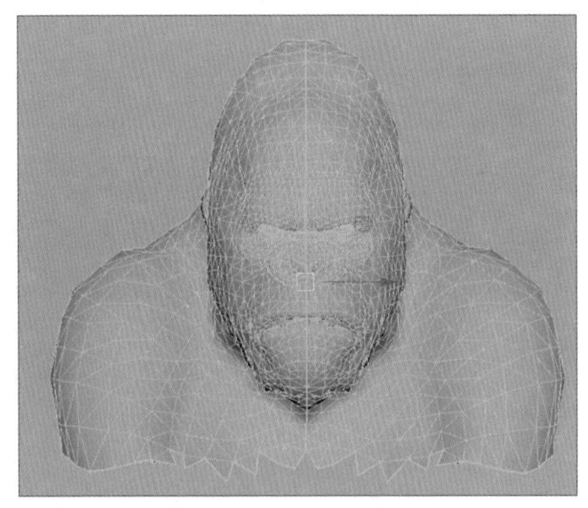

实战练习 用显示边界属性检查模型

在模型的制作过程中，需要删除面或者是合并面，有时用户很难观察模型的面是否已经完成了合并命令。利用模型自身的“显示边界”属性，可以更直观地观察到模型的边界，以便用户来确认模型的面是否已经合并。下面介绍具体操作方法。

步骤 01 在场景中创建一个球体，并在面组件模式下删除一半的球体，如下左图所示。

步骤 02 选中球体并在界面的右侧切换到“属性编辑器”选项卡，并找到“网格组件显示”菜单，如下右图所示。

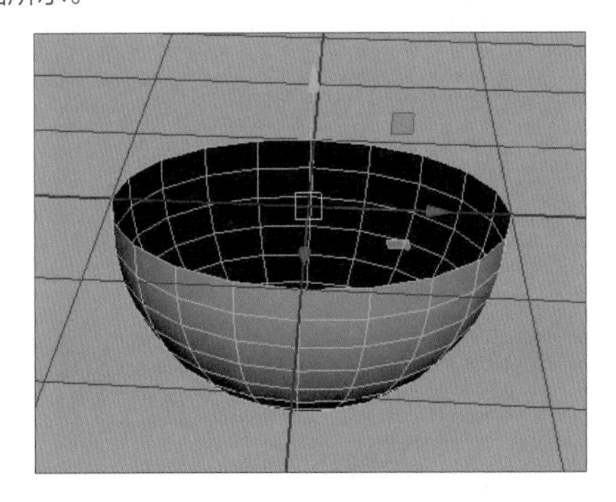

步骤 03 展开“网格组件显示”界面，勾选“显示边界”复选框，设置“边界宽度”为5，如下页左上图所示。

步骤 04 这时再观察球体，发现球体未闭合区域的边加粗显示了，如下右图所示。这个功能可以帮助用户很容易观察到模型是否存在不完整的区域。

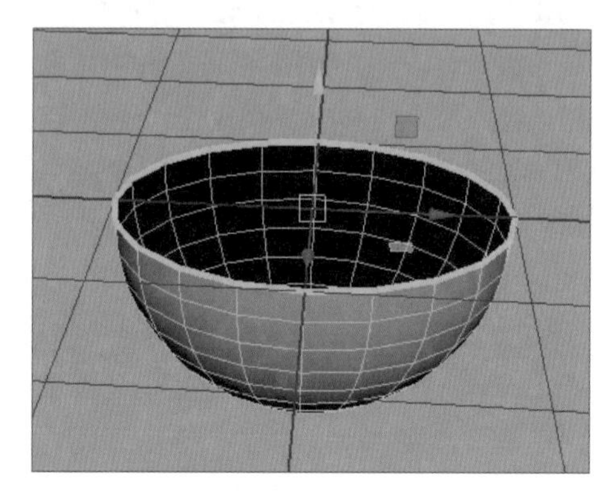

步骤 05 复制这半个球体，如下左图所示。

步骤 06 在右侧属性面板中将球体的“旋转Z轴”属性设置为180°，如下右图所示。

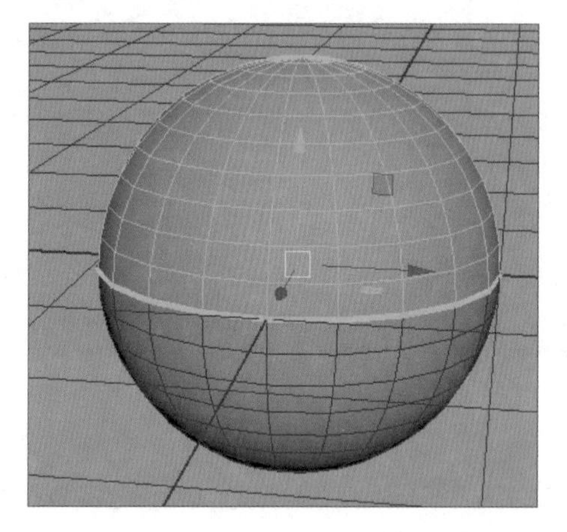

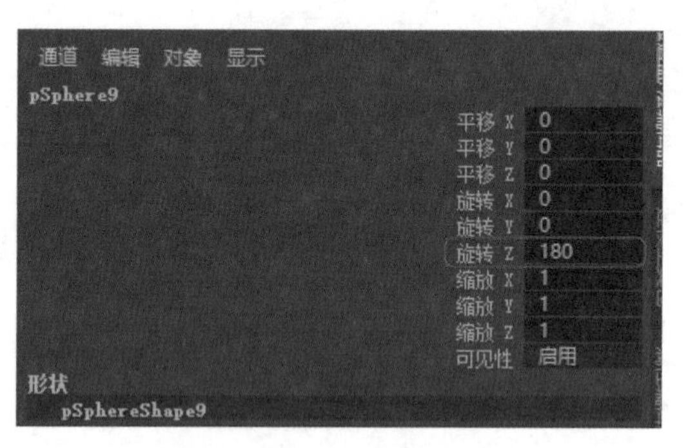

步骤 07 选中两个半圆的球体，执行“建模>网格>结合”命令，效果如下左图所示。

步骤 08 注意观察，两个半圆的球体虽然结合成了一个完整球体，但是模型中间的边还是以粗线框显示，说明两个物体虽然结合成了一个物体，但是它们的形态并没有融合在一起，实际上还是两个没有合并的模型，如下右图所示。这时如果执行“建模>网格>分离”命令，还是可以把两个半圆的球体分离开来。

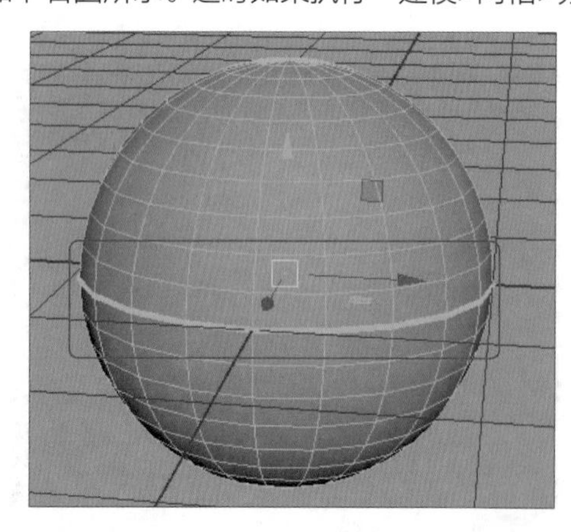

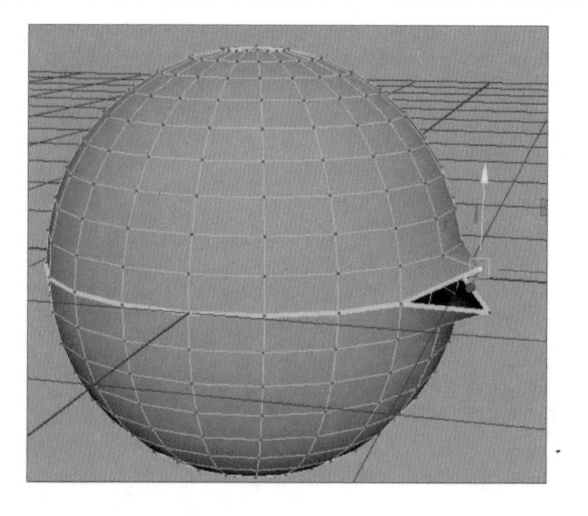

步骤 09 现在要将这两个半圆的球体进行形态的融合，在“结合”命令执行之后，选中球体，执行“建模>编辑网格>合并”命令，如下页左上图所示。

步骤 10 此时注意观察模型相接处的边已经不是加粗显示的状态了，如下右图所示。这时才算完成了两个半圆球体的形态融合，再执行“建模>网格>分离”命令，也不会将这个模型分离成两个半圆的球体了。

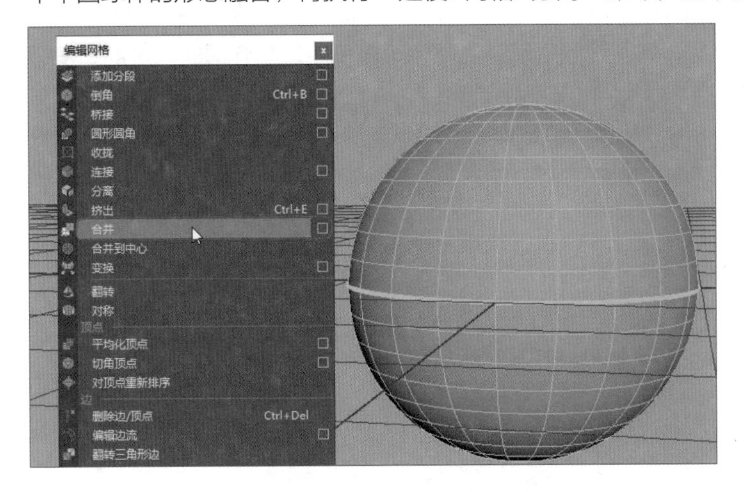

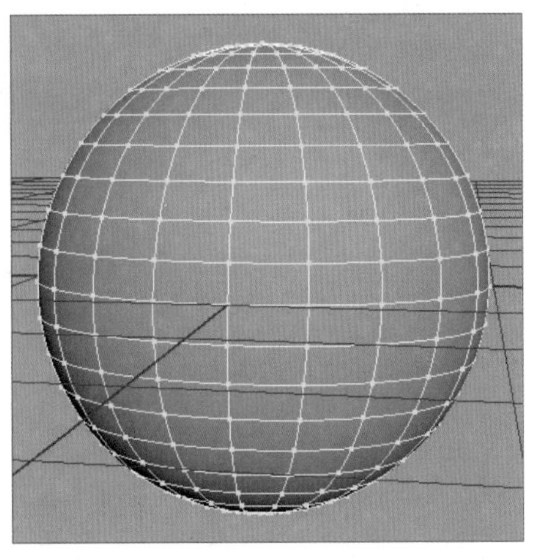

3.4.3 网格一致命令

在 Maya 2015 和早期版本中，有一个“收缩包裹”的命令，是说将一个模型以另一个模型的形状包裹住。在Maya 2020中这个命令变成了“建模>网格>一致”命令，如下图所示。下面介绍这个命令的使用方法。

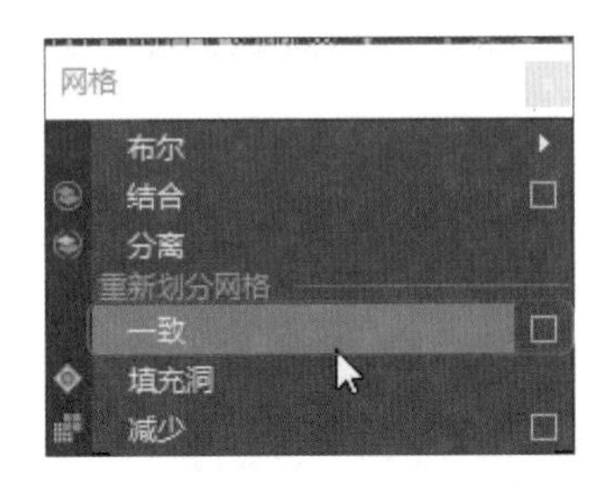

步骤 01 首先在场景中创建一个球体和一个平面，如下左图所示。

步骤 02 然后选中球体，在上方菜单栏中单击磁体的按钮，将激活球体的曲面吸附模式，这时球体会显示为深绿色线框，如下中图所示。

步骤 03 选中场景中的平面，执行“建模>网格>一致”命令，会发现平面吸附在了球体的表面上，如下右图所示。在人物建模中，可以利用“一致”命令给角色制作衣服等贴身效果的模型。

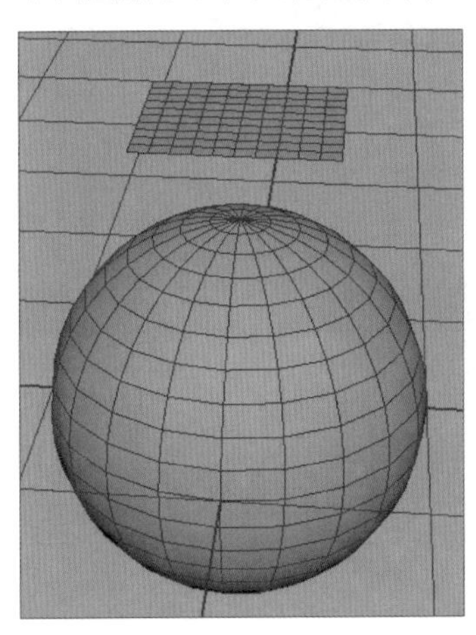

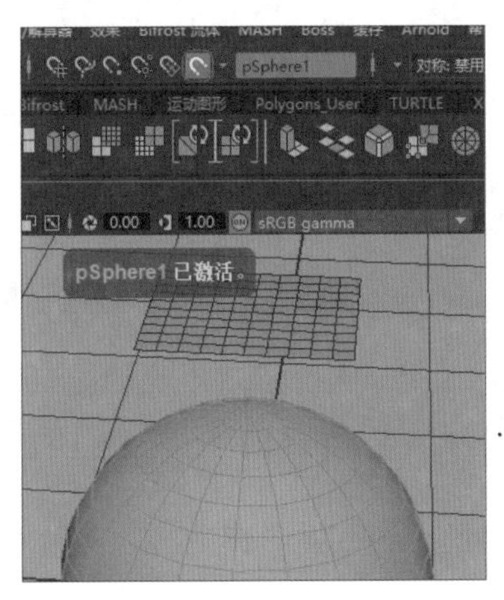

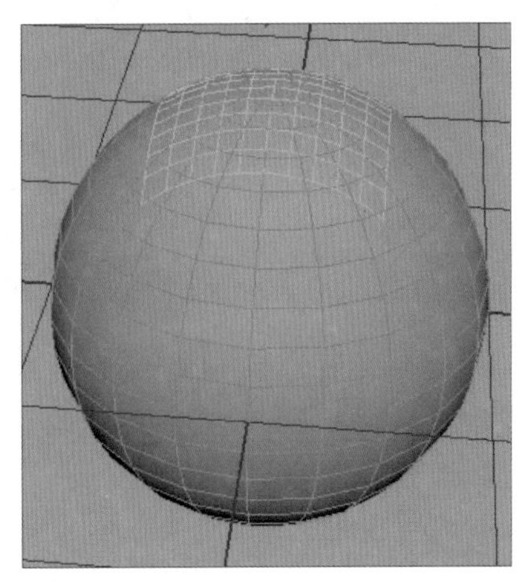

3.4.4 网格填充洞命令

在 Maya 中建模，如果发现模型有大量的面“不翼而飞”了，如下左图所示，可以使用“建模>网格>填充洞”命令，将模型上空缺的面补充完整，如下右图所示。当然也可以使用之前介绍的“附加到多边形”命令，手动对空缺的面进行补面操作。

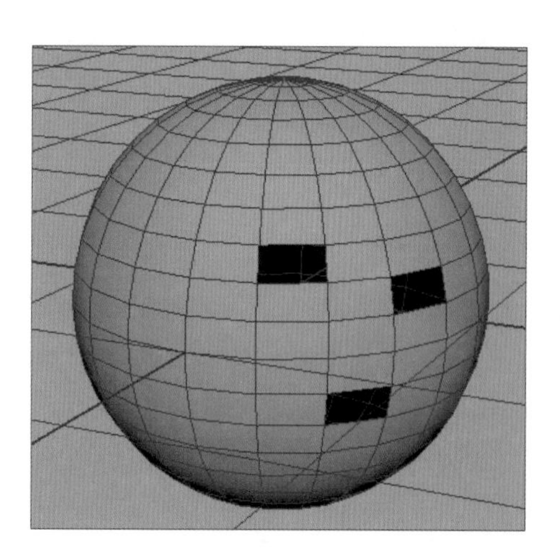

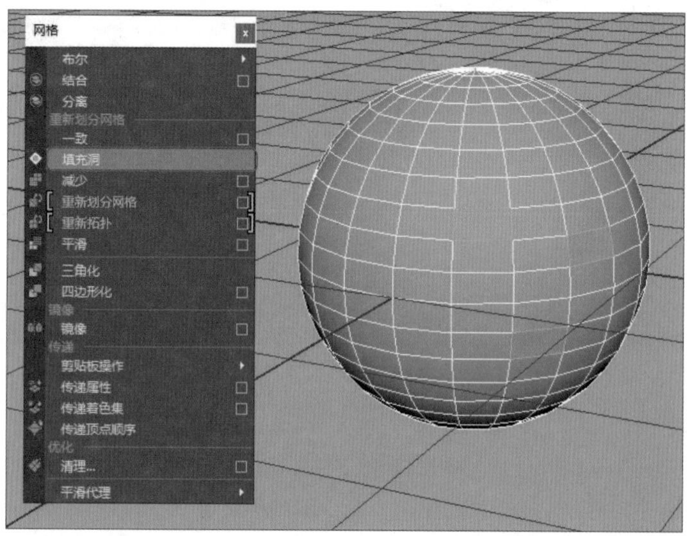

3.4.5 减少及平滑命令

在 Maya建模中，可以对模型进行平滑操作，使得模型具有更多的面，从而调整到具有更多细节的模型。同样也可以对复杂的模型进行减少面的操作，从而更方便地去调整模型的外观。

在“网格”菜单中找到“减少”和“平滑”命令，如右图所示。

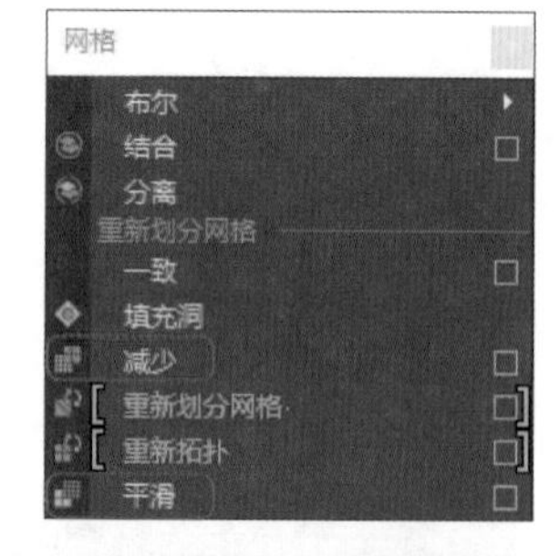

在场景中创建一个球体，如下左图所示。选中球体并执行“建模>网格>平滑”命令，可以使球体的面变得更多，如下中图所示。同样选中球体执行“建模>网格>减少”命令，可以使球体的面变得更少，如下右图所示。

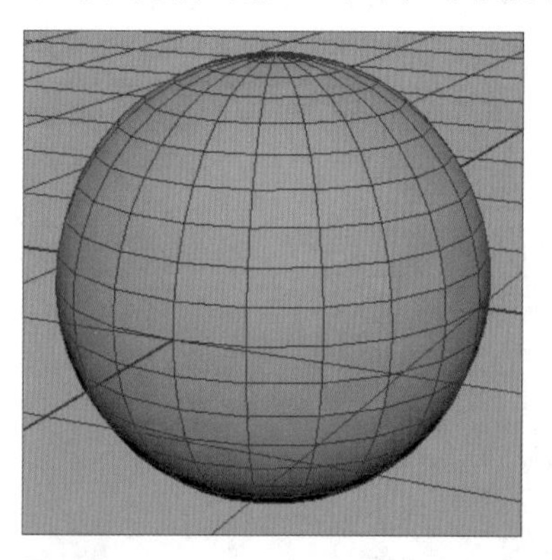

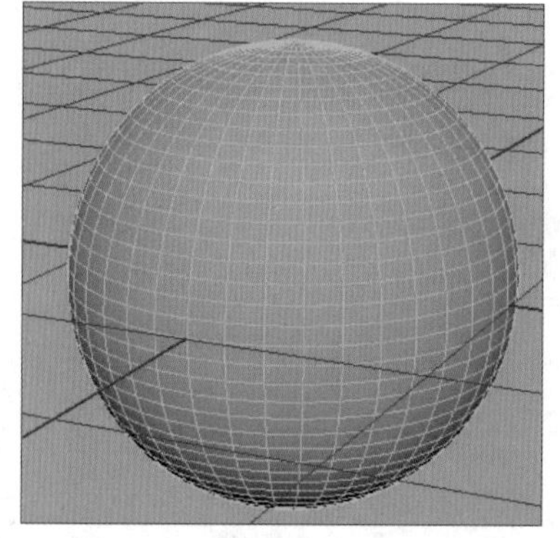

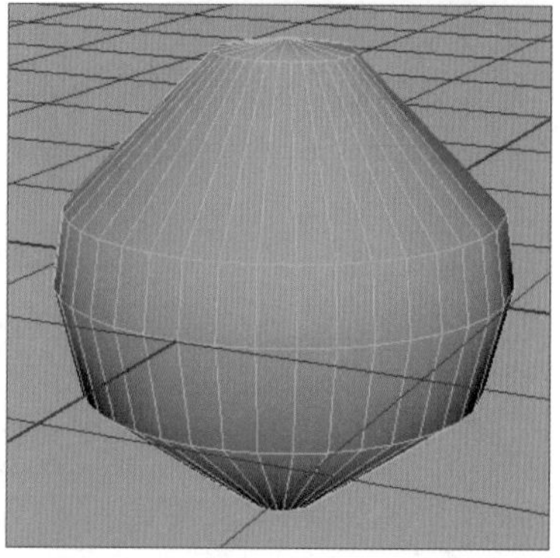

球体的面数增加得越多则球体越圆，反之球体的面数越少则球体越无法形成一个圆形，但是由于面数精简了，反而更容易按照需求去改变球体的形状。所以对模型执行“平滑”命令还是“减少”命令要根据建模时的具体需求而定。

3.4.6 三角化和四边形化

如之前小节中所讲，模型一般只能有三边面和四边面，如果出现多边面，会在后续的动画、渲染等工作中出现错误。那如果模型已经具有了多边面的情况要如何快捷地处理呢？

这里就要用到“建模>网格>三角化”命令或者是“建模>网格>四边形化”命令，如下图所示。通过这两个命令，可以将模型快速地进行三边面或四边面的处理。

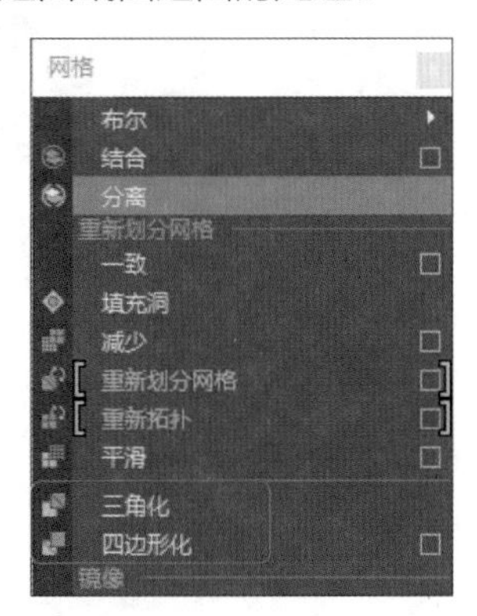

下面以3D立体字为例介绍三角化和四边形化的操作方法。

步骤 01 先在Maya中创建3D立体字，首先在工具栏“多边形建模”模式中单击“创建3D字体”按钮，会在场景中创建“3D Type”形状的模型，如下图所示。

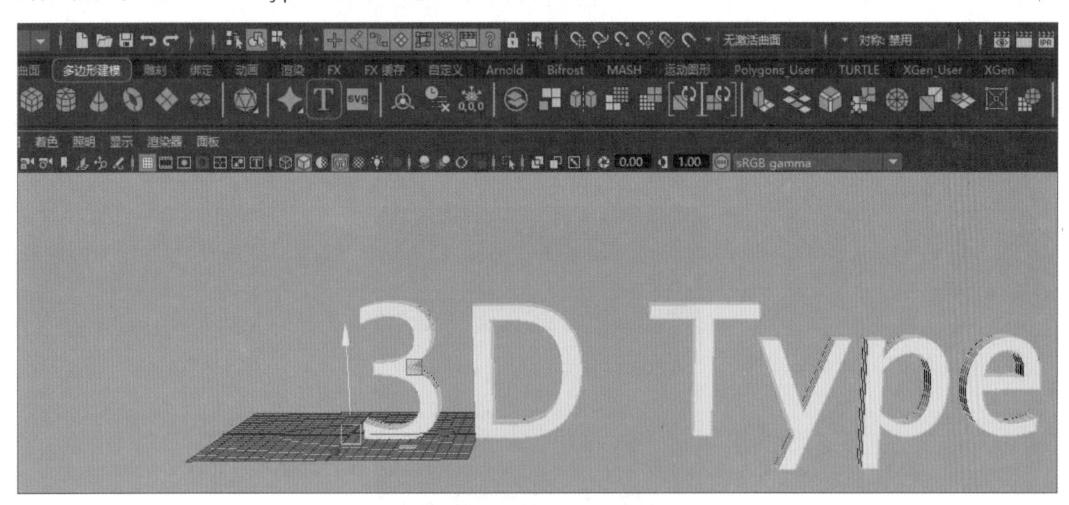

步骤 02 选中模型，在右边的“属性编辑器”中找到type1节点界面，并在下方的输入框中更改文本内容为Maya 2020，便可更改模型的形状，如下图所示。此功能也支持中文字体。

步骤 03 选中字体模型，执行“建模>网格>三角化”命令，可将模型上的多边面全部转换成三边面，如下左图所示。

步骤 04 再执行“建模>网格>四边形化”命令，可将模型上的三边面转换成四边面，如下右图所示。

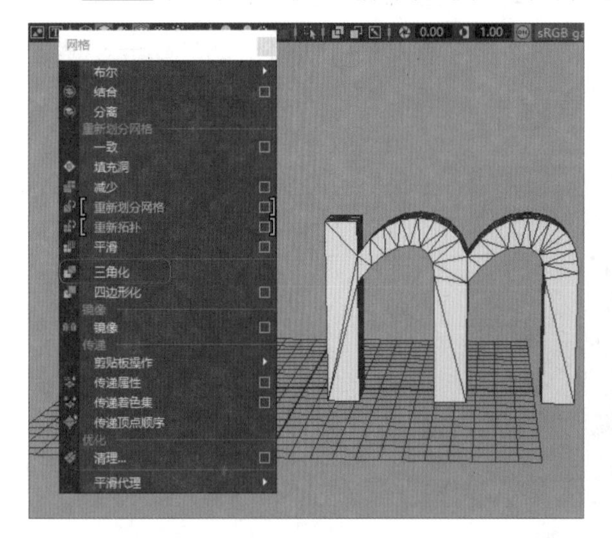

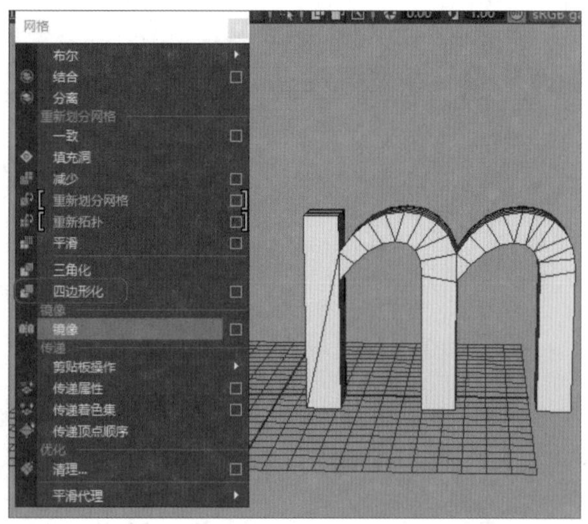

3.4.7 重新划分网格和重新拓扑

“重新划分网格”和“重新拓扑”工具是Maya 2020中新增加的功能，可以看到在Maya中是以绿色字体显示的，如下图所示。“重新划分网格”工具通过将非三角面切割成三角形，从而对模型进行重新拓扑添加模型的细节。“重新拓扑”工具可以通过设置将现有模型按照设置的面数重新拓扑成四边形的模型。

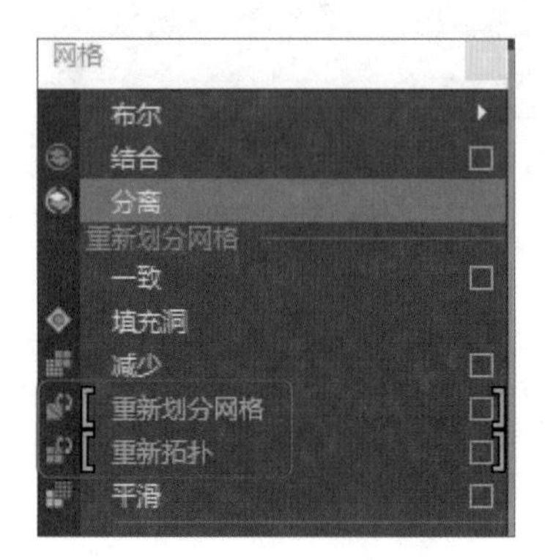

实战练习 重新拓扑模型

下面我们以上一实战练习创建的文字模型来介绍这两个命令的具体使用方式和呈现的效果，具体操作步骤如下。

步骤 01 选中上面练习中的字体模型，执行“建模>网格>重新划分网格”命令，可以将字体模型上的非三边面分割成三边面，这个命令跟“三角化”命令的区别在于，通过“重新划分网格”可以得到一个布线更均匀、更细致的三边面模型。如下页左上图所示。

步骤 02 选中字体模型再执行“建模>网格>重新拓扑”命令，可以将模型转变成更为细致的四边面，如下页右上图所示。

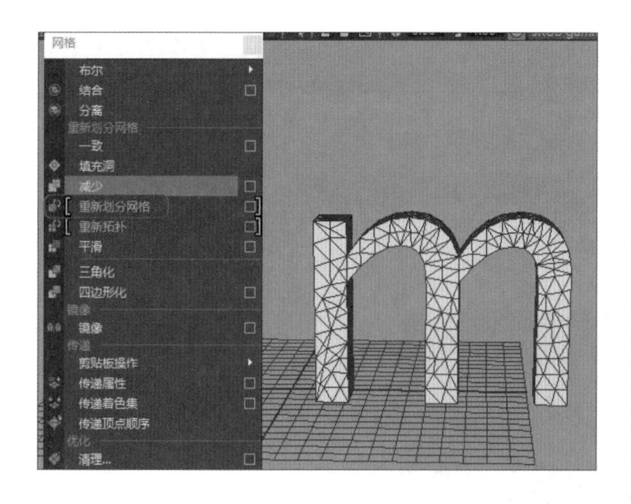

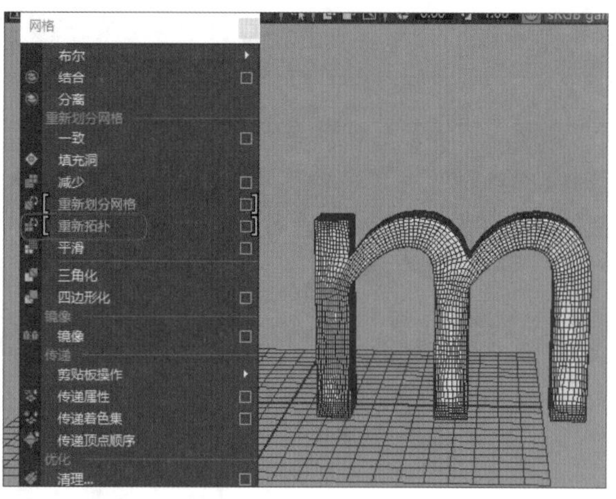

步骤 03 打开“建模>网格>重新拓扑”热盒命令，弹出“重新拓扑选项”对话框，“面数”选项区域中的“目标面数”属性是控制拓扑出来的模型总面数，参数越大则拓扑出来的面就越多，模型就越细致。下左图为设置“目标面数”属性前的效果，下右图为设置“目标面数”为100的效果。

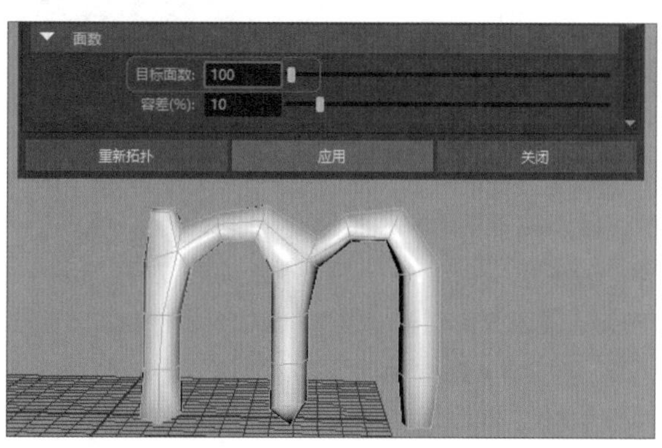

步骤 04 继续设置不同的“目标面数”值，查看不同的效果。下左图为设置“目标面数”为1000的效果，下右图为设置“目标面数”为10000的效果。

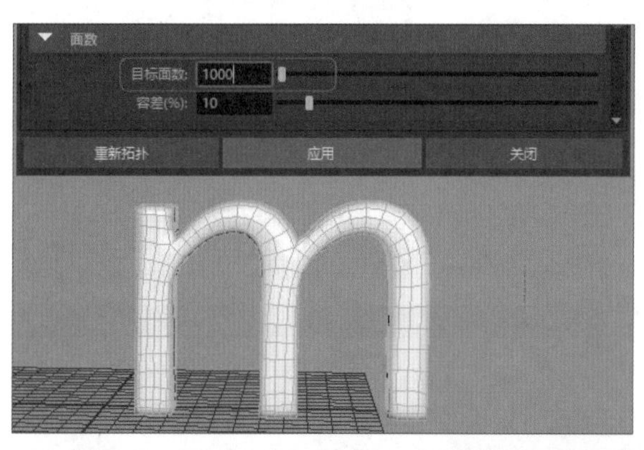

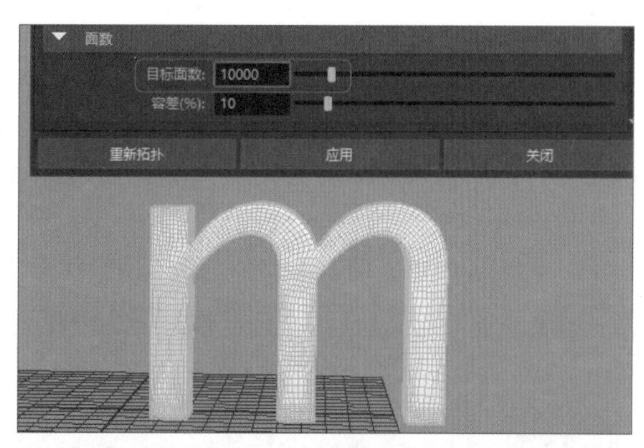

提示：设置面数时的注意事项

可以看出如果目标面数的数值过小，则会影响模型外观的变化，参数越大则模型面数越多，但过多的面也会对电脑的计算造成过大的负荷，容易使Maya软件未响应。所以建议执行此操作前先将文件进行保存，并将参数从小逐步加大，以免造成文件的丢失。

3.5 编辑网格工具

Maya软件中系统提供了一些方便实用的工具，以帮助用户进行模型搭建。这些命令全部都集中在“建模>编辑网格”菜单中，其中包括添加添加分段、倒角、桥接、圆形圆角、收拢、连接、分离、挤出、合并、合并到中心和变换等命令，如下图所示。

3.5.1 添加分段命令

通过“添加分段”命令可以让模型的面数变得更多，增加模型细节的调节空间，与平滑命令的效果类似，区别在于使用“添加分段”命令不会让模型的外观发生变化。

在场景中创建一个立方体，如下左图所示。先给立方体执行平滑命令操作，执行“建模>网格>平滑”命令，可以看到立方体的面数增加了，但同时立方体的外观也发生了变化，如下中图所示。按“Ctrl+Z”组合键撤销平滑命令操作，重新对立方体执行“建模>编辑网格>添加分段”命令，可以看到立方体在形状保持不变的情况下增加了面的数量，如下右图所示。

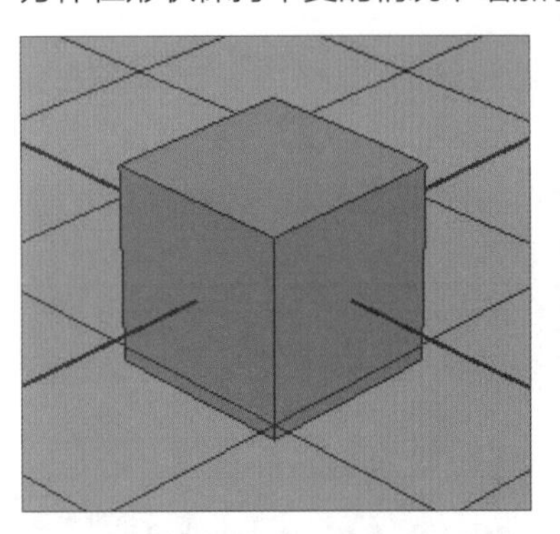
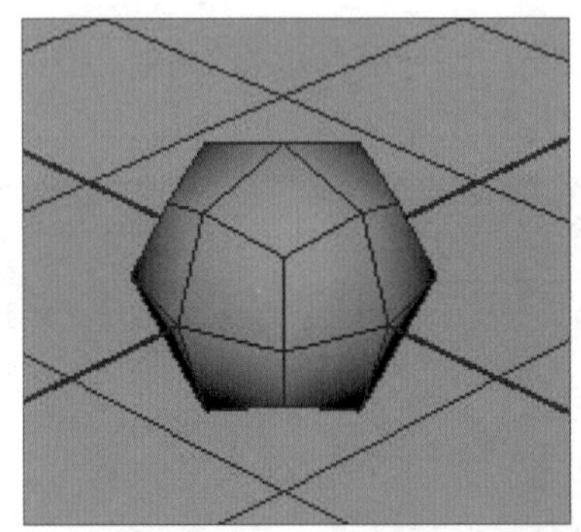
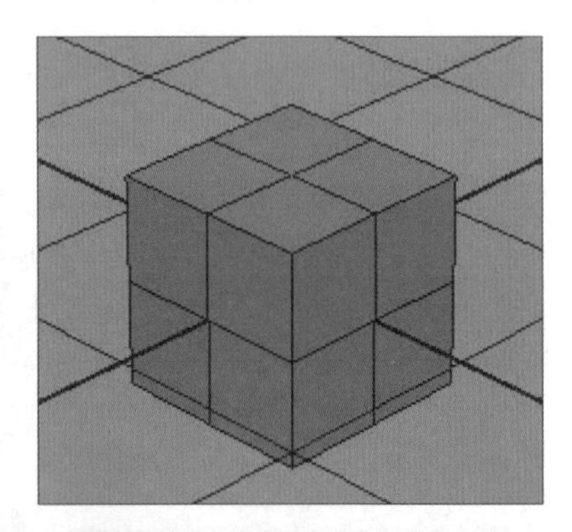

提示：更多的面数才能有更多的细节

在模型制作的过程中，要通过不断地增加分段数来为模型添加更多的面，只有模型有足够多的面才能使模型制作时有更多的细节。

3.5.2 倒角命令

在生活中，经常看到一些物体的边缘虽然是直角，但并不锋利，比如手机的边缘，会有一些细小的弧度，如下页图片所示。这种弧度的制作就需要用到倒角命令，倒角会将选定的每个顶点和每条边展开为一个新面，使模型的边成为圆形边，下面我们来详细介绍“倒角”命令相关参数的应用方法。

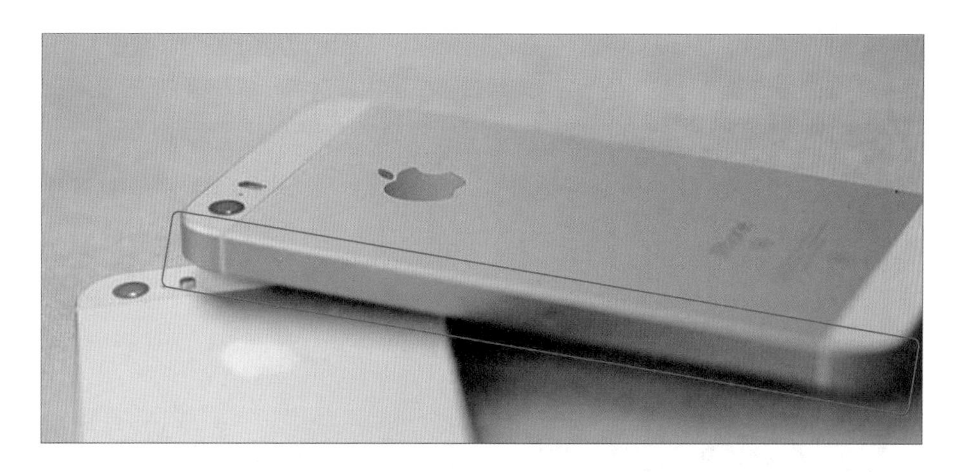

在场景中创建一个立方体，打开“建模>编辑网格>倒角”热盒命令，弹出“倒角选项”对话框，如下图所示。

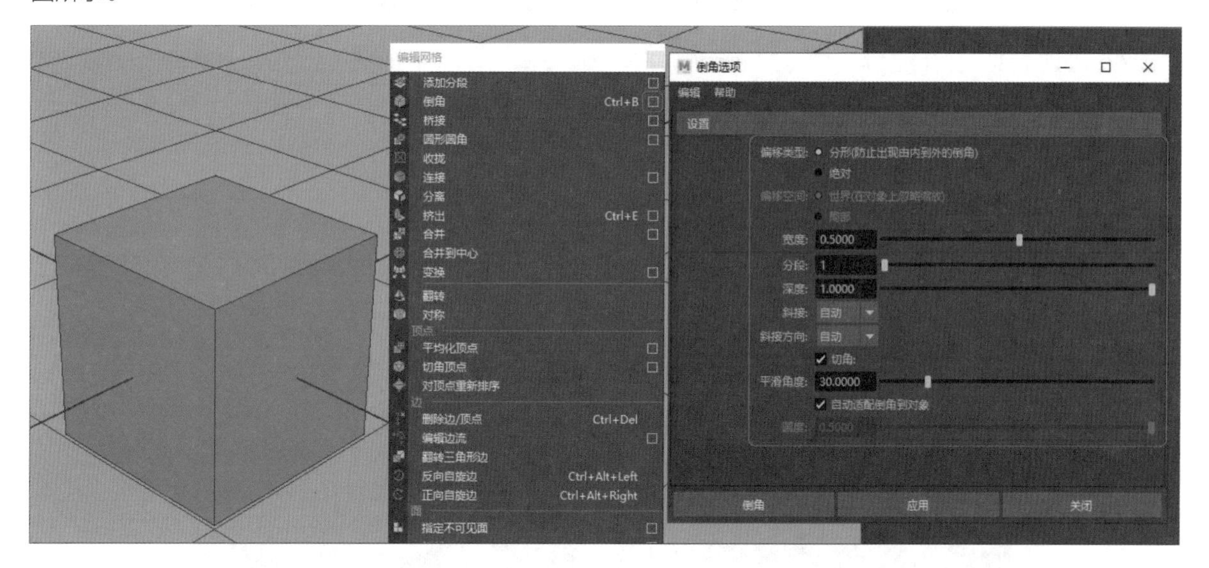

在“倒角选项”对话框中，“宽度”参数通过原始边与偏移面的中心之间的距离来确定倒角的大小，设置不同的参数其效果也不同。下左图为设置“宽度”参数0.5的效果，下右图为设置“宽度”参数0.1的效果。

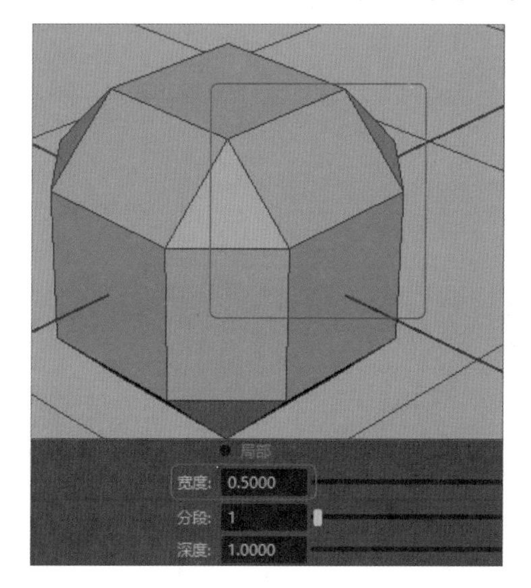

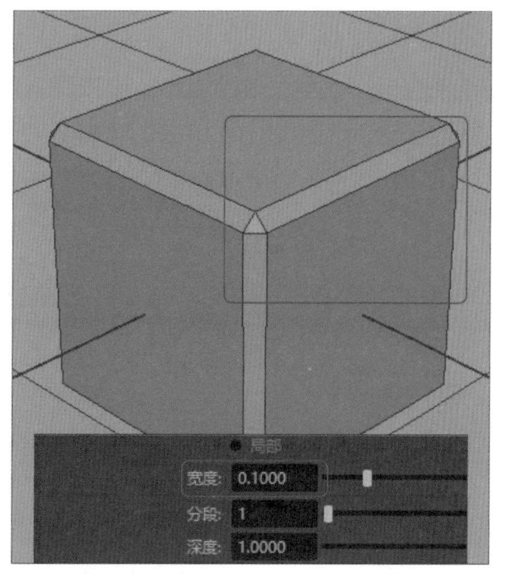

在“倒角选项”对话框中，“分段”参数可以确定沿倒角多边形的边创建的分段数量。在“宽度”值均为0.5的情况下，下左图为设置“分段”值为2的效果，下右图为设置“分段”值为5的效果。

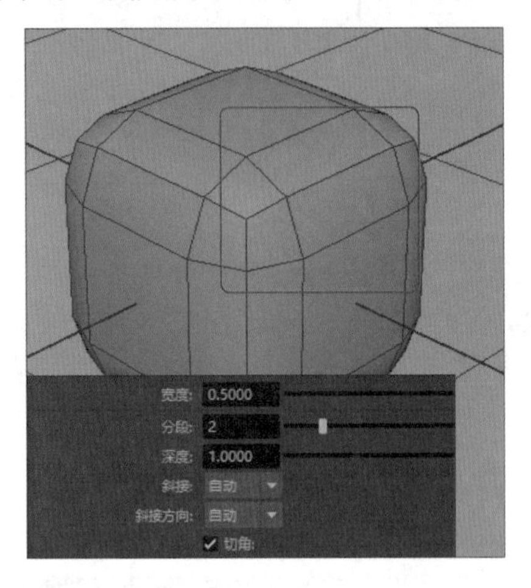

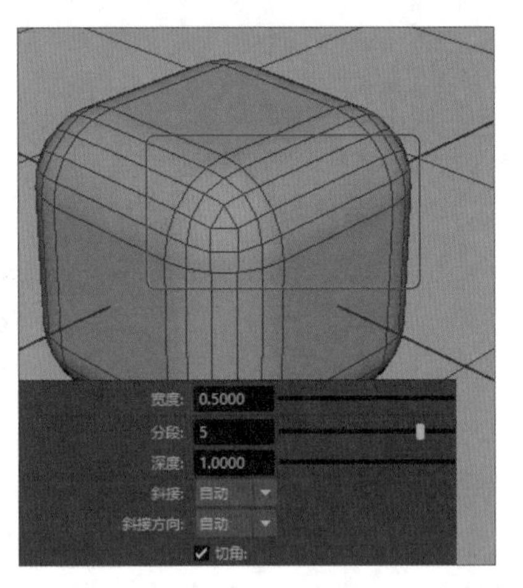

在“倒角选项”对话框中，“深度”参数用于调整模型向内或向外倒角边的距离。下左图为设置“深度”值为4的效果，下右图为设置“深度”值为-1的效果。

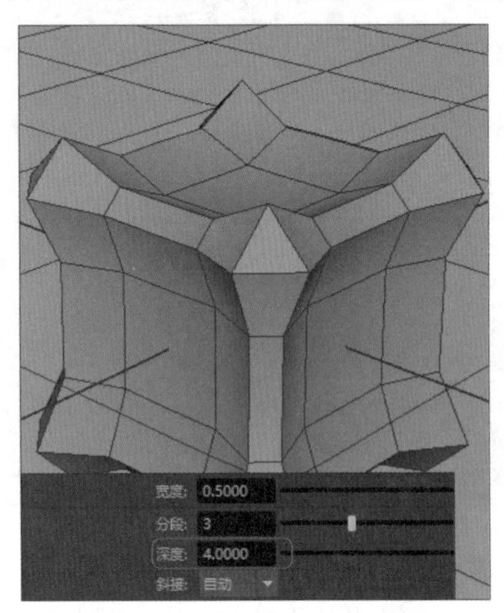

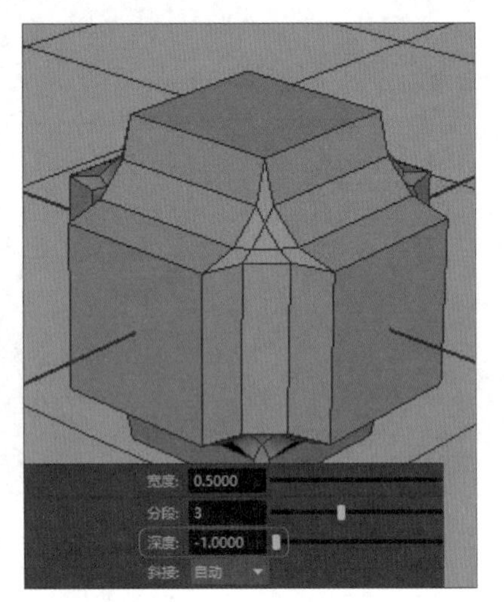

3.5.3 挤出命令

在Maya中通过挤出多边形的顶点、边和面，可以改变模型的外观形态。挤出命令是一个很重要且常用的命令，在创建时可使用挤出命令来创建需要的模型。

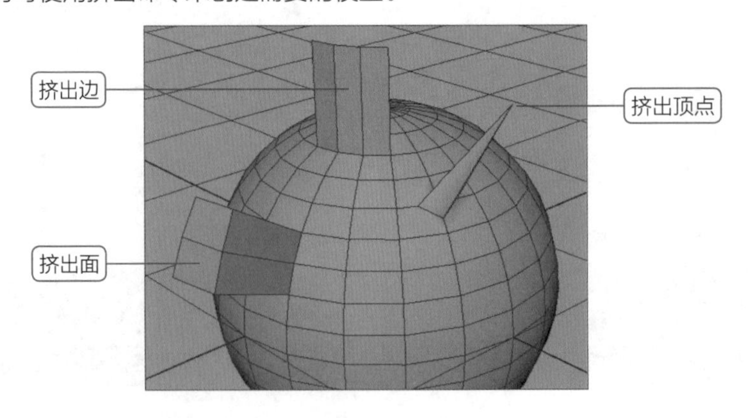

“挤出”命令在使用时要先选择模型的顶点、边或者是面，然后再执行“建模>编辑网格>挤出”命令，也可以通过按住Shift键的同时单击鼠标右键，在弹出的快捷菜单中选择相应的挤出命令，如下三张图片所示。

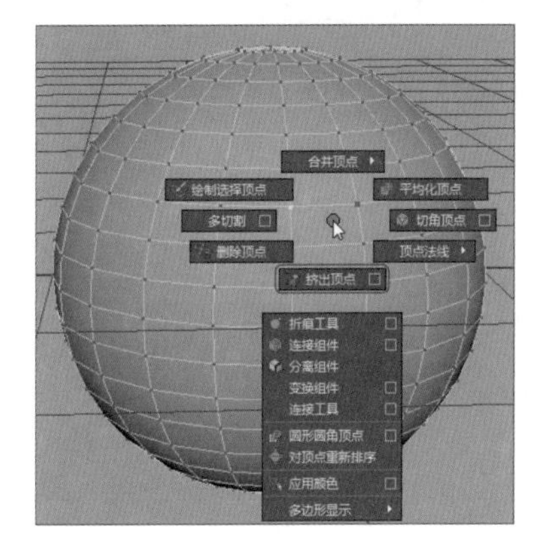

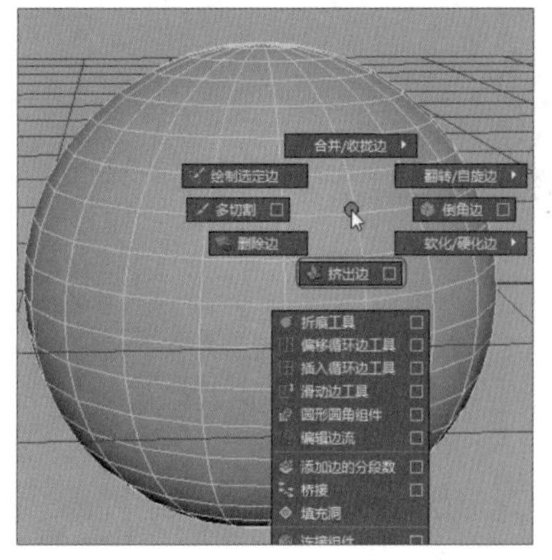

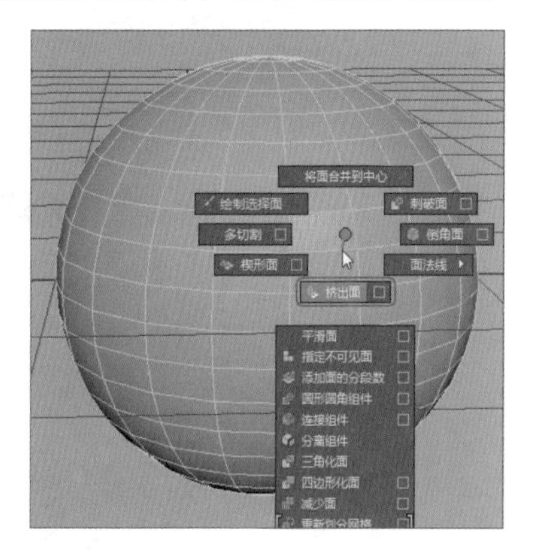

在执行“挤出”命令后，被挤出来的顶点、边和面的坐标轴默认是与模型法线方向一致的，如下左图所示。如果这时按下W键，会发现坐标轴与模型自身的坐标方向一致，如下中图所示。在这种坐标下是无法精准按模型法线方向移动的。按住V键，可临时调整当前选中区域的坐标轴的位置和角度，根据自己的需求调整坐标轴后，再移动新挤出的面，如下右图所示。

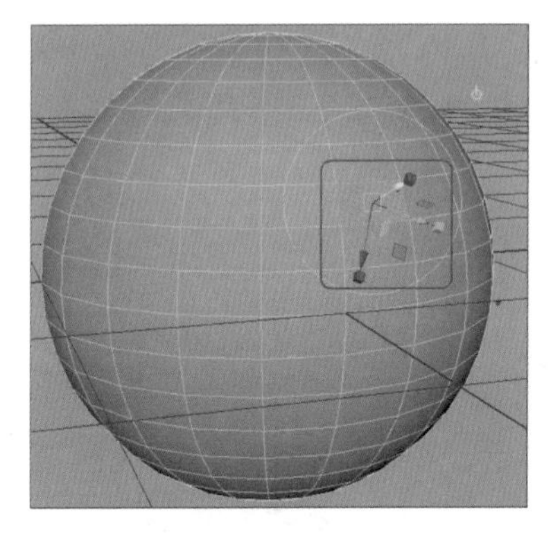

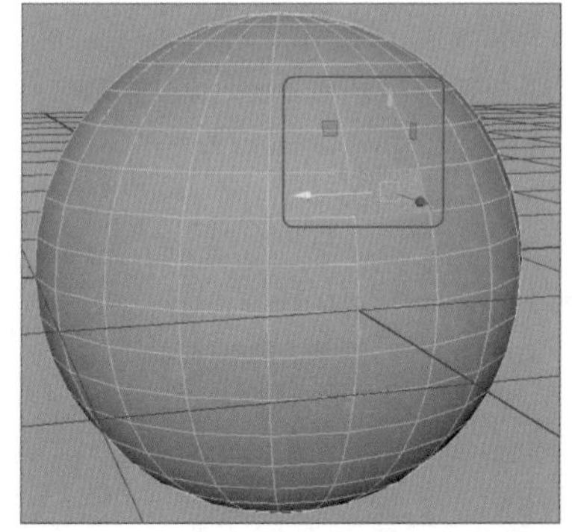

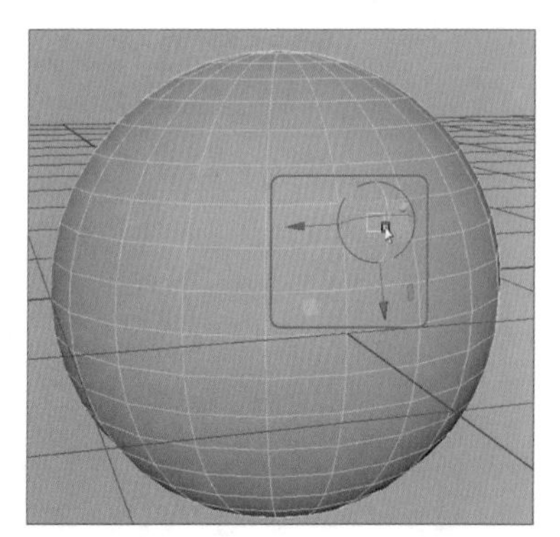

在进行挤压面时，可以通过启用和禁用“保持面的连接性”属性来决定挤出的面是一个整体，还是每个面被单独挤出，对比效果如下图所示。

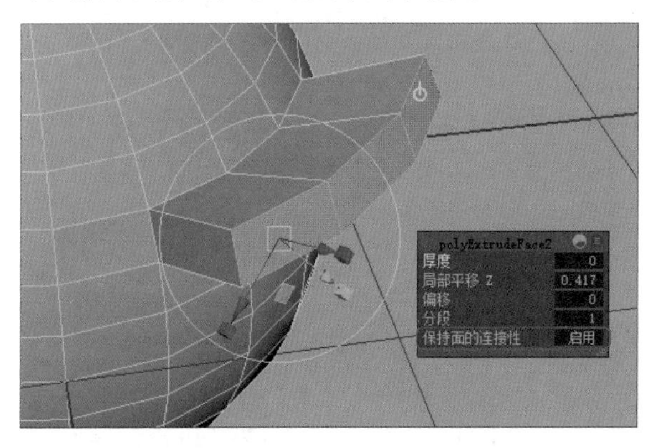

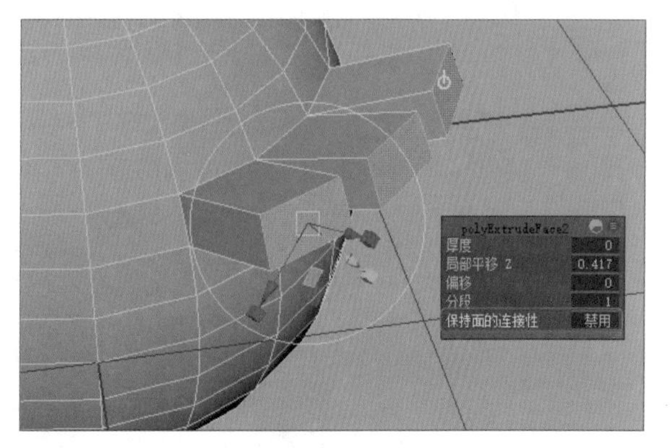

3.5.4 桥接命令

“桥接”命令可以快速对一个模型中分离的部分进行连接并补面，类似于之前介绍的“附加到多边形”命令，不同的是“附加到多边形”命令可以补三边面，但是“桥接”命令只能补四边面，如下页图片所示。

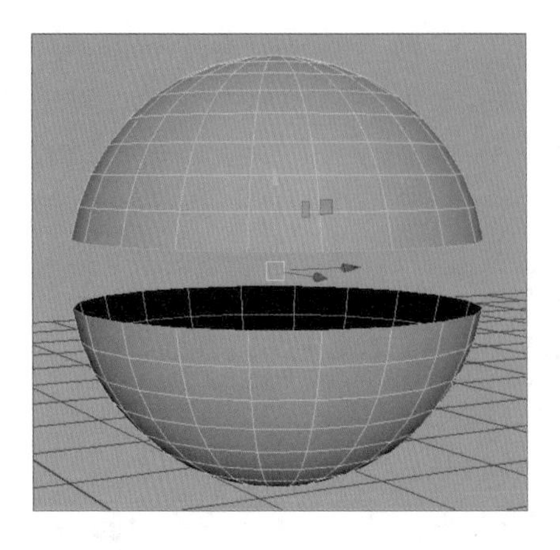

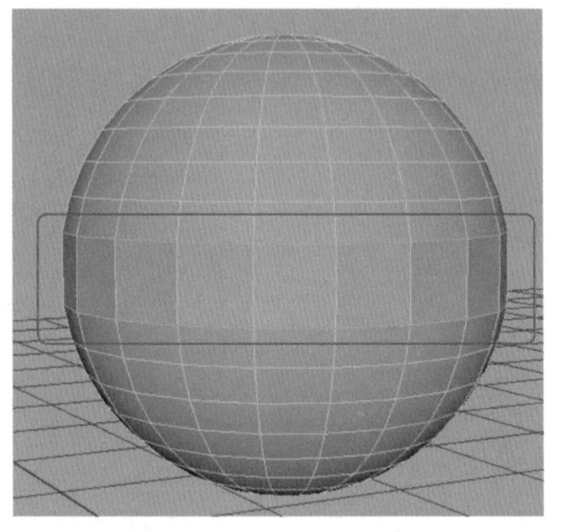

需要注意的是，执行“桥接”命令必须在一个模型下的组件模式中进行，如果是两个单独的模型，请先执行“建模>网格>合并”命令后，再执行“桥接”命令。

3.5.5 分离命令

在之前的小节中介绍过如何给模型补面，这里要讲解通过“分离”命令，把选中的面从模型上单独提取出来。但要注意，这里只是将选中的面和其他的面分离开，但它们还是同属于一个模型下的组件，如果需要把分离的面变成单独的模型，还需要执行“建模>网格>分离”命令。

在场景上创建一个球体，再选中几个面，执行“建模>编辑网格>分离”命令，如下左图所示。移动分离后的面，可以发现它已经与球体分离开了，如下右图所示。

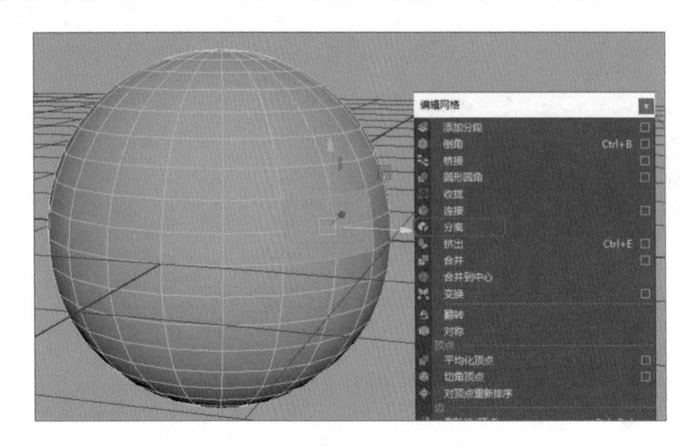

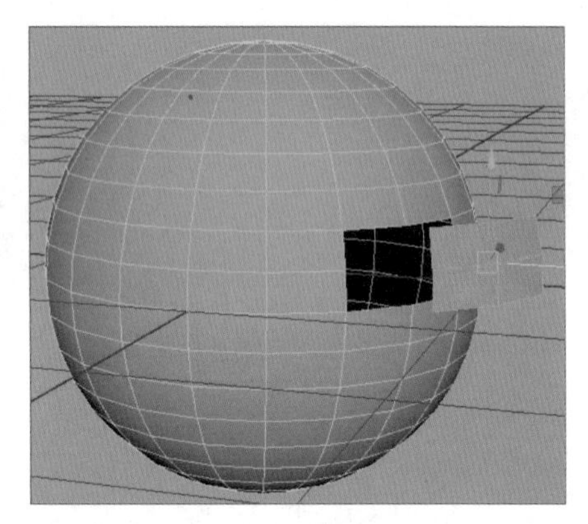

再选中球体会发现，虽然面被分离出来了，但它还是属于这个球体的组件，如下左图所示。这时需要再执行“建模>网格>分离”命令，才能将新分离出来的面变成单独的模型，如下右图所示。

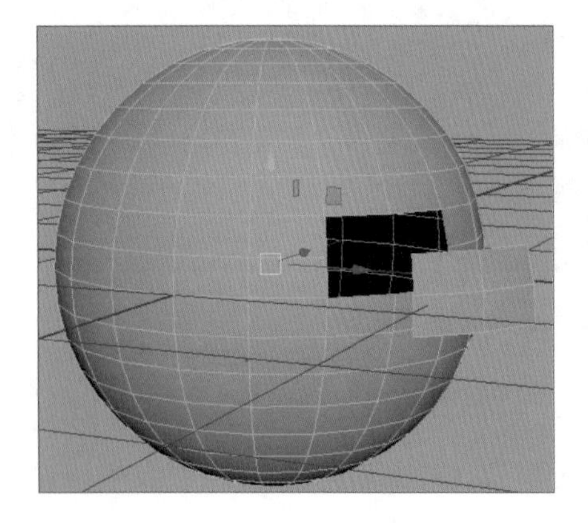

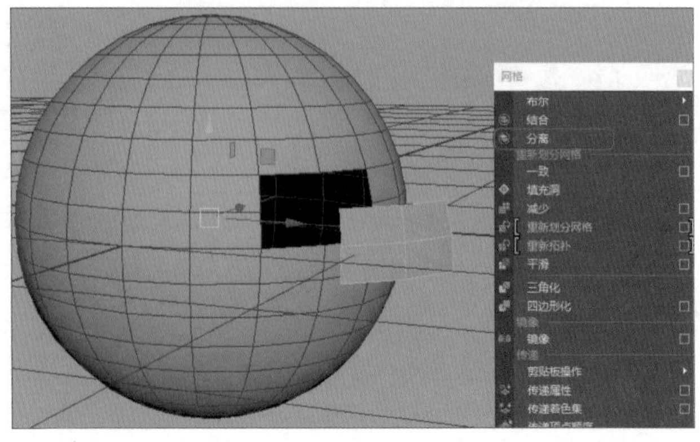

执行“建模>编辑网格>分离”命令不仅可以对面进行分离，也可以选中模型的顶点和边进行分离。在立方体中首先选择顶点，如下左图所示。执行“建模>编辑网格>分离”命令，将顶点的三个面分离，效果如下右图所示。

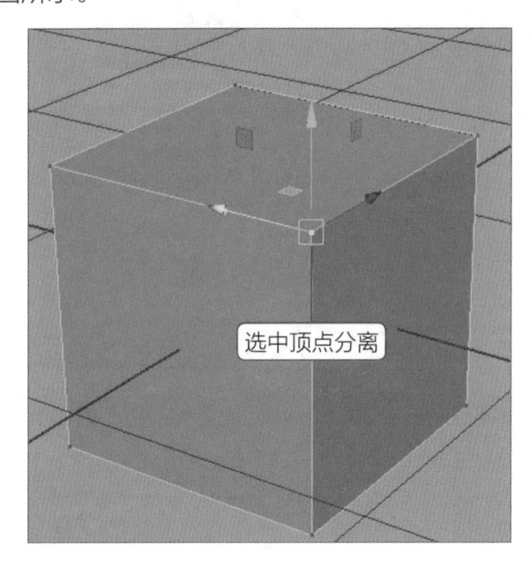

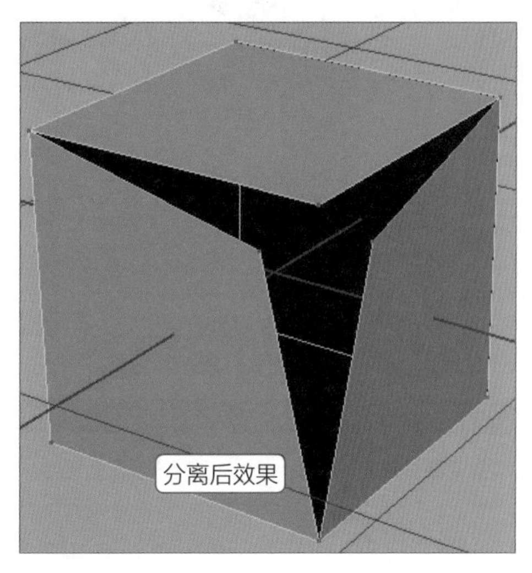

若在立方体中选择分离的边，如下左图所示。执行“建模>编辑网格>分离”命令，将选中的边和面分离，效果如下右图所示。

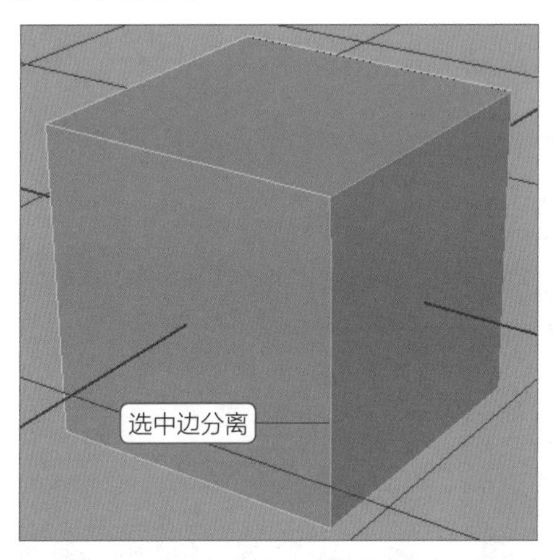

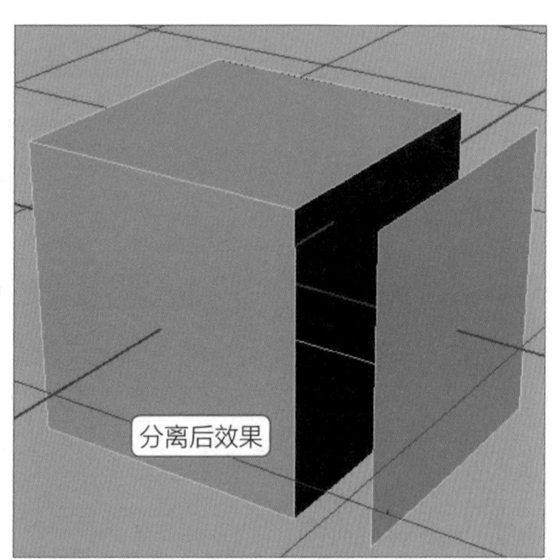

提示：网格分离命令与编辑网格分离命令的区别

“建模>网格>分离”命令是把一个模型中不相连的部分，分离成多个单独的模型。“建模>编辑网格>分离”命令是将模型上的面组件与主体分离开，但不会生成新的模型。

3.5.6 合并命令

“建模>网格>合并”命令是前一小节“分离”命令的反向操作，它可以将一个模型上分离的部分合并在一起。注意，分离可以选中顶点、边和面来执行，但是合并只能选择顶点来执行。

选中一个模型上分离的两个顶点，如下页左上图所示。执行“建模>编辑网格>合并”命令，可以将两个顶点合并，如下页右上图所示。但是要注意合并完成后的顶点会根据选中的两个顶点的位置发生改变，移动到两个顶点中间的位置。所以为了保证顶点的位置不会发生变化，最好是先将一个顶点吸附到另一个顶点的位置后再执行“合并”命令。

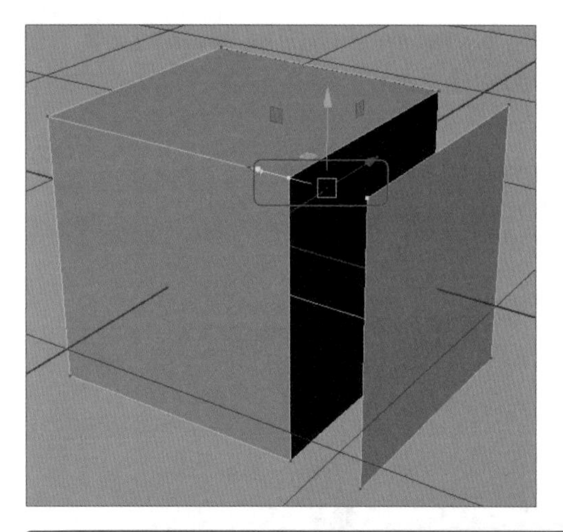

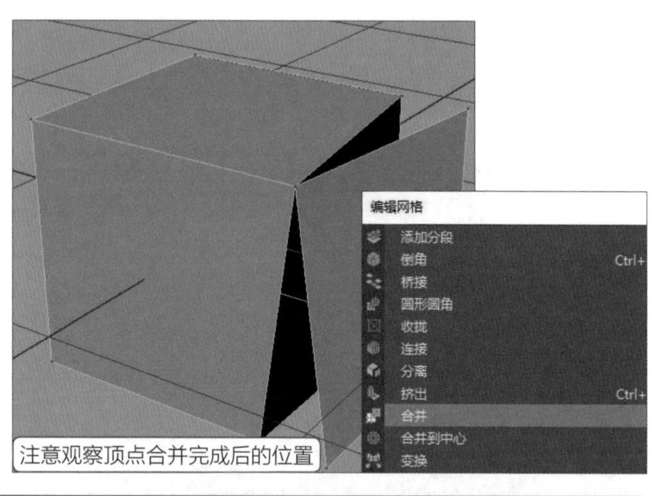

提示：合并时要确认模型边界

记得使用模型自身“显示边界”属性来观察模型的点是否完成了正确合并。

3.5.7 收拢命令

选中模型的边或者是面，执行“建模>编辑网格>收拢”命令后，可以把这些边和面合并成一个顶点，对比效果如下图所示。

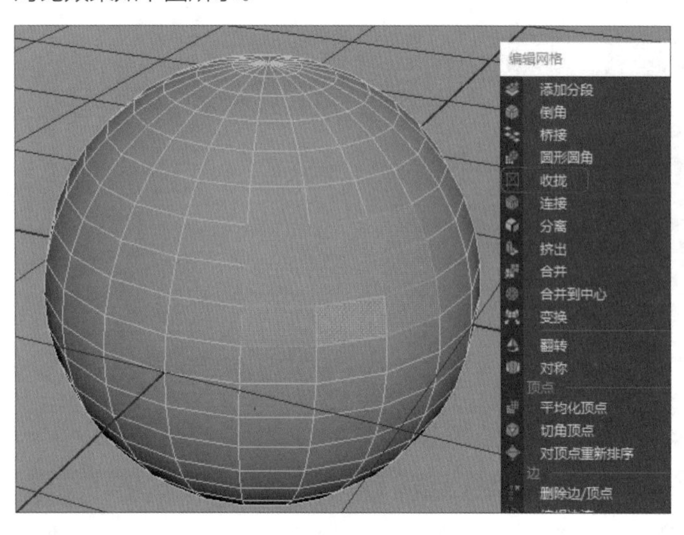

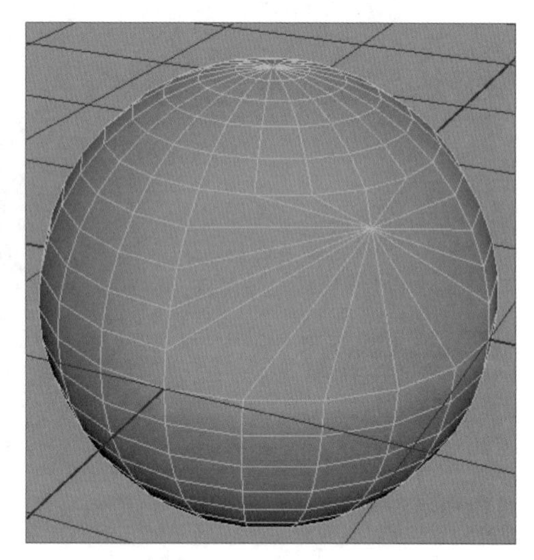

知识延伸：编辑多边形法线

之前介绍过模型的面是具有“正面”和“反面”的，本节我们就来讲解如何去编辑模型的“正面”和“反面”。先要了解什么是“法线”。法线分为“面法线”和“顶点法线”两种，面法线是指垂直于每个面上的一条虚线，用于确定多边形面的方向，如下页图片所示。顶点法线是用于确定多边形面之间的可视化柔和度或硬度。与面法线不同的是，它们不是模型所固有的一部分，却能影响如何在平滑着色处理模式下渲染多边形。本小节我们着重讲解面法线的相关知识。

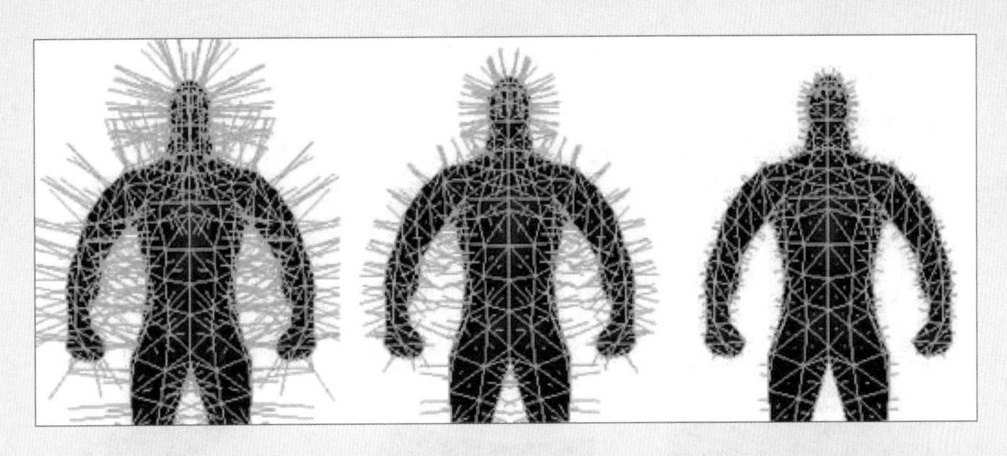

在学习编辑法线前，要先学习如何显示法线和识别法线。在场景中创建一个平面，如下左图所示。选中模型执行“显示>多边形>面法线”命令，如下右图所示。

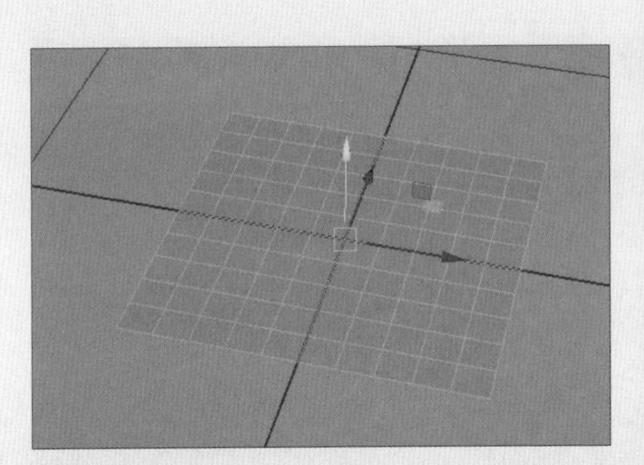

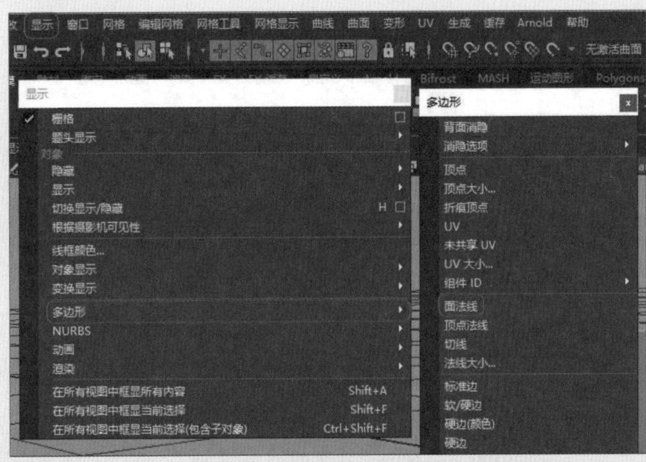

观察场景上的平面，每个面上都有一个垂直于面的绿线，一面有绿线一面没有绿线。有绿线的一面就是Maya中的模型的“正面”，如下左图所示。为了方便观察，也可以通过“显示>多边形>法线大小”的数值来改变绿线的长短，如下右图即是将“法线大小”改为0.05的效果。

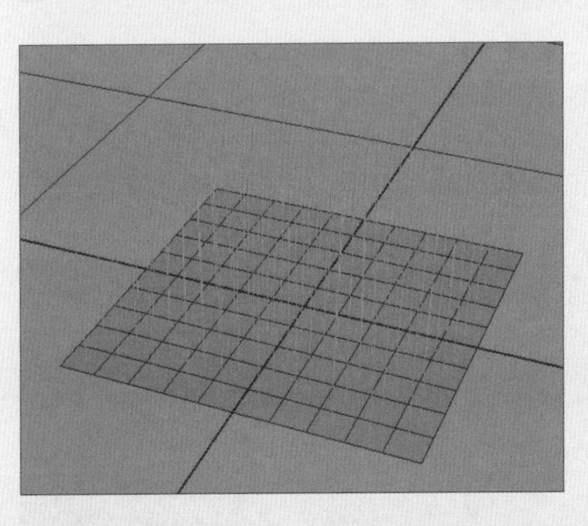

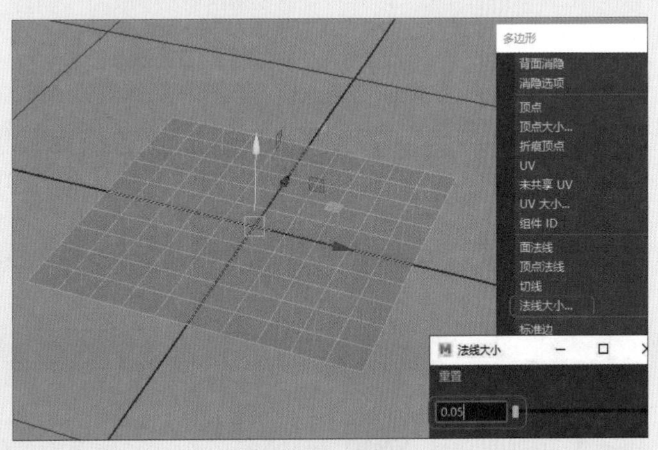

在建模的过程中，如果发现模型的面为黑色，那说明模型的法线可能出现了问题，比如在3.3.4创建多边形小节中所举的斧子实例，因为挤出命令的操作方向问题，导致模型的法线反了，模型变成了黑色。下面介绍如何处理有法线问题的模型。

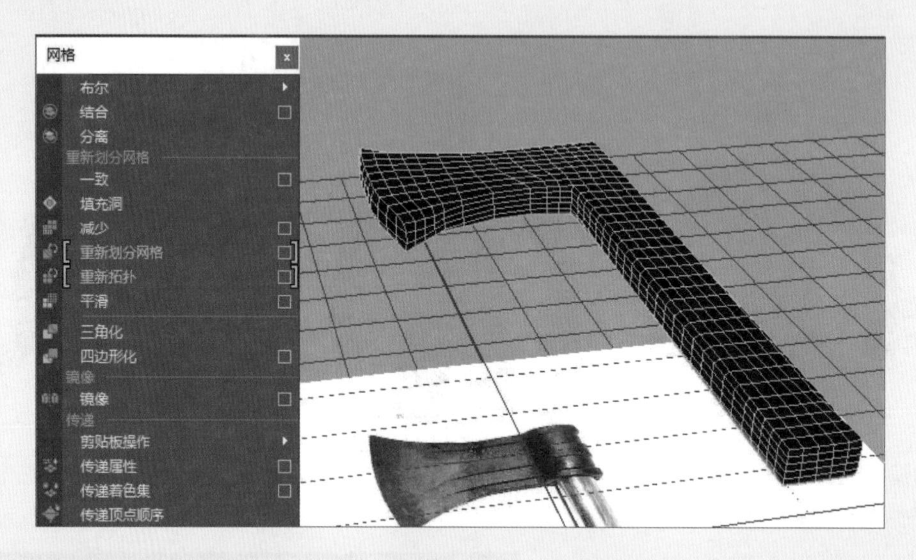

如果在建模的过程中遇到法线反向的情况，如下左图所示，只需要选中模型执行“建模>网格显示>反向”命令，就可更正模型的法线方向，如下右图所示。

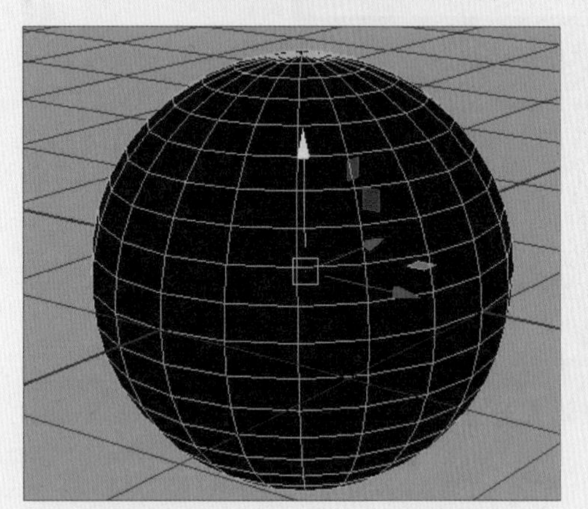

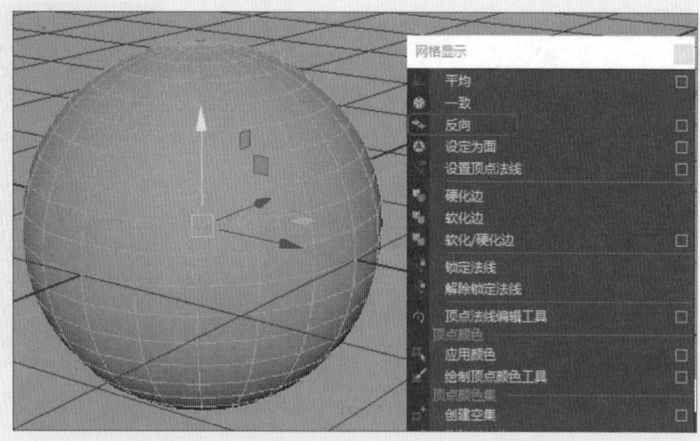

但有时模型并不是整体法线都反向了，而是个别的面出现了法线反向的问题，如下左图所示。这时需要选中存在问题的面，执行“建模>网格显示>反向”命令，或者执行“建模>网格显示>一致”命令，来修正模型的法线，如下右图所示。

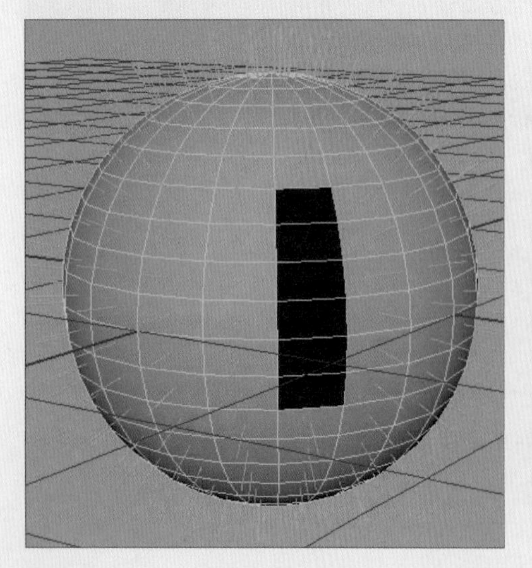

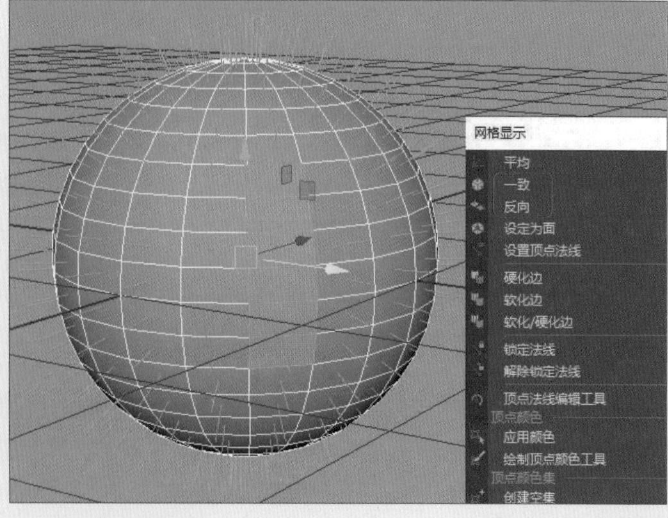

上机实训：制作饮料瓶模型

通过制作一个饮料瓶的模型效果来巩固本章学到的内容，效果如下图所示。制作这个饮料瓶的模型主要有两个难点需要注意，一个是瓶身上的数个凹进去的圆点，另一个是瓶底的凸出的五个面的造型。下面来详细讲解模型的制作流程。

扫码看视频

步骤 01 首先新建一个场景，进入前视图，点击左上角的摄影机图标选中前视图摄影机。在右边frontShape前视图摄影机属性中找到并执行“环境>图像平面>创建”命令，创建一个图像平面。并在创建出来的imagePlaneShape1平面图像属性中找到“图像名称”属性，加载本章附赠的“饮料瓶参考.jpg”图片，如下图所示。

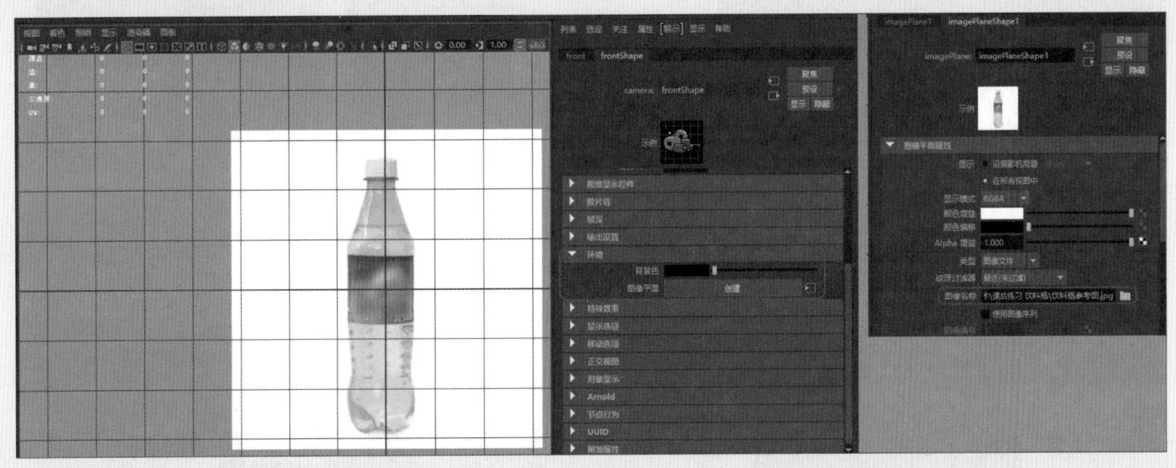

步骤 02 创建一个圆柱体，将圆柱体的“轴向细分数”属性设置为15，如下页左上图所示。因为瓶子底部的造型是类似五角形的造型，所以轴向细分数这里设置成5的倍数，如果设置为10则圆柱体不够圆，设置为20则初始调整的顶点就过多了，所以这里设置为15。

步骤 03 执行“网格工具>插入循环边”命令给圆柱体添加边，并根据参考图调整边的大小与位置，如下页右上图所示。

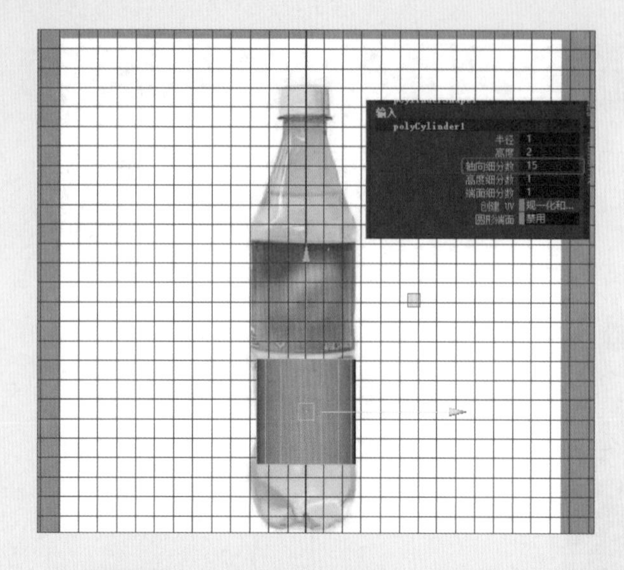

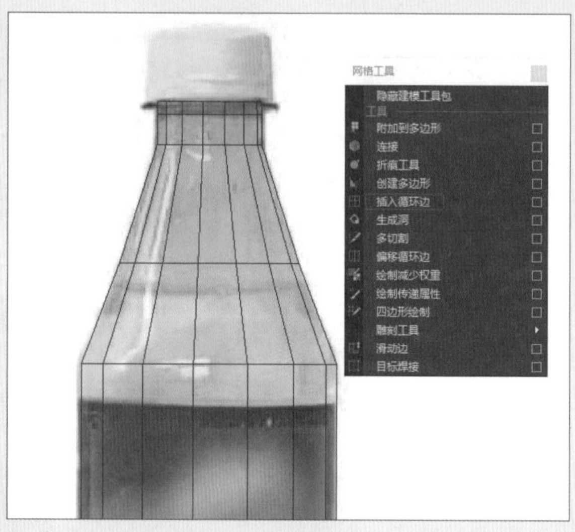

步骤 04 选中瓶口处的一圈面，按住Shift并单击鼠标右键，在弹出的菜单中选择“挤出面”命令，制作出瓶口的造型，如下左图所示。

步骤 05 再创建一个“轴向细分数”为15的圆柱体，调整圆柱体的细节，制作出瓶盖的模型，如下右图所示。

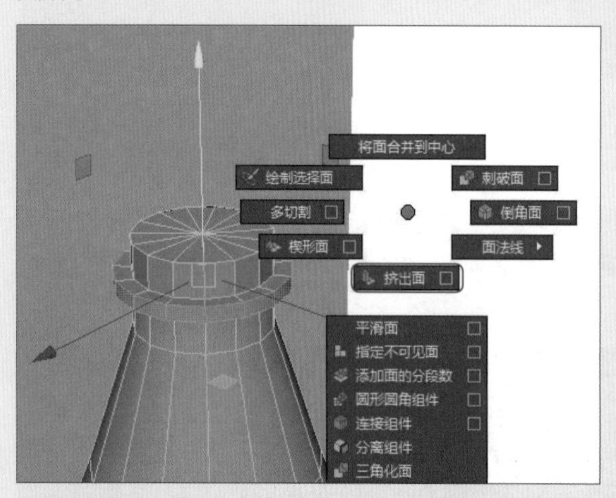

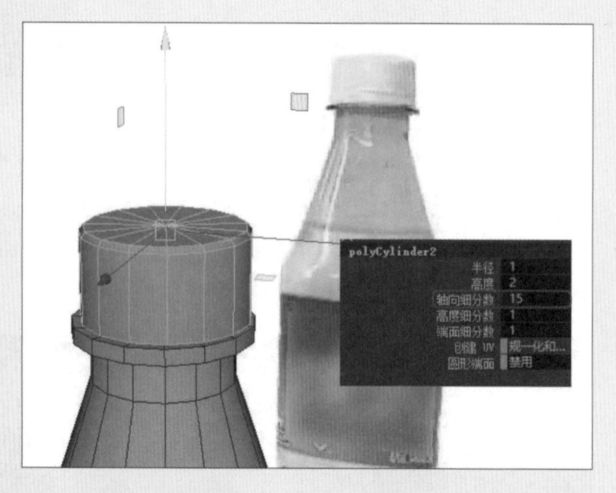

步骤 06 下面开始制作饮料瓶底板的效果，先将圆柱体底板的面删除，如下左图所示。

步骤 07 选中底边的一圈边，按住Shift并单击鼠标右键，在弹出的菜单中选择“挤出边”命令，用缩放工具将新挤出的边缩小，如下右图所示。

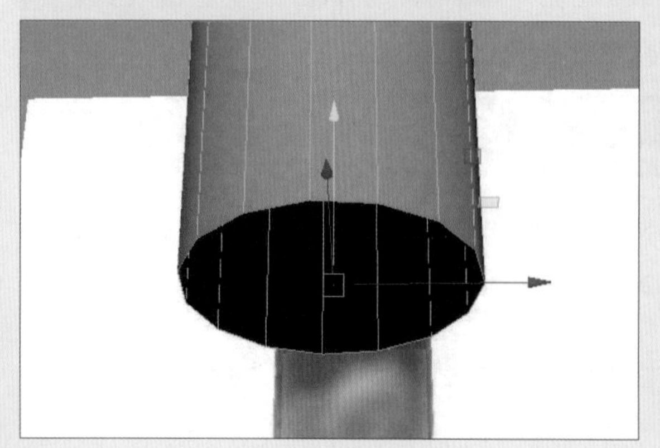

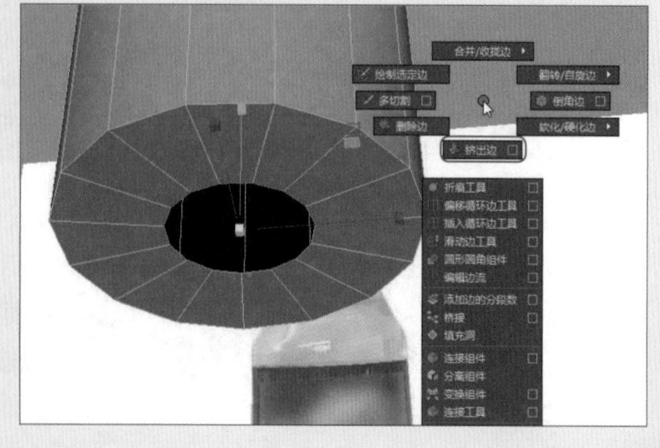

步骤08 每隔一个面选中两个面，一共选中五组面，如下左图所示。

步骤09 执行“挤出面”命令将选中的五组面挤出新的面，如下右图所示。

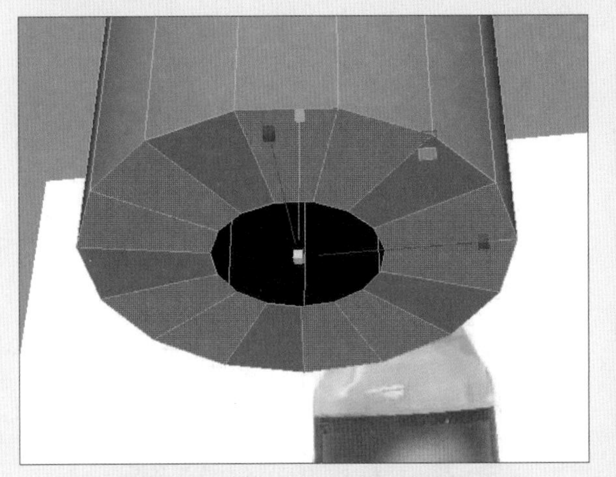

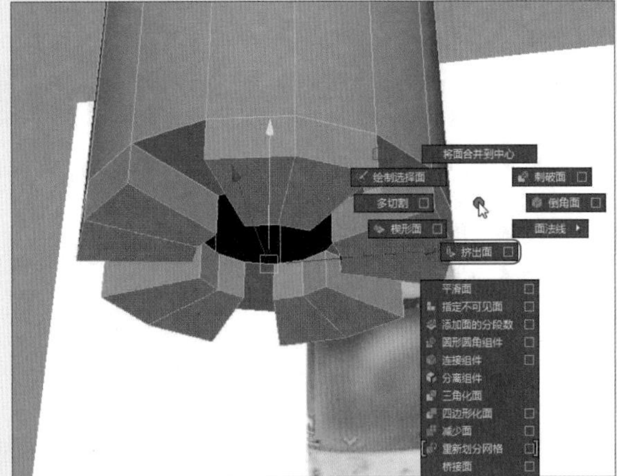

步骤10 调整底部的造型，如下左图所示。

步骤11 选中底部的一圈边，再执行“挤出边”命令挤出新的边，如下右图所示。

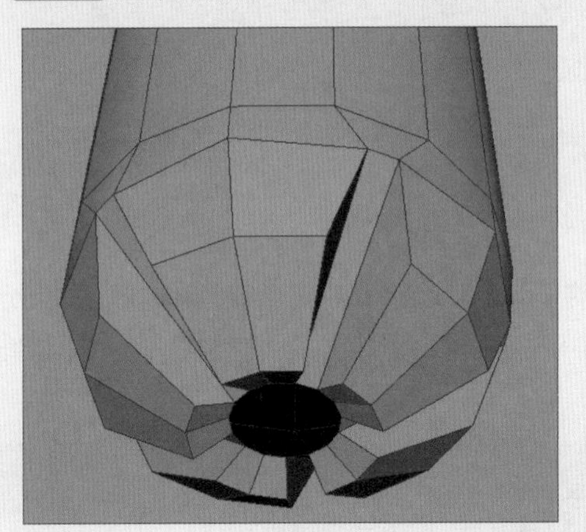

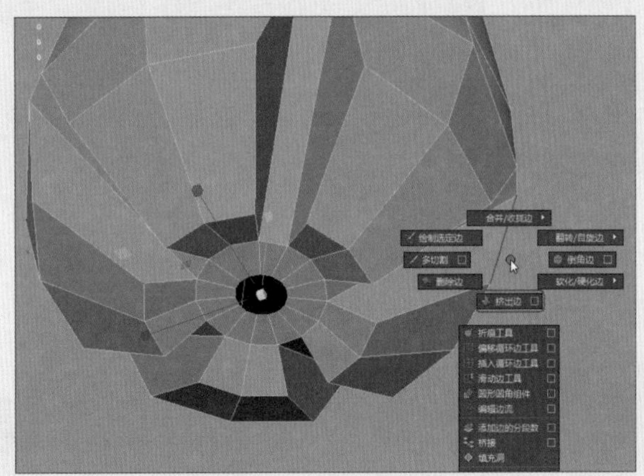

步骤12 执行“合并顶点”命令，将挤出的边合并成一个顶点，如下左图所示。

步骤13 选中模型，按住Shift并单击鼠标右键，在弹出的菜单中执行“平滑”命令，这样饮料瓶底部的造型就完成了，如下右图所示。

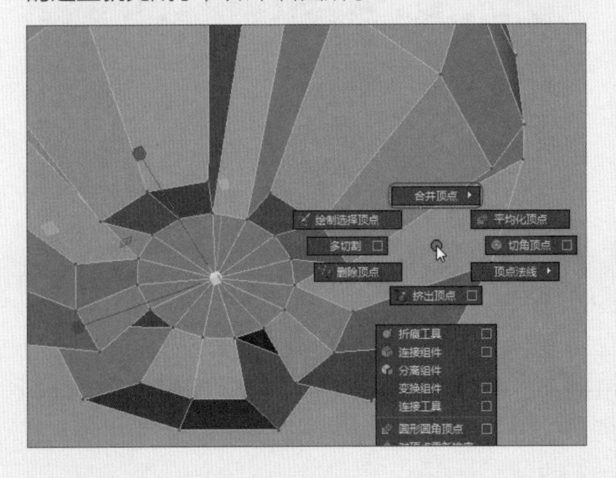

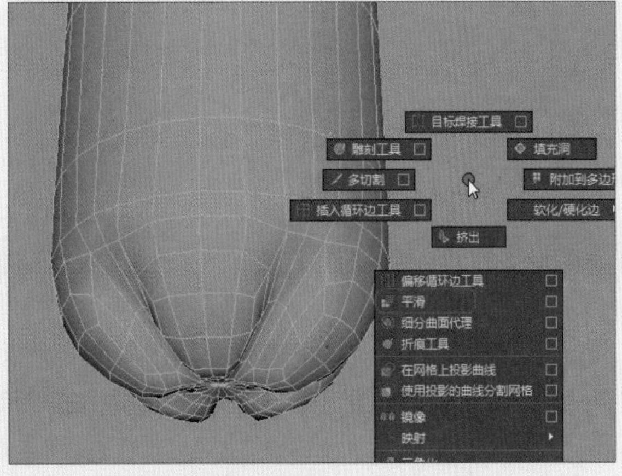

步骤14 根据参考图创建五个球体模型，调整球体的大小及位置，使球体的一半与瓶身重叠，如下左图所示。

步骤15 选中五个球体执行“编辑>分组”命令，并复制球体，在瓶身一周上复制十组球体，如下右图所示。

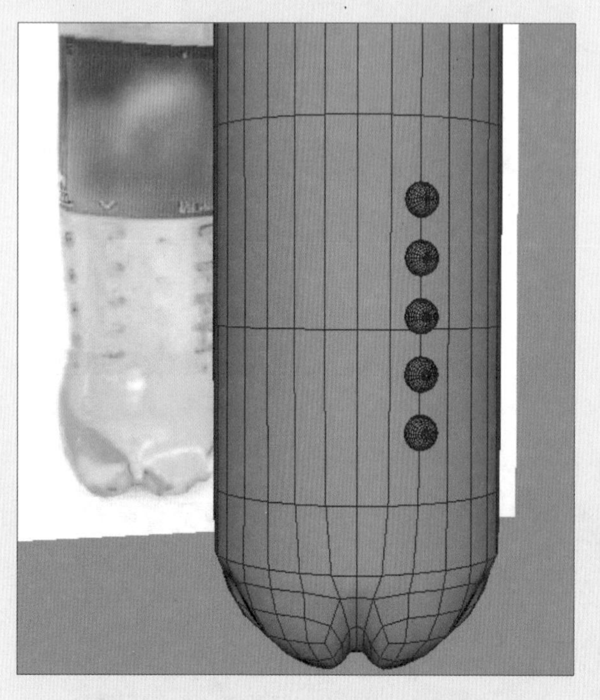
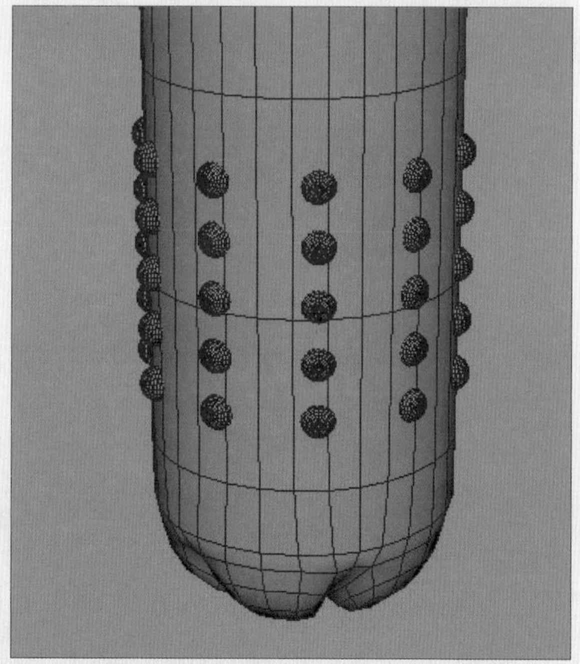

步骤16 选中所有的球体，执行“网格>结合”命令，将所有的球体合并成一个模型，如下左图所示。

步骤17 先选中瓶子的模型再加选球体的模型，执行“网格>布尔>差集”命令，这样瓶身上就会出现凹点，如下右图所示。

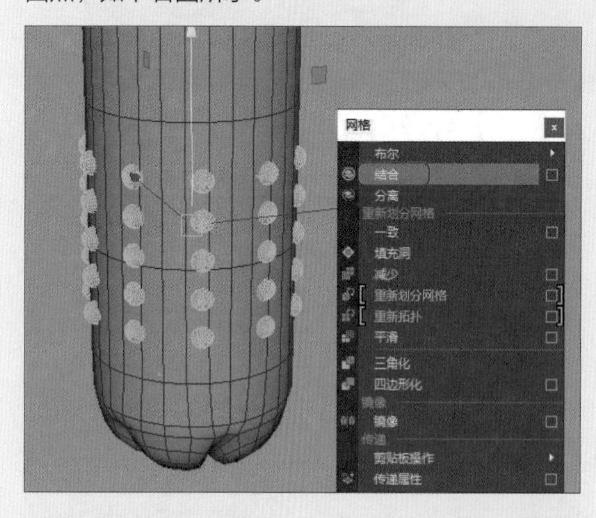

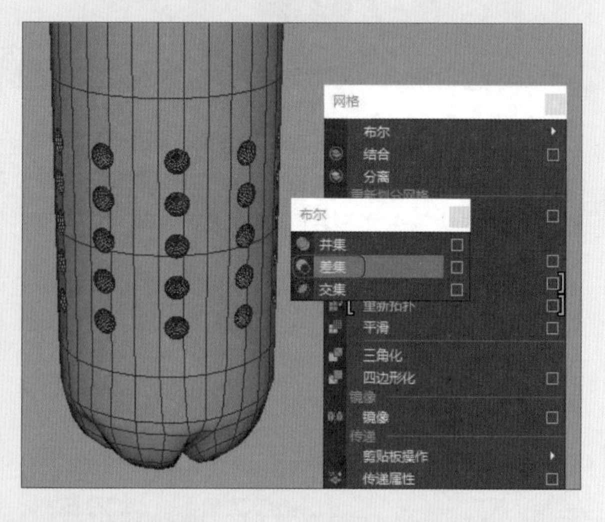

步骤18 选中瓶子的模型，执行“动画>变形>晶格”命令，创建一个晶格变形器，并将ffd1LatticeShape晶格属性中的“T分段数”设置为10，如下页左上图所示。

步骤19 选中晶格按住鼠标右键，在弹出的菜单中选择“晶格点”命令，进入晶格点编辑模式，选中晶格点进行缩放，如下页右上图所示。通过晶格变形器可以将瓶身连同刚制作出来的凹点进行整体调节，更改晶格变形器的用法将会在之后的动画章节中进行详细讲解。

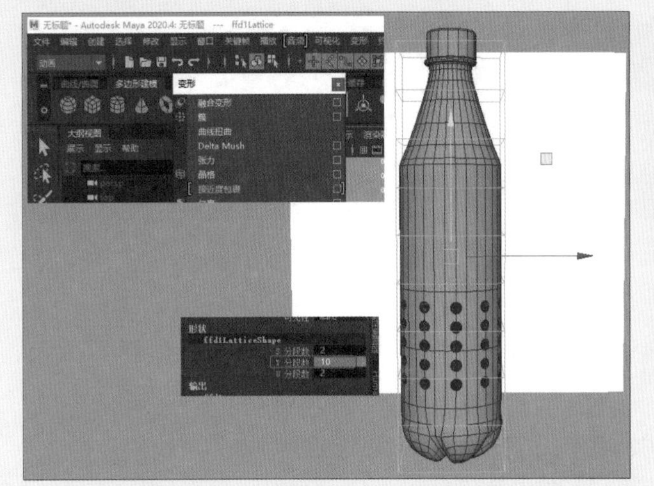

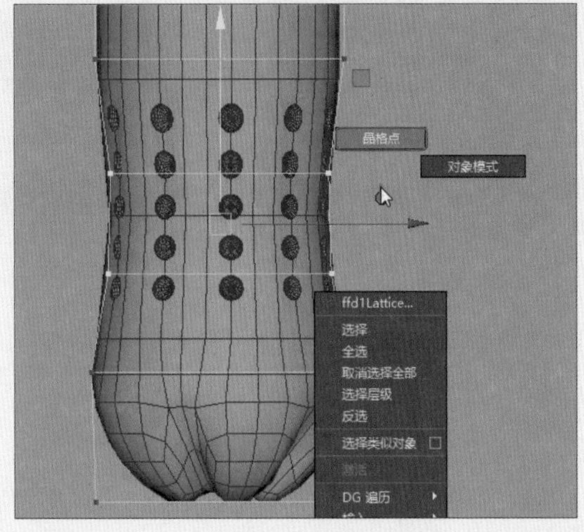

步骤 20 选中瓶身的模型，找到并执行“编辑>按类型删除>历史”命令，删除瓶身模型的历史信息，保留晶格变形器调整后的模型效果，如下左图所示。

步骤 21 再创建一个“轴向细分数”为30的圆柱体，将圆柱体顶部的面和底部的面删除，并调整圆柱的位置与大小，用来制作瓶身上的贴纸效果，如下右图所示。这样就完成了饮料瓶模型的制作。

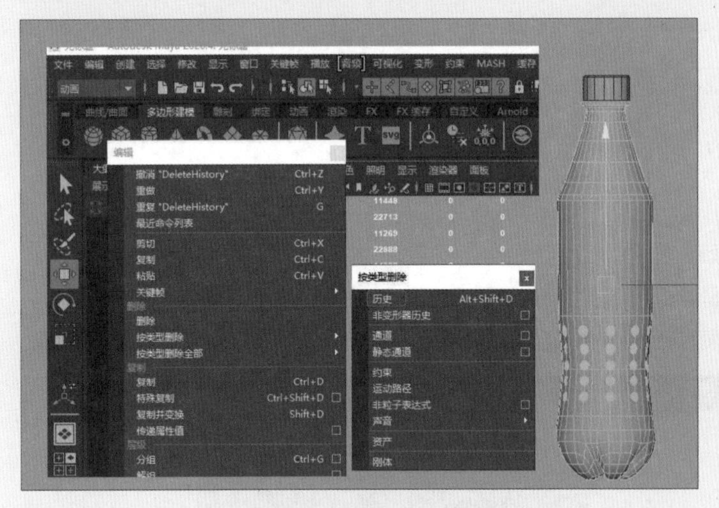

课后练习

一、选择题

（1）对两个重叠的模型进行“并集”“差集”和“交集”命令属于（　　）。

A. 布尔运算　　B. 平滑命令

C. 三角化　　D. 四边形化

（2）将两个模型合并成一个模型需要执行（　　）命令。

A. 结合　　B. 分离

C. 填充洞　　D. 插入循环边

（3）想对模型的边缘进行平滑操作除了添加边外，还可以通过（　　）命令来实现。

A. 平滑　　B. 挤出面

C. 挤出边　　D. 倒角

二、填空题

（1）Maya 2020中调整模型的形状主要是由调整模型的__________、__________和__________三个组件模式来实现的。

（2）模型制作完成后，用户可以通过__________命令来观察模型平滑后的效果。

（3）用户可以使用__________命令，在模型上创建出一圈循环边。

（4）用户可以使用__________命令，将模型上的所有面都变成三边面。

三、上机题

本章对模型的基础创建做了详细讲解，参考本章附赠的“上机题_易拉罐.ma”文件进行模型的制作。罐身的模型制作比较简单，用户需要仔细调整易拉罐顶部的顶点制作出拉环凹槽的效果。多去练习“挤出”命令，调整挤出后的模型顶点，从而制作出更多的模型细节。

第4章　材质与纹理

本章概述

本章将对Maya中的材质与纹理的相关知识进行介绍和说明。在完成建模后，就需要对模型进行分析，并对相应的材质赋值，设置好材质后才可以通过渲染得到一个完整的建模作品。

核心知识点

❶ 了解材质的基础知识
❷ 掌握不同材质的球的特点
❸ 了解纹理与材质的区别
❹ 了解实战中材质与纹理的使用
❺ 学习如何对模型展开UV

4.1　材质技术

材质技术在三维软件中又叫作着色器，通过不同的材质球来使模型真实地反映出颜色、纹理、光泽与花纹等效果。在真实世界中比较明显的例子比如衣服的布料材质、水杯的玻璃材质、鼠标的塑料材质与汽车的金属材质等，这些在Maya里都可以通过对材质球属性的编辑得到不同的材质效果。

4.1.1　材质理论知识

在学习材质之前，先来了解一些材质的基本理论知识。

在真实世界中观察身边的物体，可以发现不同的物体具有不同的材质效果。比如除了水、玻璃等无色透明物体外，一般物体都有一个自己的固有色，比如苹果的红色、橘子的橙色和西瓜皮的绿色等。再比如布料材质和金属材质最主要的区别在于反射强度；牛奶和水的区别则在于折射率的不同，透明的物体都具有折射率，不同的物体具有不同的折射率。水的折射率为1.33，如果想做水的材质但是折射率不是1.33，那么渲染出来的效果就不像是水。下面将详细介绍在Maya中如何通过编辑材质球的属性达到不同物体的质感。

4.1.2　材质编辑器Hypershade

在Maya中编辑材质，需要用到材质编辑器Hypershade。用户可以通过“窗口>渲染编辑器>Hypershade”命令，打开材质编辑器窗口，如下页左上图所示。也可以在工具栏中找到“渲染编辑器”图标，直接单击打开材质编辑器窗口，如下页右上图所示。

打开材质编辑器后的界面如下图所示。下面先对材质编辑器的窗口组成进行介绍。

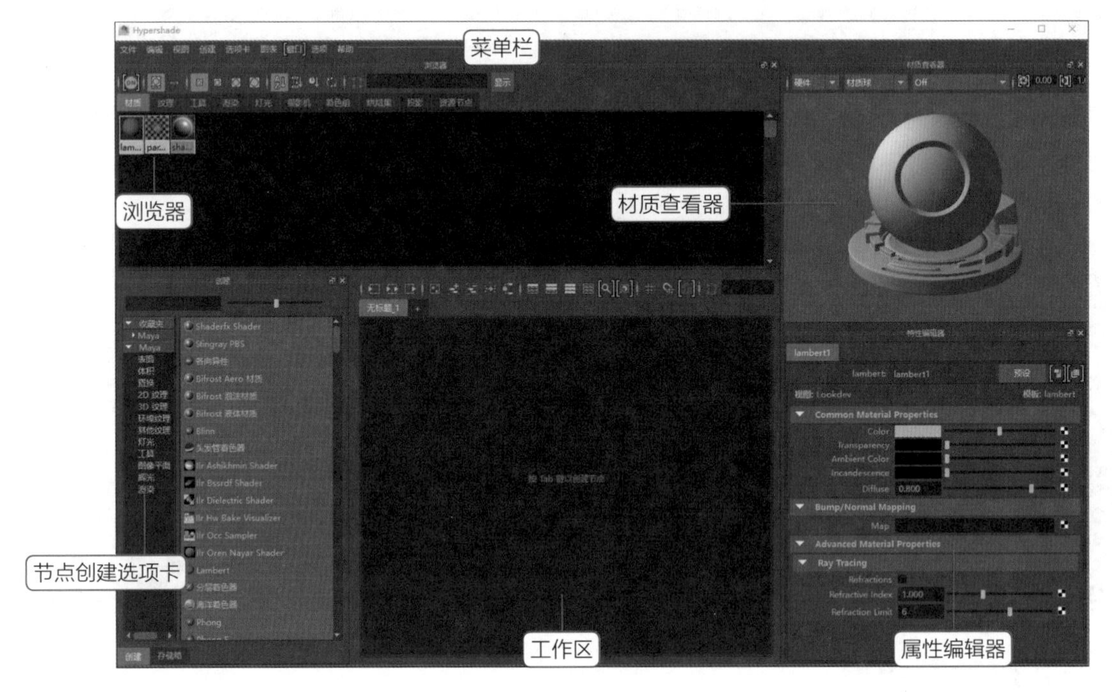

（1）菜单栏

菜单栏由“文件”“编辑”“视图”“创建”“选项卡”“图表”“窗口”“选项”和“帮助”等多个菜单组成，主要用于材质编辑器窗口的界面布局与材质球的创建和删除等命令操作。

（2）浏览器

通过浏览器可以查看已经创建的材质的数量、名称和大致预览效果。用户也可以通过分类中的“材质”“纹理”“工具”“渲染”“灯光”“摄影机”等多个选项卡，对其余节点进行查看和编辑。

（3）节点创建选项卡

在节点创建选项卡下，用户可以创建需要的材质、纹理、节点等。创建的节点会显示在中间的工作区。

（4）工作区

所有节点可以在工作区中进行属性之间的关联。注意工作区里显示的并不是所有的节点，只显示用户需要操作的节点。浏览器中显示的则是Maya中用户创建的所有节点。

（5）属性编辑器

用于显示所选择节点的相关属性，并通过调整节点的属性来设置不同的效果。

（6）材质查看器

用户在设置材质节点属性的时候，可以通过材质查看器更直观地预览到所更改的材质效果。

4.2 材质的种类

在Maya 2022中把材质分为“表面材质”“体积材质”“置换材质”三种类型，下面将详细介绍这三种类型中使用频率最高的几种材质节点。

4.2.1 各向异性材质

各向异性材质的特点是高光呈现长条状，用于具有微细凹槽并且镜面高光与凹槽的方向接近于垂直表面的模型，适合制作真实世界里的刀子、头发和光碟等效果，如下图所示。

4.2.2 Blinn 材质

Blinn材质主要是用于表面光滑，具有高光的物体，常用于表现金属、玻璃等材质，如下图所示。

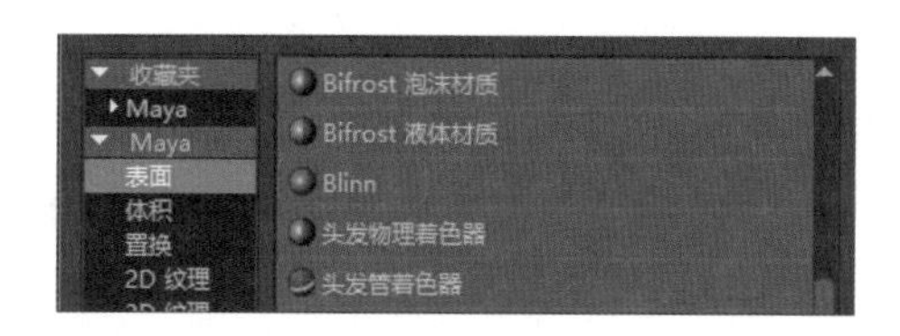

4.2.3 Lambert材质

Lambert材质不具有高光属性，不会反射出周围的环境色。虽然Lambert材质也可以具有透明属性，但是因为不具有高光属性，不会产生折射效果，所以不能用于制作水杯等材质，常用于制作木头、岩石和墙壁等物体，如下图所示。

4.2.4 海洋着色器

海洋着色器是Maya自带的用于模拟水面波纹材质的效果，通过调节水浪图案，从浴盆中的小波纹到大规模的汹涌海浪都可以模拟出来，如下图所示。

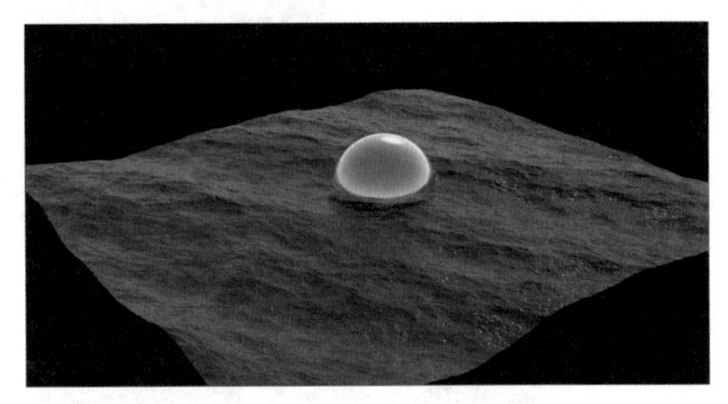

4.2.5 材质的赋予方式

前面简单地介绍了几种常用的材质，本节介绍如何为模型赋予材质，以及在Maya中最常用的两种赋予材质的方法。

方法1：从材质编辑器中直接将材质拖拽到模型上

首先在场景中创建一个球体，并在材质编辑器中创建一个Blinn材质球，如下页左上图所示。将光标置于材质编辑器中的blinn1材质球上方，按住鼠标中键不放，这时光标右下角显示+号，移动光标到球体上，松开鼠标中键即可完成。

方法2：通过右键菜单赋予模型材质

同样在场景中创建一个球体，在材质编辑器中创建一个Blinn材质球。先选中球体，光标置于材质球上方，按住鼠标右键不放，则会弹出快捷菜单，选择“为当前选择指定材质”命令即可完成，如下页右上图所示。

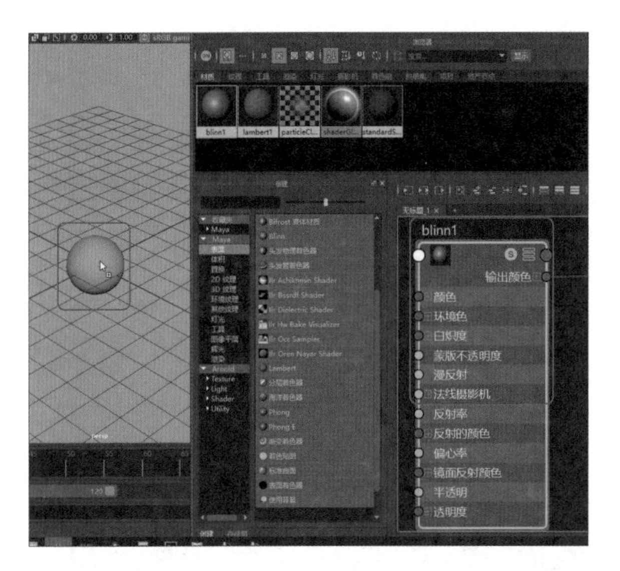

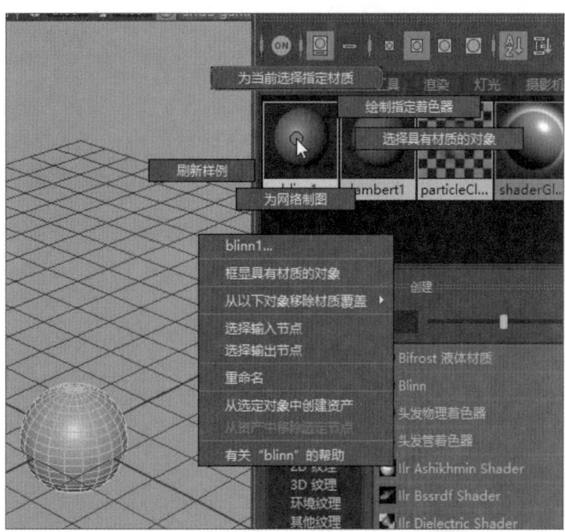

4.3 材质的属性

虽然不同的材质有着不同的特性，但是也有一些“公用材质属性”是大部分材质球都具有的，比如颜色、透明度、环境色、白炽度和漫反射等，下面将以Blinn材质球为例，详细讲解这些属性的效果。

4.3.1 颜色属性（Color）

颜色属性是指物体本身的颜色，用户可以通过HSV模式和RGB模式来选择自己所需要的颜色。下左图为设置Color属性为红色的效果，下右图为设置Color属性为黄色的效果。

4.3.2 透明度属性（Transparency）

透明度属性默认为0，即不透明，黑色表示不透明，效果如下页左上图所示。白色表示全透明，效果如下页右上图所示。

提示：为什么在全透明的情况下还能看到物体的形状

该问题涉及材质球的高光属性，物体的透明属性虽然已经开启，但是由于Blinn材质球默认有高光属性，所以可以看到物体的高光。这时如果把高光属性也设置为全黑色及无高光状态，物体就会完全透明。

4.3.3 环境色属性（Ambient Color）

环境色属性模式为黑色，这并不会影响到物体本身的颜色。环境色越来越浅，则表示物体受到场景中灯光的影响越来越强。下左图为环境色关闭的效果，下右图为环境色开启的效果。

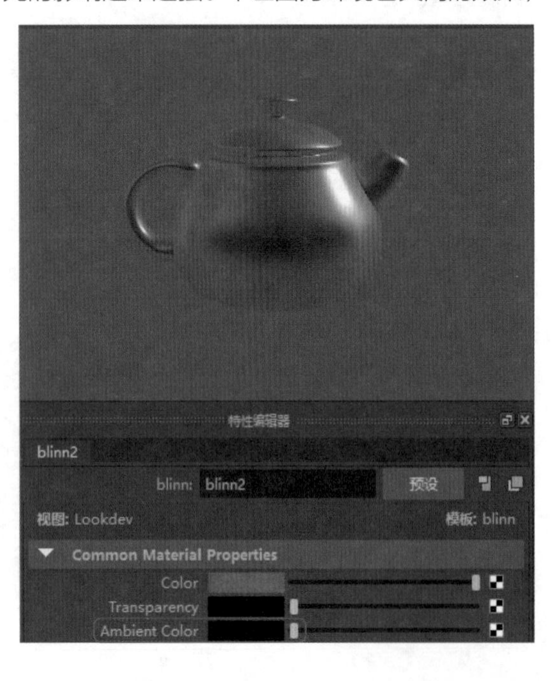

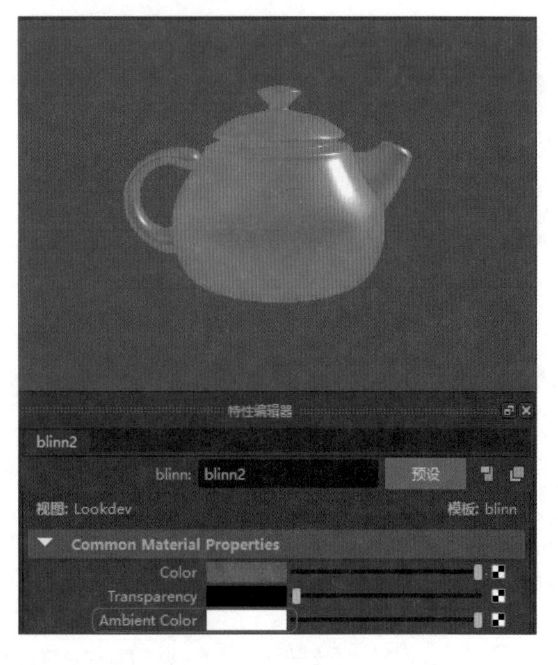

4.3.4 白炽度属性（Incandescence）

白炽度属性默认为黑色，用于模拟物体的自发光效果，但是这种自发光并不会照射周围的物体，不能代替光源，可用于制作熔岩和磷光苔等物体。下左图为白炽度关闭的效果，下右图为白炽度设置成蓝色的效果，可以模拟出红色的物体发着蓝色光，呈现出蓝紫色的效果。

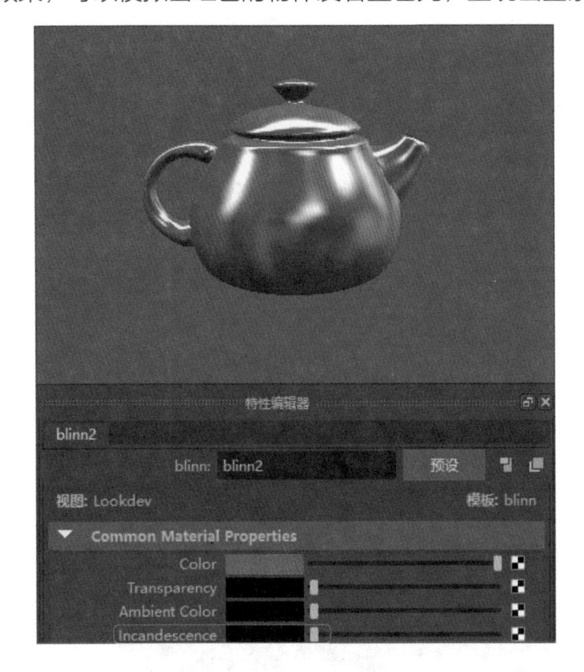

4.3.5　漫反射属性（Diffuse）

漫反射属性可以用来控制物体表面反射自身颜色的强度，比如漫反射为0时，物体将无法呈现出本身的红色，如下左图所示。漫反射为1时，可以清晰地呈现出物体自身的颜色，如下右图所示。

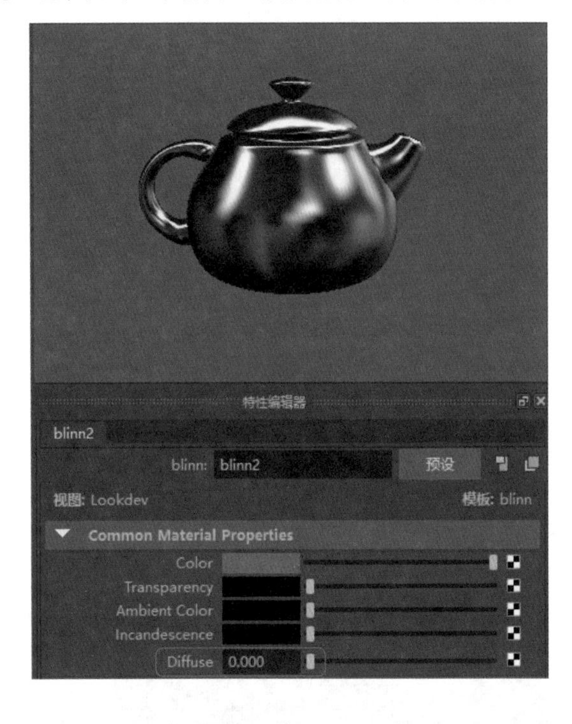

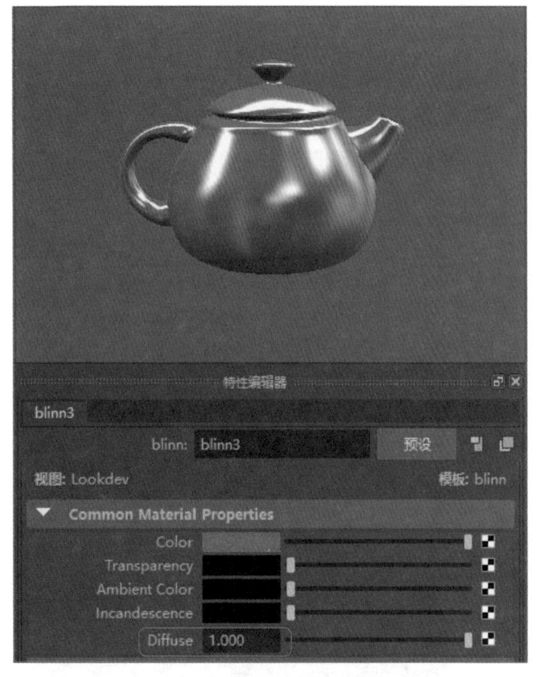

4.3.6　高光属性（Specular Shading）

高光属性用于呈现物体在光源的照射下所呈现的强度和颜色。高光属性具有一些特定的参数，比如

"高光颜色""偏心率""镜面反射衰减""镜面反射颜色""反射率"和"反射颜色"等，下面将对这些属性进行介绍。高光并不属于"公用材质属性"，因为有些材质不具备高光属性。

（1）高光颜色（Specular Color）

高光颜色指灯光照在物体上，物体所呈现的高光颜色。下左图是高光为白色的效果，下右图是高光为蓝色的效果。

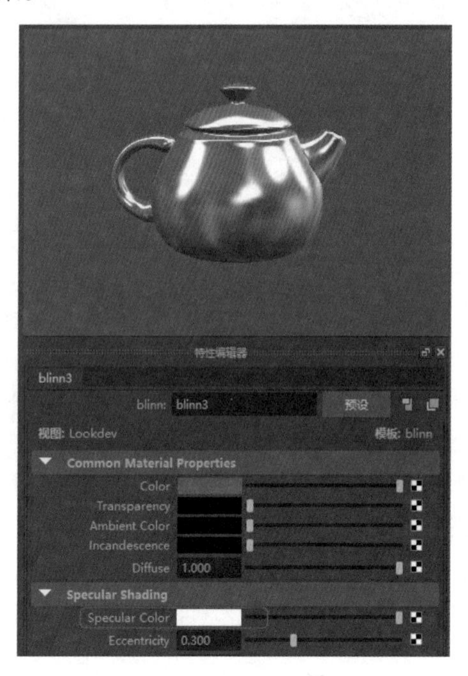

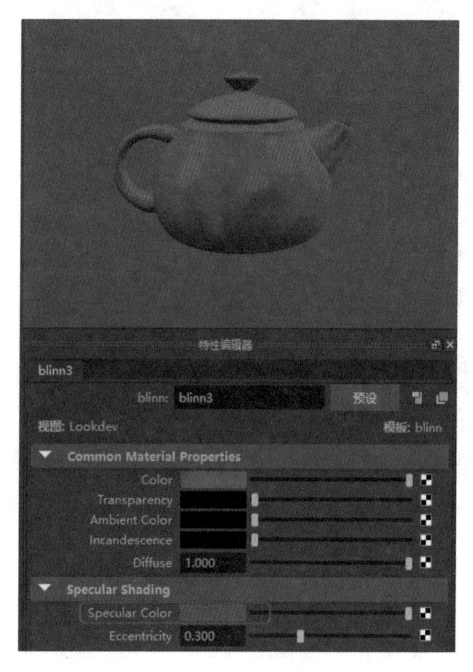

（2）偏心率（Eccentricity）

偏心率指物体高光区域的大小，值为0表示无高光。值为0.1表示较小面积的高光，如下左图所示。值为1表示较大面积的高光，如下右图所示。

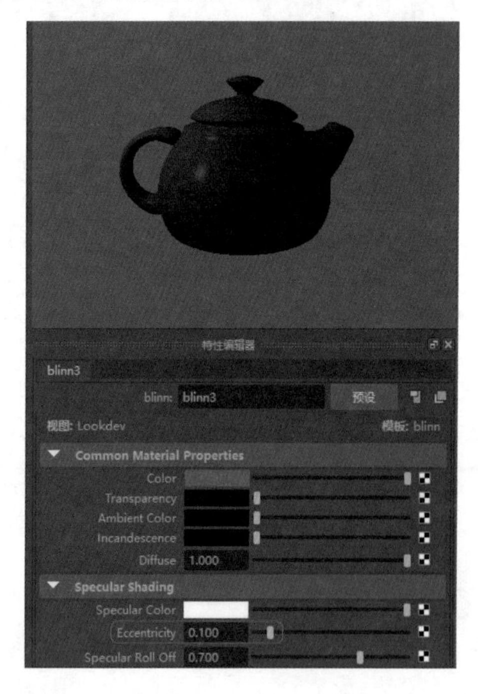

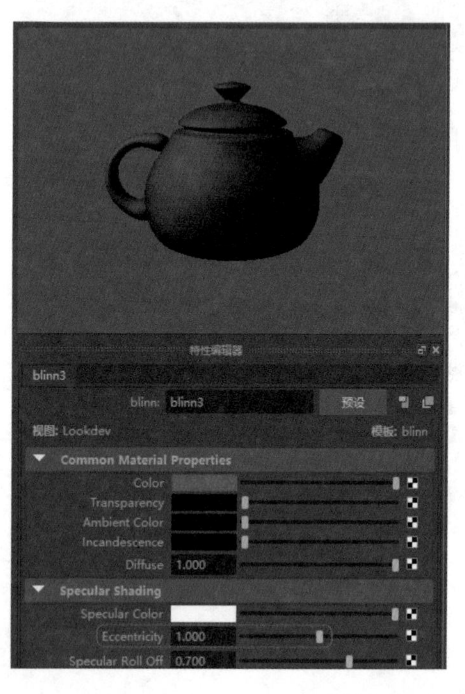

（3）镜面反射衰减（Specular Roll Off）

很多人把镜面反射衰减属性看作高光的强度，其实这个理解有些偏颇。镜面反射衰减属性实际上是用于控制菲涅尔反射的。什么是菲涅尔反射？如果人站在水中，低头看脚下的水时，会发现水是透明的。但当人抬头看向远方的水时，水面会反射出天空的倒影。视角与被观察物体的角度越大，物体表面的反射强度就越高，这就是菲涅尔反射。当镜面反射衰减属性为0时，就算视角与被观察物体的角度再大也不会有反射效果，如下左图所示。当镜面反射衰减属性渐渐增大时，视角与被观察物体的角度不需要很大，也可以看到物体上出现了反射效果，如下右图所示。

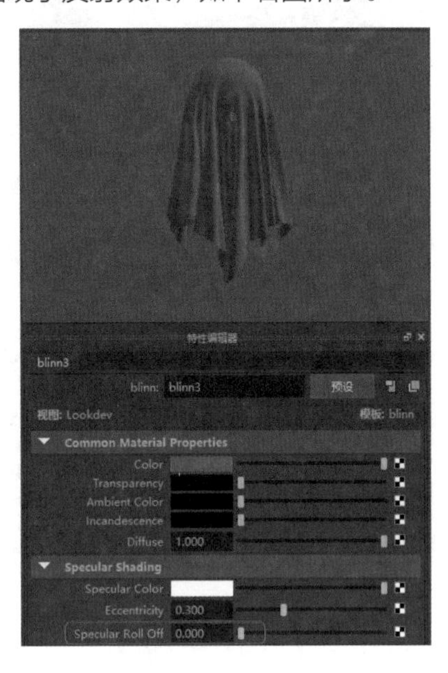

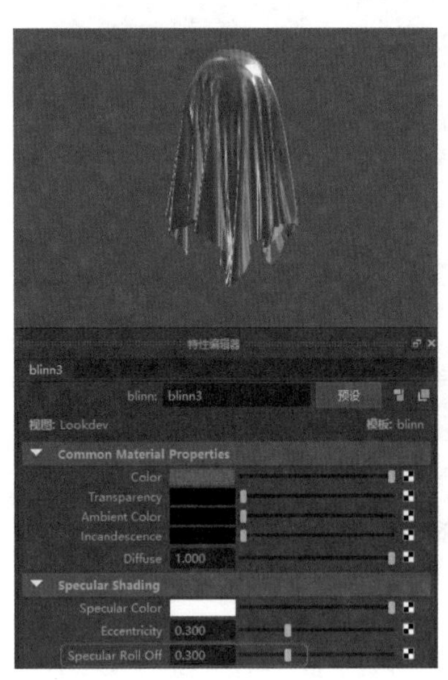

（4）反射率（Reflectivity）

反射率可以使物体表面反射周围的物体，值为0表示不反射，值为1表示完全反射。常见的表面材质的反射率有汽车喷漆反射率为0.4，玻璃反射率为0.7，镜子反射率为1。下左图是反射率为0.4的效果，下右图是反射率为1的效果。

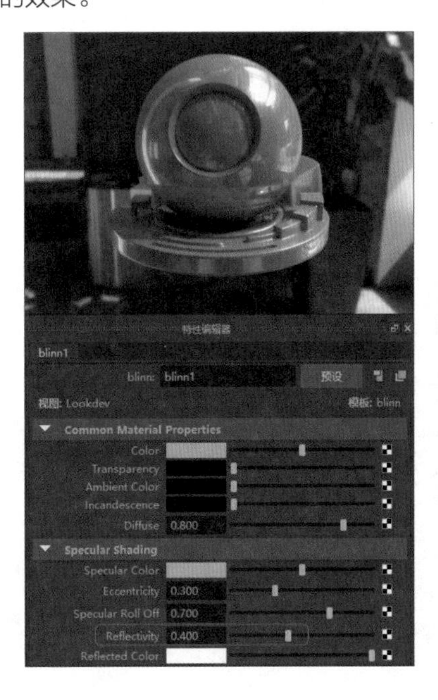

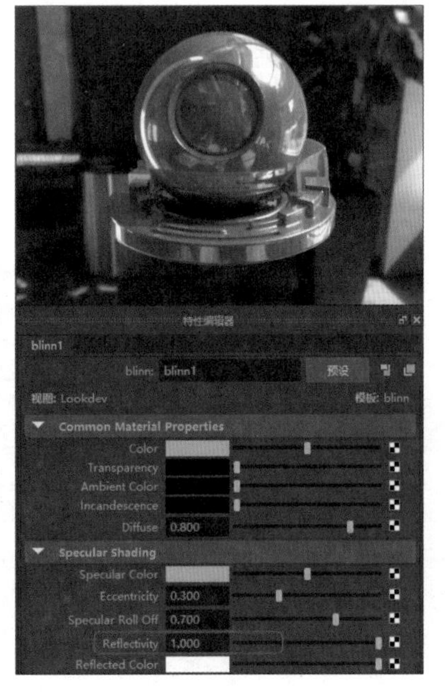

（5）反射颜色（Reflected Color）

反射颜色指的是物体反射的颜色，下左图为设置反射颜色为红色的效果，下右图为设置反射颜色为白色的效果。

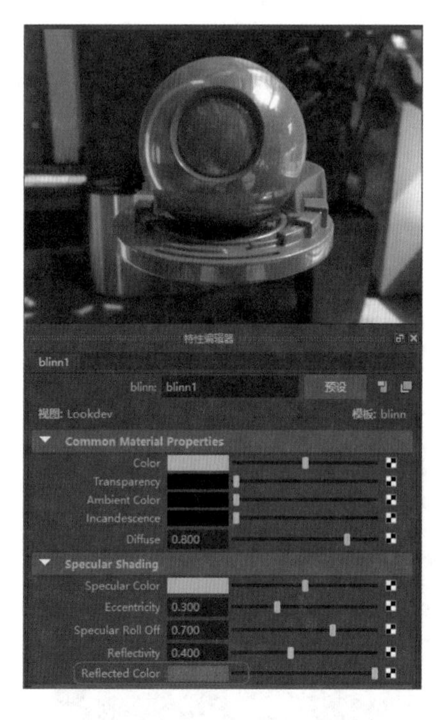

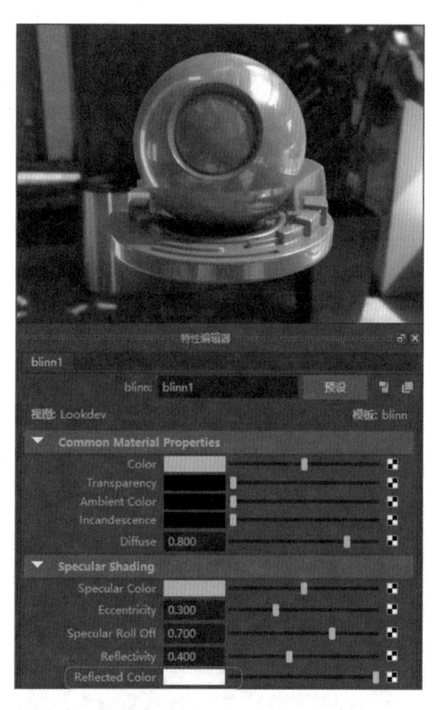

4.3.7 凹凸/法线贴图属性（Bump/Normal Mapping）

很多年前在游戏界有次技术更新，被大家称为“次世代游戏”，就是利用法线贴图的属性，将一个平面通过黑白图来呈现出凹凸的效果。因为游戏对模型的面数有着严格的要求，面数过多会使游戏引擎的计算造成过大的负担，导致游戏特别卡，而使用法线贴图可以实现在低面数的模型上显示出高面数模型的光影细节。注意这是一种渲染的计算方式，只是让模型看上去有凹凸的光影，并不会真的让模型的面数增加。本节将介绍在Maya中如何设置凹凸/法线贴图。

首先在材质编辑器中创建一个Blinn材质球，并找到“凹凸/法线贴图”属性（Bump/Normal Mapping），单击后方黑白网格，执行创建渲染节点命令，并单击执行“创建渲染节点”窗口的“棋盘格”节点，如下左图所示。在材质查看器中用户会发现光滑的球体上出现了棋盘格的凹凸纹理效果，如下右图所示。

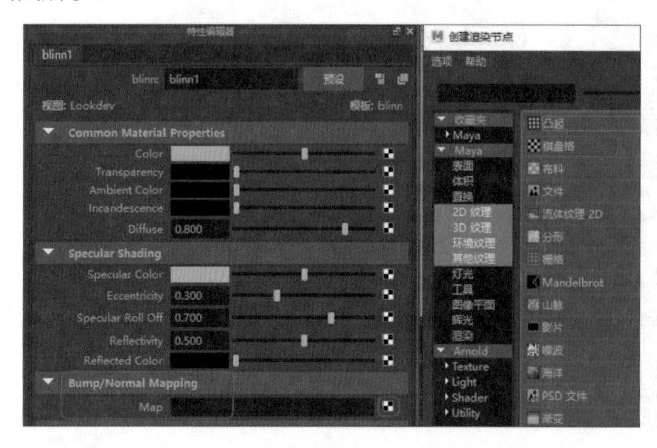

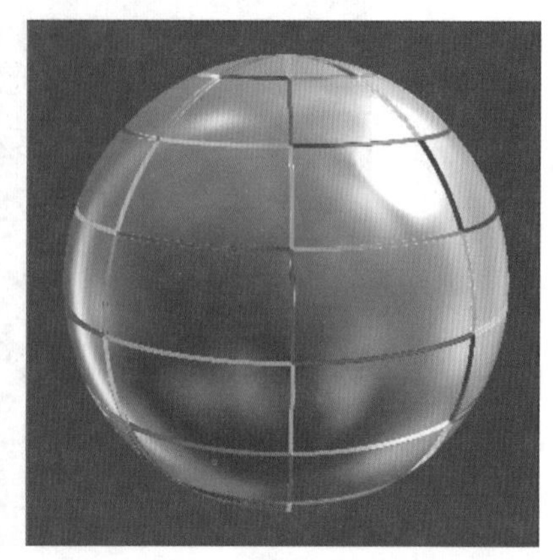

实战练习 置换贴图的原理和使用方法

上节介绍凹凸/法线贴图属性，这是一种“假”的凹凸效果，只是在模型渲染时模拟出凹凸效果，球体还是球体，它的形状并没有发生变化。下面我们通过案例来讲解Maya中的置换贴图，置换贴图可以使一个表面光滑的模型通过渲染来达到真实的凹凸效果。

步骤 01 先在场景上创建一个球体，如下左图所示。

步骤 02 在材质编辑器窗口中创建一个Blinn材质并赋予球体，工作窗口中有一个blinn1SG的节点，如下右图所示。

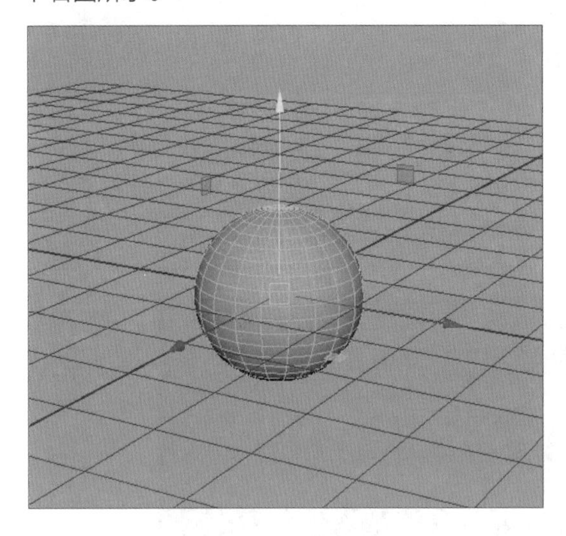

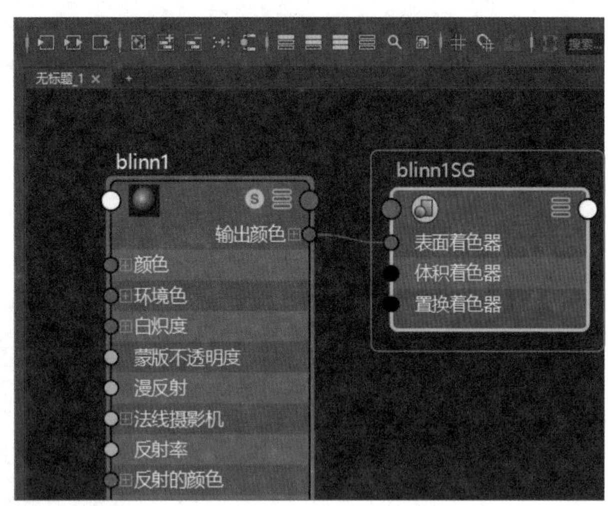

步骤 03 选中blinn1SG节点后，我们可以在属性编辑器中看到有一个“置换材质”的属性，如下左图所示。

步骤 04 执行“置换材质”属性后的创建节点命令，并在“创建渲染节点”窗口中找到并单击“棋盘格”节点，如下右图所示。

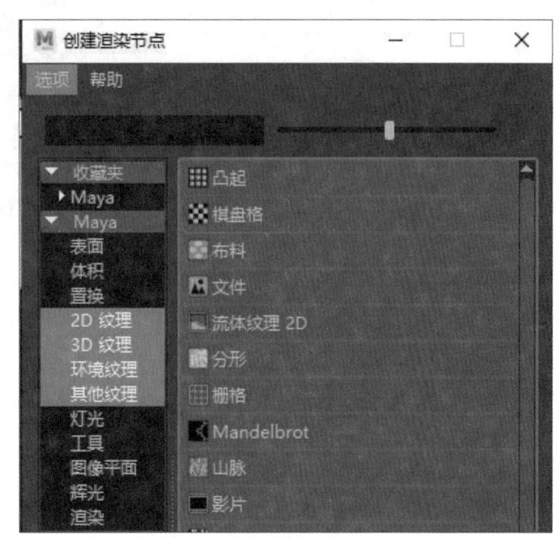

步骤 05 可以看到工作窗口多了3个节点图标，其中displacementShader1为置换节点，checker1和place2dTexture1为棋盘格节点，如下页左上图所示。

步骤 06 这时在材质查看器中是无法显示出置换效果的，我们需要在渲染窗口中对场景进行渲染后才能看到效果。在菜单栏中单击“打开渲染视图”按钮，如下页右上图所示。

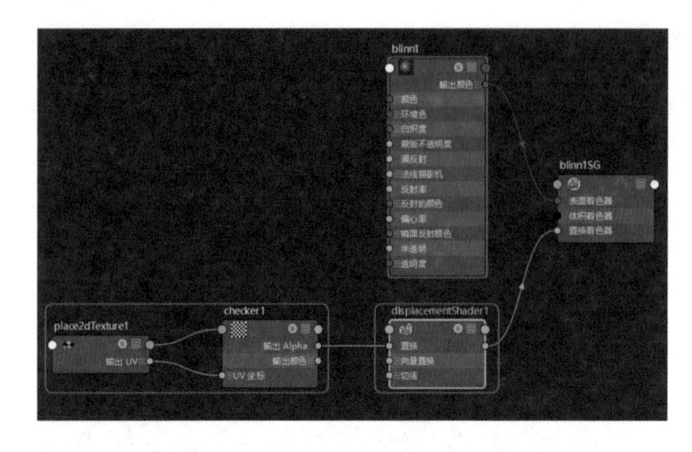

步骤 07 在弹出的“渲染视图”窗口中先将渲染器改为“Maya软件”渲染器。再将光标置于“渲染当前帧”图标上，按住鼠标右键不放，在弹出的菜单中选择“当前（persp）”摄影机，松开鼠标右键后执行渲染，可以看到被渲染出来的球体有个凹凸效果，如下图所示。

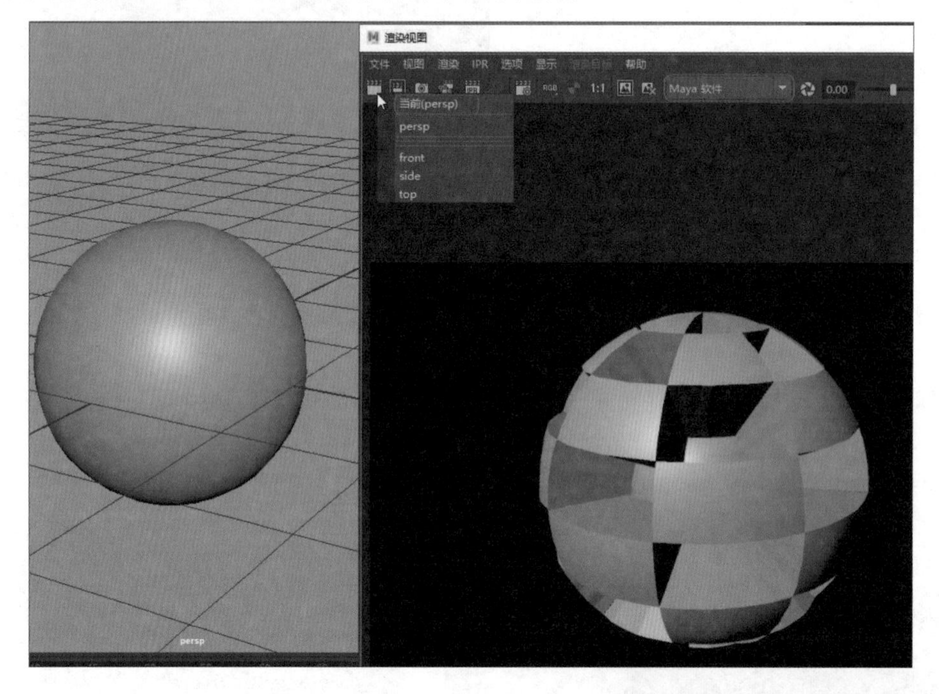

步骤 08 可以按之前的步骤，在“创建渲染节点”窗口中，选择“布料”节点并渲染，观察不同纹理对模型形状的影响，如右图所示。

提示：关于置换贴图的凹凸效果

置换贴图是一张黑白图，黑色为凹，白色为凸，用户可以根据需要自己绘制一张黑白图。如果用户给的是一张彩色图，Maya也会默认图片是黑白图，然后根据灰度值计算凹凸效果。

4.4 纹理技术

材质是指物体最基本的材料，比如木质、塑料和金属等。纹理就是附着在材质之上，用于表现更细腻、更逼真的效果，比如生锈的铁板、有花纹的大理石、结霜的玻璃等，如下图所示。纹理是对视觉感受的丰富和对材质质感的体现，用户给模型添加纹理才能在渲染时得到更真实和自然的效果。

4.4.1 纹理的基础知识

在Maya 2022中内置的纹理主要分为“2D纹理”“3D纹理”“环境纹理”和“其他纹理”四种类型，如下图所示。

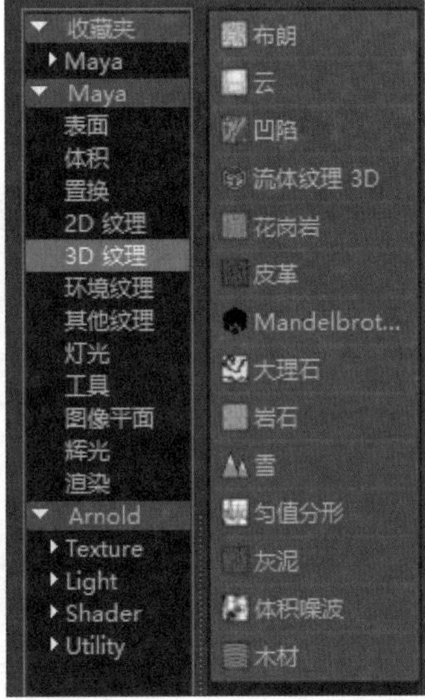

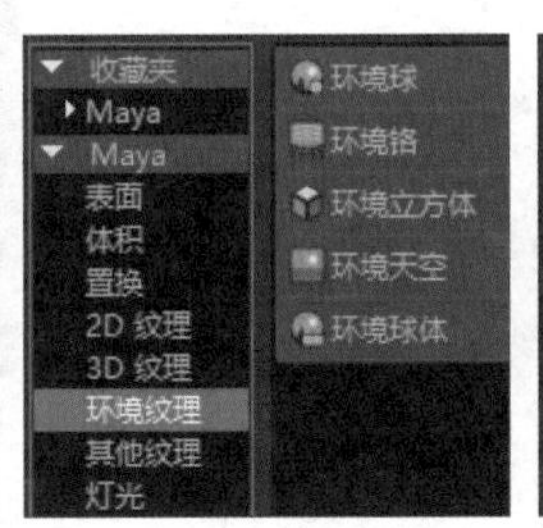

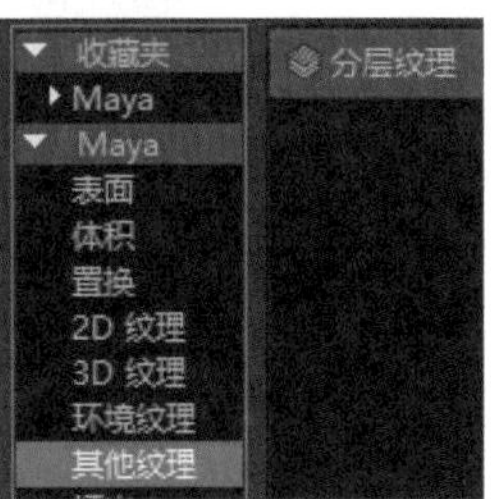

- **2D纹理**：常用于物体的表面，创建后会自动生成一个place2dTexture节点，通过节点可以对纹理的UV坐标进行移动、旋转、缩放和偏移等操作。
- **3D纹理**：具有立体感和空间性，创建后会自动生成一个place3dTexture节点，属性基本跟place2dTexture节点一样。由于3D纹理是立体的，所以在渲染上所花费的时间比较长。
- **环境纹理**：用作场景的背景，不能用于物体。
- **其他纹理**：分层纹理类似于分层材质的效果。

4.4.2 节点的操作

Maya中的节点是最小的单位，每个节点都有一组属性，只有通过节点的输出、输入和属性参数的调节，才能在Maya中完成复杂的效果。例如在场景中创建一个球体，默认自带一个lambert材质球的节点，如果给球体添加一张图片，就需要添加一个纹理节点文件，通过多个节点之间的连接最终达到用户想要的效果。下面将详细介绍节点的具体操作。

（1）工作区界面详解

在学习编辑节点前，需要学习材质编辑器中的工作区。工作区是编辑节点的窗口，学会灵活使用工作区可以提高编辑节点的工作效率，下面将详细讲解工作区有哪些命令。

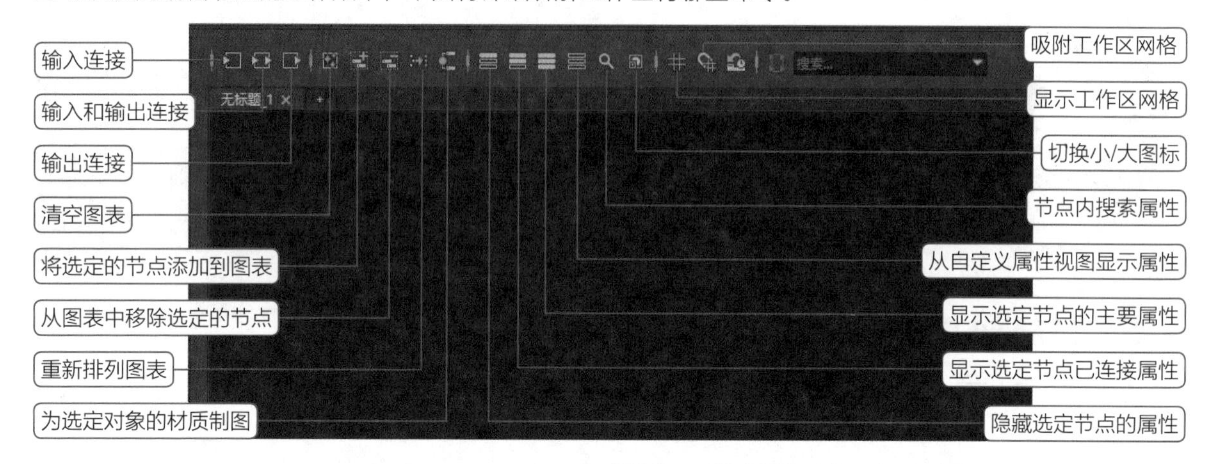

- **输入连接、输入和输出连接、输出连接：** 以上节中讲到的置换贴图的节点网为例，blinn1节点的“输出颜色”连接为blinn1SG的“表面着色器”，blinn1节点是“blinn1SG的输入节点，blinn1SG是blinn1节点的输出节点，如下图所示。

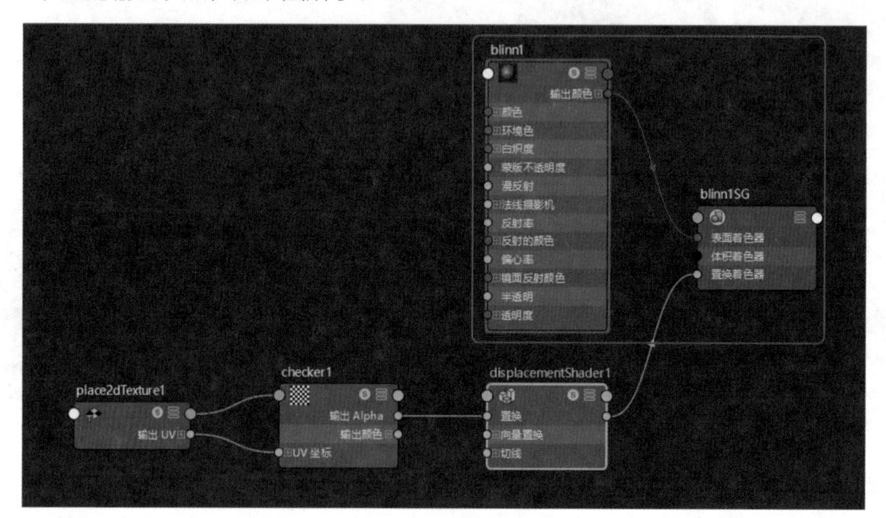

这时如果选中blinn1节点后，执行“输出连接”可以看到工作区出现了2个节点，如下左图所示。如果选中blinn1SG节点后执行“输入连接”，可以看到工作区不光存在blinn1节点，还有其余3个节点，因为blinn1SG节点的输入节点不只有一个，只要是输入到blinn1SG节点的节点都会被显示出来，如下右图所示。同理，place2dTexture1节点的输出节点为checker1节点,而checker1节点的输出节点为displacementShader1节点。

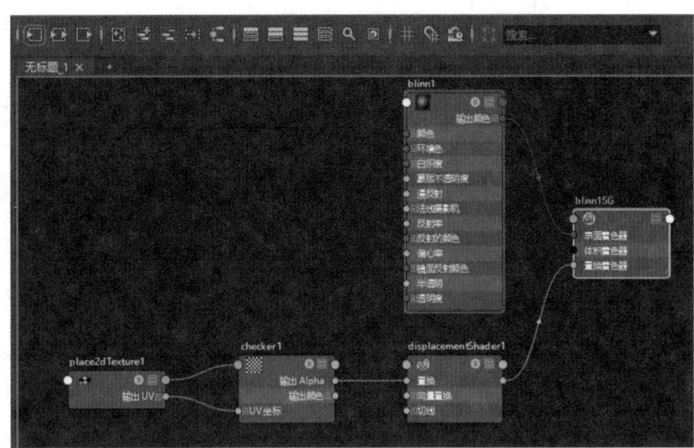

- **清空图表、将选定的节点添加到图表、从图表中移除选定的节点：** 执行“清空图表”命令，可以清除工作区内的所有节点信息，注意这里不是删除，只是在工作区中不显示节点信息。当选中一个材质球或者是被赋予了材质的物体时，执行“将选定的节点添加到图表”命令，可以将多个不相关的节点都添加到工作区内，方便进行后续的关联操作。也可以在工作区内选中想隐藏的节点，单击“从图表中移除选定的节点”命令即可，注意这里也只是隐藏节点，并不是删除节点。
- **重新排列图表：** 如果在进行了复杂的节点操作后，工作区的节点变得杂乱无章，可以执行“重新排列图表”命令，Maya会自动将工作区的节点进行整理排序，下左图为未执行“重新排列”命令的效果，下右图为执行了“重新排列”命令后的效果。

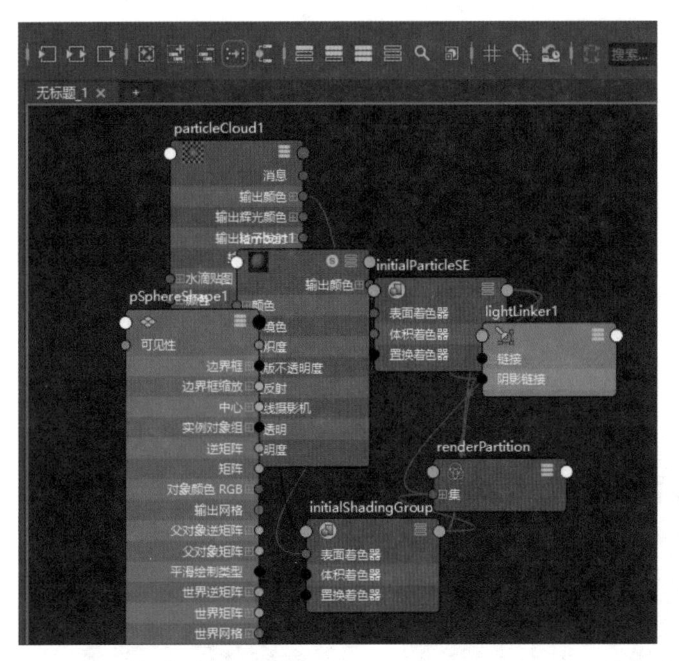

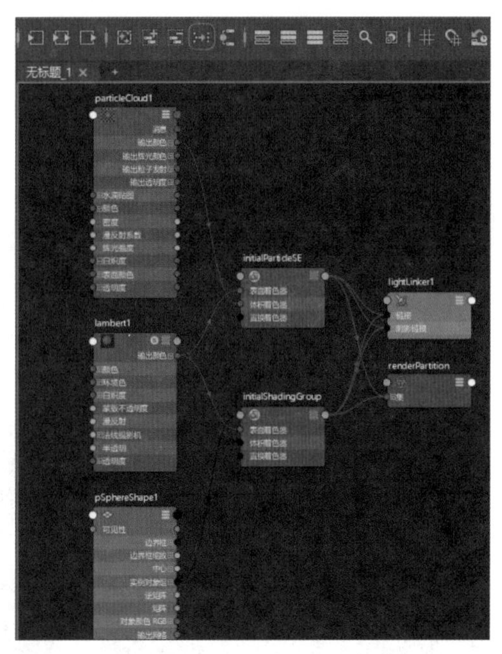

- **为选定对象的材质制图：** 在场景中选择已经赋予材质的模型，执行“为选定对象的材质制图”命令后，可以在工作区查看到跟模型有关的节点网。
- **隐藏选定节点的属性、显示选定节点已连接属性、显示选定节点的主要属性、从自定义属性视图显示属性：** 有些节点具有很多属性，如果全部都显示出来会很占空间，所以用户可以通过这几个命令来简化节点所显示的内容，把重要的属性显示出来，隐藏一些不常用的属性，下图为blinn1节点在不同模式下的显示效果。

- **节点内搜索属性：** 可以在节点内按名称搜索属性。
- **切换小/大图标：** 切换节点图标在工作区内的大小。
- **显示工作区网格、吸附工作区网格：** 用户可以开启“显示工作区网格”命令，然后使用“吸附工作区网格”命令来整理节点在工作区里的位置。

（2）创建节点

创建节点一般有两种方式，一种是在节点创建选项卡中直接选择节点进行创建，另一种是在工作区内按键盘Tab键，然后输入节点的名称进行创建。

（3）纹理节点的连接

下面以File文本纹理节点和Blinn材质节点举例说明。在材质编辑器中创建这两个节点，如下左图所示。将光标移动到file1节点“输出颜色”的绿色圆标上按住鼠标左键不松，移动光标会出现一条黄线，如下中图所示。将光标置于blinn1节点的“颜色”属性上，松开鼠标左键即完成连接，完成连接后黄线会变成绿色，如下右图所示。

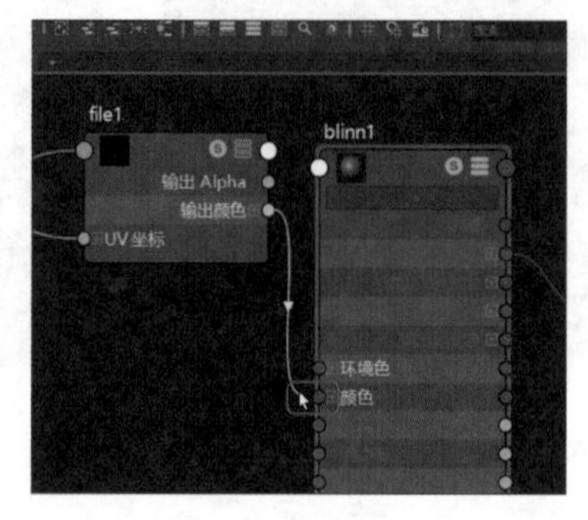

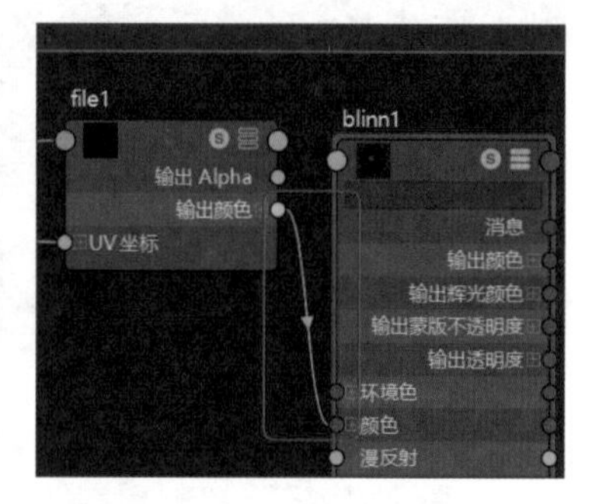

（4）纹理节点的断开

断开连接时，需将光标移动到连接线上，这时线会以白色显示，如下左图所示。按住鼠标左键不放并移动光标，可以看到连接线又变成了黄色，如下中图所示。这时只要松开鼠标左键，即可完成断开，如下右图所示。

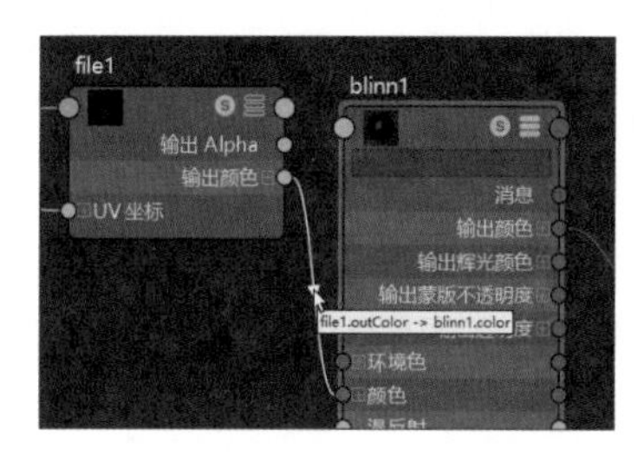

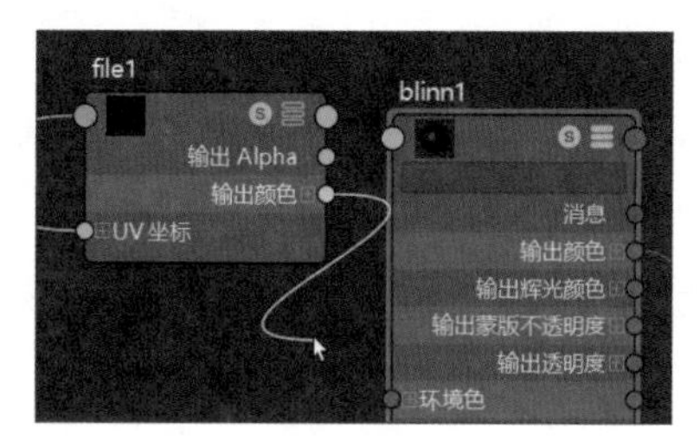

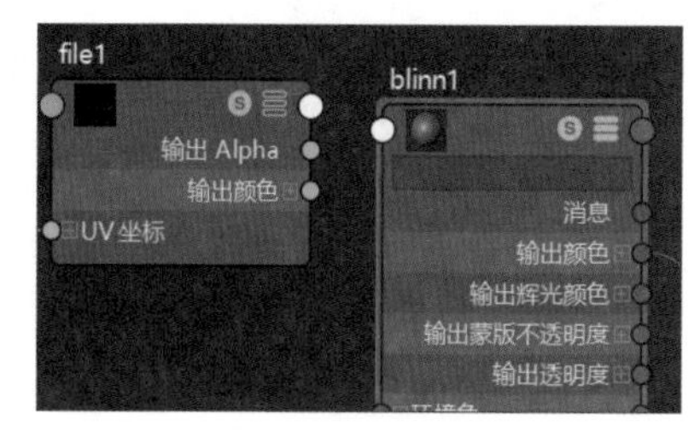

（5）纹理节点的删除

需要删除节点时，只需要在工作区内选中节点，按键盘Delete删除键即可删除节点，也可以在材质编辑器的浏览器中选中节点并按键盘Delete删除键删除节点。

4.5 UV技术

UV是二维纹理坐标，带有多边形和细分曲面网格的顶点组件信息。UV用于定义二维纹理坐标系，称为“UV纹理空间”。UV纹理空间使用字母U和V来指示二维空间中的轴。UV纹理空间有助于将图像纹理贴图放置在3D曲面上。在Maya 2022中，UV模块属于建模模块下，所以首先要切换至建模模块，然后在菜单栏中可以找到UV模块的菜单，如下图所示。

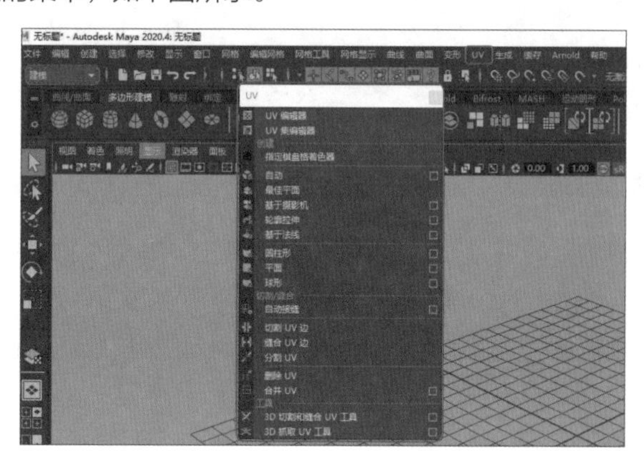

4.5.1 UV编辑器

UV编辑器是查看和编辑UV的工作窗口，用户执行“建模>UV>UV编辑器”命令后，会弹出“UV编辑器”窗口，如下图所示。

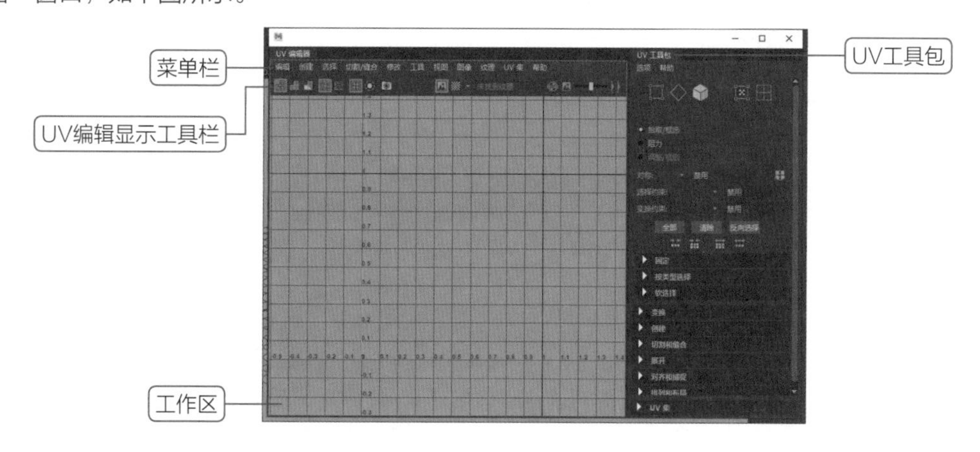

- **菜单栏**：UV编辑的命令都整合在菜单栏中，其中包括创建UV、选择UV和编辑UV等命令。
- **UV编辑显示工具栏**：这里是设置模型UV在工作区内的显示内容和显示方式等。
- **工作区**：UV编辑的操作区，在这里对UV进行编辑操作。
- **UV工具包**：UV编辑的所有功能都整合在这些选项卡菜单中。

4.5.2 创建UV

在Maya 2022的UV模块里，自带了几种创建UV的方式，分别为“自动”“最佳平面”“基于摄影机”“轮廓拉伸”“基于法线”“圆柱形”“平面”和“球形”映射，如下左图所示。在场景中创建一个立方体并选中，可以在UV编辑器中看到自动被展开的UV效果，如下右图所示。

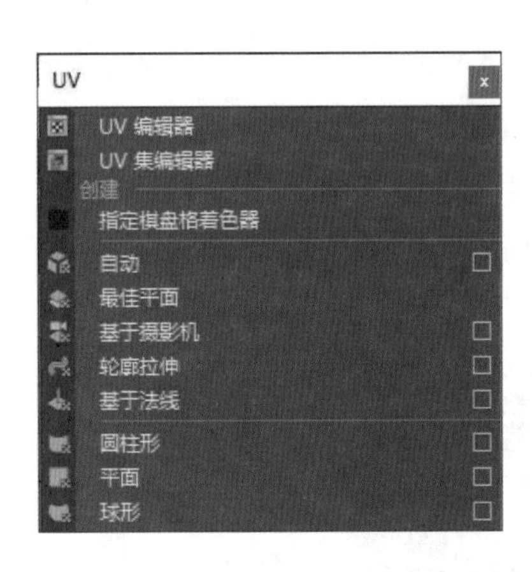

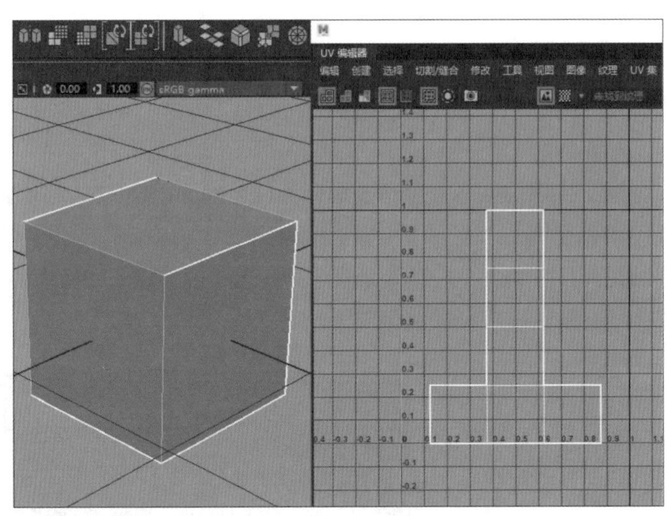

- **自动**：同时从多个角度将UV纹理坐标投影到选定对象上。一个“自动映射投影”操纵器显示在选定对象周围，以便进行更精确的UV投影。
- **基于摄影机**：基于当前摄影机视图为选定对象创建UV纹理坐标作为平面投影，也就是说，摄影机视图成为投影的平面。
- **轮廓拉伸**：分析有四个角点的选择，确定如何以最佳方式在图像上拉伸多边形的UV坐标。有关详细信息，请参见讲解轮廓拉伸UV映射和轮廓拉伸贴图选项的部分。
- **基于法线**：根据关联顶点的法线放置UV。
- **圆柱形**：通过向内投影UV纹理坐标到一个虚构的圆柱体上，以映射它们联结到选定对象。
- **平面**：从假设平面沿一个方向投影UV纹理坐标，可以将其映射到选定的曲面网格上。
- **球形**：通过将UV从假想球体向内投影，将UV映射到选定对象上。

提示：Maya自动映射的UV难以满足复杂模型的制作

Maya虽然提供了很多不同的映射UV的方式，但是在实际操作中可以发现，稍微复杂一点的模型都不能用自带的映射方式达到一个很好的最终效果。Maya自带的映射方式只提供了最基础的映射效果，用户还需要通过切割UV、缝合UV等命令来继续完善UV。

4.5.3 添加UV

在Maya中创建好了UV后，需要将UV导出至PhotoShop（后简称PS）等软件中编辑，再将编辑好的图片添加到材质球上赋予模型。下面介绍具体操作方法。

步骤 01 新建一个场景并创建一个立方体，然后在UV编辑器窗口的菜单栏中执行“图像>UV快照...”命令，如下左图所示。

步骤 02 在弹出的“UV快照选项”对话框的“文件名”属性中设置一个文件保存路径和名称，并在“图像格式”列表中选择PNG模式，单击“应用”按钮，如下右图所示。这时Maya就会在设置的路径下保存一张具有UV线框的png格式的图片。

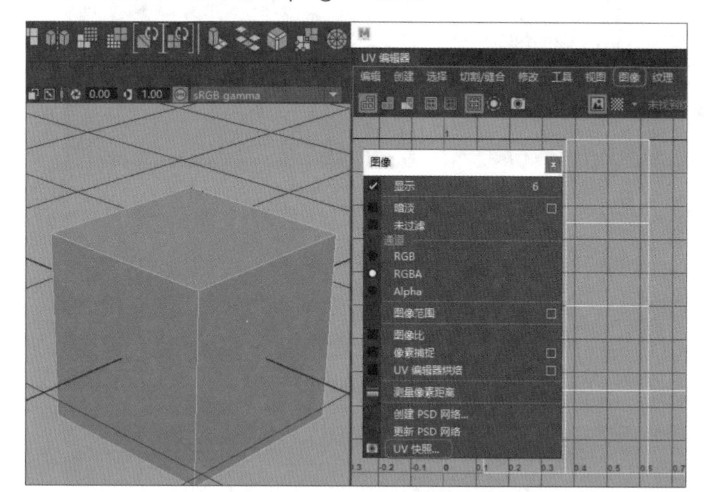

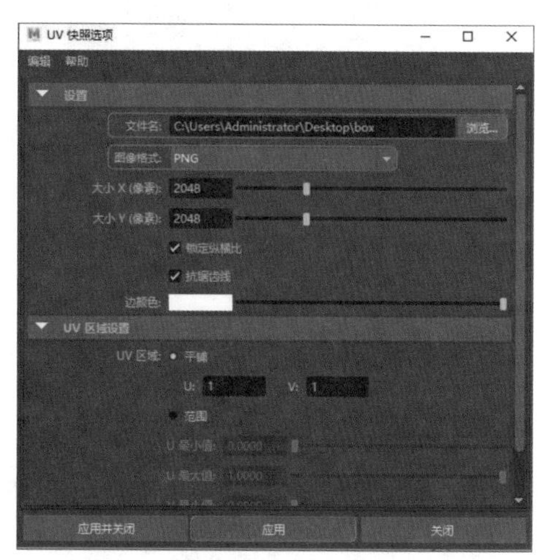

步骤 03 在PS中打开保存的png格式的图片，并根据线框给不同的区域添加上不同的颜色并保存，如下图所示。

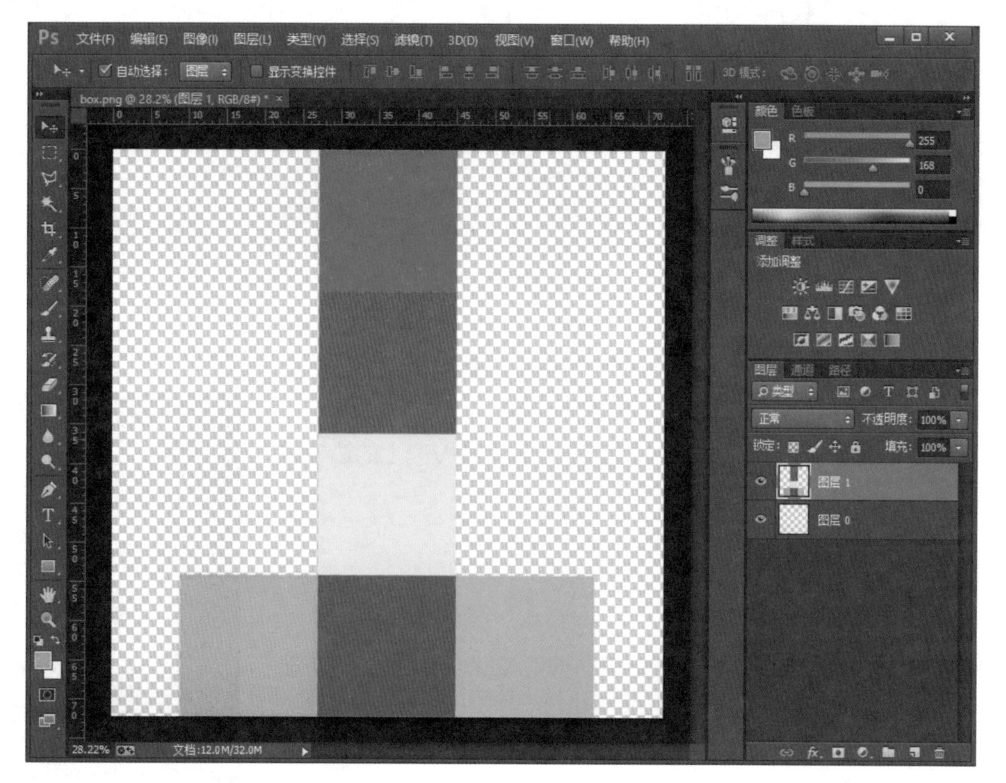

步骤 04 在Maya中创建一个Blinn材质球，并赋予立方体，在Blinn材质球的属性面板中找到Color属性，并执行后方黑白格按钮，如下页左上图所示。

步骤 05 在弹出的“创建渲染节点”对话框中创建“文件”节点，如下页右上图所示。

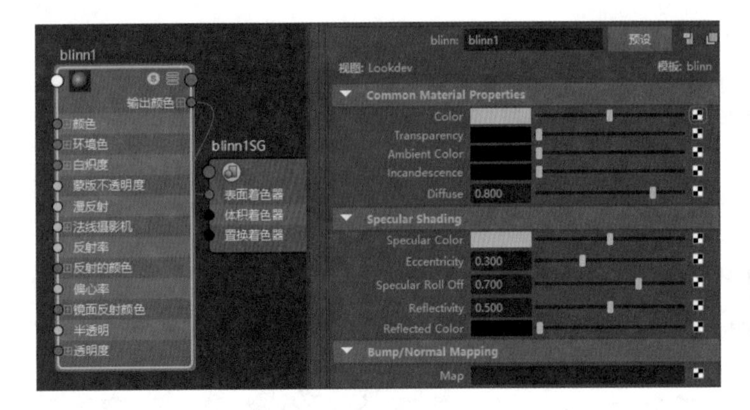

步骤 06 在新创建的文件节点file1中的“图像名称”属性中添加刚才在PS中处理过的png图片，如下左图所示。

步骤 07 场景中的立方体模型效果如下右图所示。注意，如果不能正确显示材质颜色，需要按键盘数字5，或者执行窗口上的“带纹理”命令，开启纹理显示模式，才能正确地看到立方体的颜色。通过添加UV的方式可以自定义立方体每个面上的内容。

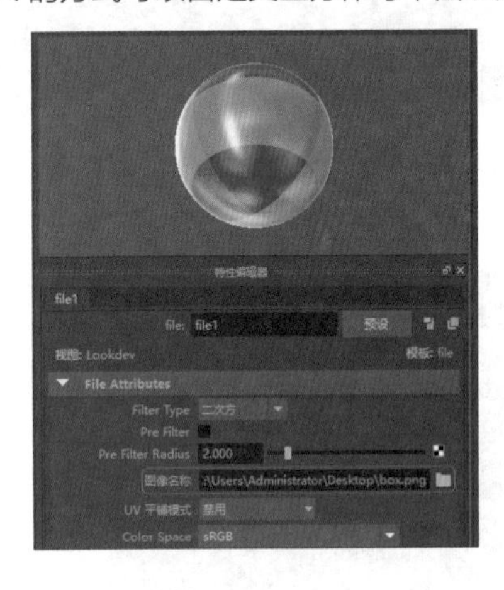

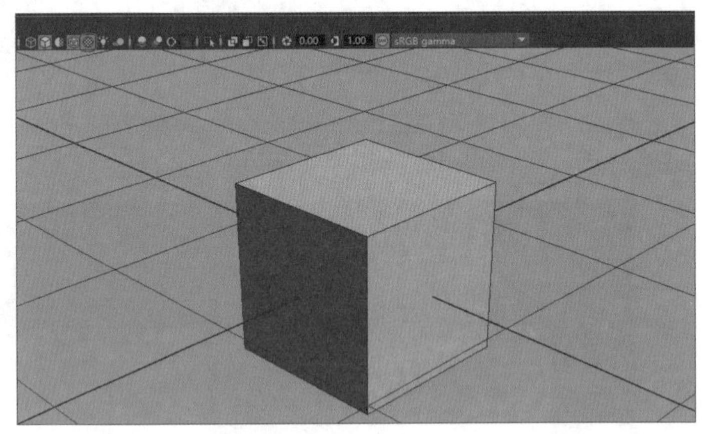

4.5.4 编辑UV

编辑UV主要分为“自动接缝”“切割UV边”“缝合UV边”“分割UV”“删除UV”和“合并UV”等命令，如右图所示。

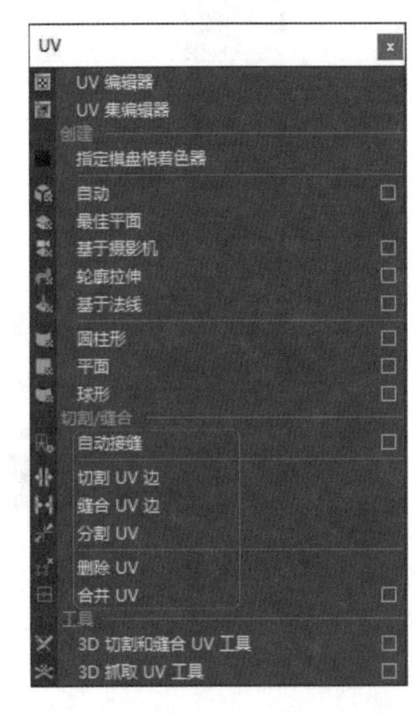

- **自动接缝**：允许Maya自动选择或切割选定对象/UV壳上的边，以形成适当的接缝。
- **切割UV边**：对选中的边进行分离。
- **缝合UV边**：对选中的边进行焊接。
- **分割UV**：将选中面的UV从整体UV上分离开。
- **删除UV**：将模型的UV删除，删除后的模型在UV编辑器中将不显示UV，需重新创建UV后才可继续编辑。
- **合并UV**：将多个模型的UV合并在一张UV图上显示。

知识延伸：制作木地板贴图

指定到材质上的图形被称为“贴图”。材质控制着模型物体的反射、高光和透明等属性，贴图则控制着模型物体的颜色，贴图也可以用来控制材质的反射、高光、透明等属性的强弱。贴图最常用的方式就是关联到材质球的颜色属性上，这样模型物体就不是一单色了，而是具有花纹图案的彩色，现实生活中随处可见的地板、瓷砖就是贴图的一种效果。

下面将通过制作木地板效果来讲解贴图的使用流程。

步骤 01 新建一个场景，在场景中创建一个多边形平面，如下左图所示。

步骤 02 打开材质编辑器，创建一个Blinn材质球并给材质球赋予多边形平面，如下右图所示。

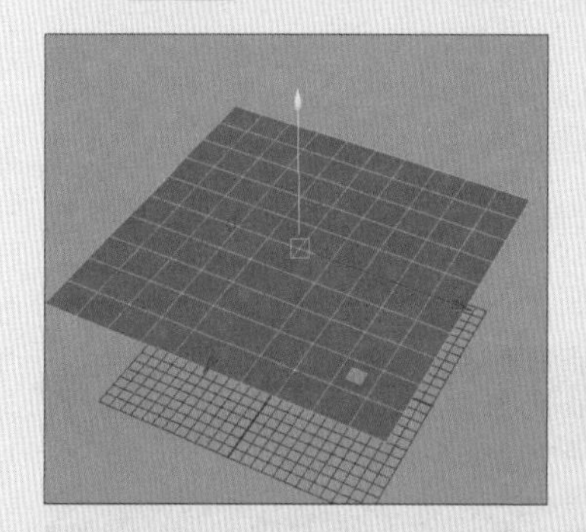

步骤 03 单击Color颜色属性后的“创建渲染节点”按钮，并在弹出的“创建渲染节点”窗口中选择“文件”节点，如下左图所示。

步骤 04 在新创建的file1文件节点中找到“图像名称”属性。单击文件夹图标，在弹出的窗口中找到并选择随书附赠的“木地板贴图.jpg”文件，如下右图所示。

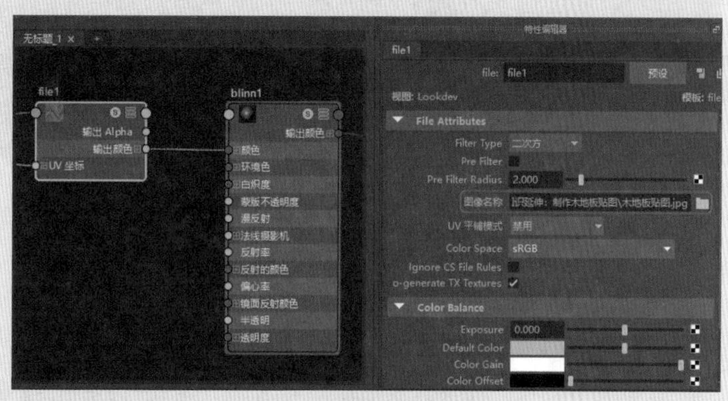

提示：材质属性

在真实世界中，用户可以通过视觉、触觉等感官感觉来体会物体的样貌、质感等，而在Maya构建的虚拟世界中，这一切都由对象的材质和灯光进行模拟创作。当灯光照射到对象时，一些灯光会被吸收，一些灯光会被反射。对象越平滑，则越有光泽。对象越粗糙，则越暗淡。由此可以看出，材质属性与灯光属性相辅相成，材质属性的体现受灯光的影响。

步骤 05 回到场景中按键盘5键，打开材质显示模式并观察多边形平面，可以看到多边形平面已经出现木地板贴图效果了，如下页图片所示。

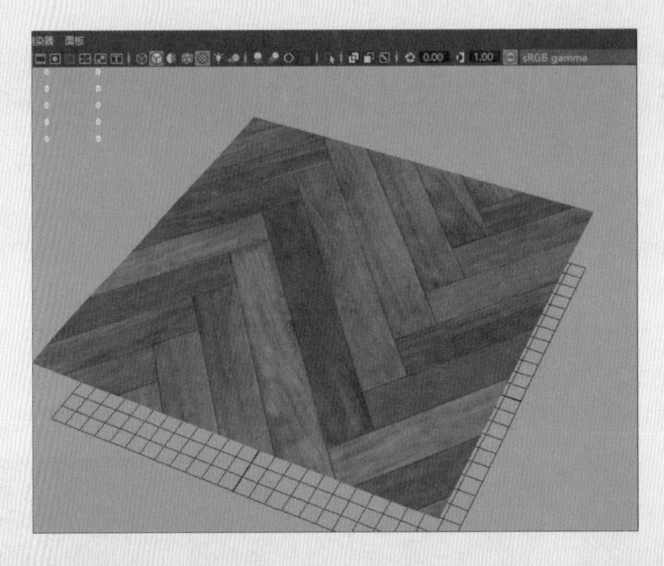

步骤 06 在材质编辑器中找到place2dTexture1 2D纹理节点，并在右侧的属性面板中找到Repeat UV属性，将其UV都设置为5，如下图所示。

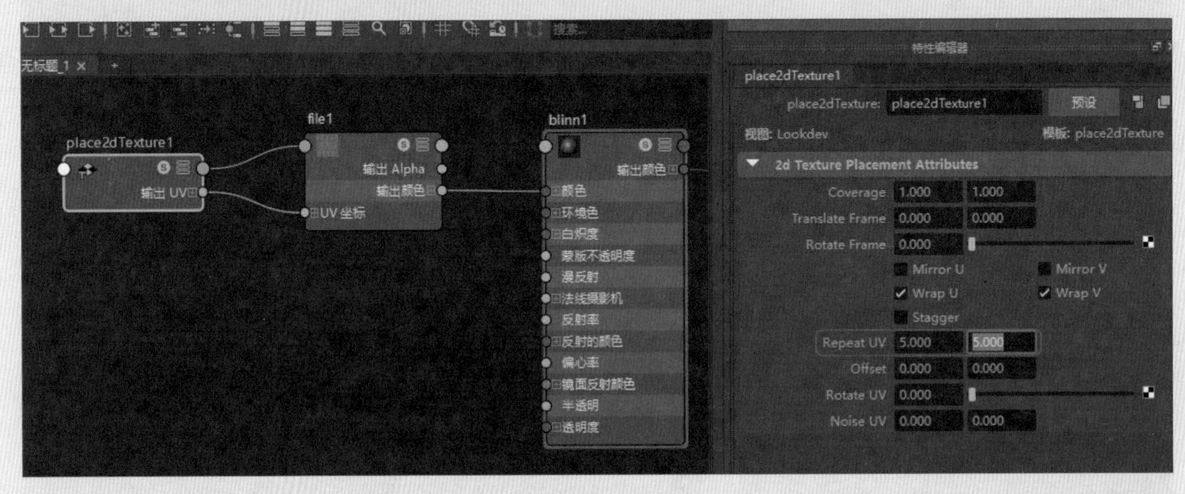

步骤 07 设置好以后可以看到多边形平面上的木纹效果变得更多了，这里的属性就是控制贴图纹理的重复次数，如下左图所示。

步骤 08 用户也可以通过改变place2dTexture1 2D纹理节点里的Rotate UV属性来控制贴图的旋转效果，如下右图所示。

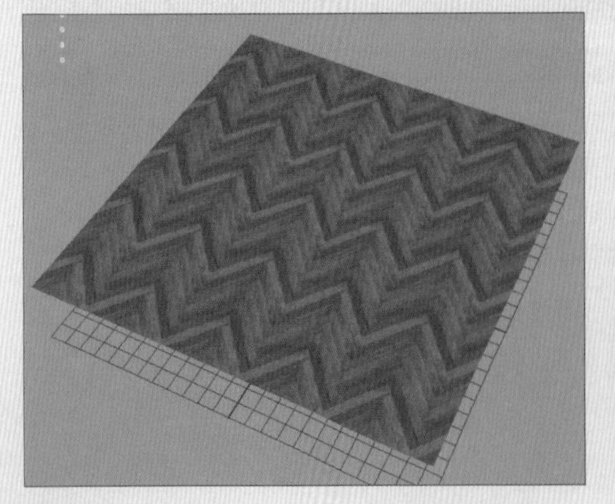

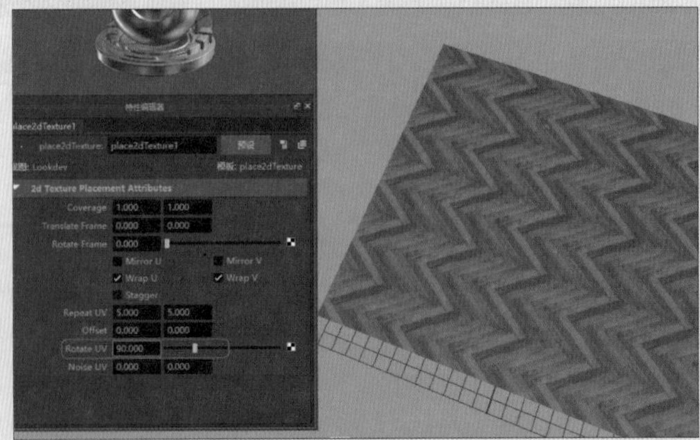

上机实训：制作包装盒

通过本章的学习，对材质与纹理有一定的了解，下面将通过制作包装盒模型的实例来讲解在工作中是如何对模型进行UV制作并赋予贴图的操作。

步骤 01 首先在场景中创建一个立方体，如下左图所示。

步骤 02 调节立方体的缩放属性，分别设置“缩放X”为12，“缩放Y”为15，“缩放Z”为6，如下右图所示。

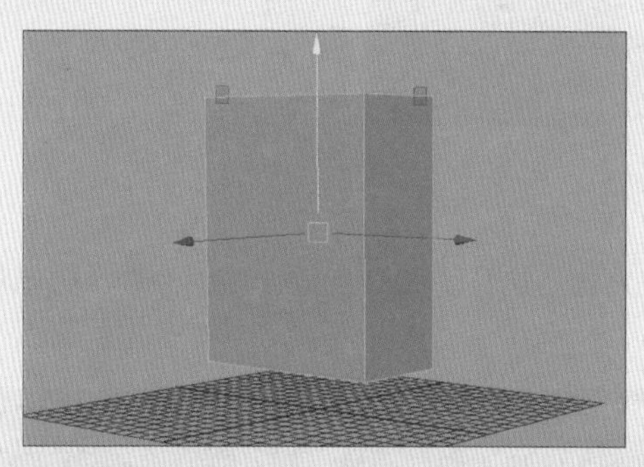

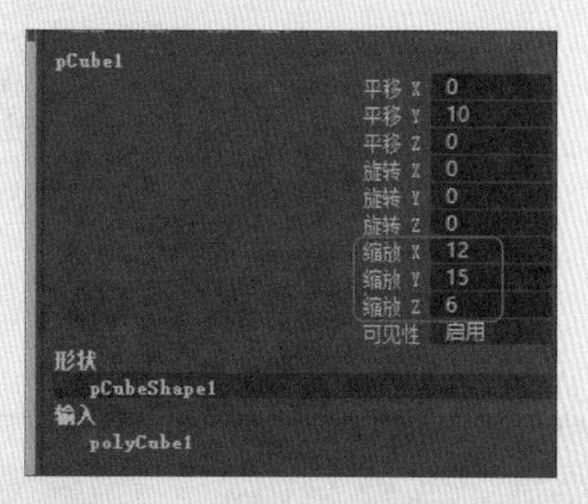

步骤 03 在材质编辑器中创建一个Blinn材质球并赋予立方体，在Blinn材质球的Color属性上创建一个“文件”节点，如下图所示。

步骤 04 在“文件”节点的“图像名称”属性中选择并设置本实例文件夹中的“12x15x6Color.jpg”文件，如下左图所示。

步骤 05 可以看到场景中的立方体并没有正确显示贴图，如下右图所示。

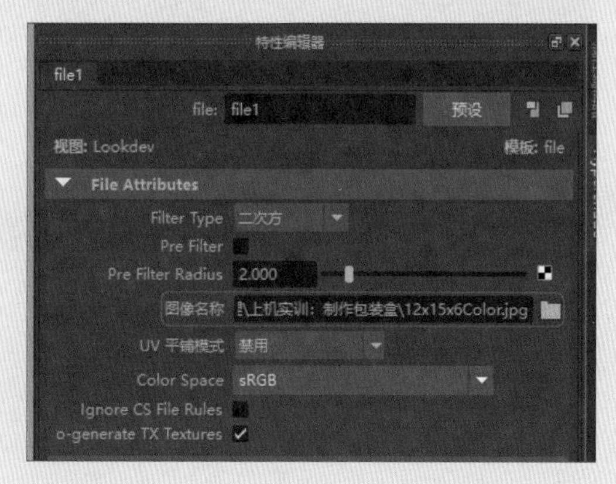

步骤 06 在UV编辑器中可以看到立方体自动创建的UV跟贴图并不匹配，如下图所示。

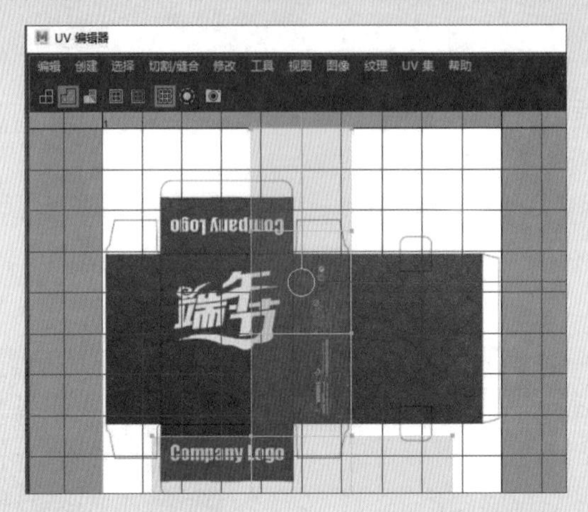

步骤 07 现在要重新调整立方体的UV。选中立方体，执行"UV>自动"映射命令，重新将立方体分解为六个单独的UV面，如下图所示。

步骤 08 根据贴图的内容，需要将立方体的UV边进行缝合，选中相应的边执行"UV>缝合UV边"命令，如下左图所示。

步骤 09 这时在UV编辑器窗口会发现立方体的UV扭曲在一起了，如下右图所示。

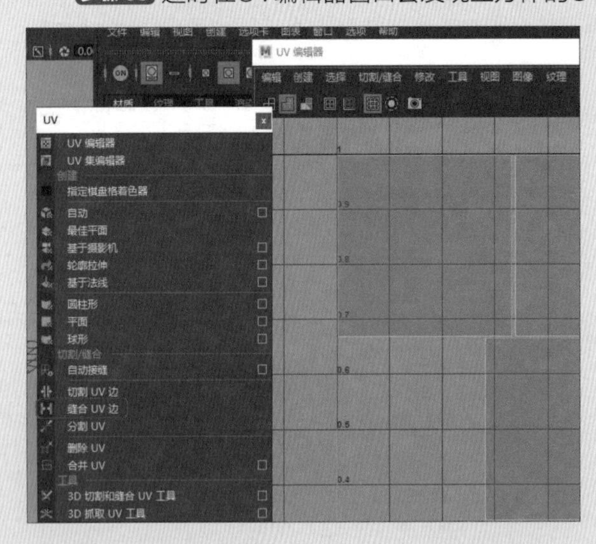

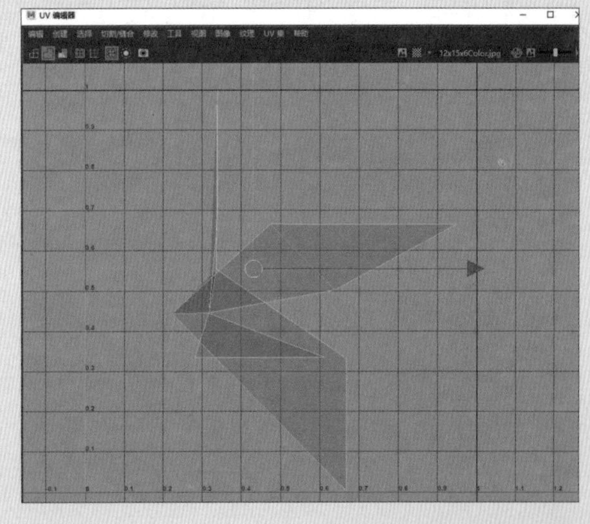

步骤10 选中立方体，执行“UV工具包”菜单中“切割和缝合”选项卡中的“展开”命令，会自动对立方体的UV进行展开操作，如下左图所示。

步骤11 调整立方体的UV点的位置，使其与贴图中的位置对齐，如下右图所示。

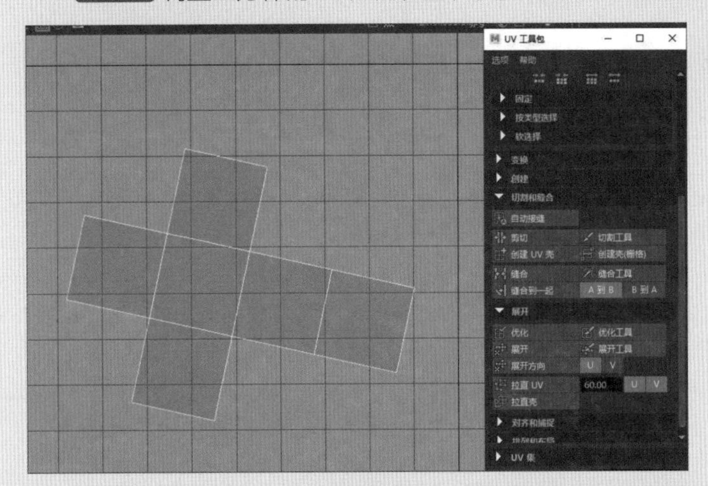

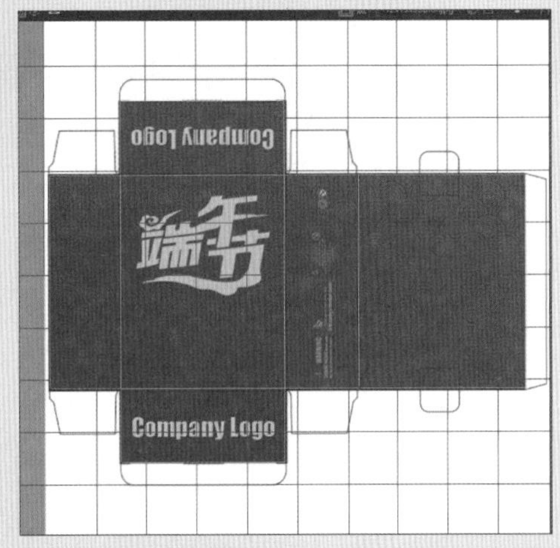

步骤12 调整好以后就可以在立方体上正确地显示出贴图内容了，如下图所示。

课后练习

一、选择题

（1）在Maya 2022中给物体添加材质需要用到（　　）编辑器。

A. 动画曲线编辑器　　B. UV编辑器

C. 材质编辑器　　D. 渲染编辑器

（2）Lambert材质的特点是不具备（　　）属性。

A. 高光　　B. 颜色

C. 透明度　　D. 漫反射

（3）下面不属于“公用材质属性”的是（　　）。

A. 高光属性　　B. 颜色属性

C. 透明度属性　　D. 漫反射属性

（4）下列说法中对UV技术描述正确的是（　　）。

A. UV是一种材质　　B. UV是一种建模方式

C. UV是一种灯光　　D. UV是二维纹理坐标

二、填空题

（1）Maya 2022的材质分为__________、__________和__________三种类型。

（2）Maya 2022的纹理分为__________、__________、__________和__________四种类型。

（3）执行UV命令等操作前，需要先将Maya的模式切换至__________模式后，才能在菜单栏中显示UV命令菜单。

（4）Maya 2022中，用户需要在__________中查看并编辑模型的UV。

三、上机题

本章学习了材质的调节，打开随书附赠的“三种不同材质的杯子.ma”文件，练习制作三种不同材质的杯子。玻璃材质要设置透明度属性，金属材质需要调高材质的高光属性，铝制材质要设置高光的模糊度。

第5章 灯光和摄影机的使用

本章概述

本章节主要讲解在Maya 2022中创建灯光和摄影机的基本操作。灯光和摄影机是渲染的基本，跟真实世界中人眼看到的物体都是通过光将物体的颜色反射到人眼中的原理一样，在Maya中设置好灯光才能进行后续的渲染环节。不同的灯光可以模拟出真实世界中不同的光源效果。

核心知识点

❶ 了解灯光的基础知识
❷ 掌握不同灯光的特点
❸ 学习设置灯光的属性
❹ 了解摄影机的基础知识
❺ 学习设置摄影机的属性

5.1 灯光

在真实世界中人之所以能看到物体，是因为物体对光具有反射作用。在摄像、摄影领域，灯光的布置直接影响到物体的呈现效果，在Maya 2022中可以通过不同的灯光类型来模拟真实世界中的各种光源。摄影机也跟现实生活中的单反相机类似，具有焦距、光圈、景深等属性。下面将对灯光的不同类型进行详细讲解。

5.1.1 灯光的创建

在Maya 2022中，设置灯光首先要创建灯光。创建灯光后可以通过移动、选择和缩放等操作，对灯光进行设置。下面介绍几种常用的创建灯光的方式。

方法1： 可以在“渲染”工具架中，直接单击执行六种不同的灯光按钮进行创建，如下图所示。

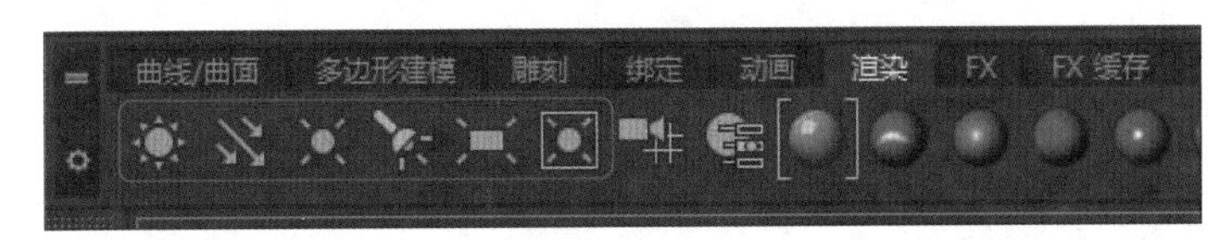

方法2： 在“创建>灯光”子菜单中包含六种不同的灯光命令，选择不同的命令进行创建即可，如下页左上图所示。

方法3： 在材质编辑器窗口中执行“创建>灯光”命令，也可以创建六种不同的灯光，如下页右上图所示。

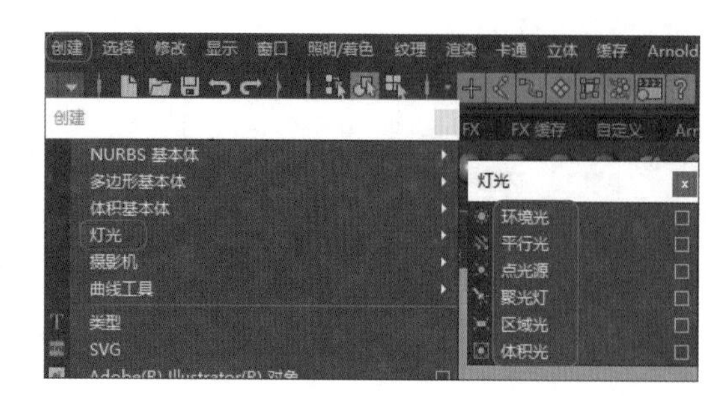

5.1.2 灯光的显示

在创建灯光后，用户需要先了解如何显示灯光和操作灯光。

(1) 选择遮罩菜单栏

在Maya窗口最上面的选择遮罩菜单栏包含“选择控制柄对象”“选择关节对象”“选择曲线对象”“选择曲面对象”“选择变形对象”“选择动力学对象”“选择渲染对象”“选择杂项对象”，共八种选择对象按钮，如下图所示。当按钮打开时才可选择场中相应的对象，比如将“选择曲面对象”按钮关闭后将无法选中场景上的任何模型。同样如果将“选择渲染对象”按钮关闭后则无法选中场景中的灯光和摄影机。

(2) 使用灯光模式

Maya中默认使用平行光照亮场景，以便用户可以看到模型对象。若要查看所创建的灯光效果，需要在Maya视图窗口的菜单栏中找到“使用灯光模式”命令，如下图所示，或者按键盘7键，开启灯光模式。

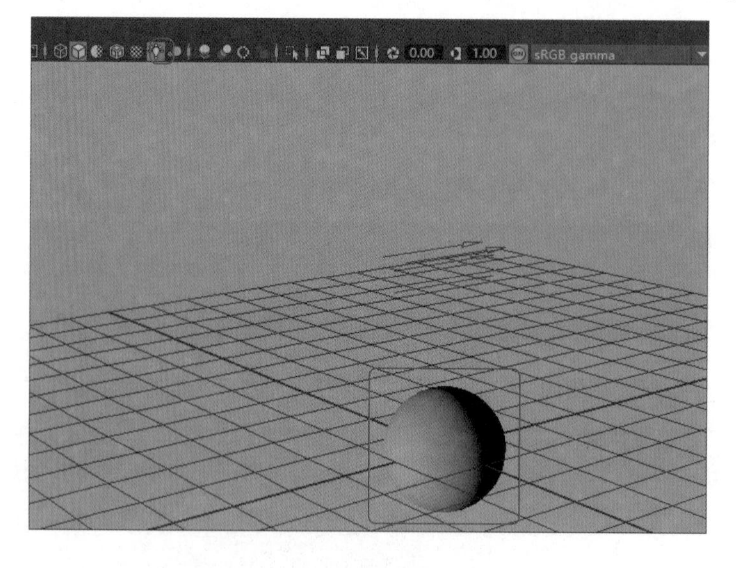

5.1.3 全局照明和局部照明

全局照明近似于真实世界的间接灯光透射。在全局照明中，场景上的所有模型对象会将自身受到的光照反弹到周围的模型对象上，比方说室内白色墙壁在收到灯光的照射后会将光照反弹到室内的物体上，从而照亮室内其他物体。反弹的次数越多，渲染出来的灯光效果越真实，同样渲染计算量、渲染的时间也会成倍增加。局部照明是指模型对象直接受到光源的照射而形成的照亮效果，比如在舞台上的演员受到聚光灯的照射，或者是站在太阳下的人受到太阳光的照射等。全局照明和局部照明的效果如下图所示。

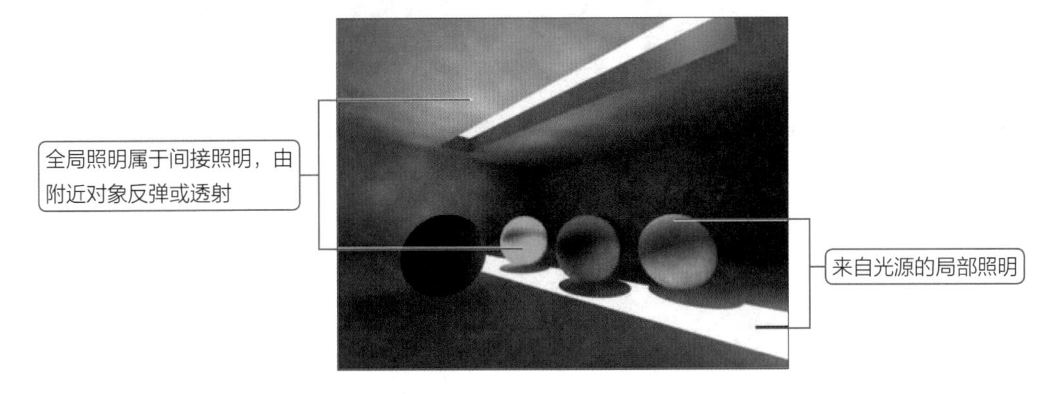
全局照明属于间接照明，由附近对象反弹或透射
来自光源的局部照明

5.2 灯光的类型

在Maya 2022中灯光类型分为“环境光”“区域光”“平行光”“点光源”“聚光灯”“体积光”六种。不同的灯光类型有自身的特点和属性，下面将对各种灯光类型的属性和操作进行详细介绍。

下图从左至右分别为“环境光”“区域光”“平行光”“点光源”“聚光灯”和“体积光”在Maya场景中的不同图标样式。

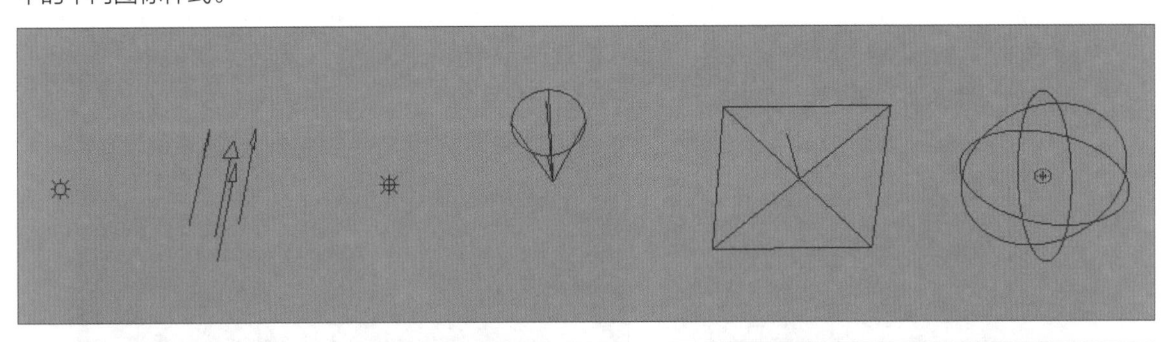

提示：“环境光”和“体积光”不支持Arnold渲染器进行渲染

“环境光”和“体积光”不支持Arnold渲染器进行渲染，只支持Maya默认的渲染器，除此之外，其他灯光都支持Arnold渲染器进行渲染。

5.2.1 环境光

环境光有两种照明方式，一种是类似于无衰减的点光源效果，可以照亮周围的对象。另一种是类似于一个球状光源，可以在各个方向上照明。环境光是没有方向的，它的主要作用就是模拟大气中的漫反射效果，对场景中的所有物体对象进行均匀照明。环境光基本上不作为主光源进行使用，更多是用来提高场景整体的亮度，对物体的暗面进行补光。下页左上图为环境光效果，下页右上图为“环境光”属性面板。

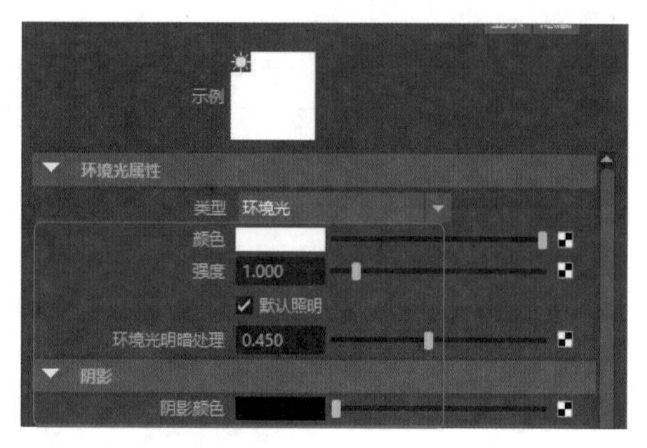

"环境光"面板中具体属性参数介绍如下：

- **类型：** 在类型下拉列表中可以对灯光的类型进行切换，切换的时候，灯光在场景中的位置不会发生改变，这样用户设置好的颜色等一些参数就不会因为类型的切换而改变。
- **颜色：** 用于设置灯光的颜色。
- **强度：** 灯光的亮度，0为不发光，数值越大灯光越强，注意不要设置灯光太强以免渲染过曝。
- **默认照明：** 默认处于开启状态，如果关闭则灯光只作用于其链接到的物体对象。
- **环境光明暗处理：** 平行光与环境光的比例。滑块范围从0（光线来自所有方向）到1（光线仅来自灯光位置）。该参数默认值为0.45。
- **阴影颜色：** 物体对象受到光照后产生的阴影颜色，也可以通过链接纹理节点来控制投影的形状。

5.2.2 平行光

平行光在Maya中主要是用来模拟太阳光，平行光具有方向性，没有位置性。只要通过旋转调整好平行光的照射方向，不管用户把它放在场景中的什么位置上光的照射效果都是一样的，下左图为平行光效果。

类型、颜色、强度和阴影颜色属性跟环境光的属性一致，不同的是具体"发射漫反射"和"发射镜面反射"属性。下右图为"平行光"属性面板。

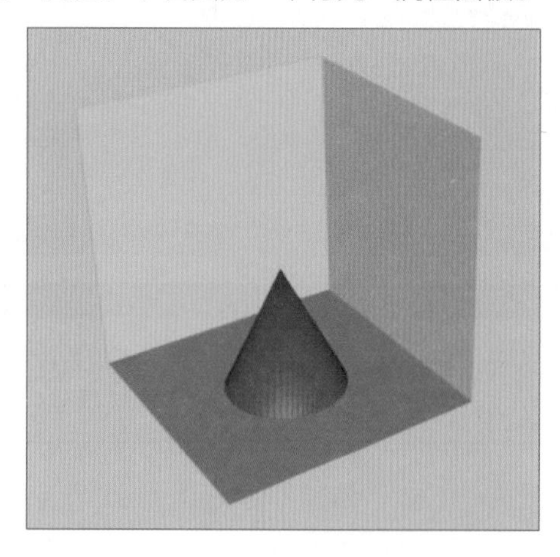

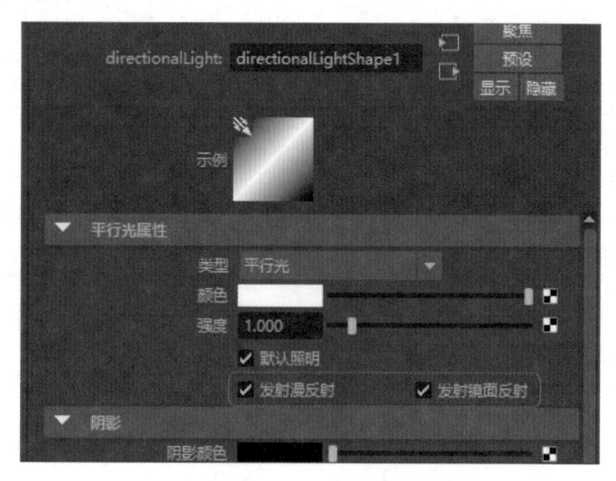

- **发射漫反射：** 默认为开启状态，关闭则表示灯光禁用漫反射着色效果，无法照亮物体的颜色，如下页左上图所示。
- **发射镜面反射：** 默认为开启状态，关闭则表示灯光禁用镜面反射的着色效果，无法照亮物体的高光，如下页右上图所示。

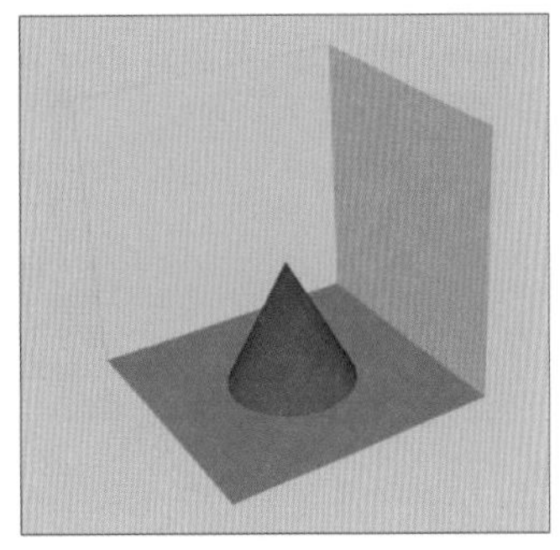

5.2.3 点光源

点光源是指在一个空间位置上对周围的物体对象进行均匀照射，用来模拟灯泡、蜡烛等效果。与环境光不同，点光源具有“衰退速率”的属性，通过调节可以控制点光源对物体对象的衰减程度，下左图为点光源效果。

类型、颜色、强度、默认照明、发射漫反射和发射镜面反射的属性与平行光的属性一致，不同的是具有“衰退速率”属性。下右图为“点光源”的属性面板。

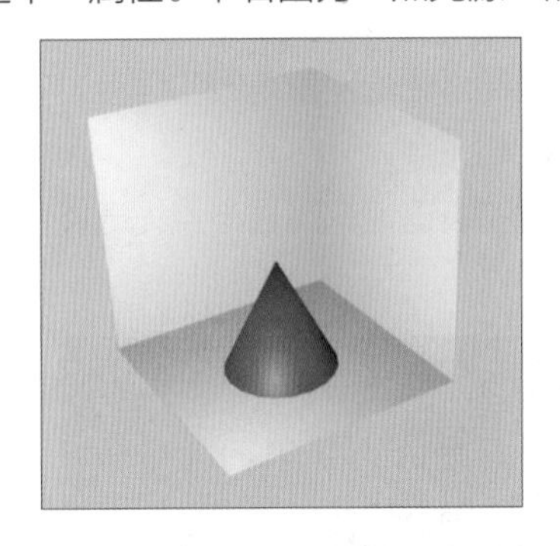

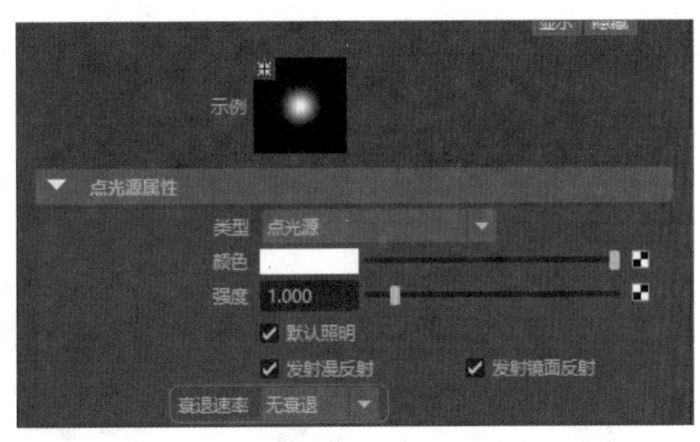

- **衰退速率：** 控制灯光的强度随距离而下降的速度。其中包括“无衰减”“线性”“二次方”“立方”四种模式。
- **无衰减：** 灯光将会照亮所有的对象。下左图的灯光强度为10，无衰减的效果。
- **线性：** 灯光的强度随着与物体对象的距离而直接降低灯光亮度。下右图的灯光强度为10，线性衰减的效果。

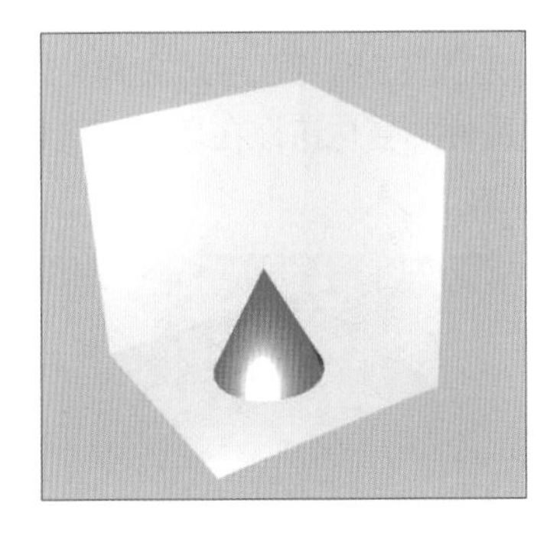

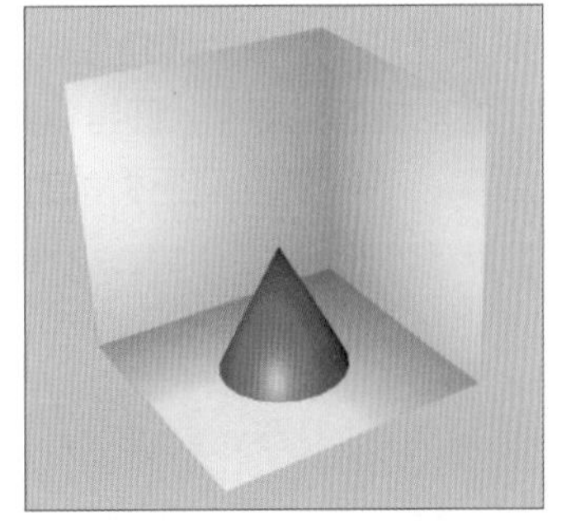

- **二次方：** 灯光的强度与物体对象的距离成比例按平方下降，最接近于真实世界的灯光衰减速度。下页左上图的灯光强度为50，二次方衰减的效果。
- **立方：** 灯光的强度与物体对象的距离成比例按立方下降，比真实世界的灯光衰减速度快。下页右上图的灯光强度为50，立方衰减的效果。

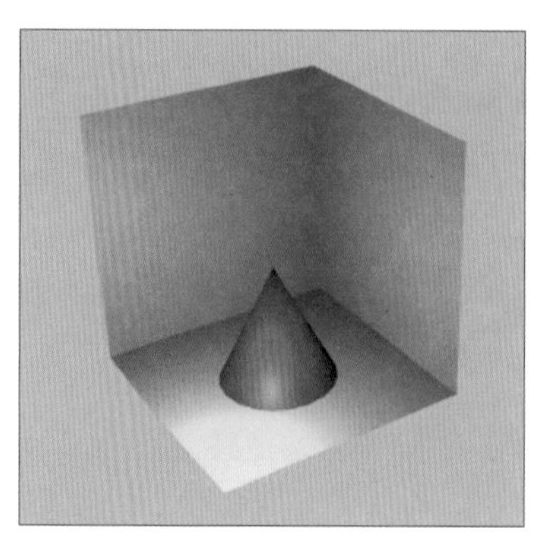

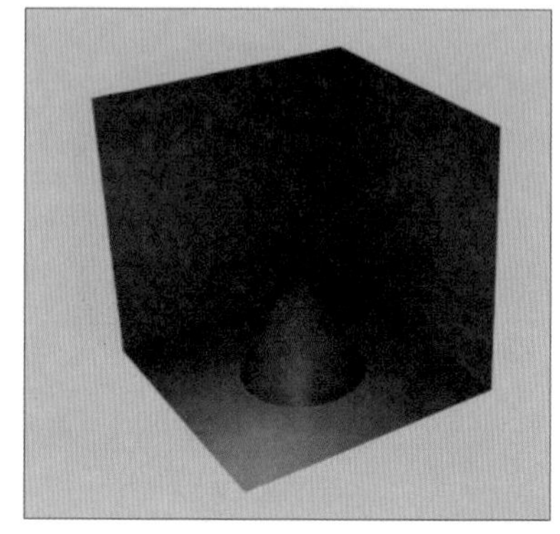

通过上面四种衰减模式的效果可以看出，在灯光强度不变的情况下，立方衰减模式对灯光的衰减影响最大，在场景上灯光强度的衰减速度最快。

5.2.4 聚光灯

聚光灯是在一个圆锥形区域均匀地发射光线，可以用来模拟台灯、汽车前大灯等效果。聚光灯是使用最多的一种灯光，也被经常用来当作主光源。相比较平行光和点光源，聚光灯有位置性也有方向性，用户需要灯光照射哪里就可以设置聚光灯照射哪里，可以更精准地控制灯光的照射范围和强度，不会因为灯光过多而造成资源浪费，还能提高渲染的速度。下左图为聚光灯效果。

类型、颜色、强度、默认照明、发射漫反射、发射镜面反射和衰退速率属性与点光源属性一致。下右图为“聚光灯”属性面板。

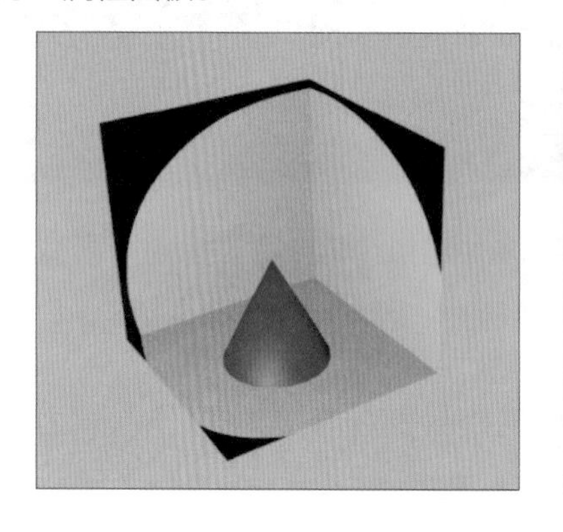

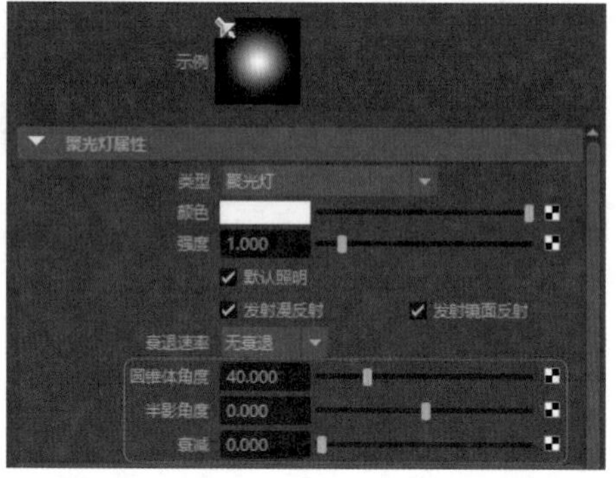

- **圆锥体角度：** 控制聚光灯顶点到边的角度，有效范围在0到179.994之间。如果设置为179.994，则聚光灯就类似于圆形的面光源了。圆锥体角度属性的变化可以在场景中直观地看到，下左图为圆锥体角度为40的效果，下右图为圆锥体角度为120的效果。

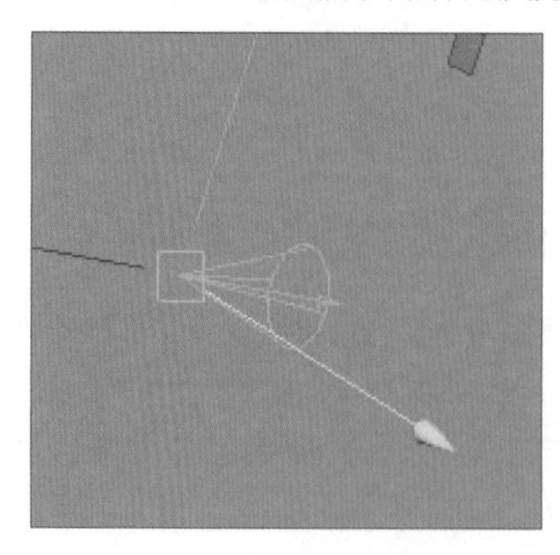

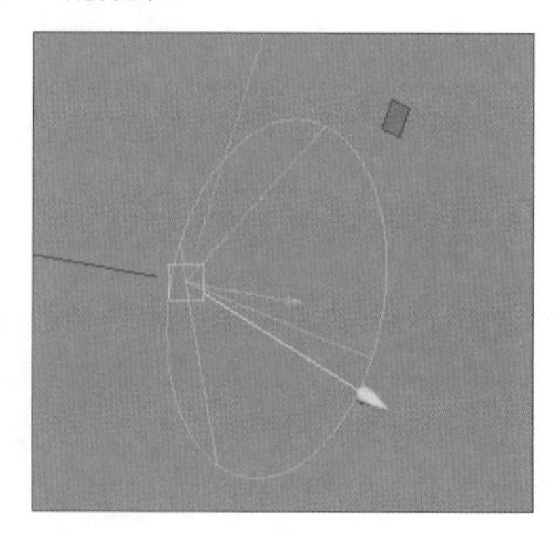

- **半影角度：** 指聚光灯照射在物体边缘的衰减角度，让聚光灯在对象物体上的照射边缘具有过渡的效果。下左图的半影角度为-10，则聚光灯的边缘向内逐渐过渡。下右图的半影角度为10，则聚光灯的边缘向外逐渐过渡。

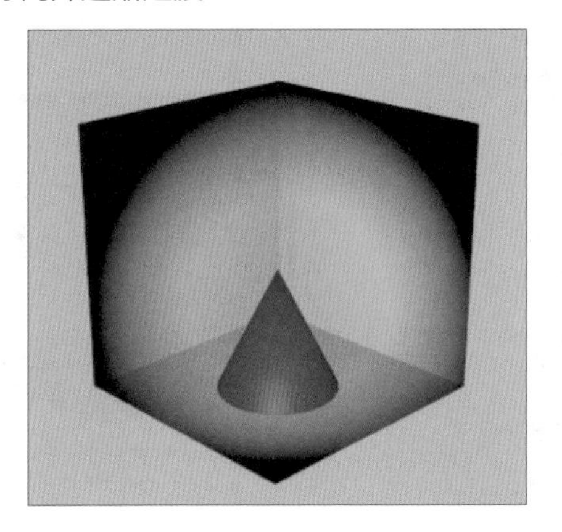

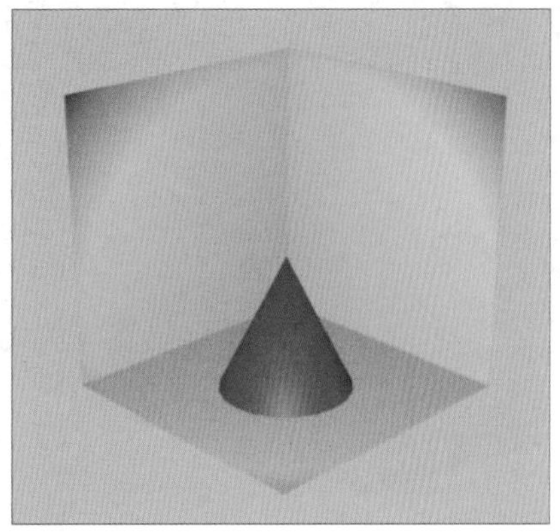

- **衰减：** 用于控制灯光强度从聚光灯光束中心到边缘的衰减速率。有效范围为0到无限，滑块范围为0到255。

5.2.5 区域光

区域光又被称作面光源，在真实世界中不是所有的光源都从一个点发出，或者说有很多光源都是由很多点组成的整体光源，比方说电视机、手机屏幕等发出的光源。在室内效果图制作中，经常将区域光设置在窗户外的位置，用来模拟太阳光通过窗户照射到室内的光照效果。下左图为区域光效果。

与点光源不同的属性只有 “归一化”属性，下右图为“区域光”属性面板。

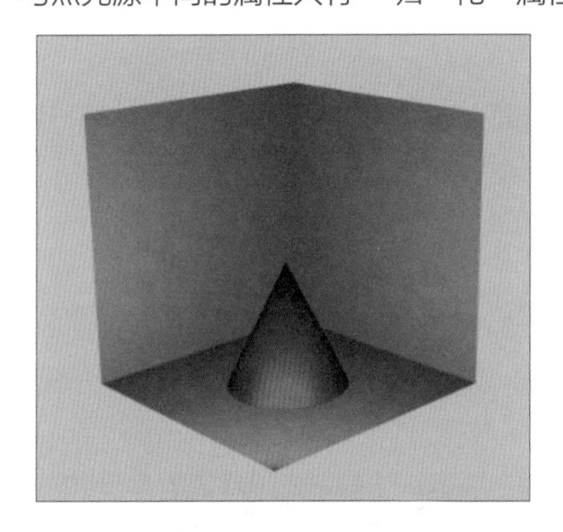

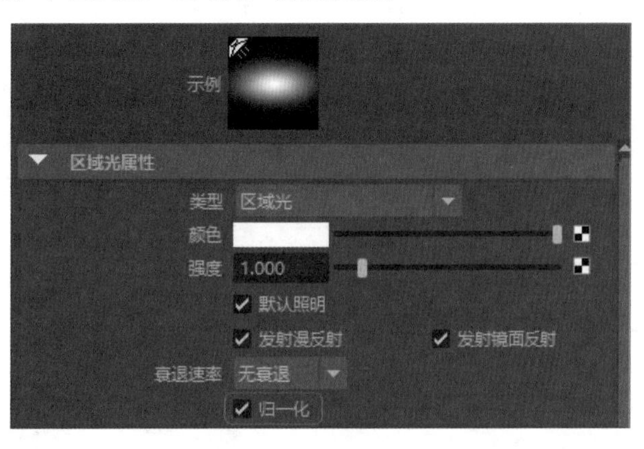

- **归一化：** 默认为开启状态，当归一化属性开启时，在强度保持不变的情况下，缩放区域光的大小，越大则照射范围越大，平均照射强度就越小。当关闭归一化属性后，在强度保持不变的情况下，缩放区域光的大小，缩放得越大则灯光的强度就越高。

5.2.6 体积光

体积光一般用于照亮一个范围内的灯光。利用缩放控制体积光的照射范围，光只对这个范围内的物体对象进行照射。下页图片只有圆锥体的顶部在体积光内，所以只有顶部会被照亮。体积光具有一个“灯光形状”的特有属性，里面包含“立方体”“圆体”“圆柱体”“圆锥体”四种模式，通过不同的形状来控制灯光的照射范围。

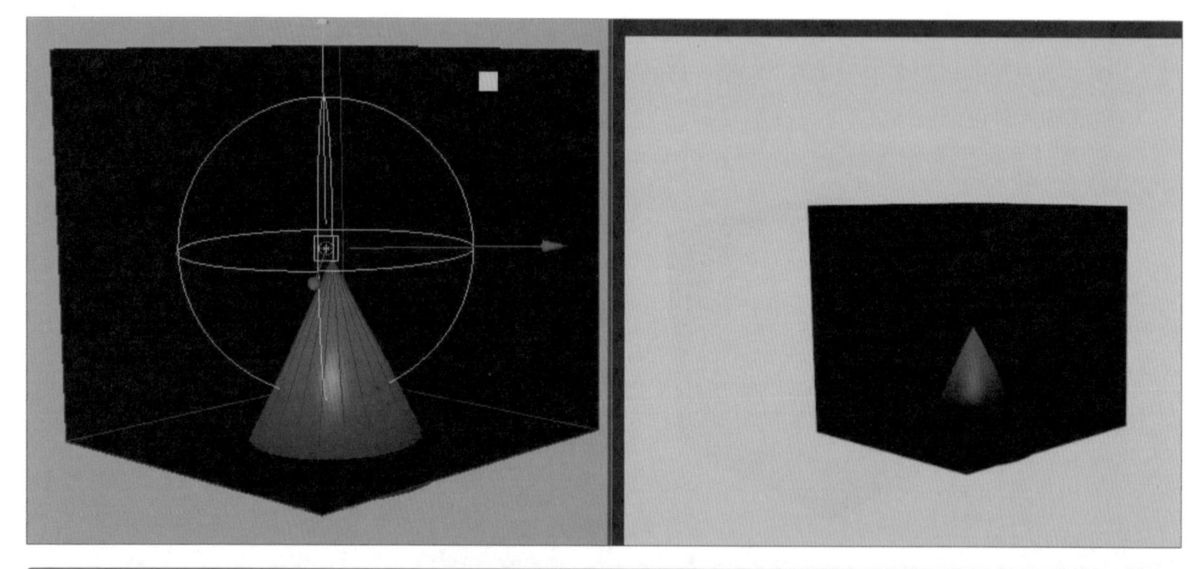

提示：灯光默认都是关闭阴影属性的

所有的灯光在创建时系统都默认是不开启阴影效果的。如果用户需要使灯光照射的物体产生投影的话，就要在灯光属性面板下找到“阴影”属性，开启“阴影”属性中的“使用深度贴图阴影”或“使用光线追踪阴影”功能。

实战练习 三点光源打光技法

了解灯光以后就要学习灯光的布置。灯光布置有无数种方式，其中三点打光法是最基础的方式，也是使用性最广的打光法。正如字面意思一样，三点光源分别为主光、补光和背光。

- **主光：**是场景中主要的光源，用来照亮主体的大部分区域。通常主光会在主体侧45度左右的位置，并高于主体，是用户需要设置的第一个光源。
- **补光：**因为主光照在主体上必定会让主体的背光面处于暗面，这时就需要再创建一个补光，用来照亮处于暗面的主体部分。
- **背光：**又称为轮廓光。是为了让主体更有立体感，从主体的侧后方照射的光源。

下面将通过实例来讲解三点光源打光的具体流程。

步骤 01 新建场景，在场景上创建一个多边形平面和一个圆柱体，并调整它们的位置，如下左图所示。

步骤 02 执行渲染工具栏上的“聚光灯”命令，创建一个聚光灯当作主光，使其照向场景中的圆柱体，如下右图所示。

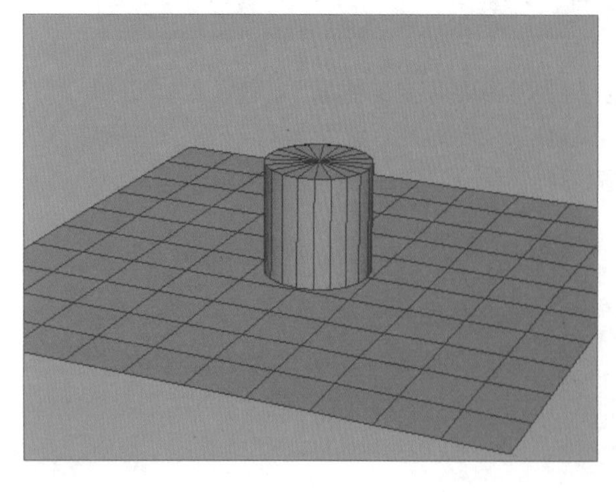

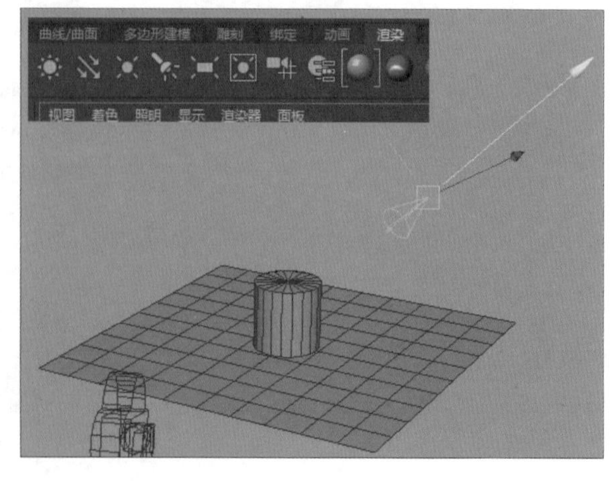

步骤 03 调整聚光灯的属性，将“强度”属性改为5，“衰减速率”改为“线性”，在“阴影>深度贴图阴影属性”选项卡中勾选“使用深度贴图阴影”，将“半影角度”设置为50，将“分辨率”属性改成1024，如下左图所示。

步骤 04 在Maya界面的右上方找到“渲染视图”按钮并执行，在弹出的“渲染视图”窗口中，选择“Maya 软件”渲染器，并执行“渲染当前帧”命令，可以看到聚光灯照射圆柱体的效果，如下右图所示。

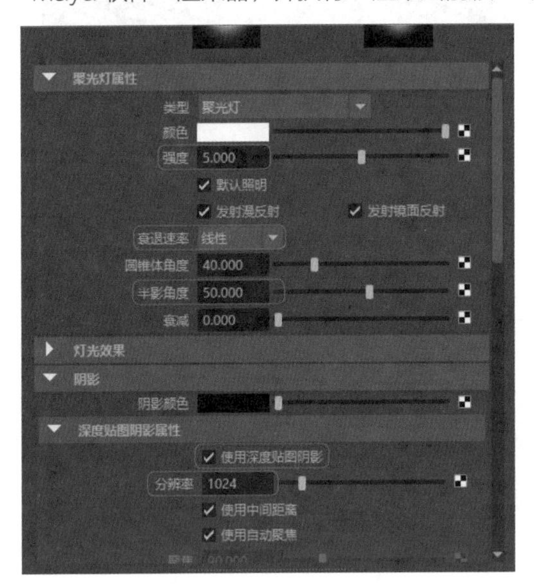

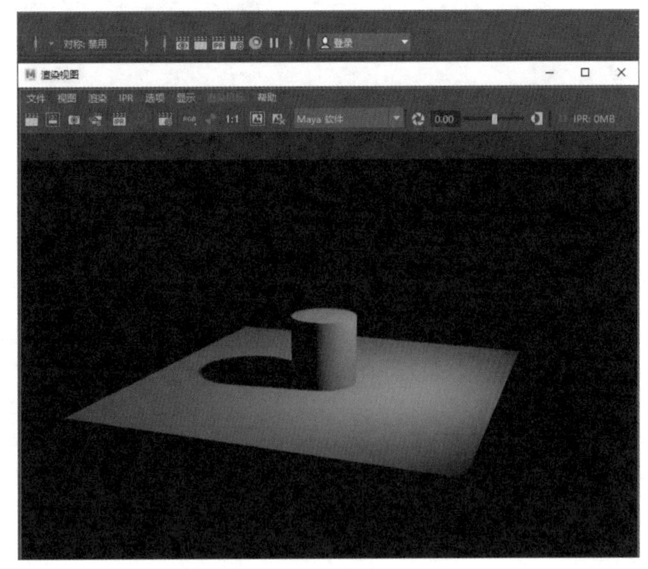

步骤 05 再创建一个“聚光灯”当作补光，使其照向圆柱体的暗部，并将“强度”属性设置为0.5，将“半影角度”设置为50，如下左图所示。

步骤 06 执行“渲染当前帧”命令可以看到圆柱体的暗部被照亮了，如下右图所示。

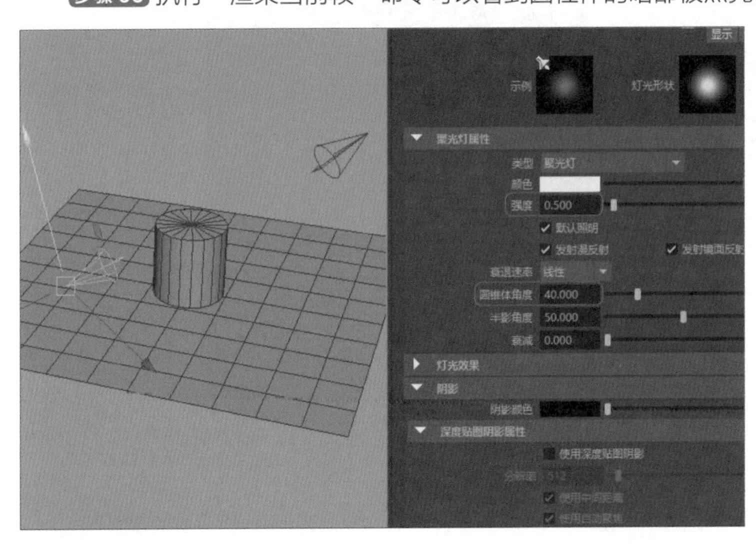

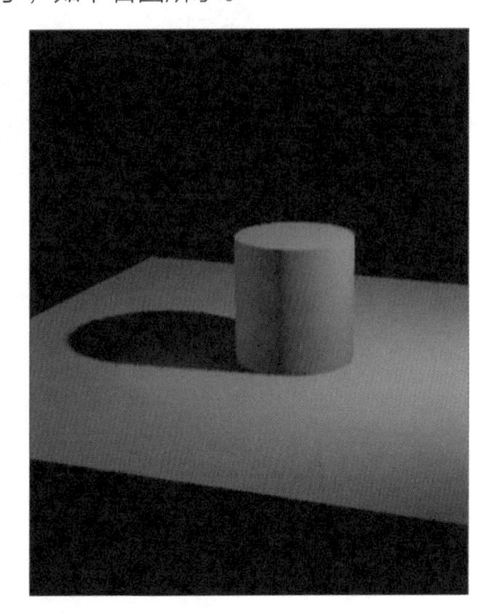

步骤 07 执行渲染工具栏中的“点光源”命令，在圆柱体的侧后方创建一个背光，将点光源的“强度”属性设为2，将“衰减速率”属性设为线性，如下页左上图所示。

步骤 08 再进行渲染，可以看到圆柱体上呈现出了亮部、暗部、明暗交界线以及轮廓光的效果，就会显得圆柱体特别立体，如下页右上图所示。这就是对物体进行三点光源打光的方法。

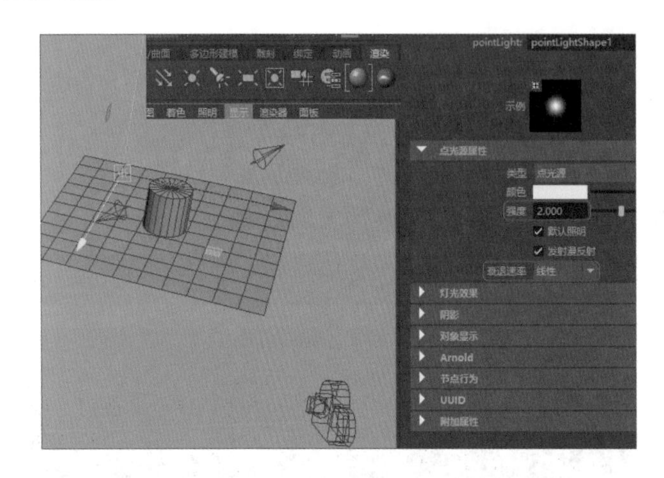

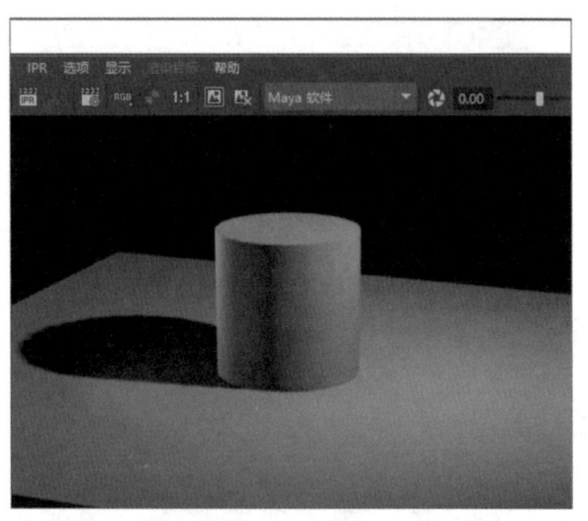

5.3 摄影机

在Maya 2022中用户对场景的观察就是通过摄影机进行的，看到的所有内容都是基于摄影机属性呈现的。比如“前视图”“后视图”“透视图”等实际上就是几个不同的摄影机，视图的切换实际上也就是摄影机的切换。在透视图界面中点击工具栏中的“选择摄影机”命令，如下左图所示，就可以选择透视图的摄影机。按Ctrl+A快捷键，就可以在Maya界面的右方看到透视图摄影机的属性面板，如下右图所示。

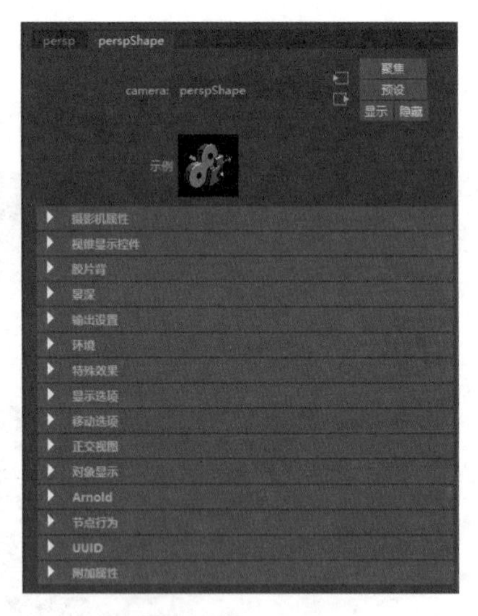

5.3.1 摄影机的种类

在Maya中的摄影机分为“摄影机”“摄影机和目标”“摄影机、目标和上方向”和“立体摄影机”四种类型。

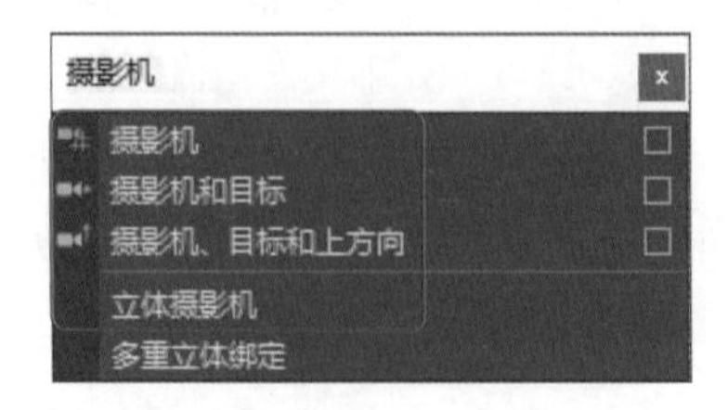

- **摄影机**：最基础的摄影机，可以进入摄影机视角，像移动视图一样去控制摄影机的取景内容。
- **摄影机和目标**：创建这种摄影机的同时，在摄影机的前面会出现一个“目标点”，可以通过移动目标点来控制摄影机的朝向，摄影机的镜头会一直朝向目标点。
- **摄影机、目标和上方向**：这是基于基础摄影机而创建的三节点摄影机，具有旋转摄影机的目标向量控制和上方向向量控制的属性。
- **立体摄影机**：用来模拟3D电影的效果，创建后场景中会显示三个摄影机，左右摄影机是模拟左眼和右眼，中间的摄影机连接两边的摄影机，用户只需要对中间的摄影机进行参数调节即可。

5.3.2 摄影机的创建

首先来介绍如何在Maya中创建摄影机，下面讲解两种常用的创建方式。

方法1：可以在“渲染”工具架中，直接单击执行“创建摄影机”按钮进行创建，如下图所示。

方法2：在菜单中找到“创建>摄影机”菜单中，选择“创建摄影机”命令进行创建，如下图所示。

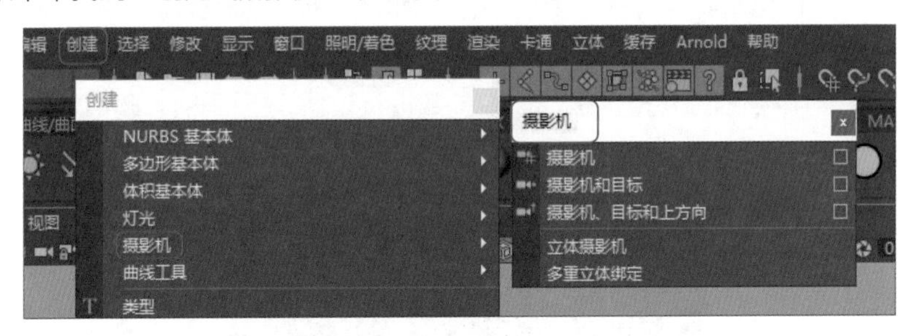

创建摄影机后，会在场景原点的位置出现一个摄影机的图标，如下左图所示。选中新创建的摄影机，在视图窗口的菜单栏中执行“面板>沿选定对象观看”命令可以进入到新创建出的摄影机视角，通过对视图的操作来控制摄影机的角度和位置，如下右图所示。

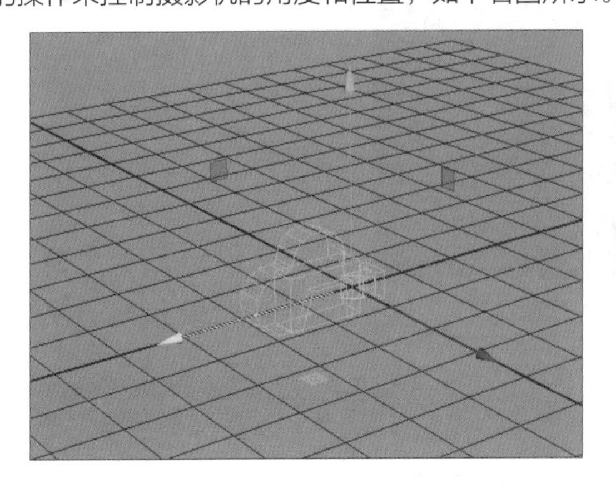

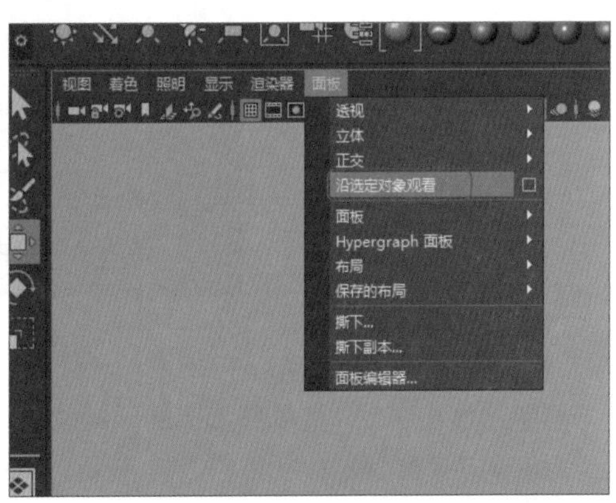

5.3.3 摄影机的视图属性

Maya的动画制作过程对摄影机的设置有一定的要求，比方说设置摄影机的画面比例，设置摄影机的安全框，动画所需要的多角度多机位，给摄影机添加文字备注等，以便渲染师后续能直观地对摄影机进行操作。

下面介绍视图中跟摄影机密切相关的几个命令，在视图窗口的工具栏中包括“栅格”“胶片门”“分辨率门”“门遮罩”“区域图”“安全动作”和“安全标题”等多个命令，如下图所示。

- **栅格：** 控制视图是否显示或隐藏栅格（网格）。
- **胶片门：** 显示一个边界，用于指示摄影机视图的区域。胶片门的维度表示摄影机的光圈尺度。
- **分辨率门：** 显示一个区域，这个区域就是渲染设置中的分辨率尺寸。
- **门遮罩：** 在胶片门或分辨率门开启后，显示胶片门或分辨率门之外的区域的不透明度和颜色。
- **区域图：** 显示一个具有十二个单元动画区域大小的栅格，这个必须将“渲染分辨率”设置为NTSC尺度后才有意义。
- **安全动作：** 显示一个只有渲染分辨率90%的框。
- **安全标题：** 显示一个只有渲染分辨率80%的框。

5.3.4 摄影机的基本属性

Maya中的摄影机是根据真实世界的摄影机进行模拟的，所以有很多属性原理都可以参考真实世界里的摄影机知识进行学习。在Maya中创建好摄影机，按Ctrl+A组合键打开摄影机的“属性编辑器”面板，如下图所示。用户可以在这里对摄影机的属性参数进行设置，下面将详细地讲解一些常用的摄影机属性。

（1）摄影机的视图属性

- **摄影机属性卷展栏：** 控制摄影机的取景范围以及物体在摄影机中的大小，如下图所示，下面详细介绍里面的功能和属性。

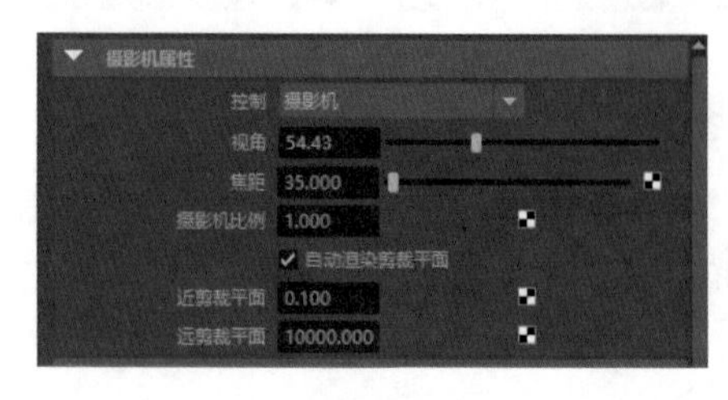

- **控制**：包含三种类型的摄影机，分别为“摄影机”“摄影机和目标”和“摄影机、目标和上方向”。
- **视角**：在调节视角时焦距也会同时发生变化，当增大焦距时视角会变窄，当减少焦距时视角会变大。
- **焦距**：从镜头到底片的距离。焦距越短，聚焦平面到镜头后背的距离越短。焦距与物体在画面中的比例成正比，如果增大焦距，物体在画面中的尺寸就越大。如果用户想让物体在摄影机中放大，那么可以使摄影机拉近物体，或者是增加焦距的数值。下图为焦距30的效果。

下图是焦距60的效果，可以看到场景中间的黄色房子被拉近了，或者说被放大了。

- **摄影机比例**：通过比例来缩放摄影机的显示内容。下图虽然焦距是60，但是如果把摄影机比例设置成2，就类似焦距为30的效果了。

- **近剪裁平面、远剪裁平面**：摄影机其实也有个范围，通过调节近剪裁平面和远剪裁平面，用户可以设置一个范围，摄影机只显示这个范围内的物体，也只渲染这个范围内的物体，可以有效地减少资源的浪费。下图将“近剪裁平面”设置为200，“远剪裁平面”设置为500，就可以看出只显示从物体到摄影机距离为200单位到500单位之间的物体模型。

（2）摄影机的视锥形属性

- **视锥形属性卷展栏**：可以在场景中显示摄影机的剪裁平面，以便用户更好地控制摄影机的取景范围，如下图所示。

（3）摄影机的胶片背属性

- **胶片背属性卷展栏**：这个属性是模拟真实世界中胶片摄影机的效果。例如，胶片格式有16mm、35mm和70mm等。胶片格式的单位是毫米，代表胶片的宽度。胶片的尺寸越大，底片的面积就越大，同等感光度下，播出来的画质就越清晰。
- **胶片门**：Maya已经给用户预设好了几种摄影机的规格，可以根据自己的需要进行选择。
- **摄影机的光圈（英寸）、摄影机的光圈（mm）**：对摄影机光圈的高度和宽度进行设置，此设置对摄影机的视角具有直接影响。
- **胶片纵横比**：摄影机光圈宽度和高度的比，在调节摄影机光圈值时，胶片纵横比会自动更新。
- **镜头压缩比**：摄影机镜头水平压缩图像的程度。
- **适配分辨率门**：通过“填充”“水平”“垂直”“过扫描”这四种形式来控制分辨率相对于胶片门的大小。
- **胶片偏移**：以屏幕为标准，水平或垂直移动分辨率或胶片门，一般设置为0。

（4）摄影机的景深属性

在真实世界中摄影机镜头聚焦到一个物体时，物体会呈现清晰的图像，但是位于物体前后具有一定距离的其他物体则会呈现模糊的效果，这种与聚焦物体之间因为距离的长短而产生的模糊效果就叫作“景深”。比方将手指放在眼睛的前方，当眼睛将视线聚焦到手指时，看到的手指是清晰的，但周围的环境则是模糊的。如果将视线聚焦到周围场景上时，场景就会变得清晰，手指就会变得模糊。“景深”相关参数如下图所示。

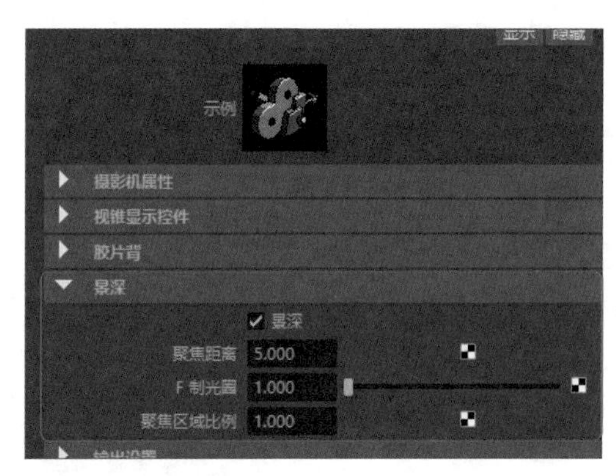

下面对“景深”的属性进行详细讲解，景深的属性虽然不多，但是想了解它的计算原理，首先要做一个简单的小场景，下面介绍具体的操作方法。

步骤01 先在场景中创建一个平面，然后在这个平面上创建三个立方体，分别给三个立方体赋予不同颜色的材质，并调整错开立方体的位置，如下左图所示。

步骤02 再创建一个摄影机，调整摄影机的位置，使三个立方体到摄影机的距离都不相同，如下右图所示。

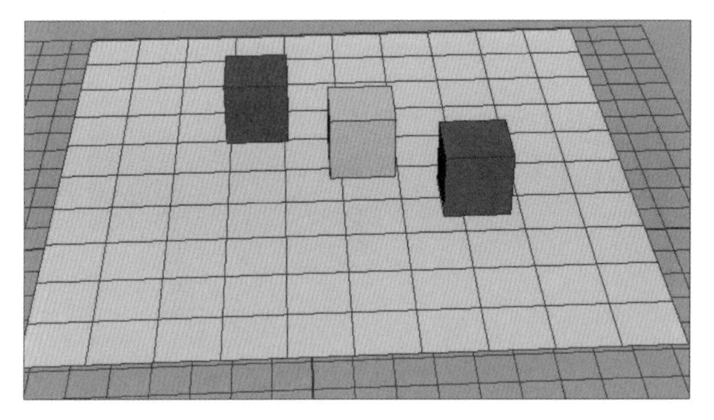

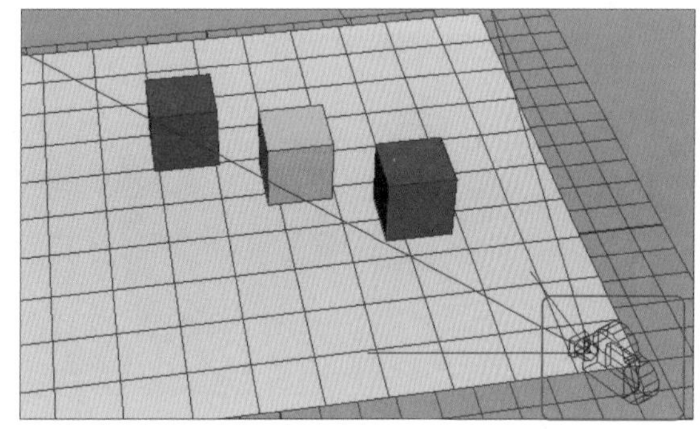

步骤03 摄影机中呈现的视图如下左图所示。

步骤04 执行菜单栏“创建>测量工具>距离工具”命令，如下右图所示。

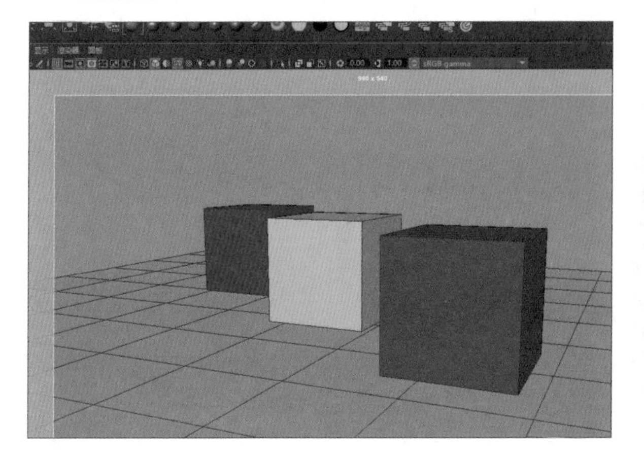

步骤 05 分别测试出三个立方体与摄影机之间的距离，红色立方体距摄影机约8.5个单位，黄色立方体距摄影机约11.5个单位，蓝色立方体距摄影机约14.5个单位，如下左图所示。

步骤 06 还有一种方式可以测量物体与摄影机之间的距离，执行“显示>题头显示>对象详细信息”命令，然后在摄影机视图下选中目标物体，在视图的右上角就会显示出物体“与摄影机的距离”信息，如下右图显示。注意这里显示的是物体的坐标轴到摄影机的位置，而使用测量工具可以更灵活、准确地显示一个空间点到摄影机的位置。

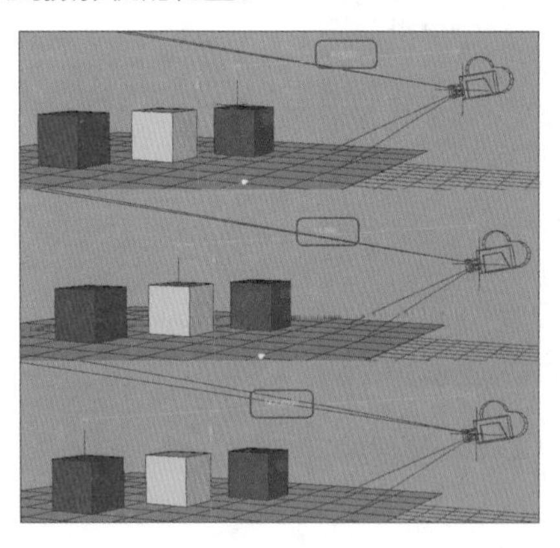

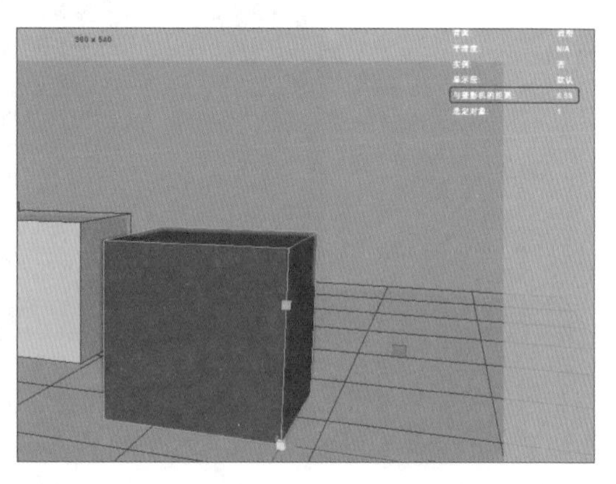

步骤 07 布置好场景并得到了立方体与摄影机的距离后，下面先用Maya软件渲染器渲染一张不打开“景深”的效果图，如下左图所示。

步骤 08 在“景深”卷展栏中勾选“景深”复选框，效果如下右图所示。因为还未调节景深的聚焦距离属性，所以目前场景上的三个立方体都是模糊的。

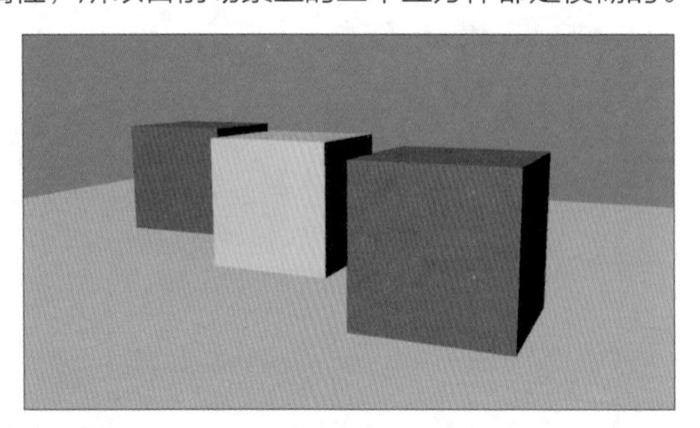

步骤 09 设置“聚焦距离”属性值为11.5（摄影机到黄色立方体的距离）后进行渲染，可见中间黄色立方体变得相对清晰了，如下左图所示。聚焦距离是指摄影机与被聚焦物体的直接距离。

步骤 10 再将“聚焦距离”属性值改成8.5（摄影机到红色立方体的距离）后进行渲染，可见红色的立方体变得相对清晰了，如下右图所示。

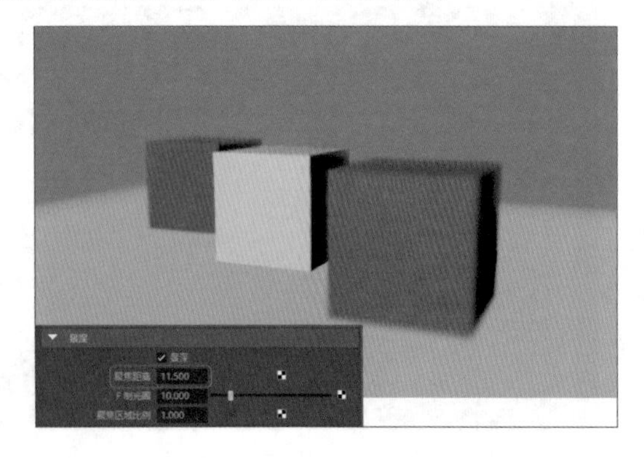

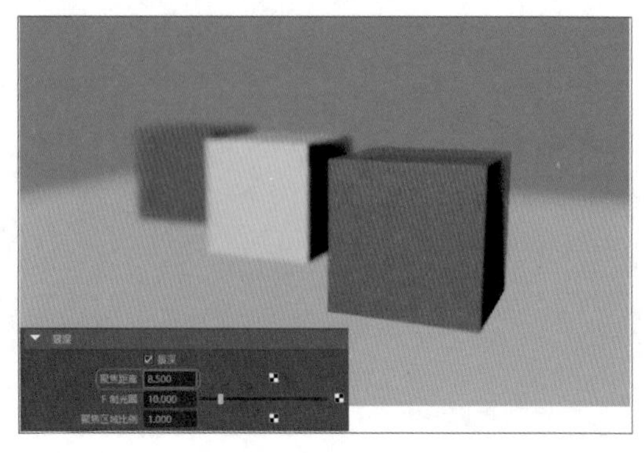

步骤11 将“聚焦距离”属性值为11.5，并分别将“F制光圈”属性值设置为5和20，渲染的效果如下左图、下右图所示。F制光圈是指控制摄影机景深范围的大小，数值越小则景深越短，画面越模糊，数值越大则景深越长，画面越清晰。

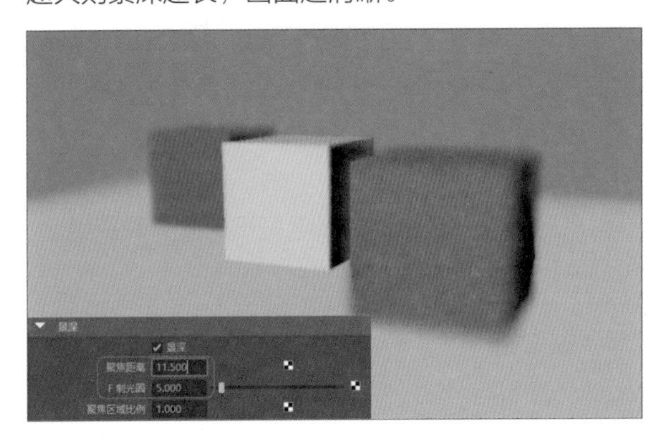

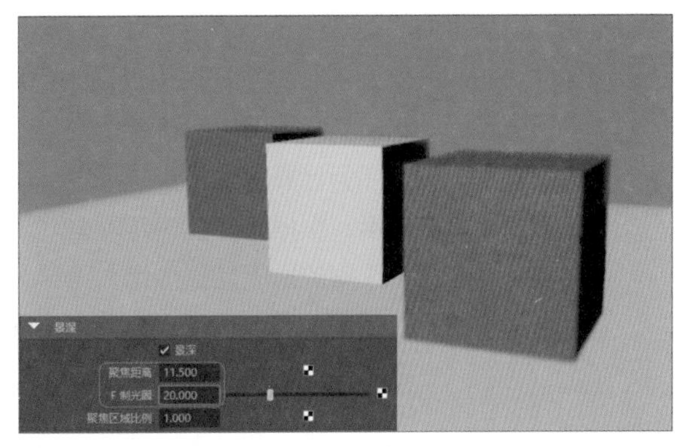

步骤12 设置“F制光圈”值为10，“聚焦区域比例”值为2，效果如下左图所示。聚焦区域比例是指控制摄影机景深范围的大小，实际上等于“F制光圈”乘以“聚焦区域比例”的值。

步骤13 设置“F制光圈”值为20，“聚焦区域比例”值为1，效果如下右图所示。从图中可见两个效果是一样的。

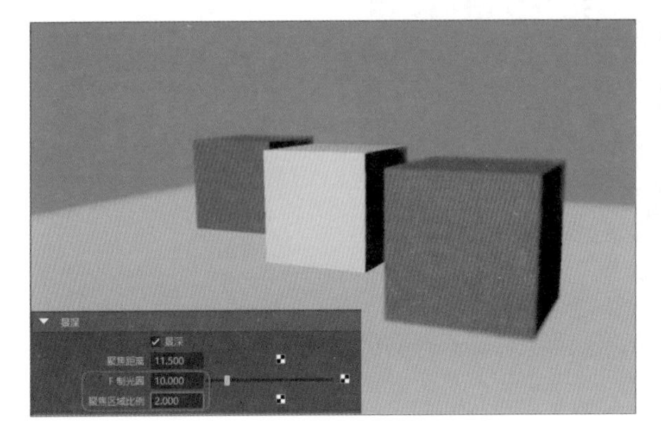

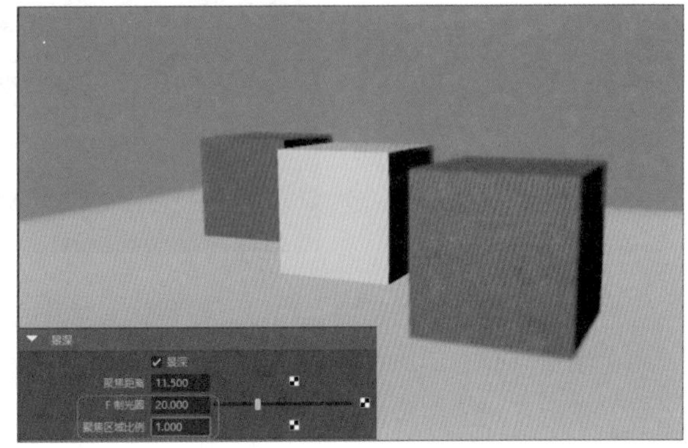

（5）摄影机的输出设置属性

输出设置：控制摄影机在渲染过程中生成的图像，以及摄影机渲染的那些类型图像。“输出设置”卷展栏各参数如下图所示。

- **可渲染**：如果开启，摄影机可以在渲染期间创建图像文件、遮罩文件和深度文件，并且可被渲染。
- **图像**：如果开启，摄影机将在渲染过程中创建图像。
- **遮罩**：如果开启，摄影机将在渲染过程中创建遮罩。遮罩是一张黑白图，有物体的地方会显示白色，没有物体的地方会显示黑色，用于后期合成。
- **深度**：如果开启，摄影机将在渲染过程中创建深度文件。深度文件是一张有渐变的灰色图，物体离摄影机越近则越白，物体离摄影机越远则越暗，用于后期合成。
- **深度类型**：确定如何计算每个像素的深度。
- **基于透明度的深度**：根据透明度确定哪些对象离摄影机最近。只在选择“最近可见深度”时启用。
- **阈值**：当合成多个层的透明度时使用。
- **预合成模板**：此属性在“合成”中使用预合成。

（6）摄影机的环境属性

环境属性：用于设置摄影机的背景，可以用纯色也可以使用一张图像，每个摄影机可以单独设置不同的背景。“环境”卷展栏各参数如下图所示。

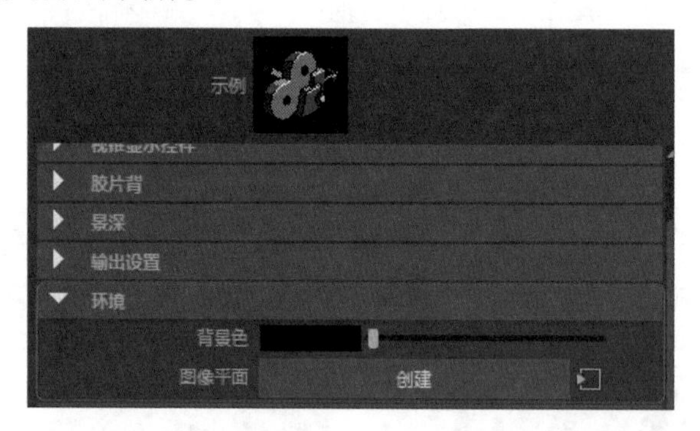

- **背景色**：默认是黑色，也可以设置为其他颜色。
- **图像平面**：可以在摄影机的背景中添加一张图像，该图像附属于摄影机，会跟着摄影机一起移动，永远正对该摄影机。

（7）摄影机的正交视图属性

正交视图：就是没有透视的视图，不会有近大远小的效果，跟前视图、侧视图、顶视图等一样。开启后就会变成正交视图。正交宽度用于调整摄影机与物体的直接距离。“正交视图”卷展栏各参数如下图所示。

知识延伸：断开灯光链接命令

在Maya中创建的灯光默认是对场景上所有物体进行照射的，但有时为了些特殊的效果需要针对某个物体创建灯光，并不希望这些灯光影响到其他物体。这时就需要用到一个“断开灯光链接”的命令，用这个命令可以使某个物体和某些灯光断开链接，从而不受到这些灯光的照射。

打开随书附赠的“断开灯光链接命令.ma”文件，场景上有三个不同颜色的立方体和一个平行光，如下左图所示。这时对场景进行渲染，可以看到三个立方体都被平行光照亮了，如下右图所示。

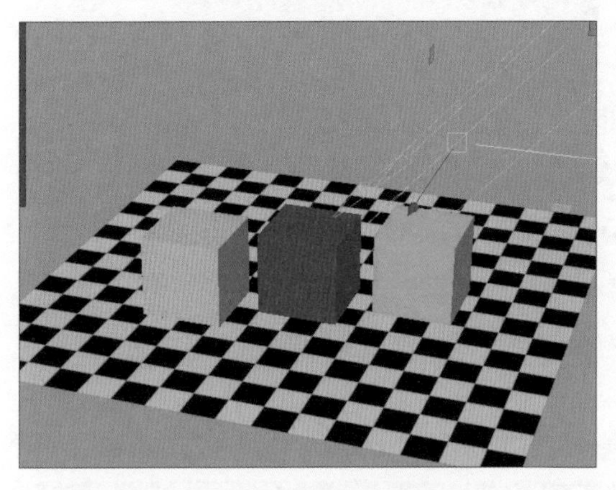

现在选中蓝色的立方体和平行光，执行“渲染>照明/着色>断开灯光链接”命令，使平行光不再对蓝色立方体进行照射，如下左图所示。

通过渲染可以看出，蓝色立方体变成了黑色，因为它不受到任何光线的照射，所以不会显示颜色，如下右图所示。同样也可以通过执行“渲染>照明/着色>生成灯光链接”命令，重新让蓝色立方体受到平行光的影响。

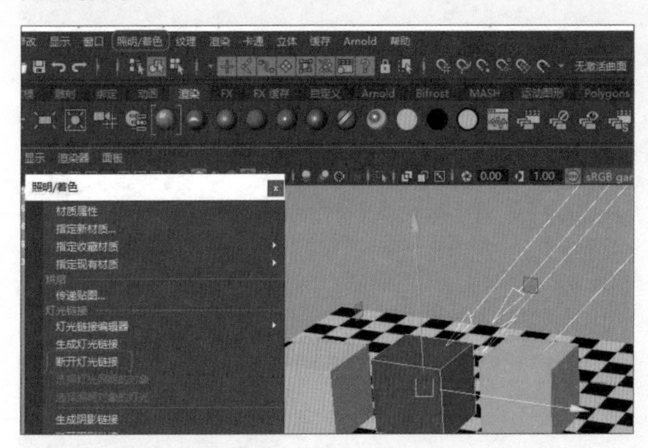

上机实训：白模打光渲染

为了更好地学习和了解灯光对模型的影响，我们用白模来练习灯光的布置，这样更有利于帮助用户直观地看到灯光效果。下面我们就通过一个猩猩的白模文件作为打光的实例，学习灯光布置的流程，如下页图片所示。

扫码看视频

步骤 01 打开随书附赠的“白模打光渲染准备.ma”文件，该文件中是一个大猩猩的白模文件，如下左图所示。

步骤 02 创建一个多边形平面，调整多边形平面为大猩猩的模型制作一个背景板，如下右图所示。

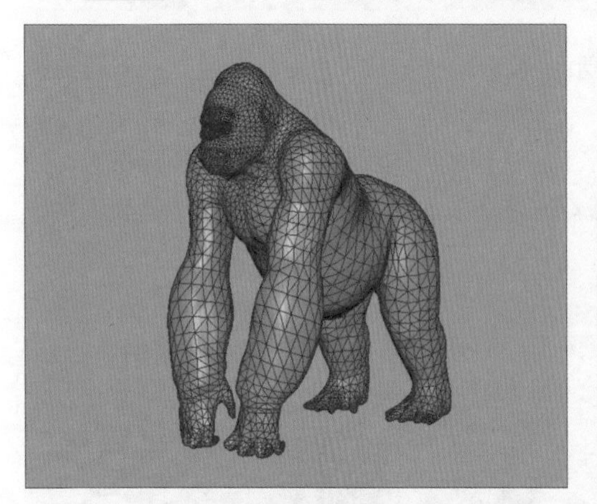

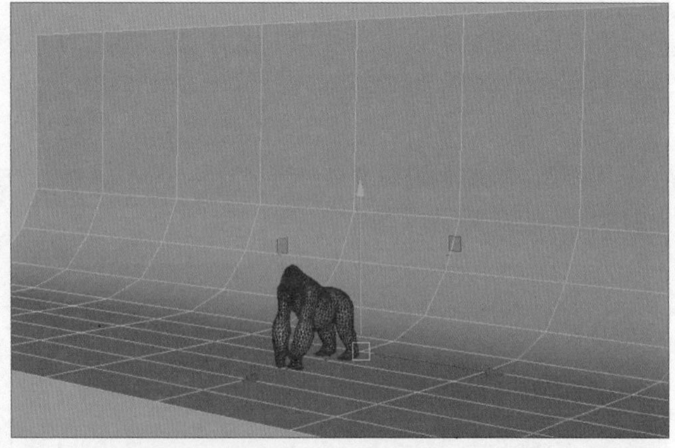

步骤 03 渲染工具栏中单击“创建摄影机”按钮，并调整摄影机的角度，如下左图所示。

步骤 04 创建一个平行光作为主光源，调整平行光的位置及颜色，如下右图所示。

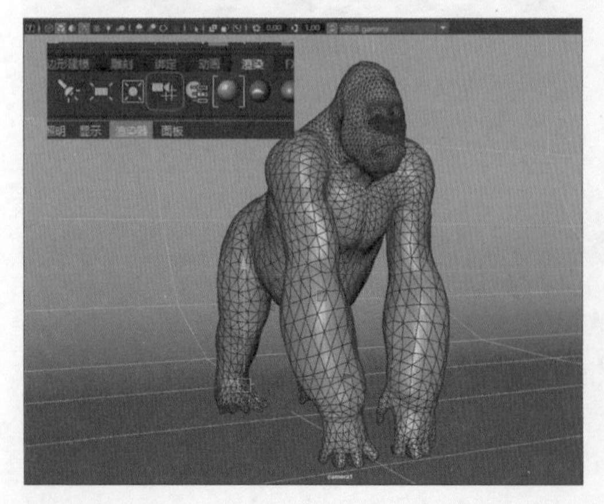

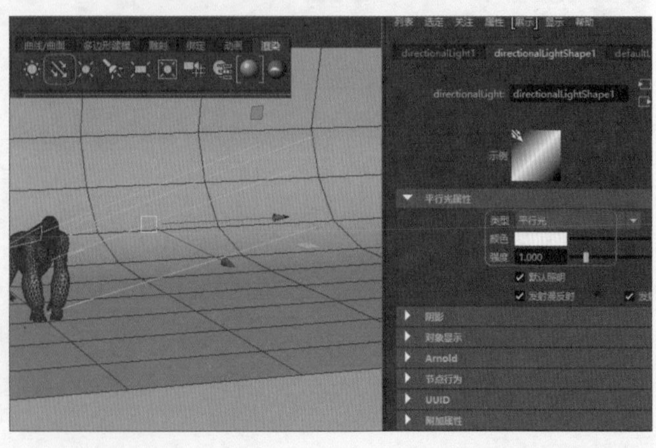

步骤05 打开渲染视图，用“Maya软件”渲染器，渲染摄影机Camera1视图，如下左图所示。可见大猩猩的右边部分被灯光照亮了，但是左边的暗部是一片黑色，这时需要再给大猩猩创建一个补光来照亮暗部。

步骤06 再创建一个平行光当作补光，让它照射大猩猩的暗部，并将平行光的颜色设置为浅蓝，将强度设置为0.1，如下右图所示。

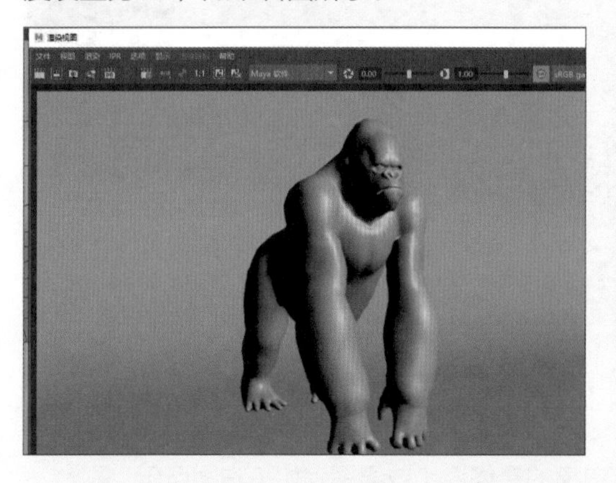

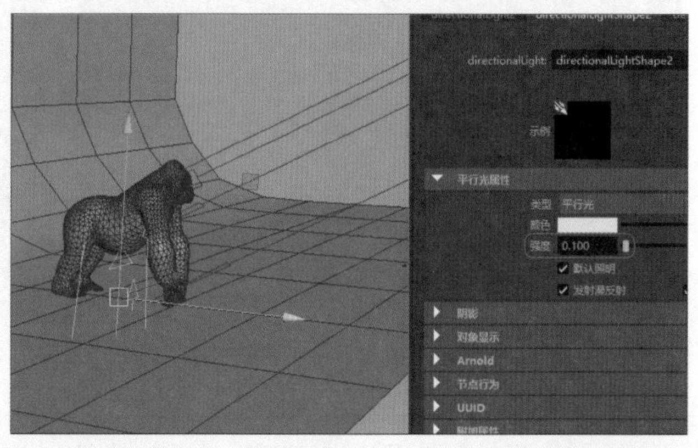

步骤07 观察渲染后的效果，可以看到暗部被补光照亮，这里的补光强度一定要比主光源弱很多，如下左图所示。

步骤08 单击渲染工具栏中的“区域光”按钮，创建一个面光源，当作背光源，照亮大猩猩背后的轮廓。调整面光源的颜色及强度，如下右图所示。

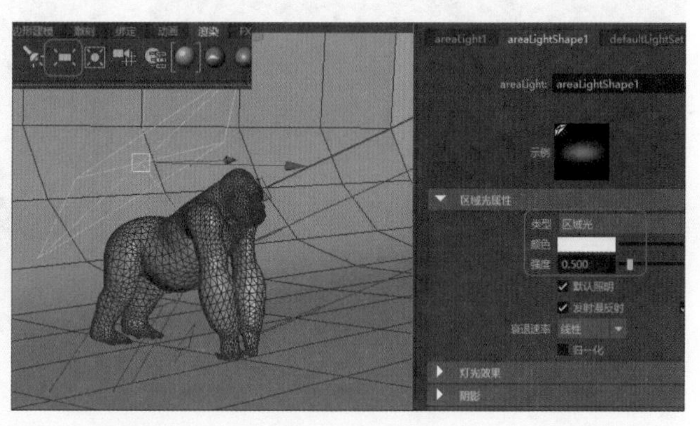

步骤09 再创建两个“区域光”，分别用来照亮大猩猩腿部和手部的轮廓，如下左图、下右图所示。

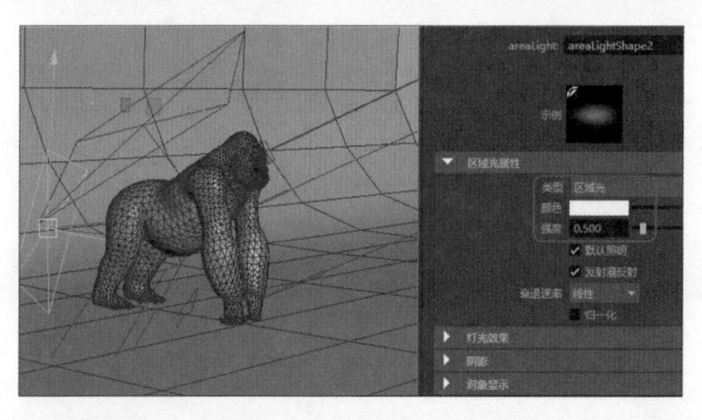

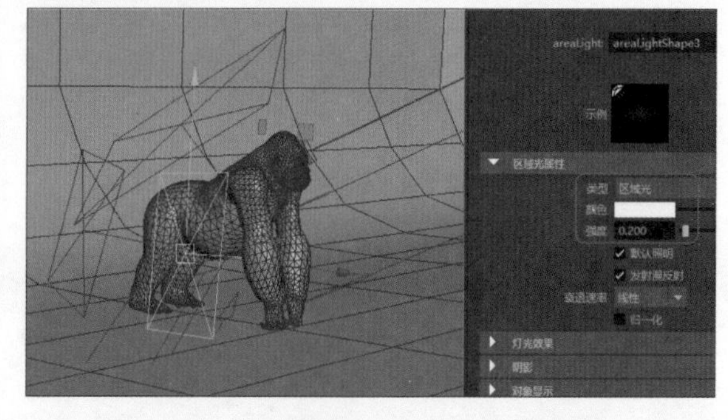

步骤10 再进行渲染，可以看到大猩猩的整体灯光布置已经完成了，大猩猩呈现出比较立体的光影效果，如下页左上图所示。

步骤 11 选中主光源的平行光，勾选“使用深度贴图阴影”命令，将“分辨率”属性改为1024，将“过滤器大小”设置为2，如下右图所示。

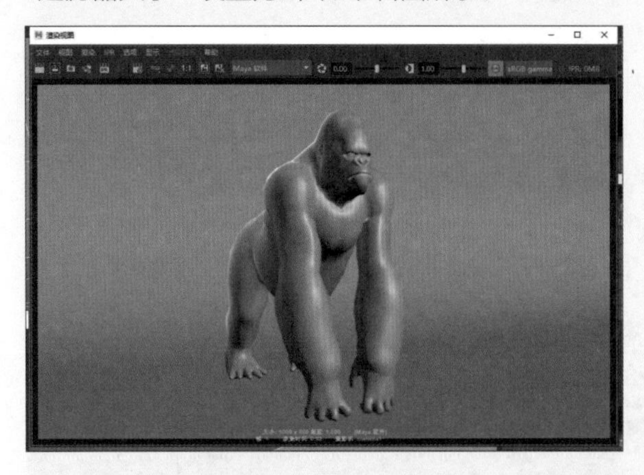

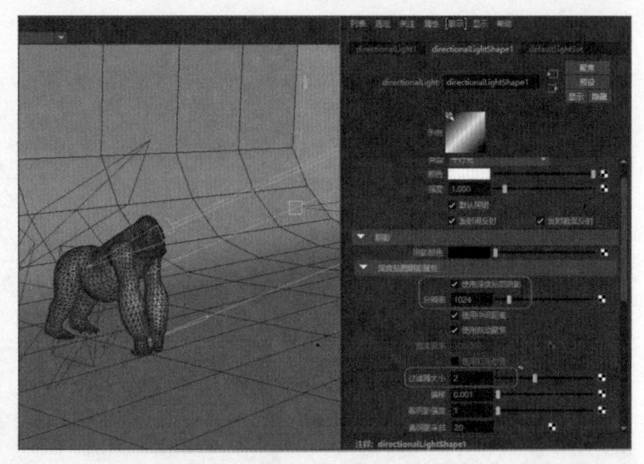

步骤 12 打开“渲染设置”对话框，在“Maya 软件”渲染器选项卡中，将“质量”属性改为“产品级质量”，这样可以得到更好的渲染效果，如下左图所示。

步骤 13 更改好后，再次进行渲染，就可以得到大猩猩白模的最终渲染效果图，如下右图所示。

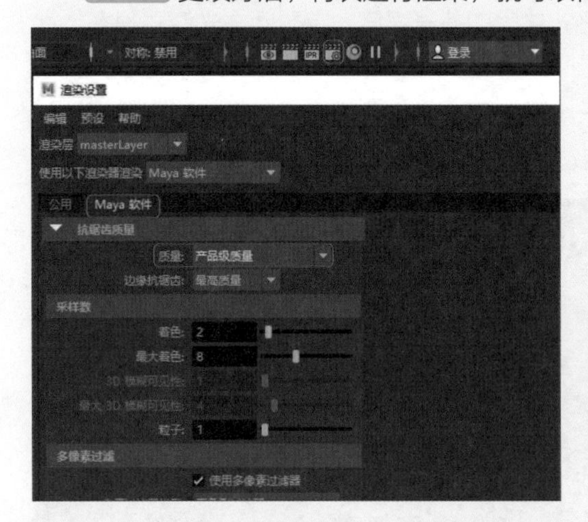

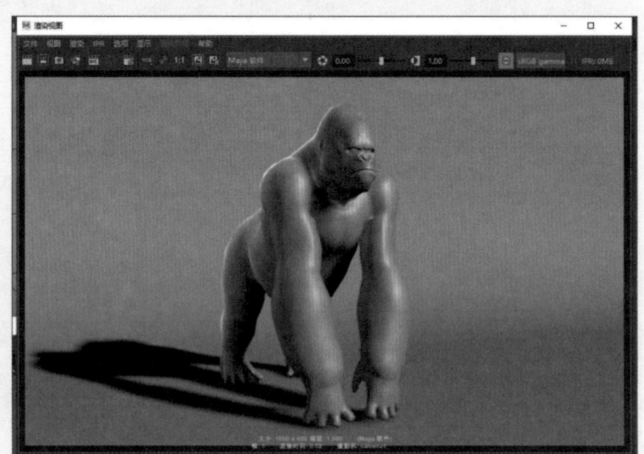

课后练习

一、选择题

（1）在Maya 2022，不属于系统灯光的是（　　）。

A. 聚光灯　　B. 平行光
C. 三点光源　　D. 环境光

（2）下列灯光类型中，灯光强度不会衰减的是（　　）。

A. 平行光　　B. 点光源
C. 体积光　　D. 区域光

（3）下面不属于“公用材质属性”的是（　　）。

A. 高光属性　　B. 颜色属性
C. 透明度属性　　D. 漫反射属性

（4）摄影机的景深效果是根据（　　）来计算的。

A. 物体在摄影机中的大小　　B. 物体的透明度
C. 物体的颜色　　D. 物体与摄影机的距离

二、填空题

（1）Maya 2022的灯光分为__________、__________、__________、__________、__________和__________六种类型。

（2）Maya 2022的摄影机可以通过__________命令，将透视图转换成正交视图。

（3）通过调整摄影机的__________和__________来改变摄影机取景器中对象物体的大小。

（4）如果想调整摄影机的背景颜色，应该在摄影机的__________属性中进行设置。

三、上机题

本章介绍了Maya的灯光类型，下面用随书附赠的“室内灯光布局准备.ma”文件，来制作一个内室场景的灯光布局练习。使用面光源、聚光灯和环境光来照亮室内场景模型。

第6章 渲染

本章概述

本章将对Maya中渲染的相关知识进行介绍和说明。渲染是指三维软件通过计算对象的材质及光源的光照关系，算出摄影机视图里的每个像素点所呈现的颜色，从而得到最终的图像或视频的过程。

核心知识点

❶ 了解渲染的基础知识
❷ 了解不同渲染器的特点
❸ 掌握渲染器的通用属性
❹ 学习分层渲染的使用

6.1 渲染基础

众所周知计算机上的图片实际是由一个一个不同颜色的像素点组成的，通过软件的计算得出这些像素点颜色的过程就叫作渲染。在Photoshop软件中每个像素点都可以通过画笔来绘制，但是在三维软件中每个像素点都需要软件进行复杂的计算，因为在三维软件中，每个像素点都会受到很多光源的影响，所以灯光越复杂渲染的时间也就越长，同时效果也会越真实。

提示：渲染的算法

在Maya中，不管是内置渲染器还是外置渲染器，归纳起来一般有扫描线、光线跟踪、光能传递三种渲染算法，针对不同的场景需要使用不同的算法进行渲染。

6.1.1 渲染的概念

所有三维软件的渲染思路都是一样的，首先要创建三维模型，然后编辑材质，设置灯光，再设置摄影机，最后渲染出图。渲染涉及很多复杂的计算，在渲染时电脑会较长时间处于满负荷运算的状态，所以成功渲染的关键在于用尽可能少的时间生产质量足够的图片。换句话说，如果在项目中低质量的渲染图可以满足项目需求就尽量不要采用高质量去渲染，甚至有些效果通过后期合成软件制作会更有效。

6.1.2 渲染视图窗口

渲染视图窗口是在Maya中用来观察渲染效果的窗口，用户可以通过执行“窗口>渲染编辑器>渲染视图”打开渲染视图窗口，如下页左上图所示。也可以在工具栏中找到并执行“打开渲染视图”命令，打开渲染设置窗口，如下页右上图所示。

下图为渲染窗口，接下来对渲染视图窗口各组成部分及其作用进行介绍。

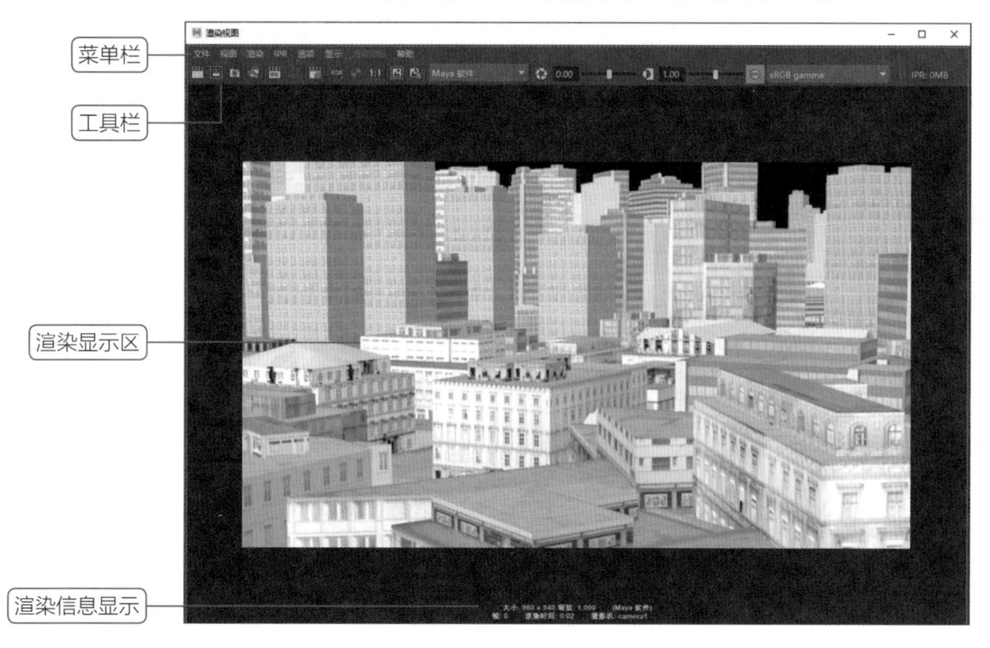

（1）菜单栏

菜单栏由“文件”“视图”“渲染”“IPR”“选项”“显示”“渲染目标”“帮助”等多个菜单组成。

- **文件：** 对渲染好的图片进行保存或者打开等操作。
- **视图：** 控制渲染显示区的图片显示大小。
- **渲染：** 选择渲染区域和需要渲染的摄影机等。
- **IPR：** 可视化交互，可以快速高效地预览和调整灯光、材质、纹理等。不支持硬件渲染模式。
- **选项：** 设置一系列渲染操作，可设置测试分辨率的比例等。
- **显示：** 主要控制显示图片的RGB通道和亮度等。
- **渲染目标：** 选定后，渲染场景的当前帧。

（2）工具栏

工具栏从左至右分别为“渲染当前帧”“渲染区域”“快照”“渲染序列”“IPR渲染当前帧”“刷新IPR图像”“显示渲染设置”“显示RGB通道”“显示Alpha通道”“显示实际大小”“保持图像”“移除图像”“选择渲染器”“设置曝光值”“设置Gamma值”“视图变换”“暂停IPR调整”。

- **渲染当前帧：** 在当前帧进行渲染，可按住右键不放选择所需要渲染的摄影机。

- **渲染区域**：在渲染显示区中用鼠标框选择部分区域进行局部渲染，比整体渲染要更节省时间。
- **快照**：将模型以简易线的模式显示。
- **渲染序列**：如果场景中有动画，可以以序列的形式进行渲染。
- **IPR渲染当前帧**：以IPR渲染模式渲染当前帧。
- **刷新IPR图像**：基于所做的修改更新图像。
- **显示渲染设置**：打开渲染设置窗口。
- **显示RGB通道**：通过鼠标右键分别以R、G、B通道模式显示图像。
- **显示Alpha通道**：查看图像的Alpha透明信息。
- **显示实际大小**：以图像的实际大小来显示，也可以通过鼠标滚轴来缩放图像大小。
- **保持图像**：把图片保存在缓存中，可以通过下放滚动条查看更改后的图像与之前图像的区别。
- **移除图像**：清除保存的图像。
- **选择渲染器**：可以选择不同的渲染器进行渲染。
- **设置曝光值**：预览不同曝光值下的图像效果。
- **设置Gamma值**：预览不同Gamma值下的图像效果。
- **视图变换**：查看不同预设下的图像效果。
- **暂停IPR调整**：暂停IPR模式渲染。

（3）渲染显示区

渲染显示区用于显示渲染的图像内容。

（4）渲染信息显示

渲染信息显示图像的尺寸、帧、渲染模式、渲染时间和所渲染的摄影机等内容，如下图所示。

6.2 渲染器类型

在Maya 2022中自带的渲染器有软件渲染器、硬件渲染器、向量渲染器和阿诺德渲染器（Arnold Renderer）四种渲染器类型，如下图所示。不同的渲染器对渲染的算法及输出模式有不同的效果。

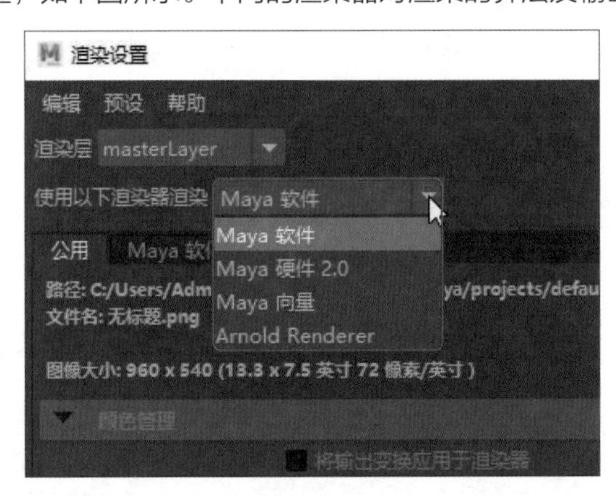

6.2.1 软件渲染

软件渲染可生产最优质的图像，从而达到最精致的效果。计算将在CPU中进行，这与硬件渲染相反。在硬件渲染中，计算依赖于电脑的显卡。由于软件不受计算机显卡的限制，因此软件渲染更加灵活。但是，软件渲染通常需要更长时间。

软件渲染器还具有IPR（交互式照片真实渲染），这一工具允许对最终渲染图像进行交互调整，也可以提升渲染效率。

（1）抗锯齿质量

展示“抗锯齿质量”卷展栏，相关参数如下图所示。

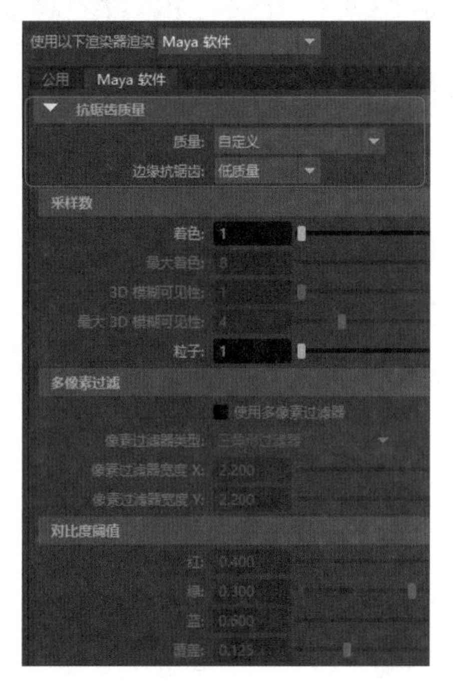

下面介绍“抗锯齿质量”卷展栏各参数的含义。

- **质量：** Maya系统内置了几种抗锯齿质量的预设，用户可根据需求选择低质量的“预览质量”或者高质量的“产品级质量”。
- **边缘抗锯齿：** 控制对象的边缘在渲染过程中进行抗锯齿处理。预设了“低质量”“中等质量”“高质量”“超高质量”，只有选中“高质量”后才能开启“多像素过滤”，只有选中“超高质量”后才能开启“对比色阈值”。
- **着色：** 控制所有曲面的着色采样值。
- **最大着色：** 控制所有曲面的最大着色值。
- **3D模糊可见性：** 当一个移动对象通过另一个对象时，计算移动对象可见性所需的可见性采样数。
- **最大3D模糊可见性：** 在开启“运动模糊”的情况下获得可见性时，对一个像素进行最大次数的采样。
- **粒子：** 控制粒子的采样值。
- **多像素过滤：** 多像素过滤模糊或柔化整个渲染图像，以帮助消除在渲染图像中的锯齿或锯齿边缘，或者清除渲染动画中的挂绳或闪烁。
- **对比度阈值：** 在每个颜色通道中进行计算，如果相邻像素的对比度超过了阈值，则进行更多采样。

（2）场选项

场选项提供“奇场NTSC”和“偶场PAL”两种不同的渲染模式进行渲染，用户可根据项目对电视系统不同的制式要求进行选择。

（3）光线跟踪质量

光线跟踪质量卷展栏如下图所示。下面介绍“光线跟踪质量”卷展栏中各参数的含义。

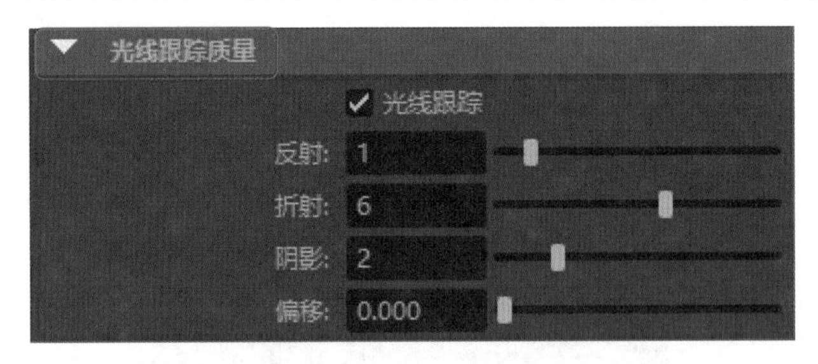

- **光线跟踪：** 勾选该复选框后开启光线跟踪模式，这里是总开关，如果这里不开启光线跟踪，光源上的光线追踪也将没有效果。
- **反射：** 灯光光线可以反射的最大次数，有效范围为0-10。
- **折射：** 灯光光线可以折射的最大次数，有效范围为0-10。
- **阴影：** 灯光光线可以反射或折射，使对象最大次数的投射阴影。数值0则表示禁用阴影。
- **偏移：** 可以纠正一些对象上出现的暗区域或错误的阴影。

6.2.2 硬件渲染

硬件渲染将使用计算机的显卡以及安装在电脑中的驱动程序将图像渲染到磁盘，如下左图所示。在具有足够内存和显卡的系统上，硬件渲染可以为大型场景提供性能优化以及高质量照明和着色器。

（1）性能

“性能”卷展栏如下右图所示。下面介绍“性能”卷展栏中各参数的含义。

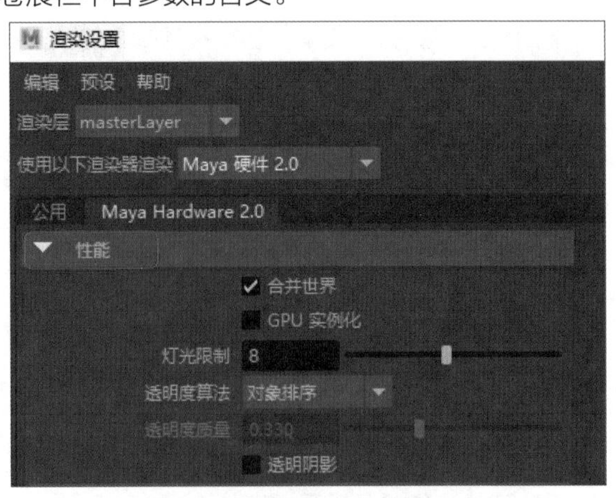

- **合并世界：** 该选项会尝试使用常用材质的形状组合几何缓存，可以通过额外增加内存来获得性能的提升。
- **GPU实例化：** 如果一个Maya形状有多个实例，且所有实例都使用相同的材质，则它们可以使用硬件实例化进行渲染，可以更快地生产渲染结果。

- **灯光限制：** 设置渲染中使用的最大灯光数，不包括隐藏的灯光。
- **透明度算法：** 通过不同的模式可以选择对透明模型的渲染方式，提高渲染效率。
- **透明阴影：** 启用后可以在场景中看到透明映射的阴影。

（2）屏幕空间环境光遮挡

“屏幕空间环境光遮挡”卷展栏如下左图所示。开启后线框和组件的绘图不受环境光遮挡，也不受运动模糊和景深效果的影响。曲面的填充显示会受到影响。

（3）硬件雾

“硬件雾”卷展栏如下右图所示。通过不同的模式减弱无效果，图像平面不支持硬件雾。

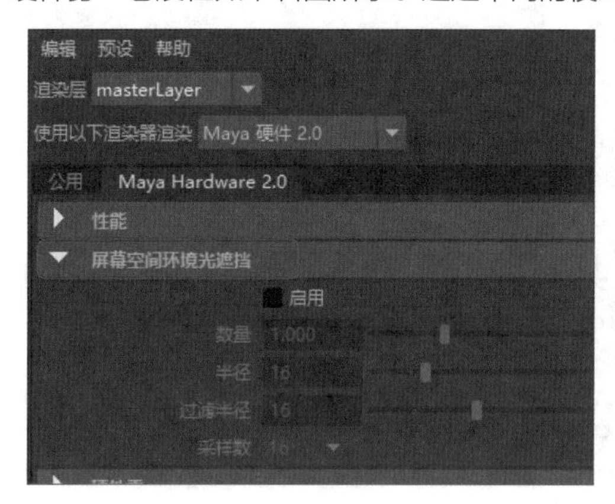

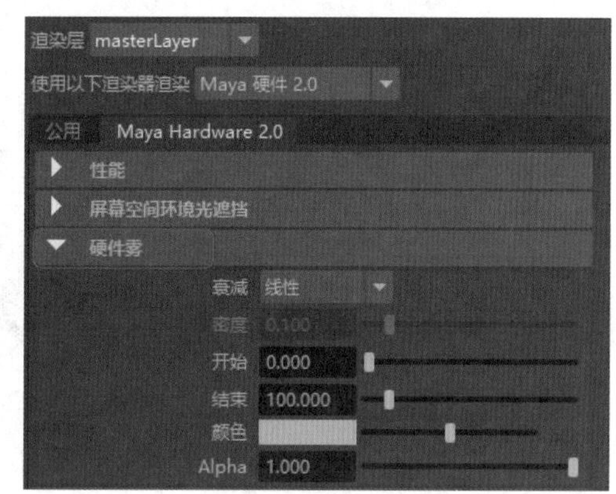

6.2.3 向量渲染

向量渲染，又叫矢量渲染，支持各种位图图像格式和2D向量格式创建程式化的渲染，如下左图所示。向量渲染多用于卡通渲染、色调艺术渲染、线框渲染等效果。

（1）外观选项

“外观选项”卷展栏如下右图所示。可以通过曲线容差来控制对象外轮廓，比如在场景上创建一个球体，将曲线容差设置为0时得到比较圆的外轮廓，设置为15时则无法得到一个比较圆的外轮廓，数值越大渲染速度越快。

（2）填充选项

“填充选项”卷展栏如下页左图所示。关闭填充对象时只会渲染模型对象的边框。开始后可以根据需要的渲染质量来选择“单色”“双色”“四色”“全色”“平均颜色”。“平均颜色”效果最好，渲染速度也最慢。

（3）边选项

“边选项”卷展栏如下右图所示。开启后会渲染模型对象的边框，可以设置边框的颜色以及粗细等效果。

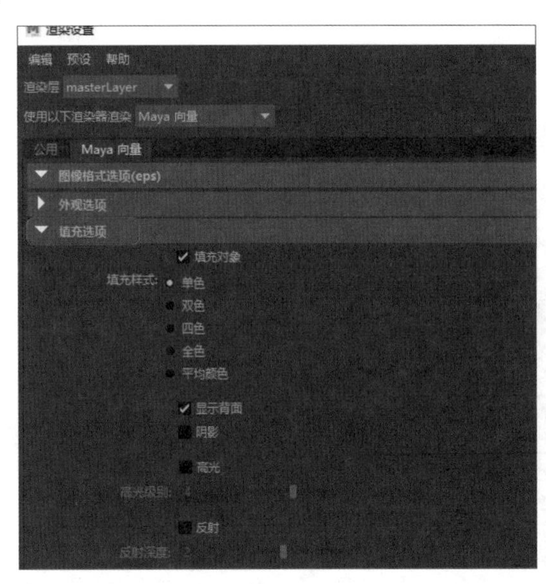

6.2.4 阿诺德渲染器（Arnold Renderer）

阿诺德渲染器是一款高级的，跨平台的渲染API，是基于物理算法的电影级别渲染器。Maya 2022中已经内置了阿诺德渲染器，如下左图所示。阿诺德渲染器需要配合阿诺德自带的材质及灯光。

（1）采样（Sampling）

采样（Sampling）卷展栏如下右图所示。采样（Sampling）卷展栏可单独控制摄影机采样值（Camera AA）、漫反射（Diffuse）、高光反射（Specular）、透明反射（Transmission）、SSS和Volume Indirect的采样值，采样值越高渲染效果越好，渲染时间越长。

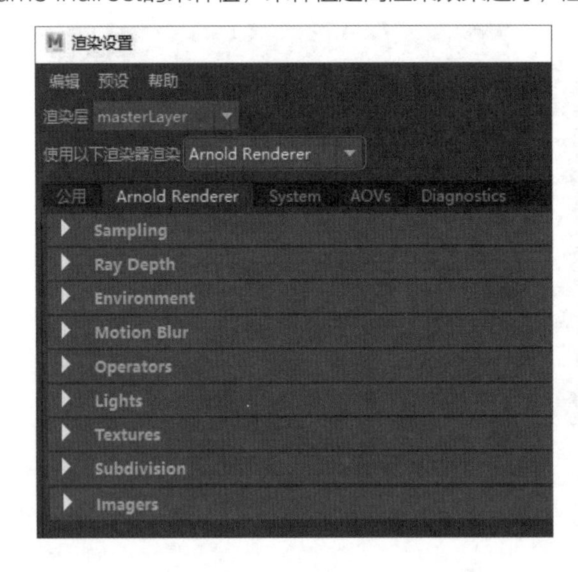

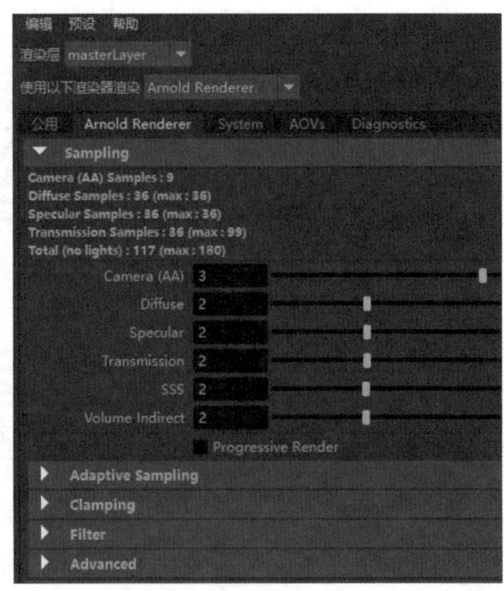

（2）光线深度（Ray Depth）

光线深度（Ray Depth）卷展栏如下左图所示。可控制光线计算的次数和精度，数值越高，光线深度效果越好，渲染时间越长。

（3）系统设置（System）

阿诺德还支持用户选择使用CPU驱动或GPU驱动进行渲染，如下右图所示。可为用户带来更大的交互性和速度，提高渲染性能。

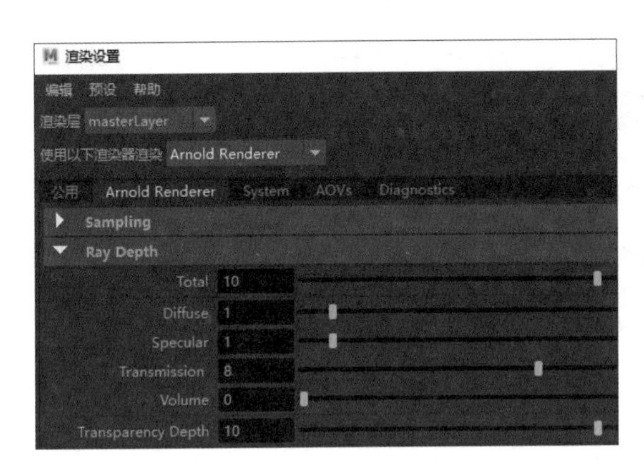

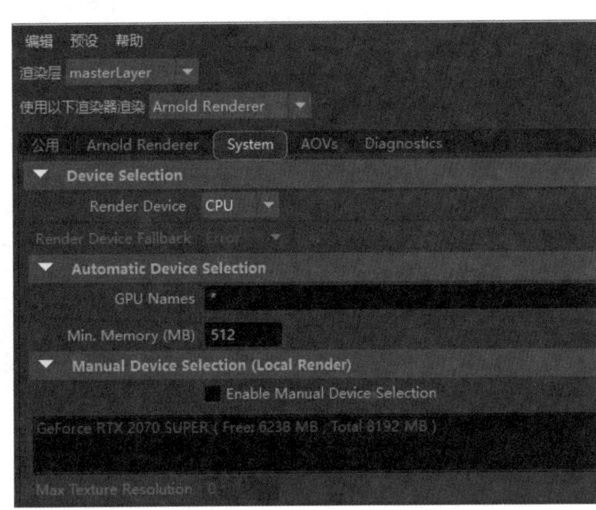

实战练习 渲染模型线框

有些项目的制作可能会需要用户去渲染模型的线框，比方说一些工业建模项目。线框的制作有两种方式，第一种就是将模型分好的UV贴图赋予模型，如下左图是一张UV图，将它以贴图的形式赋予模型后，就可以用任何渲染器进行渲染了，如下右图所示。这种制作方式的好处是可以用更高级的渲染器渲染出更有质感的效果图，但缺点在于需要给模型分UV，这会增加工作量，而且有些工业模型并不容易分UV。

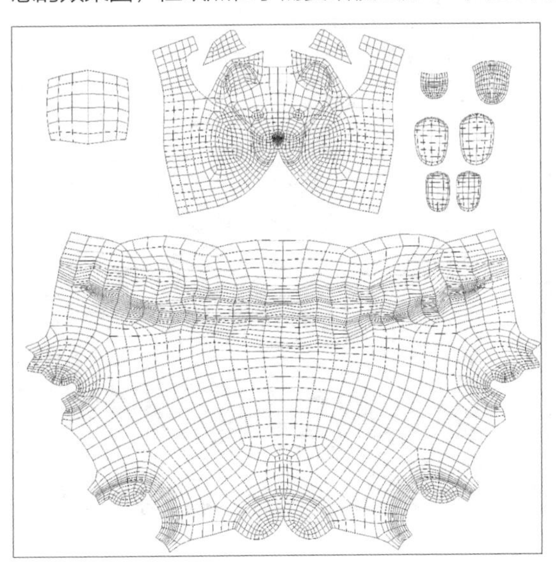

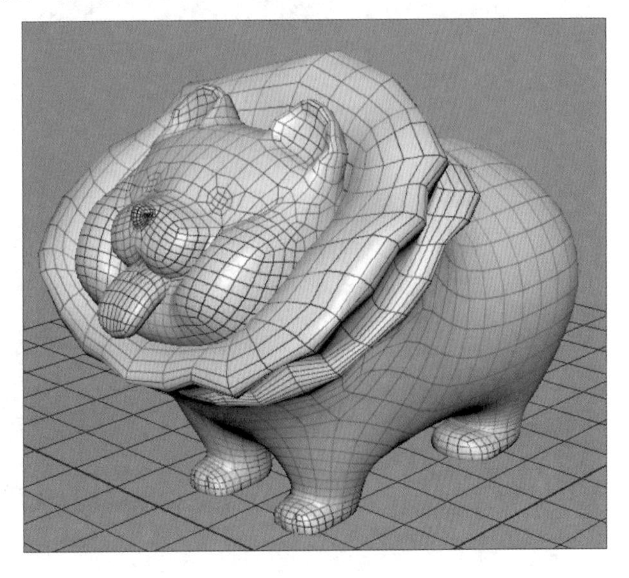

另一种方式就是用向量渲染器渲染，可以在不需要分UV的情况下渲染出线框效果，缺点是渲染出来的效果图没有什么光泽度等质感，具体操作如下。

步骤 01 先在场景中创建一个球体，如下图所示。

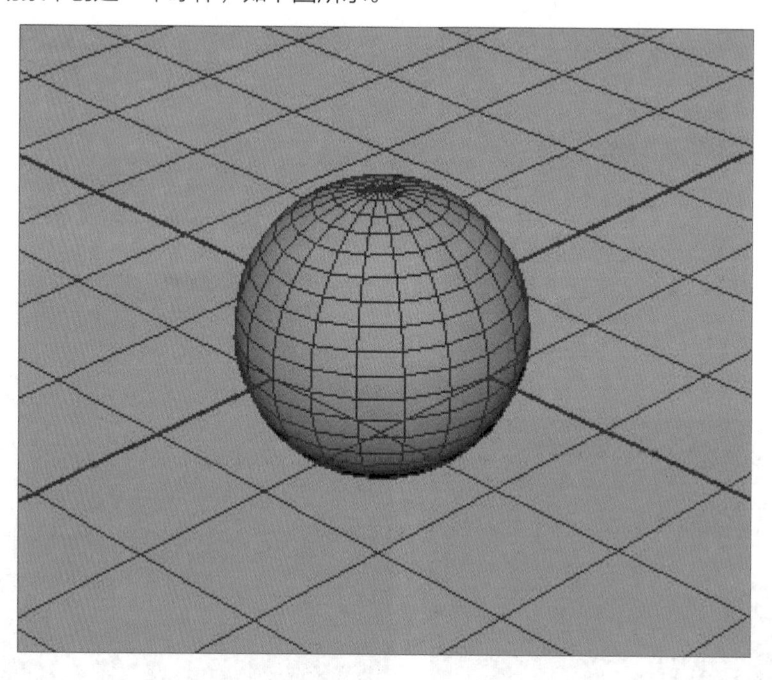

步骤 02 然后打开“渲染设置”对话框，将渲染器改为“Maya向量”，如下左图所示。

步骤 03 在“Maya向量”选项卡的“边选项”菜单中勾选“包括边”复选框，并将“边权重”属性设置为3，如下右图所示。边权重是用来控制渲染边框粗细的。

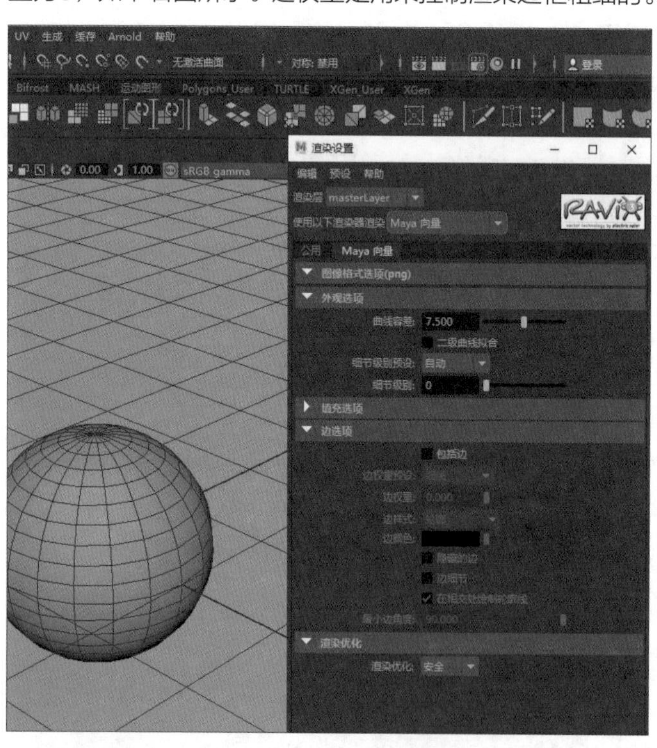

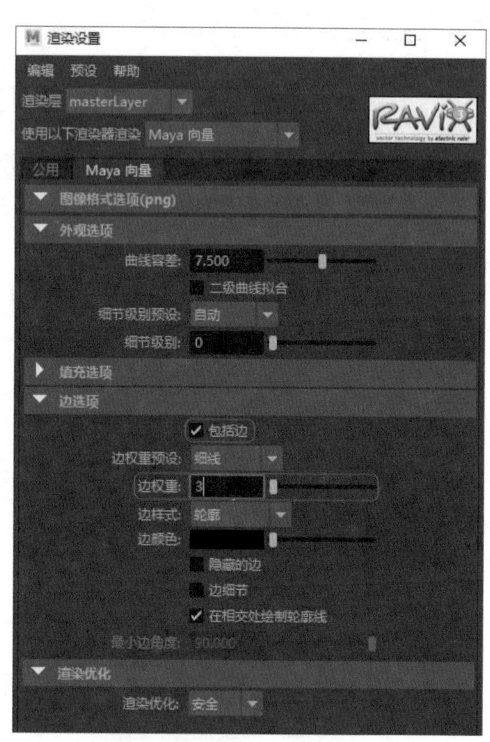

步骤 04 渲染球体后可以看到球体的边缘出现了线框效果，如下页左上图所示。

步骤 05 选中球体的边执行建模模块下的“网格显示>硬边化”命令，如下页右上图所示。

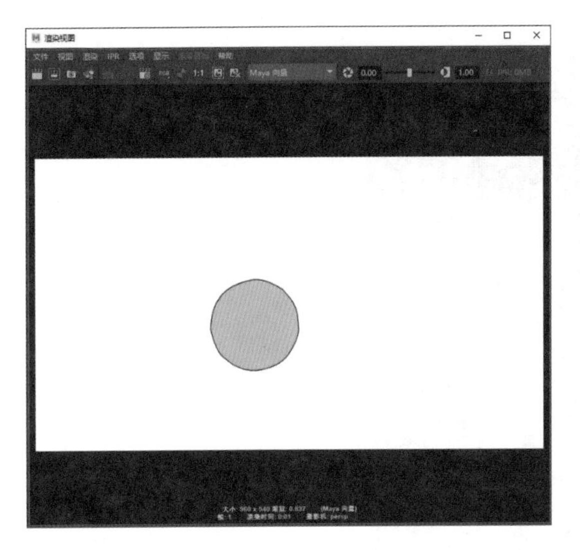

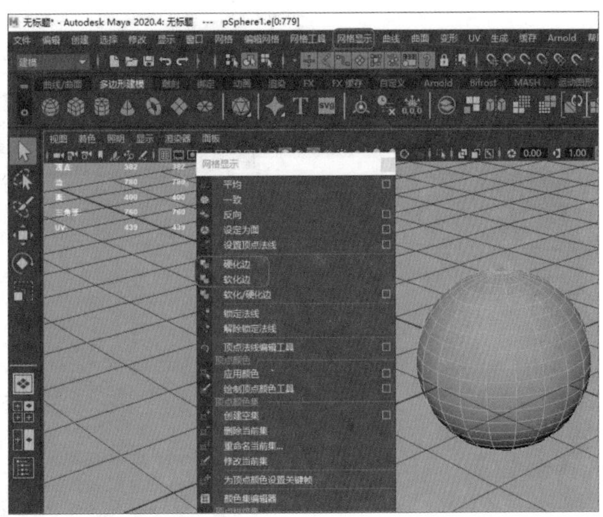

步骤 06 再次渲染，就可以看到球体上的每一条边都被渲染出来了，如下左图所示。

步骤 07 用户可以通过设置“软化边”或“硬化边”命令来控制需要渲染出线框的部分，如下右图所示。通过向量渲染器可以更方便地渲染出模型的线框。

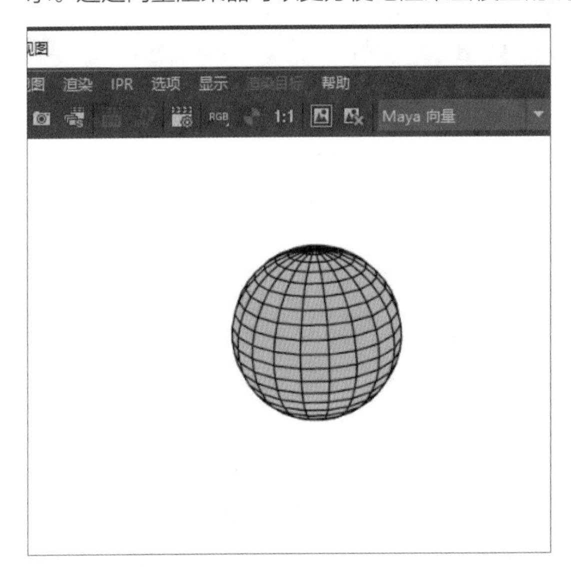

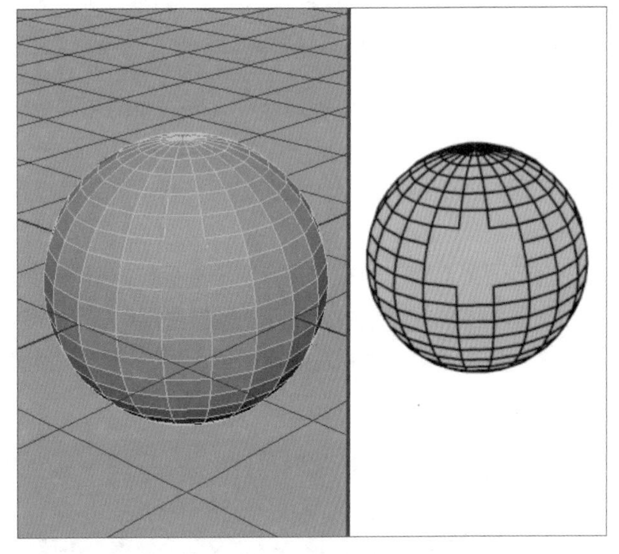

6.3 渲染器的公用属性

不管用户选择什么渲染器，都具有公用属性，如下页图片所示。

- **文件输出：** 选择需要输出的文件格式，比如JPG、PNG、EXR、AVI等多种格式。
- **帧范围：** 当场景中有动画时，可以设置渲染的“开始帧”和“结束帧”。如果渲染单帧，可以将“开始帧”和“结束帧”设置成同一个帧数。
- **可渲染摄影机：** 选择所需要渲染的摄影机角度。
- **图像大小：** 设置渲染图像的尺寸和分辨率等。

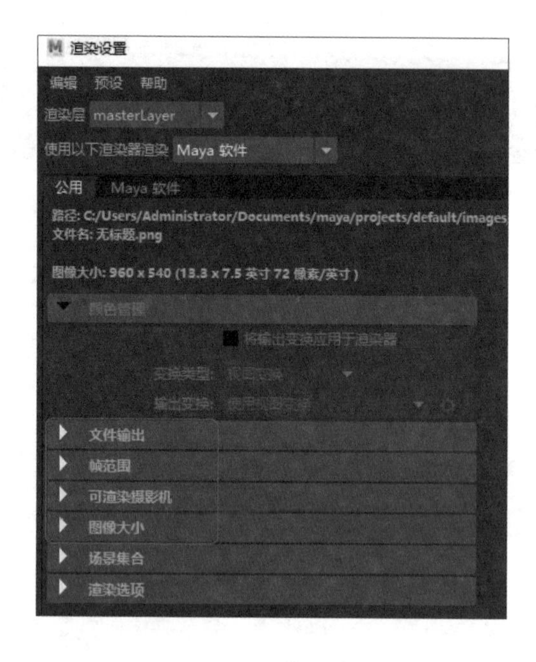

6.4 分层渲染

分层渲染是指在设置好材质灯光后，可以将同一个场景设置成不同的渲染效果。在Maya窗口右侧的层编辑窗口中可以找到分层渲染窗口。默认渲染层为masterLayer，点击新建层按钮可添加新渲染层。如果在新建的渲染层中给物体添加其他材质，不会影响到默认渲染层中的模型材质。设置好多个渲染图层后可执行“渲染>批渲染”命令对多个不同的渲染层进行渲染输出。

在分层渲染窗口的右上方有四个图标按钮，分别为“向上移动图层”“向下移动图层”“创建新图层”和“创建新图层并将选中物体添加到新图层”四个命令，如下左图所示。

选中渲染层单击鼠标左键可以弹出快捷菜单，跟显示层菜单类似，如下右图所示。下面将对该菜单中各选项的含义和应用进行介绍。

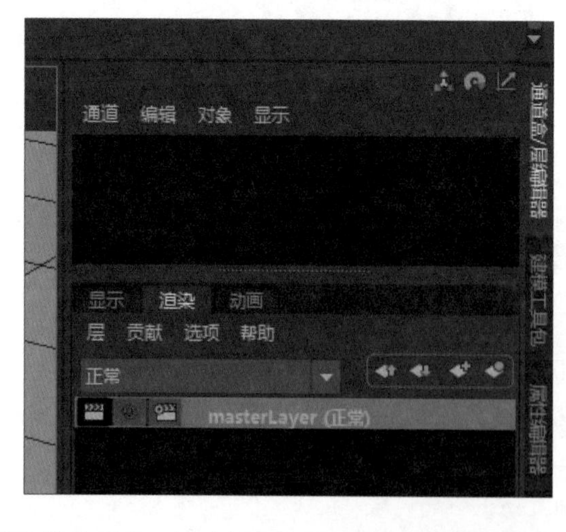

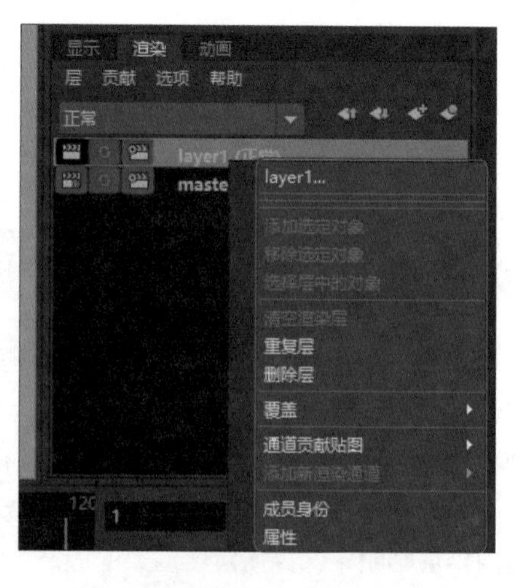

- **添加选定对象：** 选中场景上的对象物体然后执行此命令，可以将对象添加到图层中。
- **移除选定对象：** 选中场景上的对象物体然后执行此命令，可以在当前图层中删除对象，注意不是真的把对象物体删除了，只是将物体移出当前渲染层。

- **选择层中的对象**：执行此命令后会选择当前渲染层中包含的所有物体。
- **清空渲染层**：删除当前渲染层里的对象物体。
- **重复层**：复制当前渲染层。
- **删除层**：删除当前渲染层。
- **覆盖**：可以将场景中所有对象物体临时赋予某种材质球效果，不需要时可以通过“移除材质覆盖”还原回模型对象自身原本的材质球。

知识延伸：用阿诺德渲染器搭建渲染环境

用阿诺德渲染器配合阿诺德的环境光来搭建一个通用的渲染环境，只需要简单的几步就可以简单地完成一个静物的渲染效果。下面将通过一个易拉罐的渲染实例来讲解如何搭建一个渲染环境，最终渲染效果如下图所示。

步骤 01 首先打开随书附赠文件“易拉罐渲染准备.ma”，文件里是一个设计好材质的易拉罐模型，如下左图所示。

步骤 02 创建一个多边形平面，并调整多边形平面，制作一个背景板用来接收易拉罐模型的阴影，反射环境光到易拉罐模型上，如下右图所示。

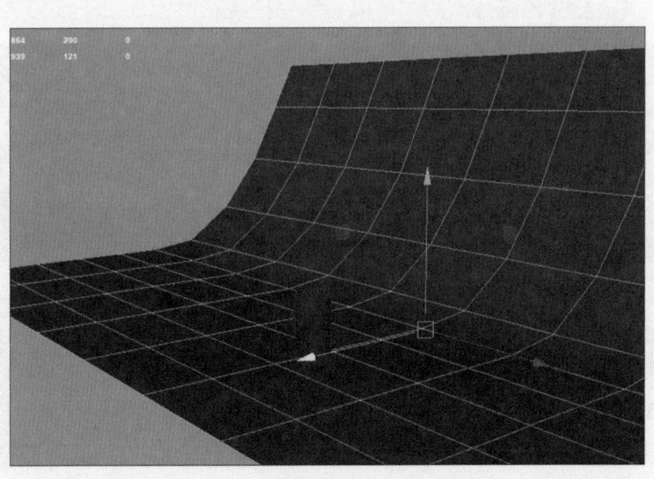

步骤03 执行Arnold工具栏上的Ceate SkyDome Light创建环境光命令，如下左图所示。

步骤04 给aiSkyDomeLightShape1环境光节点的Color颜色属性指认一个环境贴图，如下右图所示。

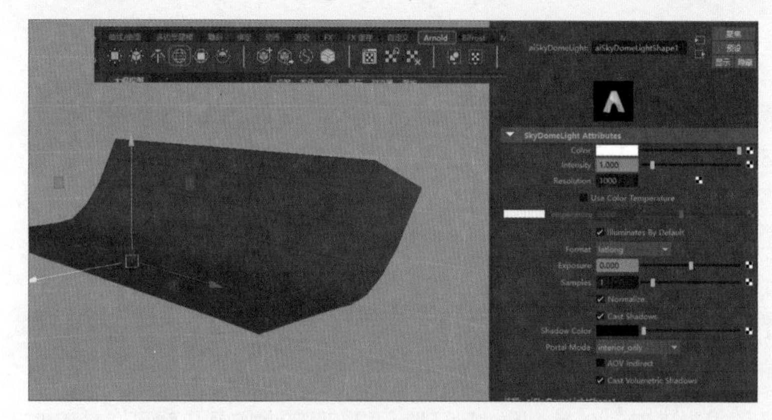

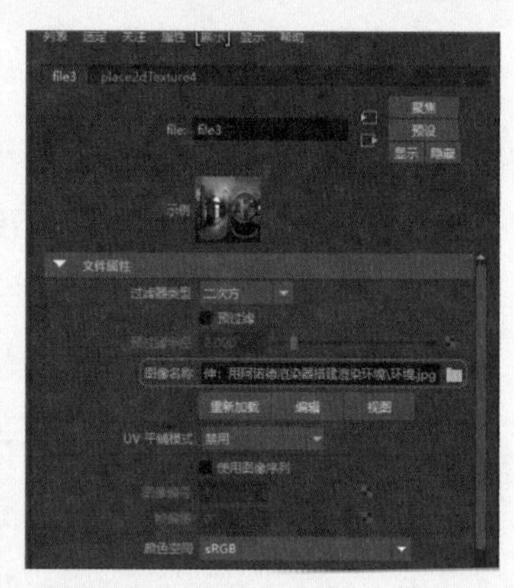

步骤05 创建一个摄影机并调整摄影机的角度，如下左图所示。

步骤06 使用阿诺德渲染器渲染一下，因为使用了环境光，所以易拉罐的整体都会被照亮，如下右图所示。

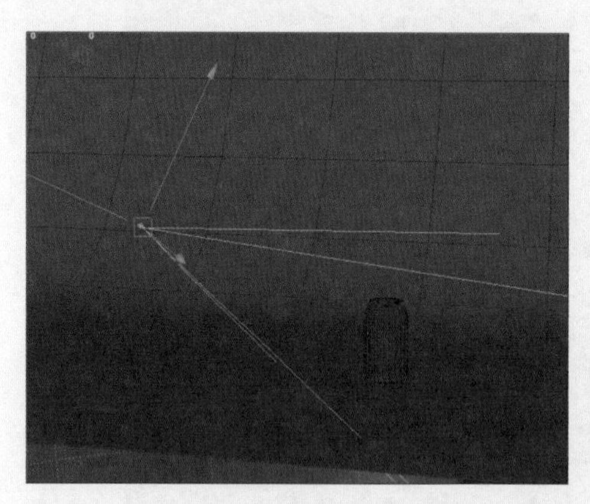

步骤07 易拉罐现在虽然已经被渲染出来了，但是环境光的缺点就是不能有针对性地对模型体积有很好的表现，还需要手动创建几个面光源来照亮模型的局部，让模型更有体积感。执行Arnold>Create Area light命令，创建一个阿诺德的面光源，并调整面光源的位置及角度，并将面光源的节点属性中的Exposure曝光值属性设置为13，如下左图所示。

步骤08 再进行渲染，可以看到易拉罐右侧出现了一部分高光效果，如下右图所示。

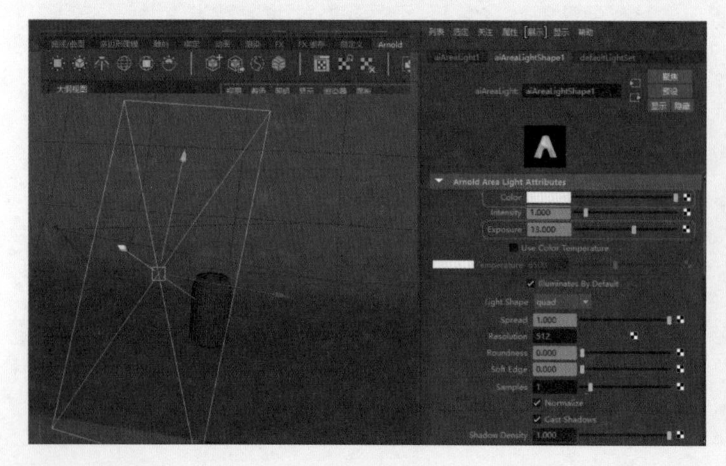

步骤09 再创建一个阿诺德的面光源，调整面光源的位置及角度，让这个面光源从摄影机的侧后方去照射易拉罐的模型。并将面光源的Color颜色调成浅蓝色，将Exposure曝光值调为8，如下左图所示。

步骤10 这时再渲染就可以看到易拉罐的效果会显得更立体，如下右图所示。

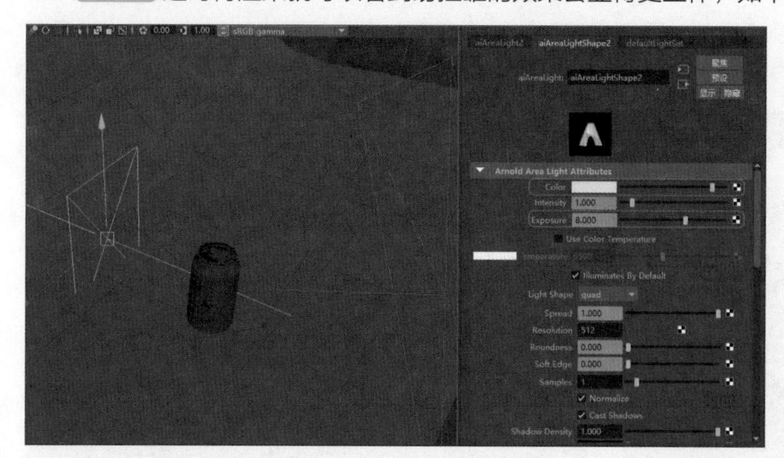

步骤11 最后将渲染设置里的Arnold Renderer阿诺德渲染器选项卡中的Camera(AA)属性调至10或更高，这样可以渲染出质量更高的渲染图，如下左图所示。

步骤12 用PhotoShop软件处理最终渲染的图片，就完成一个易拉罐的渲染图了，如下右图所示。用这种方法可以快速地渲染一张效果还不错的模型图，如果想做出产品的渲染图效果还需要进行更精细、更复杂的操作。

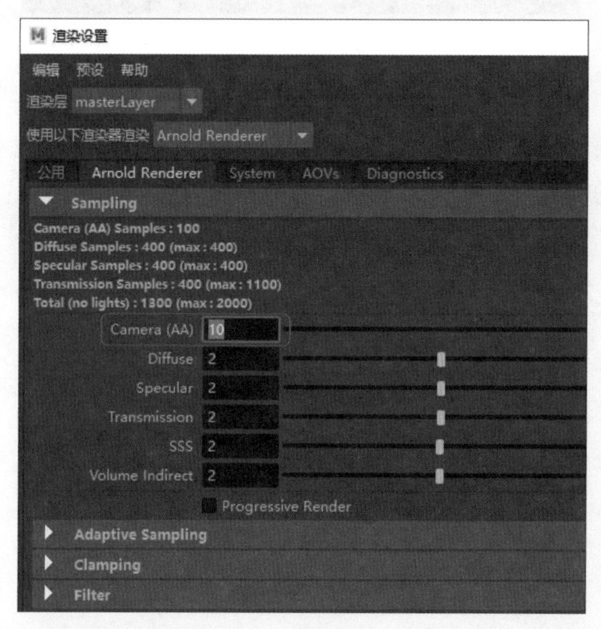

上机实训：制作角色模型的静帧渲染

通过本章的学习，相信用户对渲染有了一定的了解，下面将结合之前章节的灯光知识做一个怪物模型的静帧渲染，通过这个实例可以了解静帧渲染的整个流程。

扫码看视频

步骤 01 首先打开随书附赠文件“角色渲染_准备文件.ma”，项目文件是一个具有贴图，带pose（姿势）的怪物模型。如何将怪物模型摆出pose的效果，会在后面动画与绑定的章节中介绍。如下左图所示。

步骤 02 在打灯光前为了更好地观察模型，需要把模型的材质断开，只显示素模效果，这样才能更直观地看到灯光打在模型上的效果，如下右图所示。

步骤 03 创建一个摄影机，调整好摄影机的位置。并在渲染设置的公用属性中设置好需要输出的图片大小及摄影机可见区域的大小，如下左图所示。

步骤 04 在场景中创建第一个光源，也是主光源。这次最终将使用阿诺德渲染器进行渲染，所以用户需要在阿诺德工具栏中找到第一个图形按钮“创建面光源”，如下右图所示。

步骤 05 调整面光源的位置，并将面光源的曝光属性（Exposure）设置为8，如下页左上图所示。

步骤 06 使用阿诺德渲染器（Arnold）在渲染视图中进行渲染，观察渲染效果，如下页右上图所示。

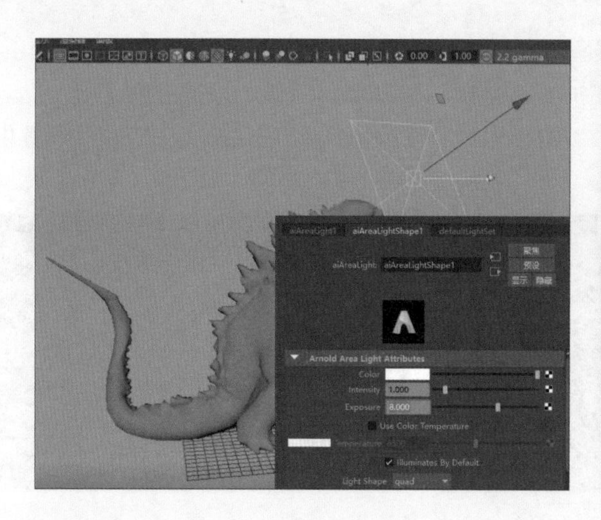

步骤 07 打完主光源以后会发现身体下方特别暗，这时需要用到Maya自带的平行光来制作辅光源，侧光源的亮度要比主光源的低一些，可以有一点偏冷色调，主要用来照亮暗部。下左图为辅光源的位置及参数，下右图为渲染效果。

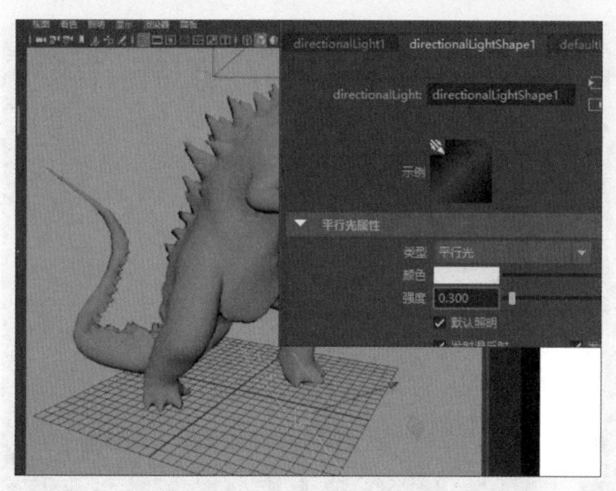

步骤 08 现在要添加背光源，也可以叫逆光源或者轮廓光。是将灯打在角色背后，照亮角色边缘的轮廓，这样可以让角色更具有立体感和空间感。背光源是有针对性和区域性地对角色进行照亮，所以还是只用阿诺德的面光源。下左图为背光源的位置及参数，下右图为渲染效果。

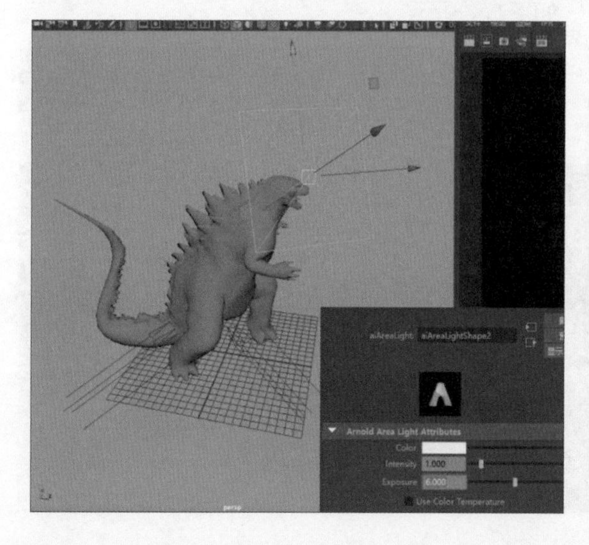

步骤 09 最后为场景上添加一个HDR的环境球。在阿诺德渲染设置窗口中执行Environment>Background（Legacy）命令，单击黑白格按钮执行Create Sky Shader命令，如下左图所示。

步骤 10 在创建好的aiSky节点的Color属性上添加一张HDR图片，HDR图片在项目文件中有提供，如下右图所示。

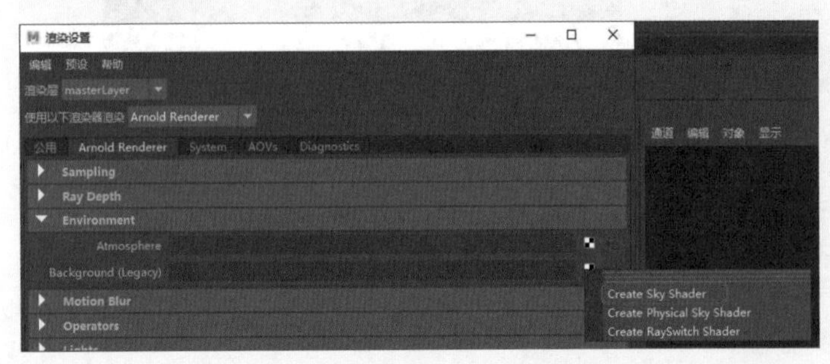

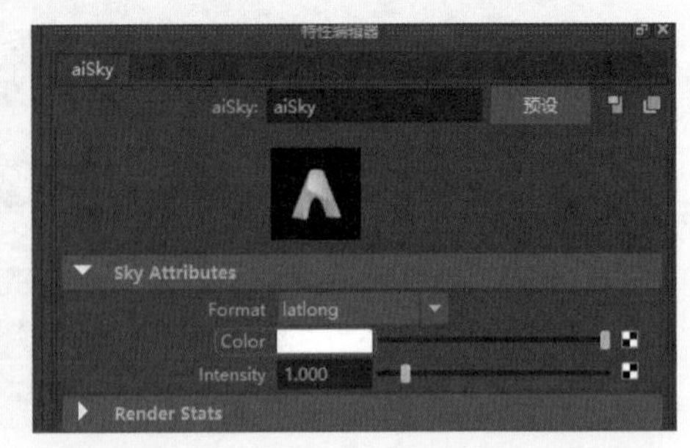

步骤 11 为角色添加一个背景，以渲染出角色的阴影效果，如下左图所示。

步骤 12 将角色一开始的贴图再重新赋值给角色，然后进行渲染，如下右图所示。如果背景板的颜色太深，就要调整一下背景板材质球的颜色。

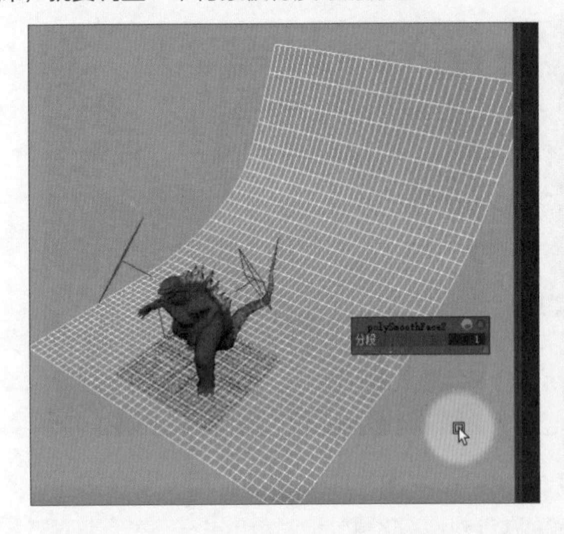

步骤 13 将阿诺德渲染器的采样值调高，如下左图所示。

步骤 14 渲染出更清晰、噪点更少的图片效果，如下右图所示。

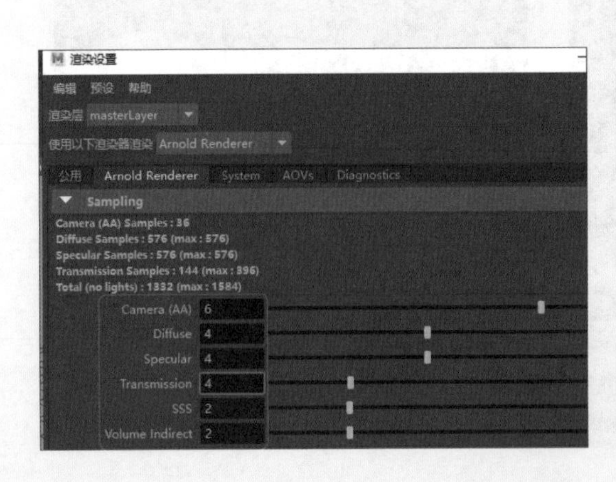

课后练习

一、选择题

（1）在Maya 2022中给模型对象制作好贴图，在场景中设置好灯光，如果想得到一帧或一系列图的话，需要对模型对象进行（　　）操作。

A. 动画　　B. 特效

C. 渲染　　D. 展UV

（2）在Maya 2022中自带的渲染器分别是软件渲染器、硬件渲染器、向量渲染器和（　　）。

A. 阿诺德渲染器（Arnold Renderer）　　B. 线框渲染器

C. 特殊渲染器　　D. 卡通渲染器

（3）下面对向量渲染器描述正确的是（　　）。

A. 可以渲染矢量文件格式　　B. 可以渲染高光效果

C. 可以渲染动画　　D. 渲染的时间最短

（4）下列说法中对渲染器的公用属性描述错误的是（　　）。

A. 可以选择渲染导出的文件格式　　B. 可以选择多个摄影机进行渲染

C. 可以设置一个时间范围进行渲染　　D. 可以提高采样值，来达到更好的渲染效果

二、填空题

（1）Maya 2022的渲染设置中采样值越高，渲染效果越好，同时渲染时间就越__________。

（2）Maya 2022的__________可以渲染模型的轮廓线效果。

（3）分层渲染窗口中__________图层为基础图层，不能重命名也不能删除。

（4）光线跟踪下的阴影属性设置为__________时，禁用阴影效果。

三、上机题

本章对不同渲染器进行讲解，用户需要利用渲染器结合材质制作出更好的渲染图。打开随书附赠的“渲染闹钟准备.ma”文件，结合本章节的学习内容，利用阿诺德渲染器中的环境光和面光源完成对闹钟的渲染。

第7章 动画基础

本章概述

本章将对Maya中动画模块的相关知识进行介绍和说明。动画模块也是Maya中相当重要且复杂的模块，涉及的概念与命令比较多。本章将对动画模块的基础概念进行详细讲解。

核心知识点

❶ 了解动画的基础知识
❷ 掌握时间轴的概念与运用
❸ 了解动画关键帧的操作
❹ 了解不同动画类型的概念
❺ 学习不同动画类型的运用

7.1 动画基础知识

动画，顾名思义就是可以“动”的画。人的眼睛对图像有短暂的记忆效应，所以当眼睛看到多张连续的画面时，就形成了一段动画，例如走马灯的效果。

使用Maya三维软件制作的就是三维动画。三维动画更类似于真实世界中的摄影，通过摄影机将人或物体在三维空间中的移动、旋转、缩放等属性的变化一帧一帧地记录下来，然后组合成一段视频。

下面将详细介绍如何在Maya中通过对物体的位移、旋转、缩放等属性创建动画。

7.1.1 动画基本原理

在学习动画前需要了解两个知识点，一个是关键帧，一个是动画曲线。

- **关键帧：** 指对象物体在某个关键时间点的属性状态，例如在第一秒的时候，对象物体的位置在A点，在第五秒的时候，对象物体的位置在B点，那么用户需要在第一秒和第五秒的时候，在时间轴上添加“关键帧”。这时播放动画的话，对象物体就在五秒的时间内从A点移动到B点，中间移动的过程不需要用户添加关键帧，Maya会自动进行计算。
- **动画曲线：** 动画曲线是用来控制两个关键帧之间的动画状态。接上一个例子，虽然对象物体在五秒内从A点移动到了B点，但移动的过程是匀速、加速还是减速呢，是先快后慢还是先慢后快呢？这就需要通过调节动画曲线来控制对象物体的移动速度和状态。

7.1.2 动画基本分类

在Maya中根据不同的情况会有添加关键帧的不同方式，按照制作方式的不同可以分为关键帧动画、路径动画、驱动关键帧动画、表达式动画和约束动画，先简单介绍下这几种动画方式的区别。

- **关键帧动画：** 最直观的动画创建方式，在所需的时间点上直接通过添加关键帧来记录对象物体的属性状态。是最常用的一种方式。

- **路径动画：** 给对象物体绘制一条轨迹，让对象物体按照绘制的轨迹自动生成动画，例如制作一条弯曲爬行的蛇。
- **驱动关键帧动画：** 驱动关键帧动画比较特殊，是通过一个或多个对象物体的属性去控制某个对象物体的一个或多个属性。驱动关键帧动画比约束动画更为灵活，驱动关键帧动画可以用约束对象物体位移属性的方法去控制被驱动对象物体的旋转属性。
- **表达式动画：** 通过代码给对象物体添加一个表达式。对象物体会根据代码的内容进行一些比较复杂的动画效果，多使用粒子特效等。
- **约束动画：** 约束动画是用一个或多个对象物体去控制一个对象物体的属性。约束动画跟驱动关键帧动画比，有一些特殊的约束效果，比如“目标约束”和“极向量约束”等。

7.2 时间轴

动画最重要的属性就是时间，在学习动画制作前，先要了解Maya的时间轴。时间轴又叫时间滑块，时间滑块上的时间单位是“帧”。时间轴用于控制播放范围、记录关键帧和预览动画效果等。

如果项目要求一秒二十四帧，就是说一秒钟内有二十四个时间点或者说有二十四帧，就是一秒钟内有二十四张图片，帧速率（fps）也就是24。之前说过不同的播放制式对帧的要求有所不同，比方说游戏动画制作时为了保证游戏的流畅度通常使用每秒六十帧的速率，所以在制作动画前一定要先确定所做的动画的帧速率是多少。

7.2.1 时间滑块

时间滑块位于Maya界面的底部，如果不小心将时间滑块界面移除了，可以通过菜单栏选中“窗口>UI元素>时间滑块”命令添加时间滑块，如下图所示。

重新加载时间滑块界面，如下图所示。

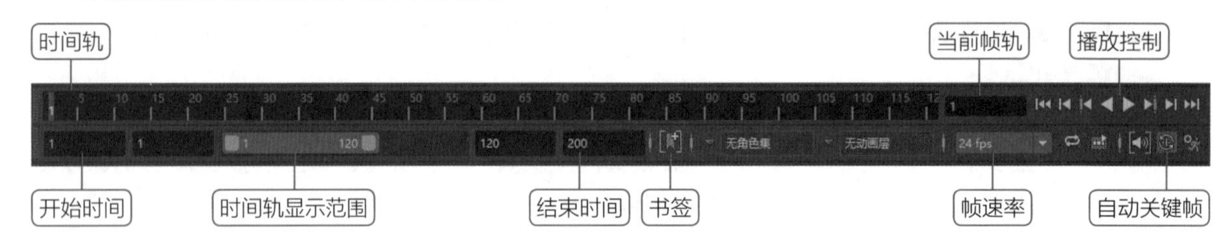

7.2.2 时间轴菜单

打开时间滑块窗口，下面详细介绍时间轴上各个属性的含义。

- **时间轨：** 用于创建、显示和操作关键帧。时间轨上的灰色位置为当前帧的位置，红色竖线为关键帧符号。
- **当前帧轨：** 会显示用户当前选择的位置，也可以直接通过输入数值跳转到某个时间点上。
- **播放控制：** 从左到右分别为“至播放范围开头”“后退一帧”“后退至前一个关键帧”“向后播放”“向前播放”“前进到下一个关键帧”“前进一帧”“至播放范围末尾”。当动画制作完以后可以单击“向前播放”来查看动画，也可以连续单击“前进一帧”，一帧一帧地观察动画。
- **开始时间：** 用来控制整段动画的开始时间，也可以设置成负值。
- **结束时间：** 用来控制整段动画的结束时间，结束时间不能小于开始时间。
- **时间轨显示范围：** 可以在开始时间和结束时间之间选取一段范围进行关键帧的创建。
- **书签：** 可以给一段时间范围添加一个书签，用来标记场景中的事件。
- **帧速率：** 用来控制当前动画的播放速度，以一秒为单位。
- **自动关键帧：** 开启后只要对物体已有动画属性进行改变时，就会被记录下来并自动创建关键帧。

7.2.3 动画首选项

在时间轴的右下角有一个动画首选项的图标，单击该图标会弹出“时间滑块”的首选项菜单，如下图所示。

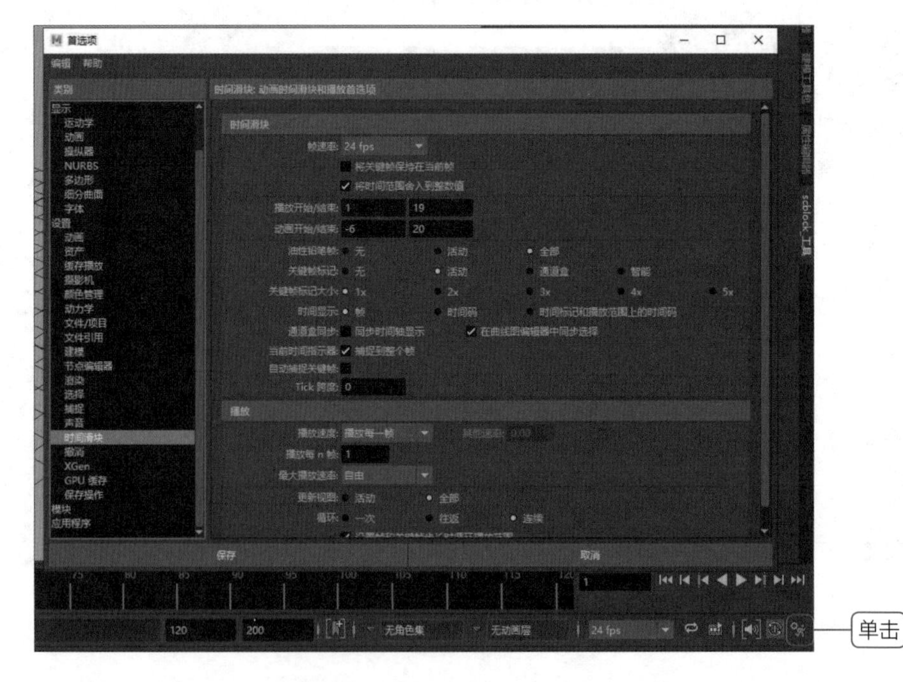

在首选项菜单中也可以对时间滑块的属性进行设置。需要注意的是在播放选项卡下有一个“播放速度”的属性，默认是“播放每一帧”，这里要改成用户所设置的帧速率，不然在Maya中播放观看时，将不会按照帧速率来播放。而且“播放速度”属性要在做动画之前进行设置，不然会影响到已经创建好的关键帧的状态。

7.3 关键帧动画

关键帧动画是最常用、最直接的动画创建方式，根据需要在时间轴上给对象物体创建多个关键帧就可以让对象物体动起来，下面将通过实例详细介绍关键帧的具体操作方法。

7.3.1 创建关键帧

创建关键帧的常用方式有三种，第一种在动画模式下打开“关键帧”菜单，在“关键帧”菜单下可以直接执行“设置关键帧”命令，如下左图所示。第二种是在场景中选中对象物体，在对象物体的属性菜单中，选中需要设置关键帧的属性并单击鼠标右键，在弹出的菜单中选择“为选定项设置关键帧”命令，如下右图所示。第三种是直接按键盘上的S键，就可以给物体的所有属性添加关键帧。

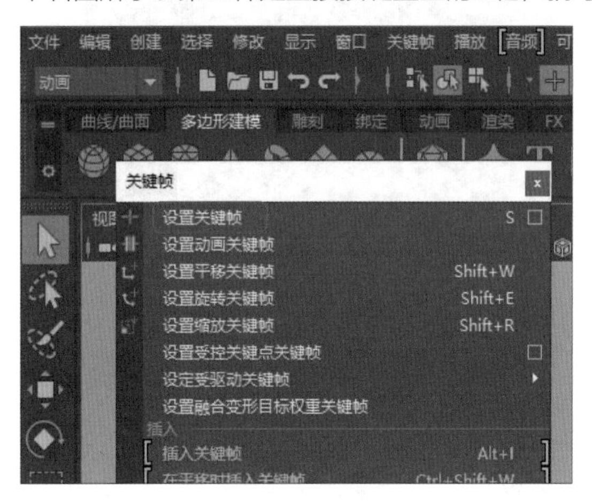

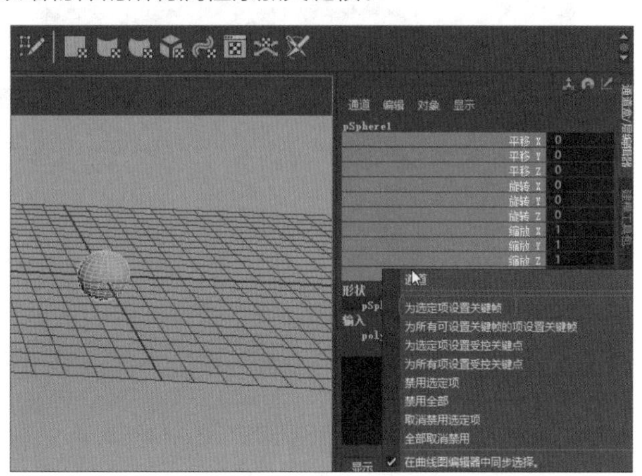

为对象物体创建好关键帧后，选中对象物体可以在时间轴上看到红色的关键帧标志，如下左图所示。同时也可以看到创建关键帧的属性前会出现红色标记，如下右图所示。

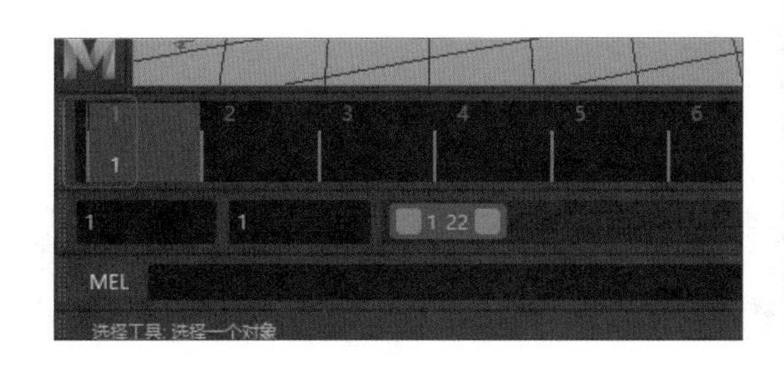

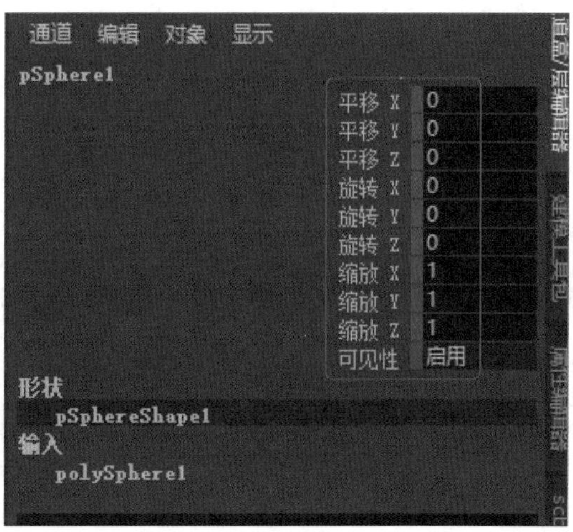

7.3.2 删除关键帧

删除关键帧有两种情况，第一种是删除对象物体在时间轴上的所有关键帧动画。第二种是删除对象物体在某个时间点上的某一个关键帧动画。

（1）删除对象物体在时间轴上的所有关键帧动画

选中对象物体执行“动画>关键帧>删除关键帧”命令，可以直接删除对象物体在时间轴上的所有关键帧动画，如下左图所示。也可以在对象物体的属性菜单中选中所有关键帧的属性并单击鼠标右键，在弹出的菜单中选择“删除选定项”命令来删除属性在时间轴上的所有关键帧动画，如下右图所示。

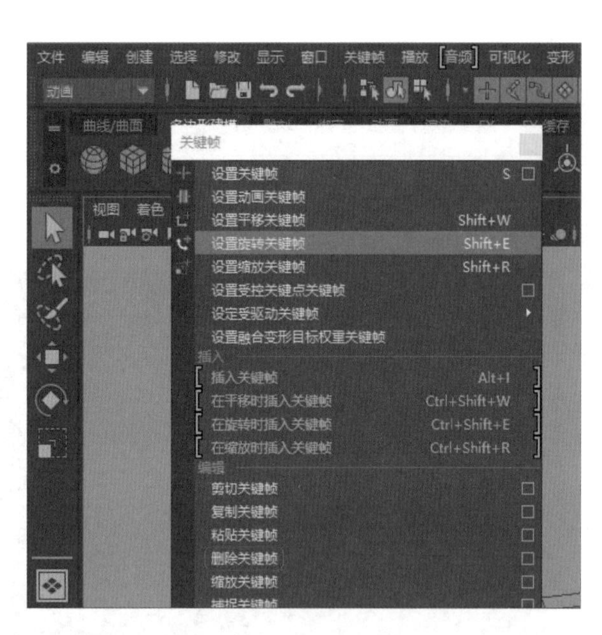

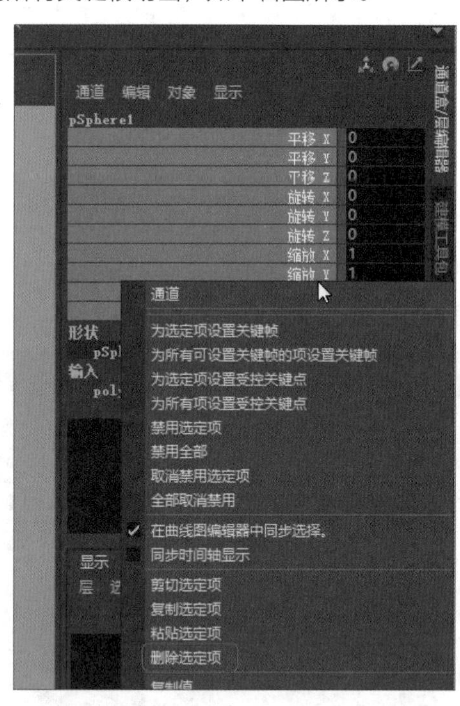

（2）删除时间轴上的某个关键帧

选中具有多个关键帧的对象物体，在时间轴上可以看到多个关键帧。对象物体在第一帧、第五帧和第七帧均有关键帧。如果要删除第七帧的关键帧，需要先在第七帧处单击鼠标右键，在弹出的菜单中选择“删除”命令，便可以只删除第七帧的关键帧，如下左图所示。删除后在第七帧上就不会有红色的关键帧标记，如下右图所示。

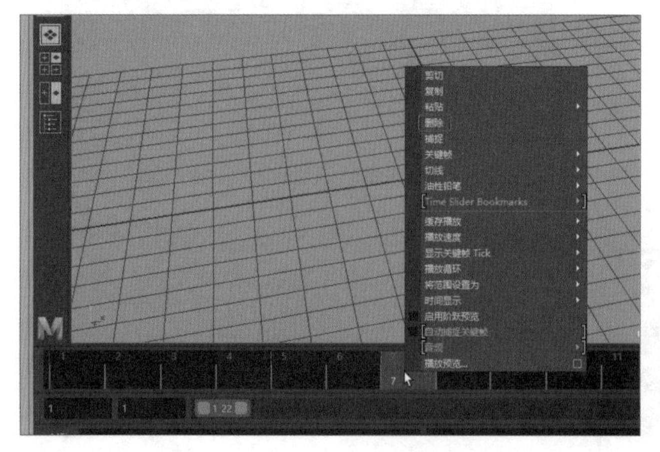

7.3.3 编辑关键帧

除了创建关键帧和删除关键帧外，还可以对关键帧进行其他的编辑操作，例如移动关键帧、复制关键帧和复制一段关键帧动画。这些都需要先在时间轴上选取关键帧。按住Shift键+鼠标左键，可在时间轴上选取关键帧，如下图所示。

（1）移动关键帧

选取关键帧后整个帧都显示为红色，并有向左和向右四个箭头。拖拽中间向左或者向右的箭头可以将关键帧向左或者向右移动，如下图所示。

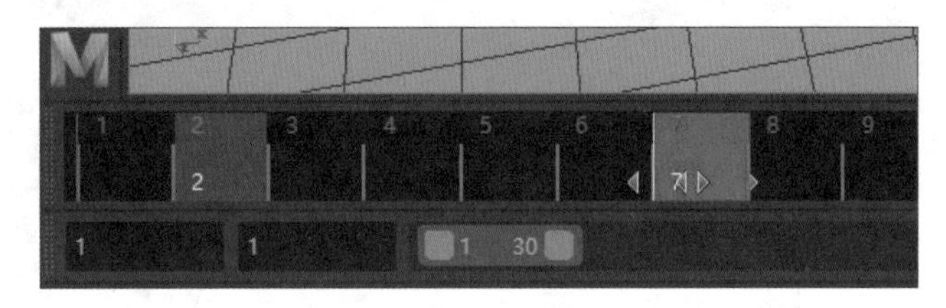

（2）复制关键帧

选中第七帧为关键帧并单击鼠标右键，在弹出的菜单中选择“复制”命令，如下左图所示。在第十一帧再单击鼠标右键，在弹出的菜单中选择“粘贴”命令，就可将第七帧上的关键帧动画复制到第十一帧上，如下右图所示。

（3）复制一段关键帧动画

可以通过按住Shift键+拖拽鼠标左键选择多个关键帧，同样执行“复制”命令，将选中的所有关键帧进行整段复制，如下页图片所示。同样，可以选中多个关键帧进行删除等命令。

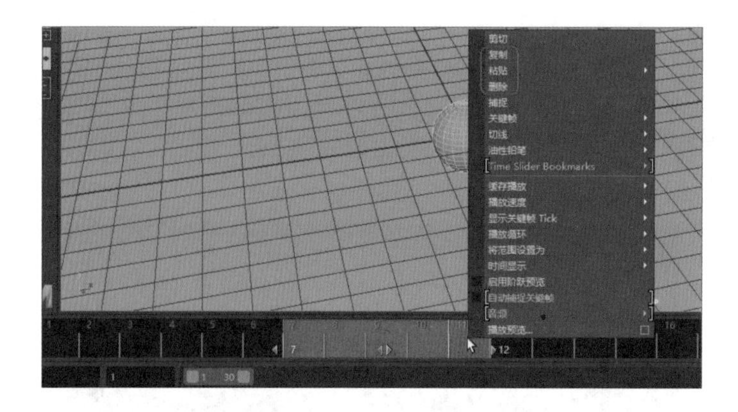

实战练习 给立方体添加关键帧动画

通过一个立方体的案例进一步介绍关键帧的使用方法。了解添加关键帧动画的流程，观察立方体属性是如何影响立方体的运动及形态变化的。

步骤 01 先在场景中创建一个立方体，并在时间轴的第一帧给立方体创建一个关键帧，如下图所示。

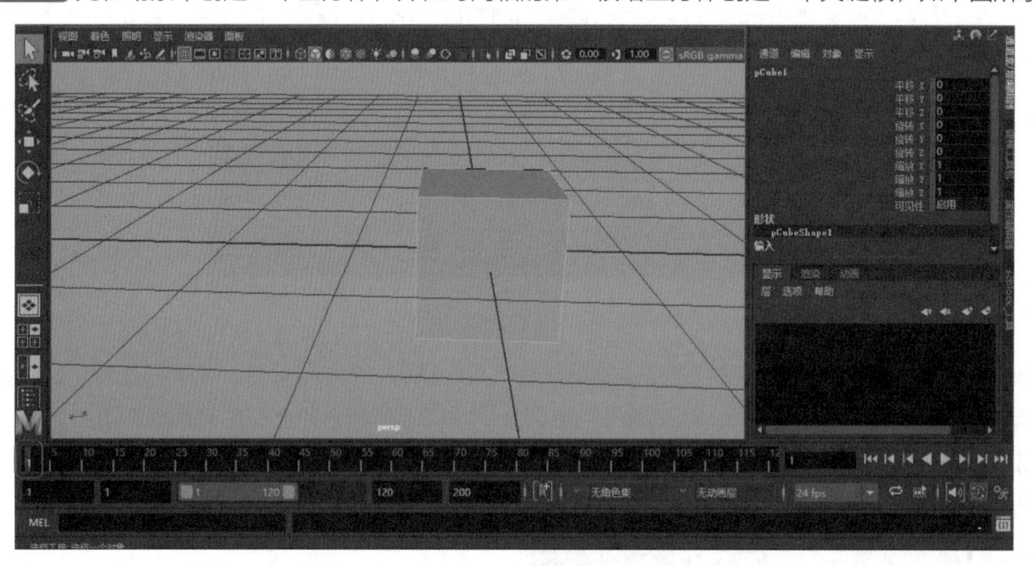

步骤 02 在第二十帧的位置将立方体的“平移X”属性设置为10，如下图所示。然后拖动时间轴可以看到立方体在二十帧的时间内向X轴的正方向移动了十个单位。

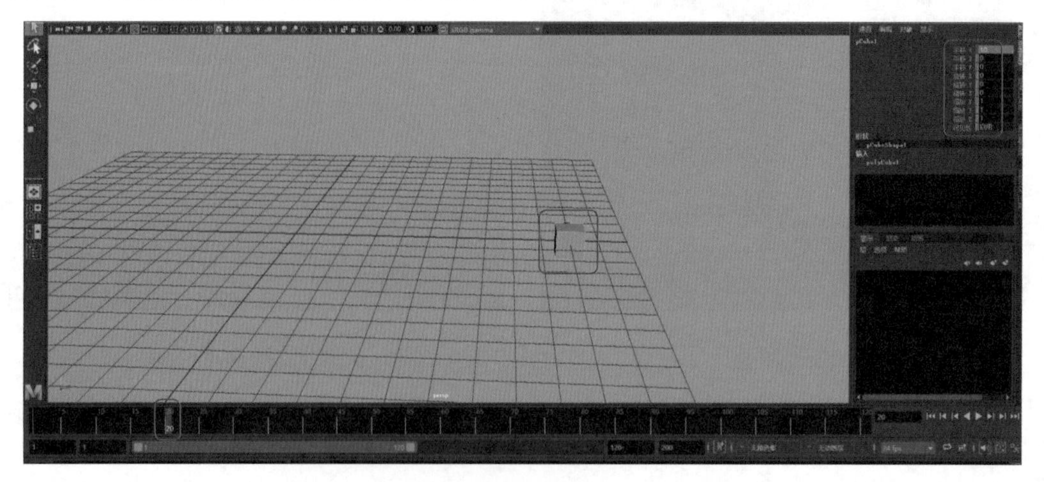

步骤03 在二十帧的位置同样将立方体的“旋转Y”属性设置为360，将“缩放X”“缩放Y”“缩放Z”三个属性设置为2，如下左图所示。可以看到立方体一边移动一边旋转了360度，并且在移动的时候立方体的体积变大了一倍。

步骤04 选中立方体在时间轴第一帧上的关键帧，并复制关键帧到第四十帧的位置，如下右图所示。立方体从左向右移动后又向左移了回来，相当于一至二十帧的动画从二十至四十帧又倒着播放了一遍。

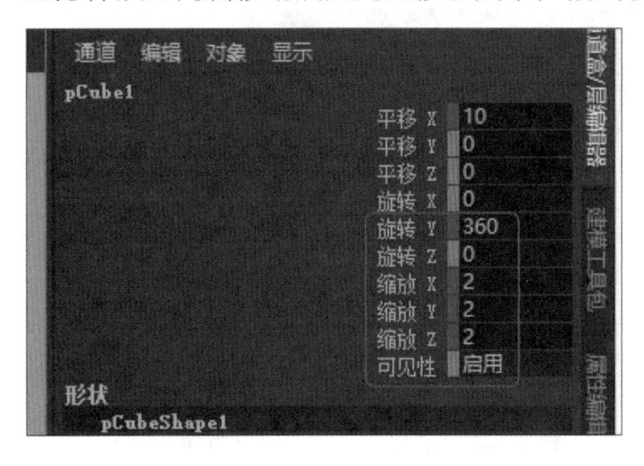

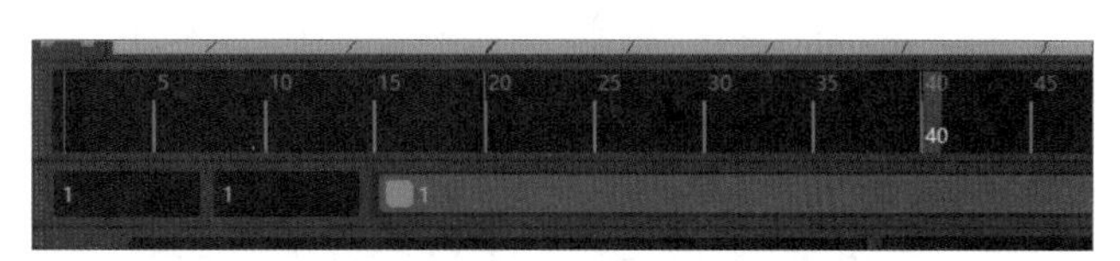

步骤05 选中立方体执行动画模式下的“可视化>为选定对象生成重影”命令，如下左图所示。

步骤06 在场景中观察到立方体前后变化的过程，如下右图所示。蓝色重影为立方体当前帧之前的动画残影，红色为立方体当前帧之后的动画残影，这样可以更直观地看到立方体在整个动画过程中的运动变化。

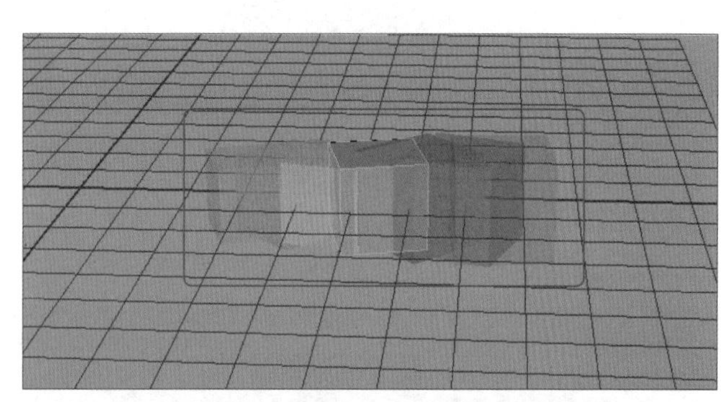

提示：角色动画需要结合绑定进行制作

通过给属性设置关键帧，只能实现简单的对象物体动画。如果需要制作角色动画效果，需要涉及绑定的相关知识，复杂的动画效果将在绑定的章节中进行详细介绍。

7.4 路径动画

路径动画是指为对象物体设置一条路径。Maya 2022可以让对象物体自动根据绘制的路径生成动画，而不需要逐个设置关键帧。在动画模块下的“约束>运动路径”菜单中包含“连接到运动路径”“流动路径对象”“设置运动路径关键帧”三个命令，如下页图片所示。

7.4.1 创建路径动画

通过一个简单的小案例来讲解下如何制作路径动画，下面介绍具体操作方法。

步骤 01 首先新建个场景，并在场景中创建一个圆柱体，把圆柱体的“高度细分数”改为20，如下左图所示。

步骤 02 再使用铅笔曲线工具在场景中绘制一条曲线当作圆柱体的运动路径，如下右图所示。

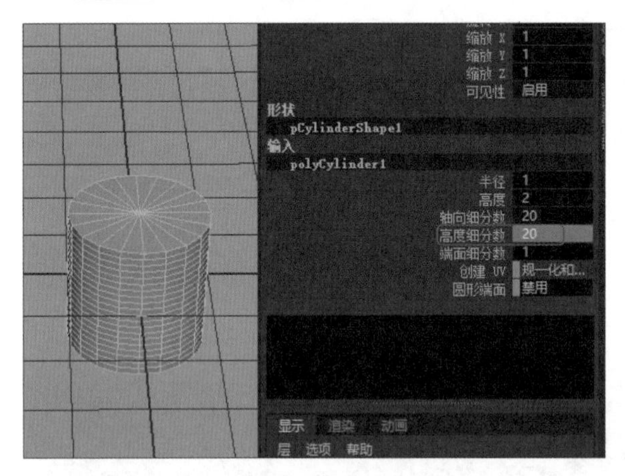

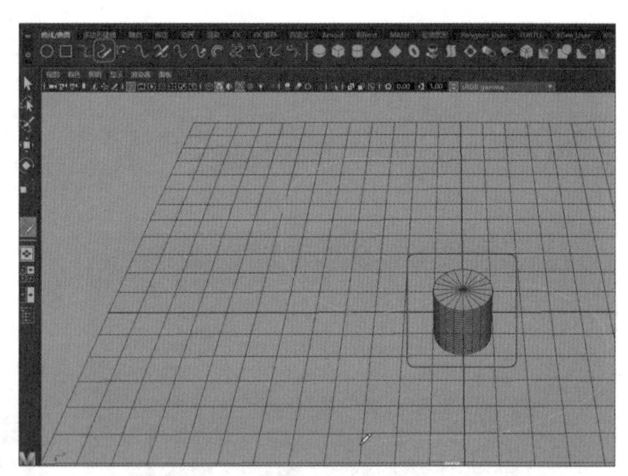

步骤 03 先选中圆柱体再加选曲线，执行“连接到运动路径”命令，并将“前方向轴”属性设置为Y，如下左图所示。

步骤 04 移动时间轴可以看到圆锥体会沿着绘制出的路径进行移动了，如下右图所示。

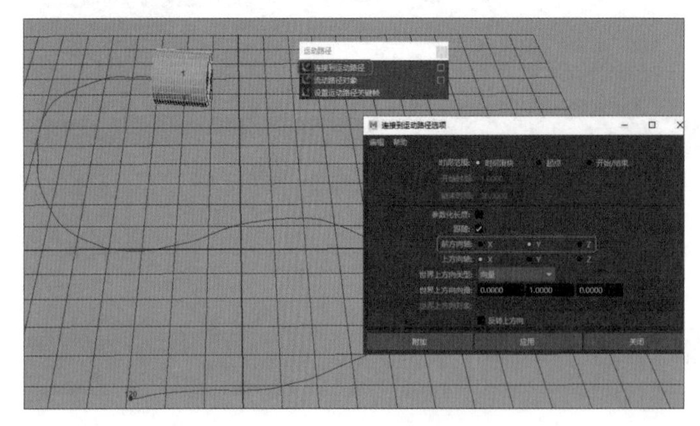

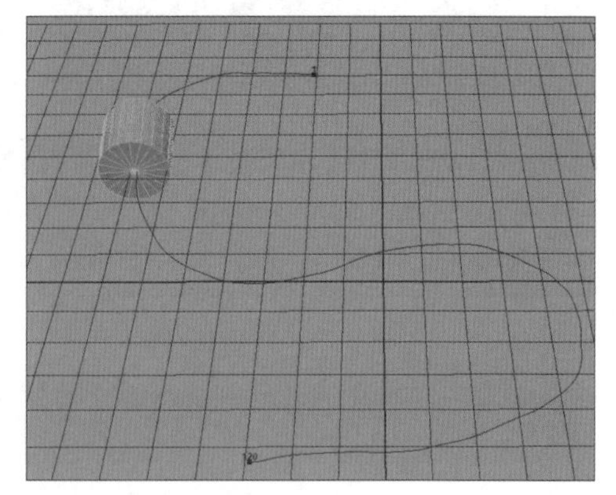

7.4.2 创建流动路径变形动画

虽然圆柱体在上一节中会根据用户绘制出来的路径进行运动，但圆柱体的形状没有发生变化。在项目的制作中有时需要对象物体的形状也能跟随路径形成变化，这时就需要用到“流动路径对象”命令。下面接着上一节案例创建流动路径变形动画。

选中圆柱体执行“流动路径对象”命令，如下左图所示。可以看到圆柱体的形状也根据路径发生了变化，如下右图所示。

这里需要注意，“流动路径对象”命令只能对已经执行了路径动画的对象物体有效，其次物体自身要有足够多的细节，例如实例中圆柱体的高度细分数要高一点才会有更好的效果。

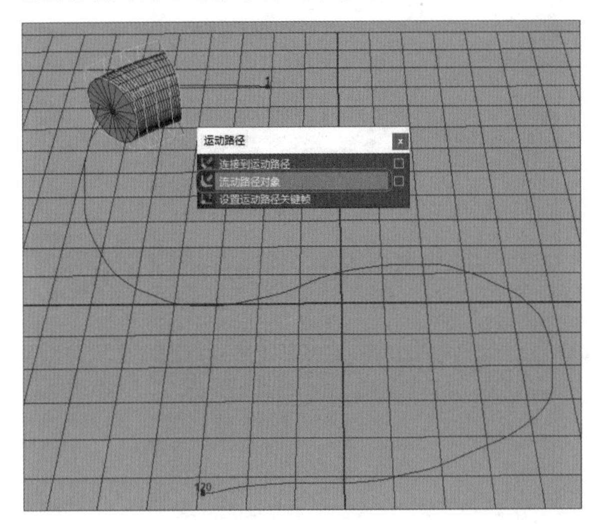

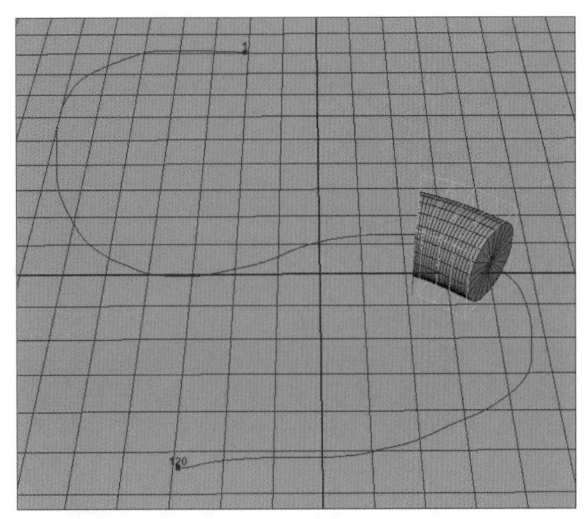

7.5 驱动关键帧动画

驱动关键帧动画是指用“驱动者”对象的属性来控制“受驱动”对象的属性，“受驱动”对象无须单独设置关键帧动画，它会根据“驱动者”对象的属性动画自动生成动画。

7.5.1 创建驱动关键帧动画

下面通过一个立方体的位移来控制另一个立方体旋转的实例，讲解如何创建驱动关键帧动画。

步骤 01 首先在场景中创建两个立方体，分别为两个立方体添加一个红色材质和一个蓝色材质用来区分，如下左图所示。

步骤 02 执行动画模式下的“关键帧>设置受驱动关键帧>设置...”命令，如下右图所示。

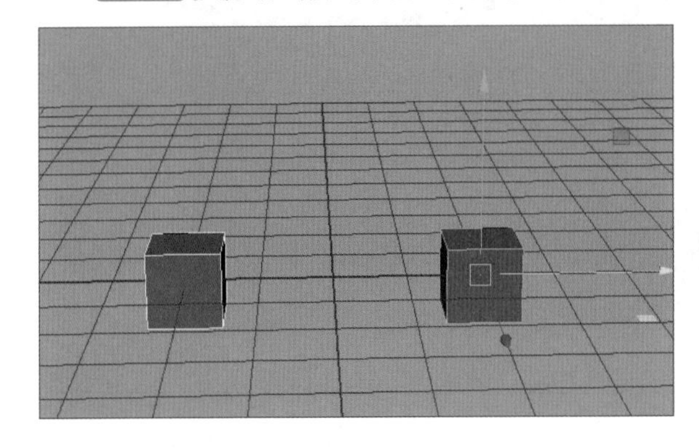

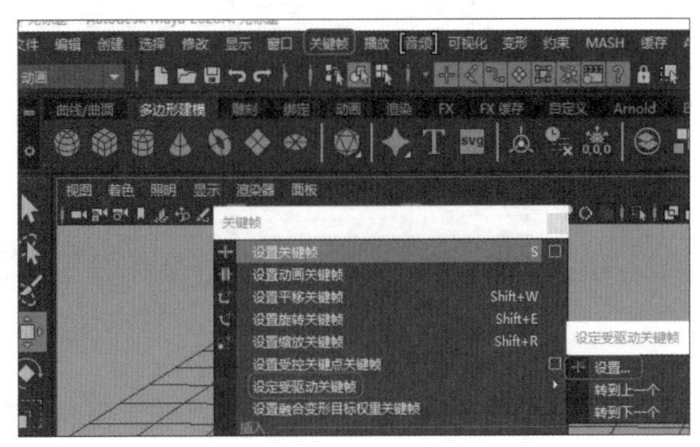

步骤 03 在弹出的“设置受驱动关键帧”对话框中，选中红色立方体并单击“加载驱动者”按钮，如下图所示。

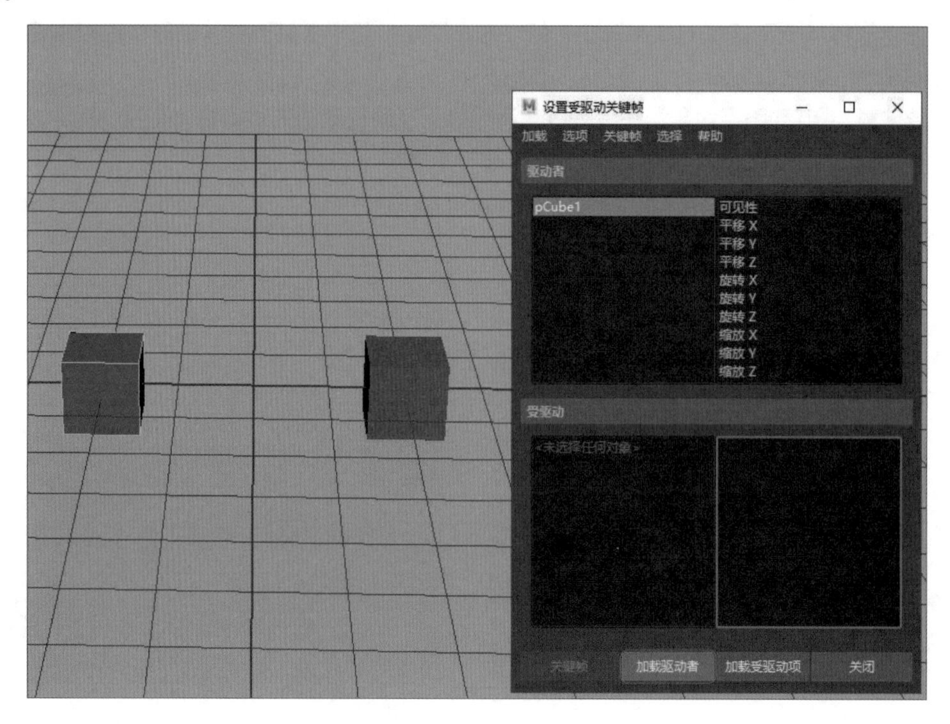

步骤 04 选中蓝色立方体并单击“加载受驱动项”按钮，如下图所示。

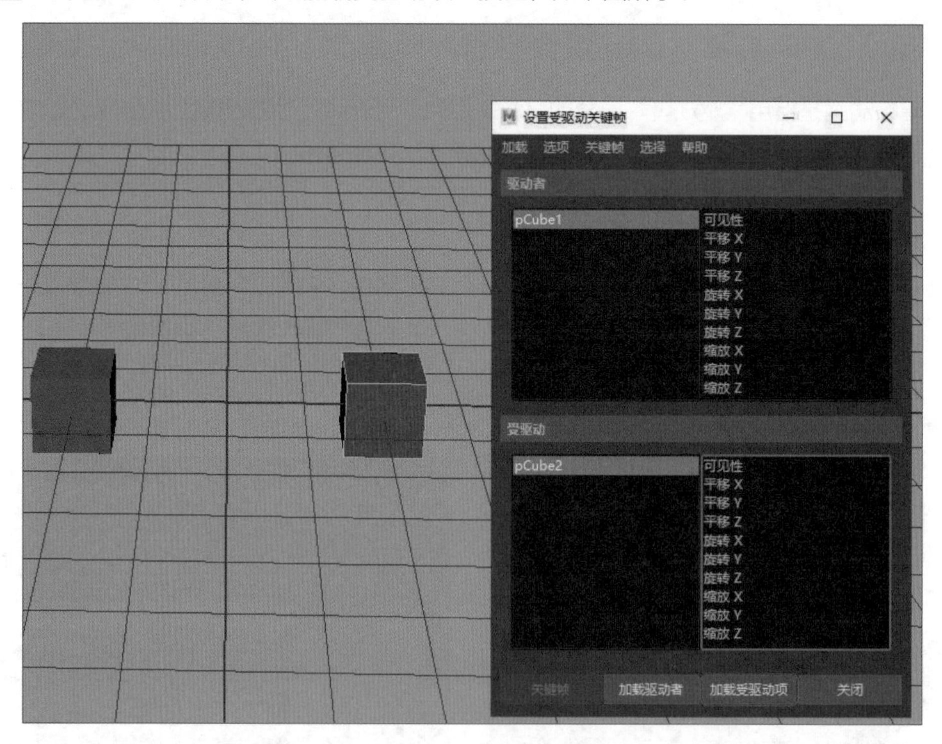

步骤 05 在“驱动者”窗口中选择“平移Y”选项,并在“受驱动”窗口中选择“旋转Z”选项,执行“关键帧”命令，如下页图片所示。执行前要确保红色立方体的“平移Y”属性和蓝色立方体的“旋转Z”属性数值均为0。

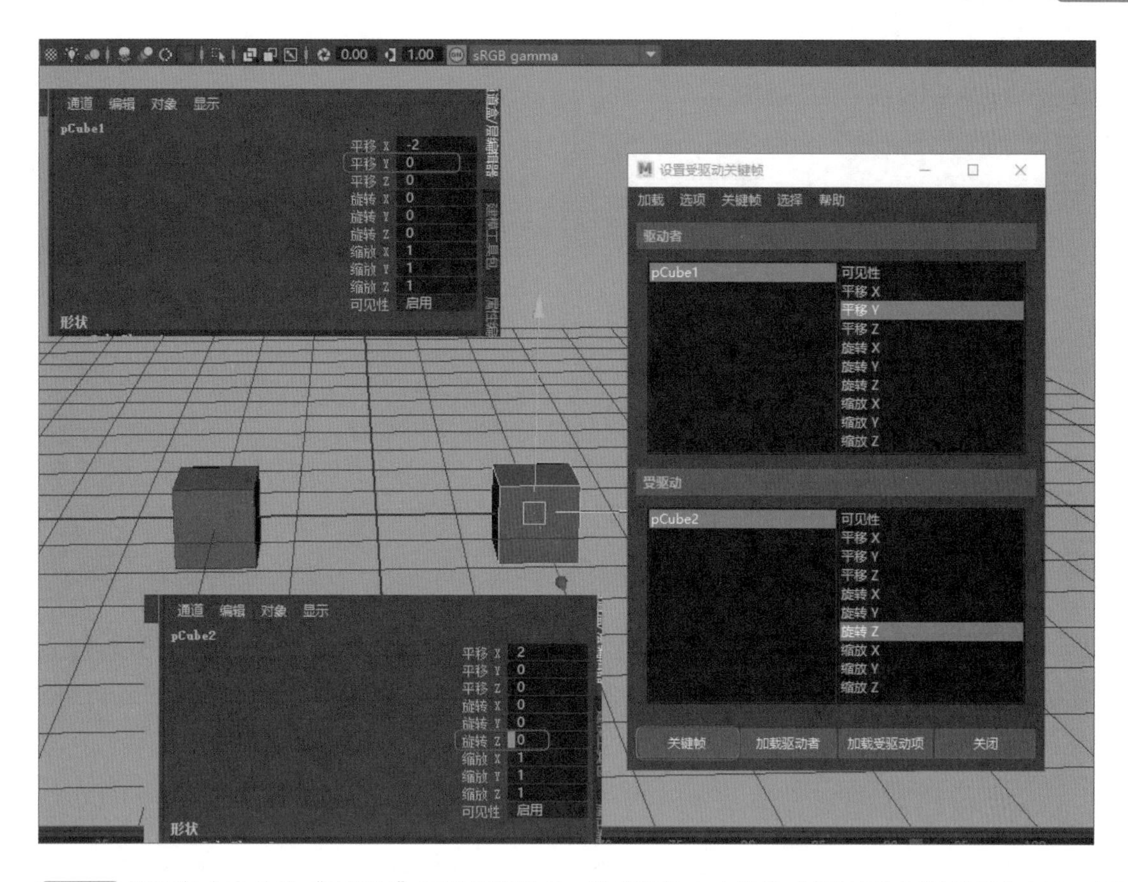

步骤 06 将红色立方体的“平移Y”属性设置为3，并将蓝色立方体的“旋转Z”属性设置为180，如下图所示。

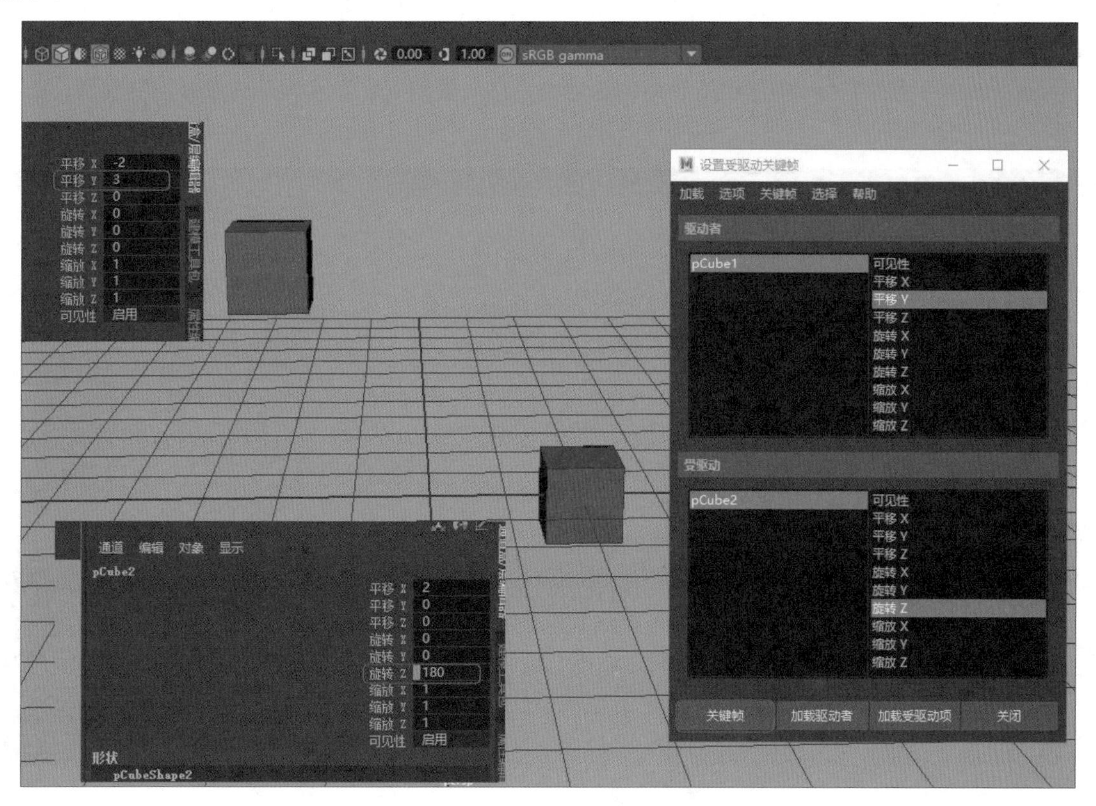

步骤 07 这样就完成了，当红色立方体的“平移Y”属性从0移动到3的时候，蓝色立方体的“旋转Z”属性会从0度旋转至180度，如下图所示。

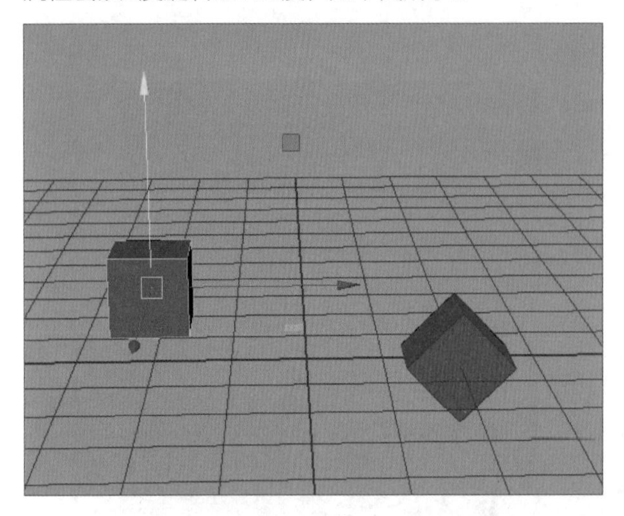

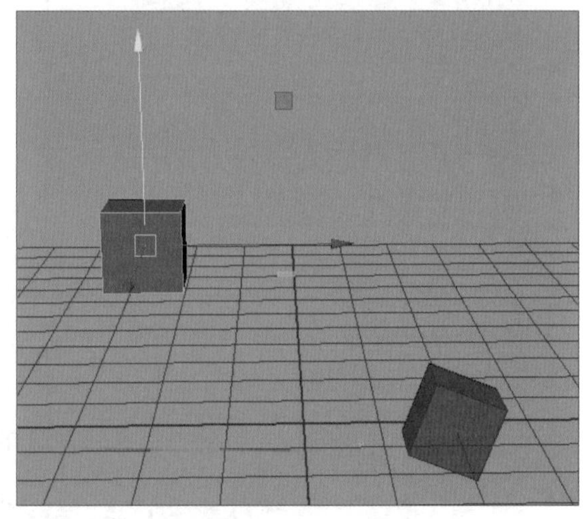

当“驱动者”的属性为A1时，设置“受驱动”的属性为B1。改变“驱动者”的属性为A2时，设置“受驱动”的属性为B2。然后“驱动者”的属性在从A1向A2变化的过程中，“受驱动”的属性会相应从B1变化至B2，这就是驱动关键帧动画的效果。

7.5.2 限制属性信息

在上个驱动关键帧动画的实例中扩展一个限制属性信息的知识点。因为驱动关键帧动画主要是设置一个驱动范围，例如上节介绍的红色立方体的“平移Y”属性控制范围是0至3，如果超出这个范围也不会对蓝色立方体的“旋转Z”属性有更多影响。那么用户可以通过“限制信息”命令将红色立方体的“平移Y”属性限制在0至3的范围内，这样可以更精准地对蓝色立方体进行控制，下面介绍具体操作方法。

步骤 01 选中红色立方体，切换至pCube1选项卡，在“限制信息”下展开“平移”卷展栏，如下图所示。

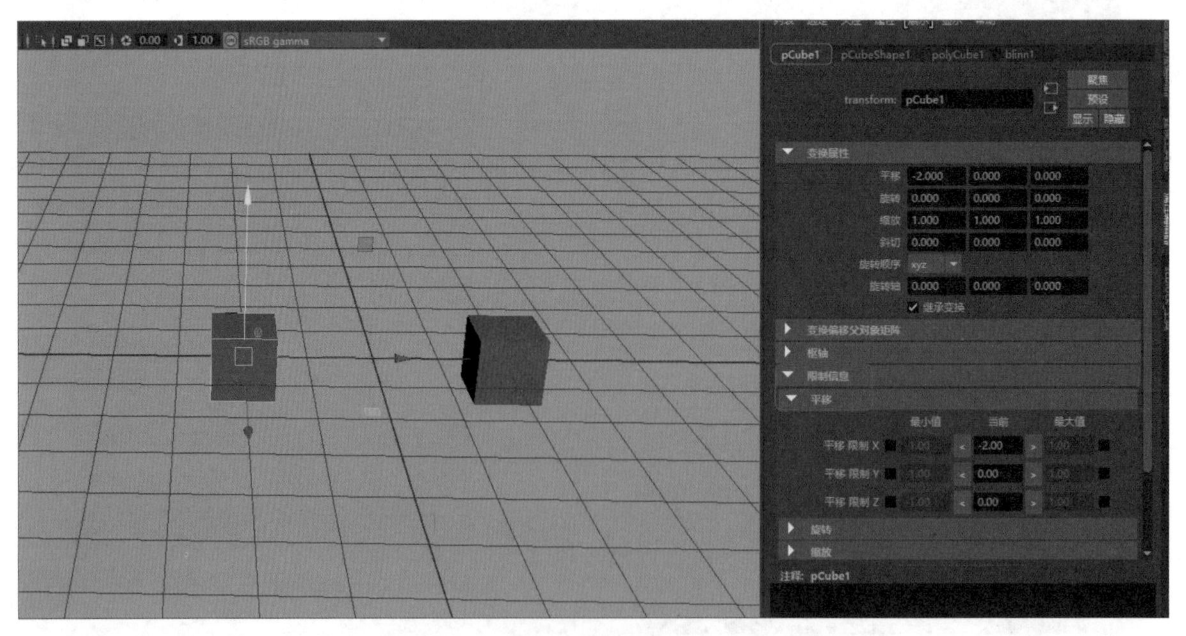

步骤 02 设置“平移 限制Y”的最小值为0，最大值为3，如下图所示。

步骤 03 这时红色立方体的“平移Y”属性就只能设置为0至3范围内的数值了，如下图所示。

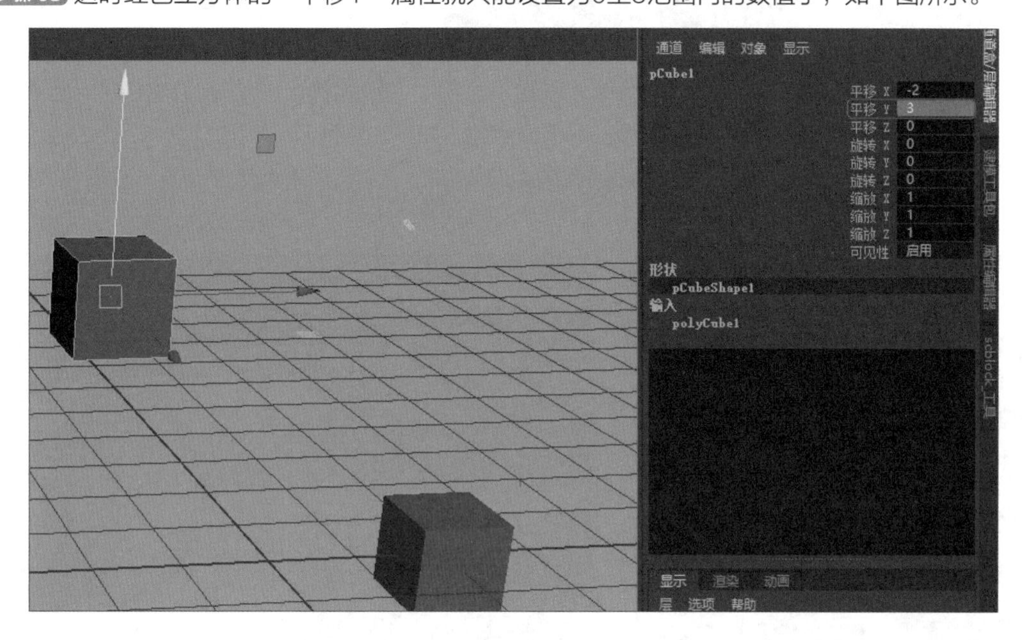

7.6 表达式动画

表达式动画是指用Maya内置的Mel语言通过代码的编写来控制对象物体属性的动画。需要用户对Mel语言有一定了解，本书不对Mel语言进行讲解，下面只通过实例对表达式动画的创建进行详细介绍，用户知道如何创建表达式动画后，可以再结合所学到的Mel的相关知识制作出更复杂的动画效果。

表达式动画只针对对象物体的属性进行操控，如果对象物体的属性已经创建过关键帧动画或者约束动画，则无法再进行表达式动画的创建，不然会因为动画冲突而出现错误。

实战练习 用表达式制作小球滚动

下面制作一个通过表达式实现小球自动滚动的动画效果。在这个案例中将学习如何去创建表达式，如何去分析表达式以及如何规范地制作项目文件。

步骤 01 先在场景中创建一个球体，并将球体重命名为ball，如下页左上图所示。注意表达式是根据模型的名称进行控制的，如果场景中有很多重名的物体将会对表达式的编写造成一定困扰，所以要养成给对象物体重命名的习惯。

步骤 02 为球体赋予一个白色材质，再选择球体上的部分面，单独给一个红色材质，这样是为了便于观察球体的滚动效果，如下页右上图所示。

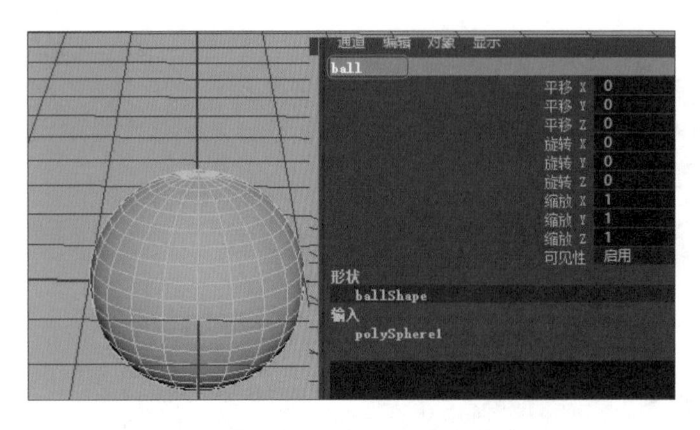

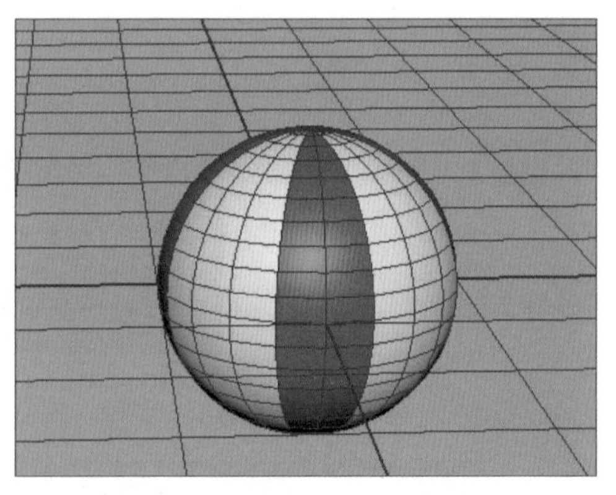

步骤 03 选中球体按Ctrl+G组合键，给球体创建一个组，并改名为ball_grp,并将ball_grp的“平移Y”设置为1。这样就可以将球体的底部放置在网格原点处，如下左图所示。

步骤 04 再使用“NURBS圆形”命令在场景中用曲线创建一个圆环来当作控制器，并取名为con，如下右图所示。

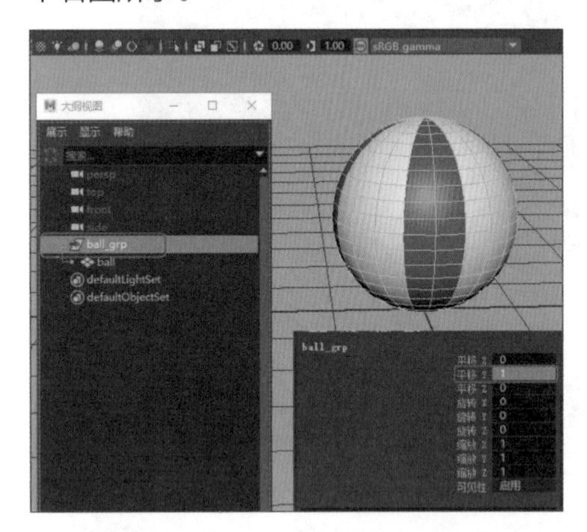

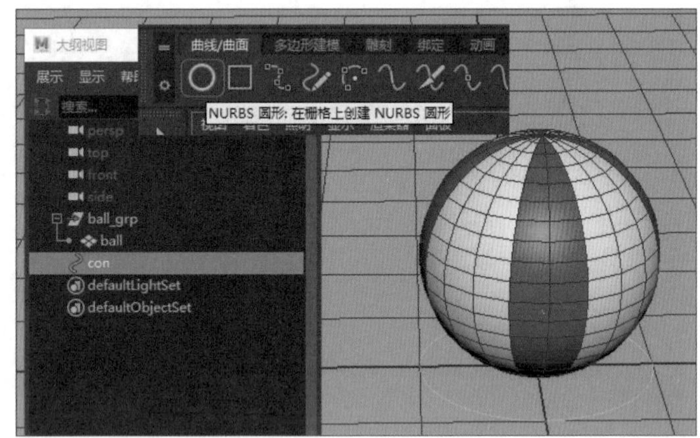

步骤 05 选中球体，在右侧属性界面中执行“编辑>表达式...”命令，如下左图所示。

步骤 06 在弹出的“表达式编辑器”窗口的最下方有“表达式”编辑区，如下右图所示。

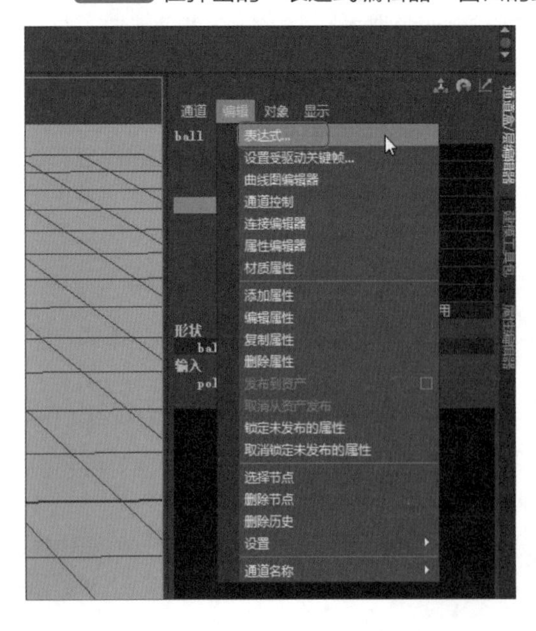

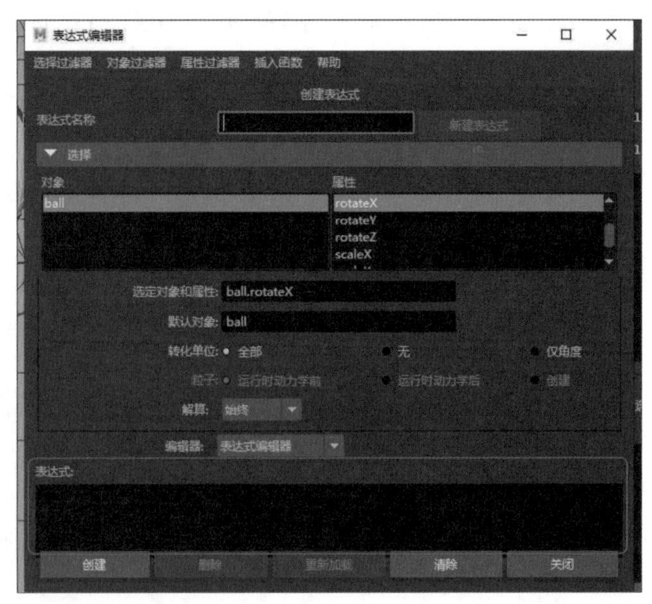

步骤07 在表达式编辑区中编写代码，并单击“编辑”按钮，编写内容如下左图所示。注意编写时必须用英文字体和符号，如果使用中文符号，则表达式无法正确运行。

步骤08 这时移动场景中的控制器就会发现球体会跟着控制器移动并且旋转了，如下右图所示。

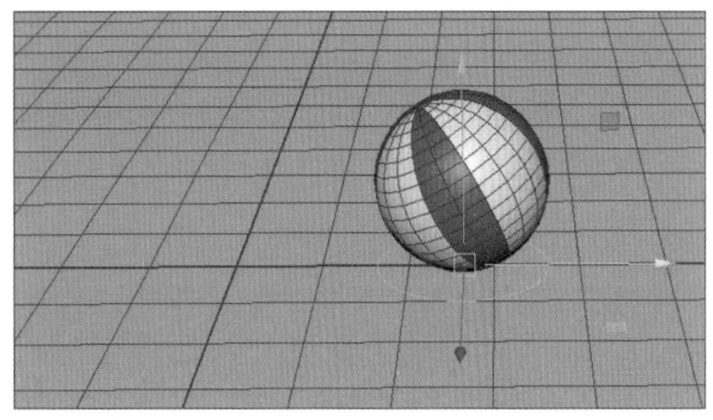

步骤09 在场景中绘制一条路径，先选中控制器再选择路径，创建路径动画，就可以看到球体沿着绘制的路径滚动，如下左图、下中图和下右图所示。

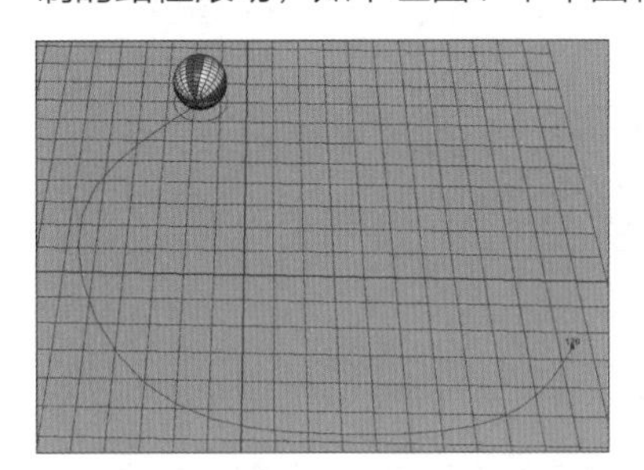

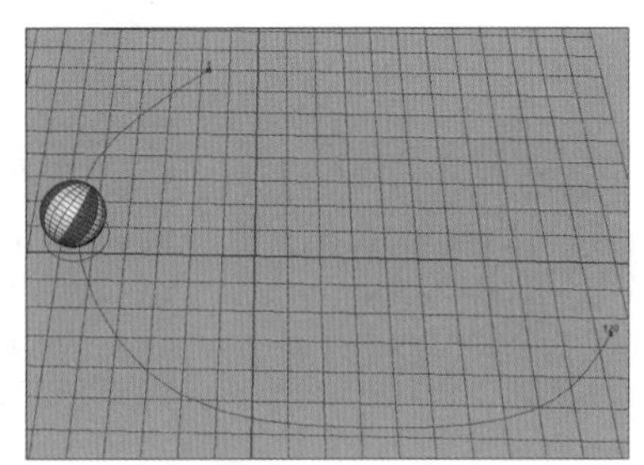

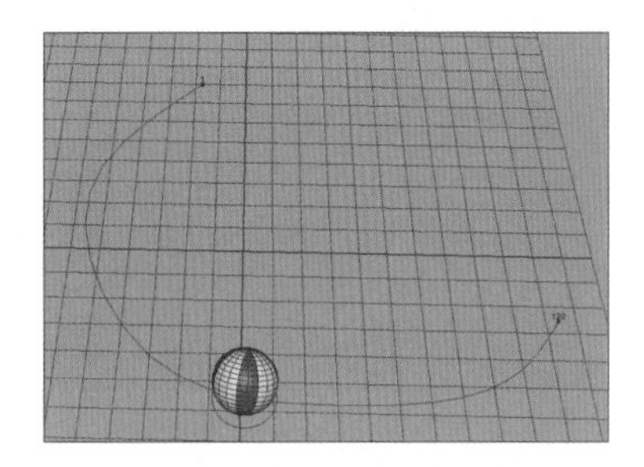

提示：代码的含义

位移比较好理解，只要让球体的“平移X”属性、“平移Z”属性与控制器的“平移X”属性和“平移Z”属性保持一致，就可以控制小球的位移了，及代码：ball.translateZ=con.translateZ;ball.translateX=con.translateX;。重点是旋转怎么计算。因为创建的是一个Maya默认的球体，默认的球体半径为1。根据圆形周长的计算公式：周长=2πr，可以算出球体的周长约为6.283，也可以写成：2*3.1415926。知道了周长就可以推理出，当控制器移动值到6.283时，球体将旋转360度，及代码：con.translateZ/(2*3.1415926))*360;。

7.7 约束动画

约束动画是指用一个或多个对象物体控制被约束对象物体的位置、旋转、缩放，以达到特殊的动画效果。Maya 2022中自带的约束分别有父子约束、点约束、方向约束、比例约束、目标约束和极向量约束。在动画模式下找到“约束”菜单，如下左图所示。

首先在场景上创建三个椎体，颜色分别改为红色、绿色和蓝色，如下右图所示。本节将用这三个椎体来分别讲解不同的约束效果。

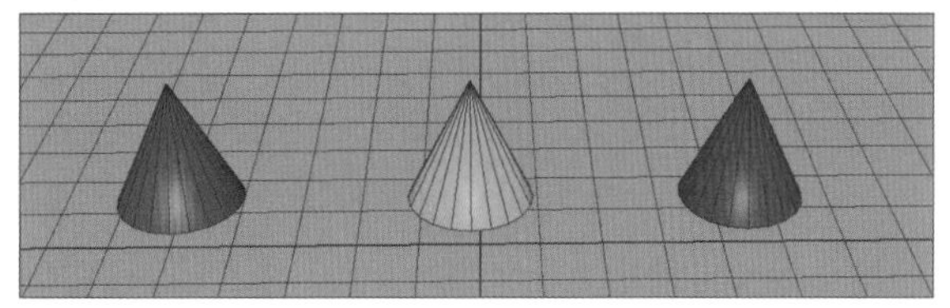

7.7.1 父子约束

父子约束指约束物体会控制被约束物体的移动、旋转和缩放，并且被约束物体会根据约束物体的坐标轴进行运动。例如人用手摘掉头上戴着的帽子时，帽子就会跟着手的位置进行移动和旋转。下面介绍父子约束的具体操作。

步骤 01 先选中红色椎体再加选绿色椎体，执行“父子约束”命令，如下左图所示。

步骤 02 旋转或移动红色椎体，会发现绿色椎体会跟着红色椎体，并以红色椎体为坐标进行旋转或移动，如下右图所示。

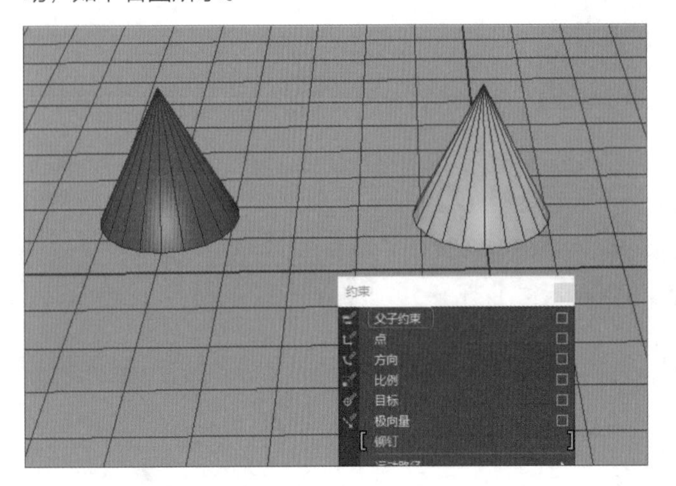

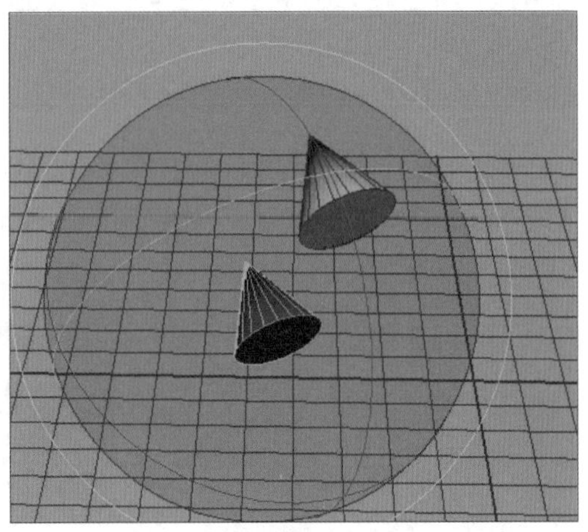

步骤 03 如果先选中红色椎体再选中蓝色椎体，最后加选绿色椎体执行父子约束，会发现红色椎体和蓝色椎体可以同时控制绿色椎体，如下图所示。

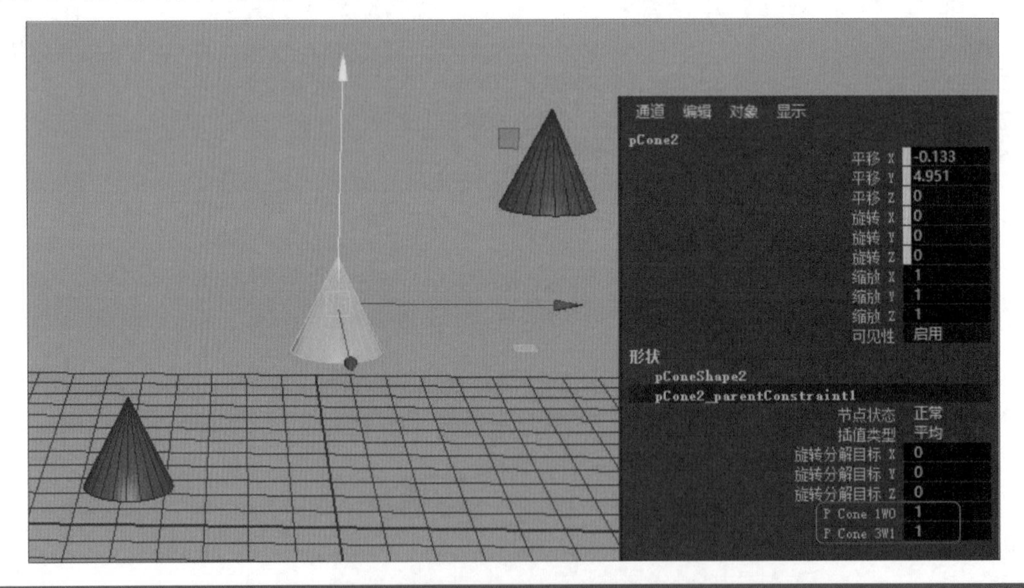

提示：保持偏移

当执行约束命令时，若勾选“保持偏移”复选框后执行约束，被约束物体会保持在自己原来的位置上。如果取消勾选此复选框后执行约束，被约束物体会移动到约束物体的位置上。一般情况下都需要勾选此复选框。

步骤 04 可以通过改变绿色椎体下的父子约束信息节点中的权重比例，来决定绿色椎体是完全跟随红色椎体运动或是根据蓝色椎体运动，如下页图片所示。

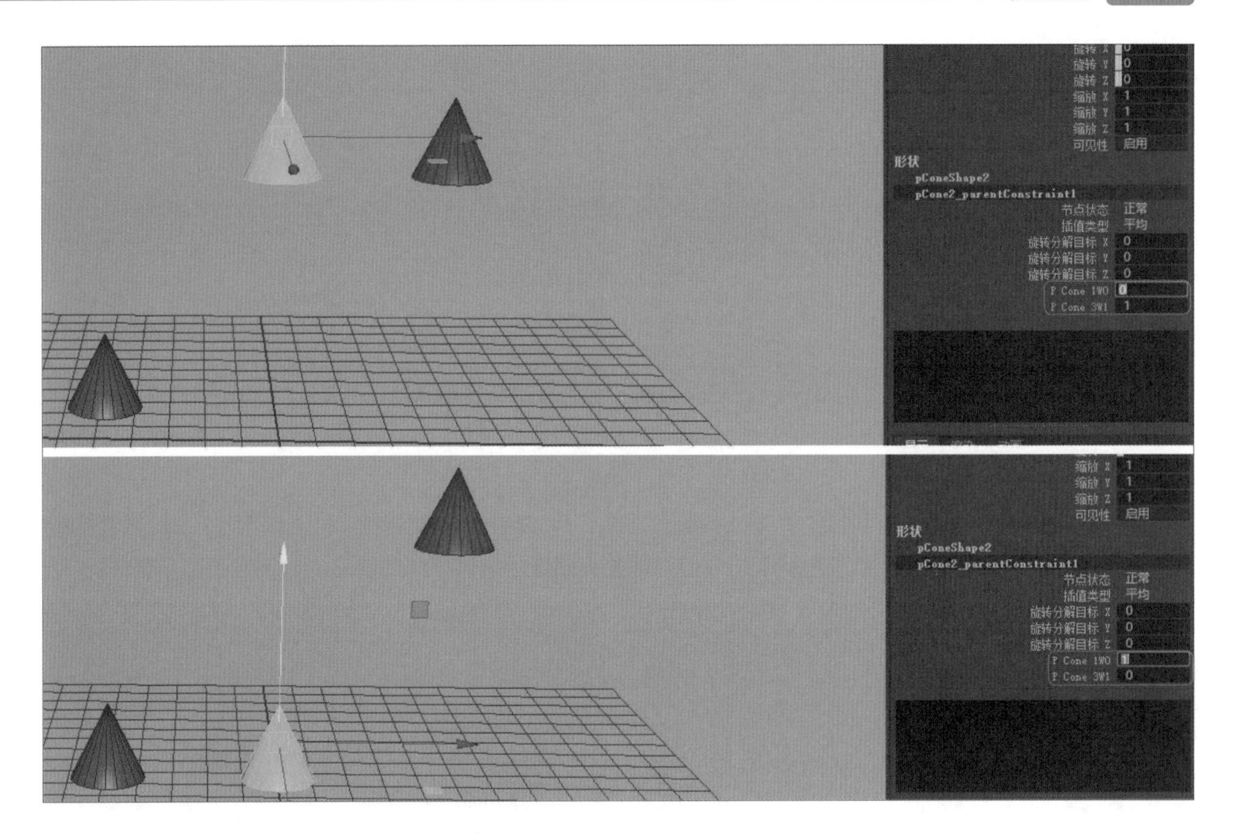

7.7.2 点约束

点约束指约束物体只控制被约束物体的移动属性，被约束物体会跟随约束物体移动，但不会跟随约束物体旋转。用红色椎体对绿色椎体做点约束，可以看到绿色椎体会跟随红色物体移动，如下左图所示。但并不会跟随红色椎体旋转，如下右图所示。

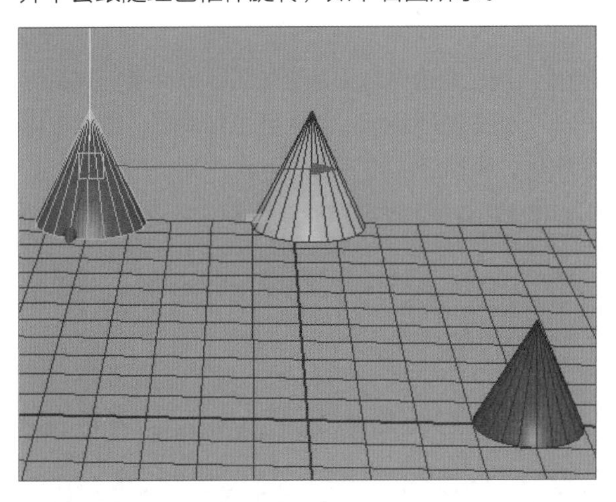

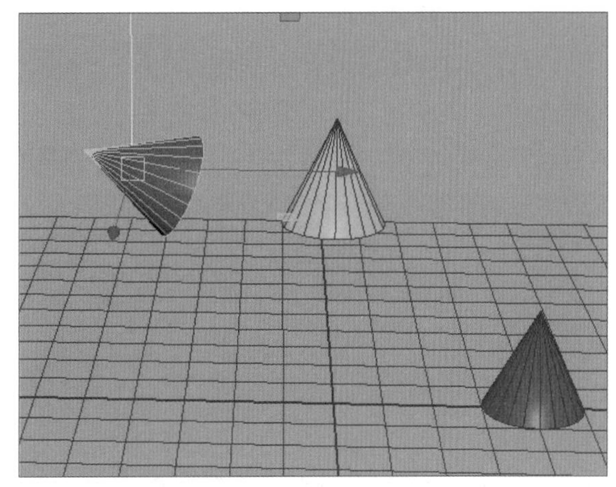

7.7.3 方向约束

方向约束指约束物体只控制被约束物体的旋转属性。用红色椎体对绿色椎体做方向约束，可以看到绿色椎体会跟随红色物体旋转，如下页左上图所示。但并不会跟随红色椎体移动，如下页右上图所示。

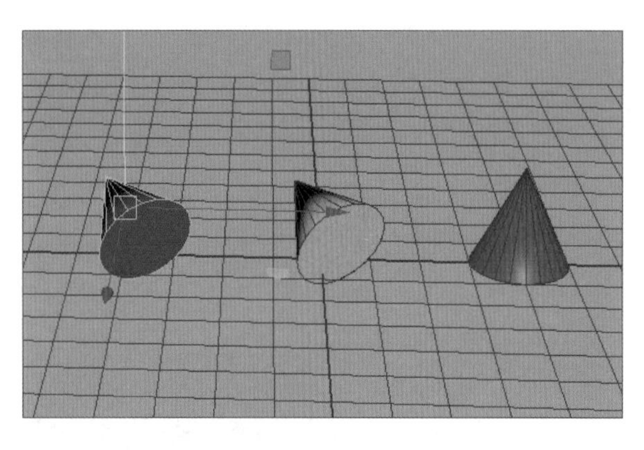
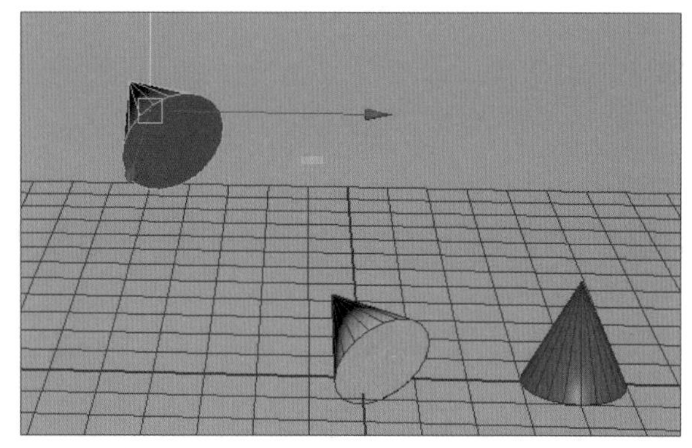

7.7.4 比例约束

比例约束指约束物体只控制被约束物体的缩放属性。用红色椎体对绿色椎体做比例约束，可以看到绿色椎体会跟随红色物体缩放，如下左图所示。但并不会跟随红色椎体移动或旋转，如下右图所示。

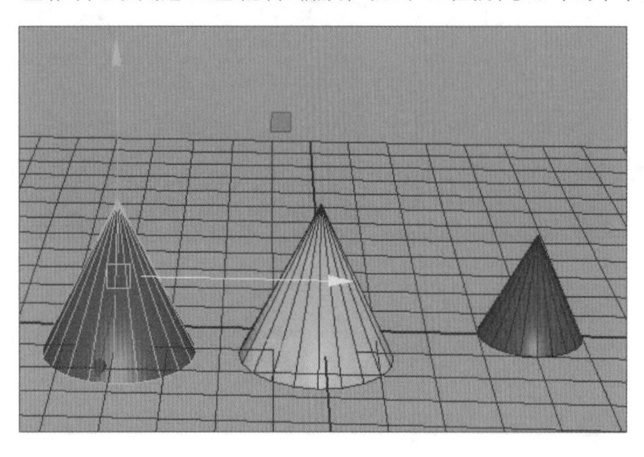
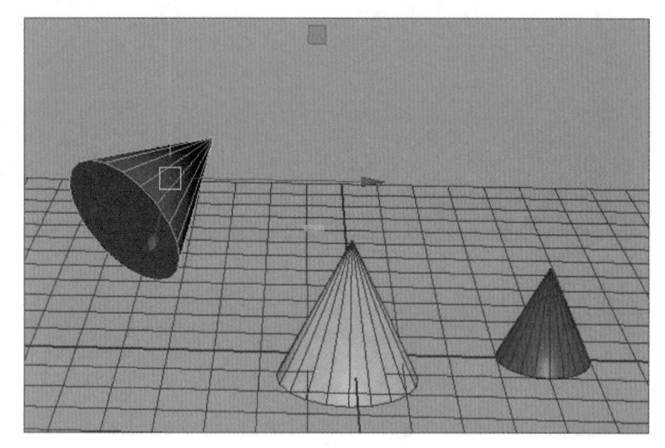

7.7.5 目标约束

目标约束指被约束物体的一个轴向会一直朝向约束物体。用红色椎体对绿色椎体做目标约束，并将目标向量改为Y轴，可以看到绿色椎体的尖头会指向红色椎体，如下左图所示。移动红色椎体时，绿色椎体的位置不会变化，但旋转值会变化并且尖头一直指向红色椎体的坐标点，如下右图所示。

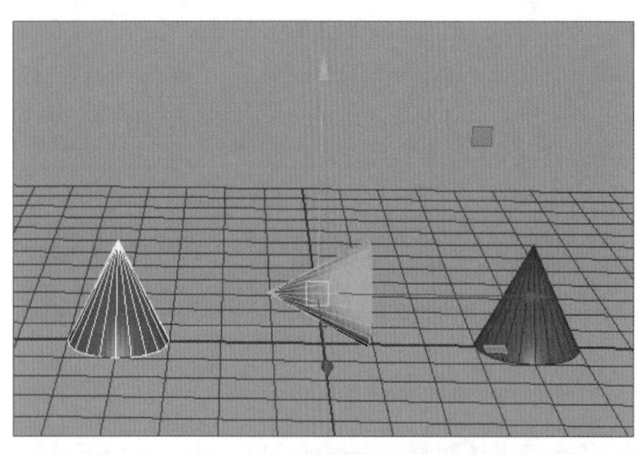
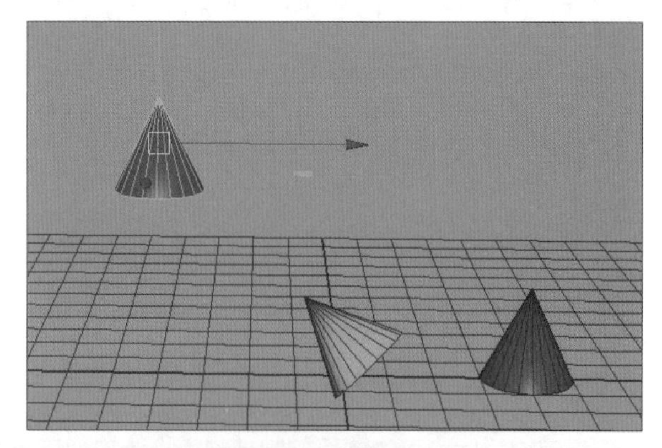

提示：极向量约束

极向量约束比较特殊，它只能对IK控制器有效果，极向量约束使极向量的末端移动并跟随一个对象的位置，用于控制IK控制器弯曲时骨骼的翻转效果。

7.8 属性连接编辑器

在Maya 2022中还可以通过属性连接编辑器将多个物体的属性连接在一起，被关联对象的物体属性会跟关联对象的物体属性保持一致且无法手动修改属性值。下面介绍具体操作方法。

步骤 01 在场景中分别创建一个球体和一个立方体，如下左图所示。

步骤 02 执行“窗口>常规编辑器>连接编辑器”命令，如下右图所示。

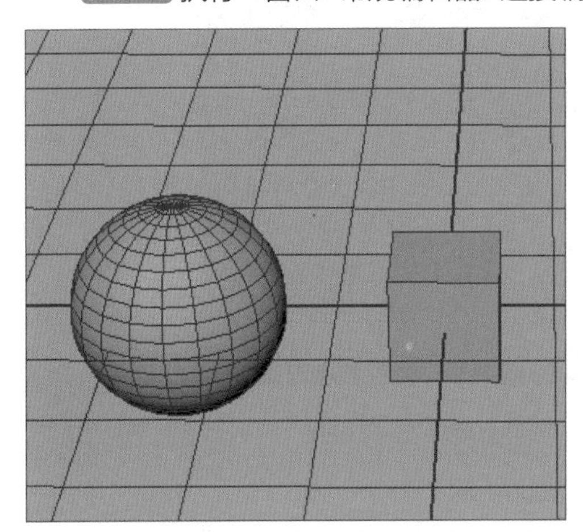

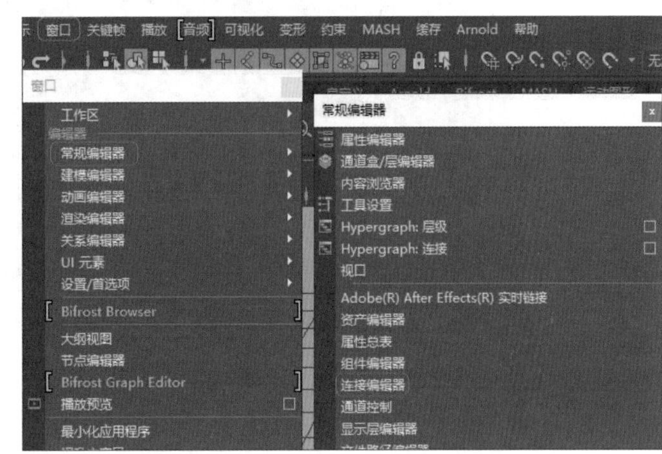

步骤 03 在弹出的“连接编辑器”窗口中，选中球体执行“重新加载左侧”命令，再选中立方体并执行“重新加载右侧”命令，如下图所示。

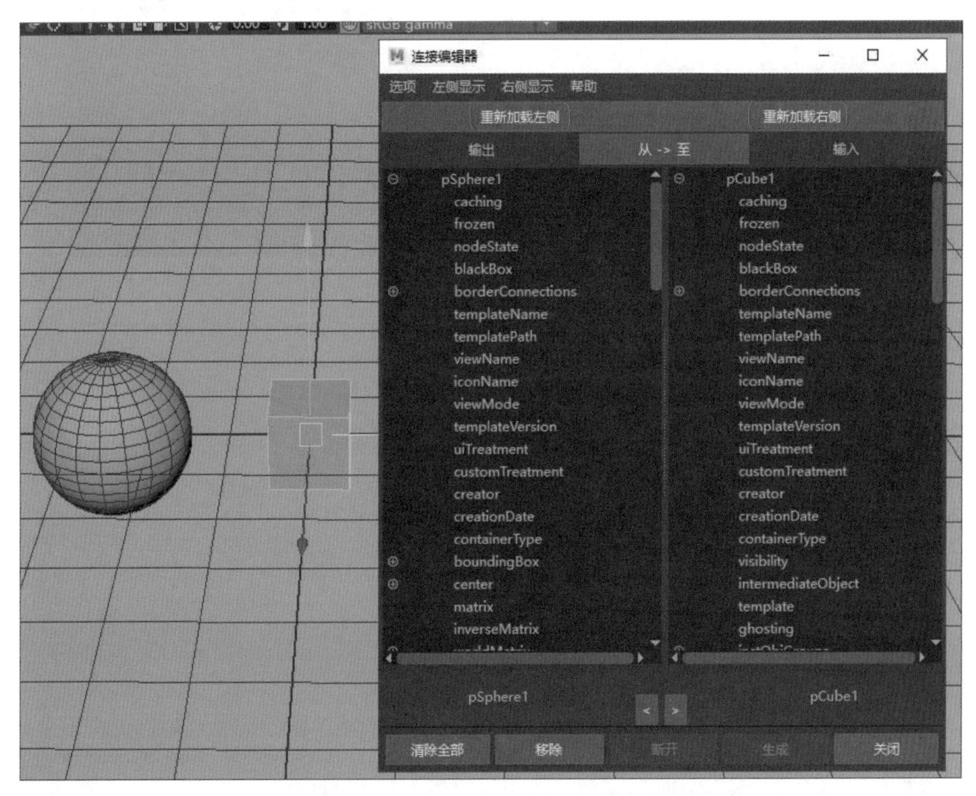

步骤 04 在左侧的下拉列表中选中球体的“rotate”属性，并在右侧的下拉列表中选中立方体的“rotate”属性，立方体的属性窗口中的旋转属性标记为黄色，并完成属性关联的操作，如下页图片所示。

步骤 05 这时旋转球体可以发现立方体也会随之旋转，如下左图所示。

步骤 06 属性会根据状态的不同显示不同颜色的标记，如下右图所示。

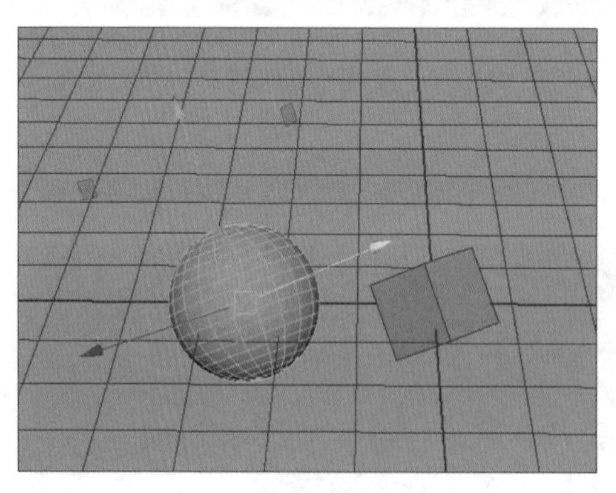

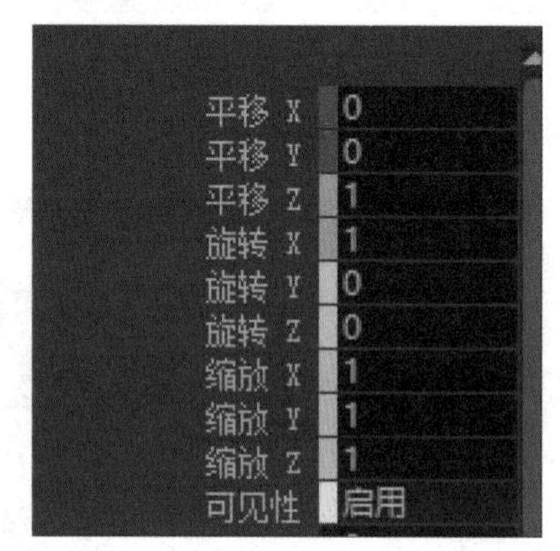

下面介绍不同状态下不同颜色属性的含义。

- **红色：** 属性具有关键帧动画。
- **紫色：** 属性由表达式动画控制。
- **绿色：** 属性提示错误，例如给受约束的属性添加了关键帧动画导致动画冲突。
- **蓝色：** 属性具有约束动画或驱动关键帧动画。
- **黄色：** 属性已被其他属性所关联。

知识延伸：制作摄影机动画

在Maya软件中不仅可以给模型添加动画，还可以给摄影机添加动画。为了增强镜头的表现力，现实生活中会对摄影机运用“推”“拉”“摇”“移”等技术。下面将结合案例讲解如何在Maya中给摄影机添加动画来模拟这些摄影机的运镜技巧。

- **推（镜头）：** 是指画面由大场面连续过渡到小场面的拍摄方式。比如从一群人的画面推到某个人的画面，突出反映某个主体的某个细节。
- **拉（镜头）：** 跟推镜头正好相反，从一个主体细节将画面拉远，过渡到大场景中。
- **摇（镜头）：** 是指镜头的位置不动，通过摄影机的角度变化，将场景中的各个部分逐一展示。
- **移（镜头）：** 是指物体不动，摄影机沿某个方向移动并拍摄。通常用这种方式拍摄建筑物、山、河等大场景。

步骤 01 首先打开本章节的案例文件“制作摄影机动画.ma”，场景中有两排小人，其中有一个红色的小人，在时间轴十五至五十五帧的时候有个移动的动画效果，如下图所示。

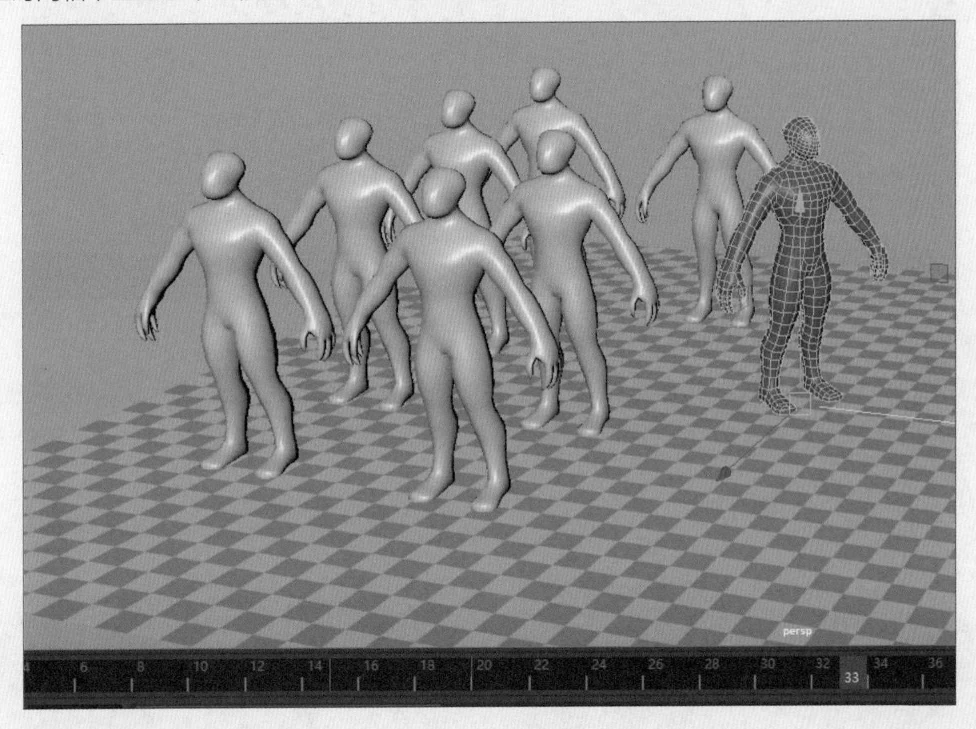

步骤 02 执行“渲染>创建摄影机”命令，如下左图所示。

步骤 03 选中创建的摄影机camera1并执行“面板>沿选定对象观看”命令，如下右图所示，就可以切换到摄影机视图。

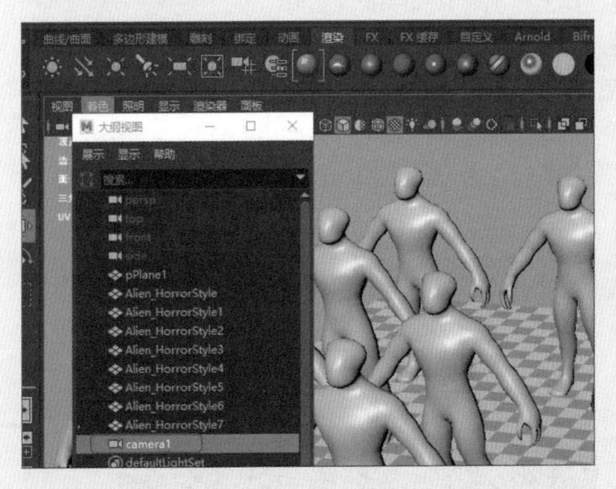

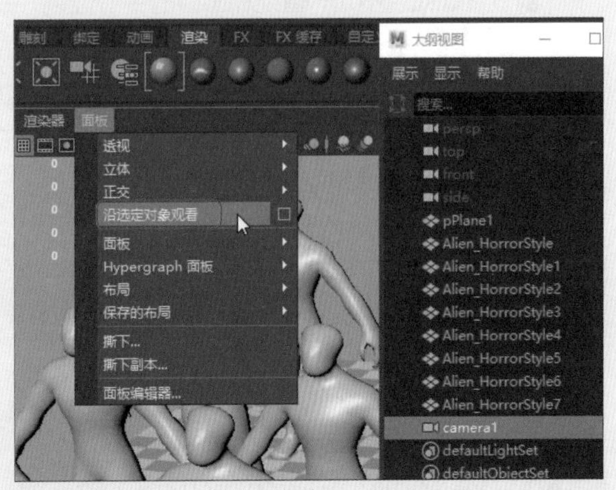

步骤 04 调整好角度，在第一帧给摄影机创建关键帧动画，如下页图片所示。

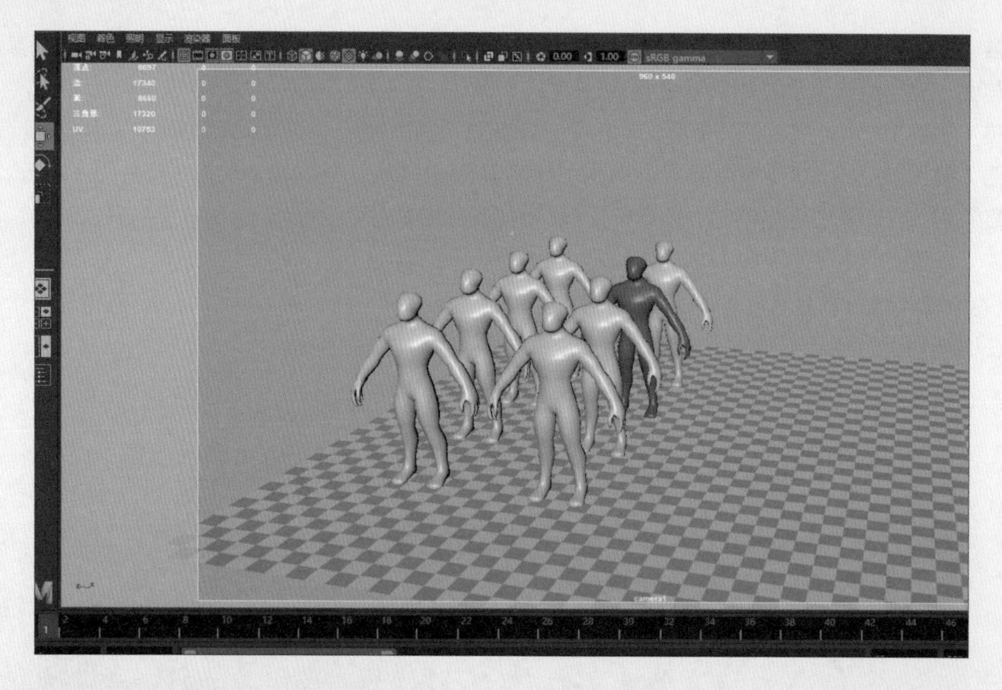

步骤05 在第十帧时将摄影机画面拉至红色小人前，并添加关键帧动画，如下左图所示。

步骤06 在第二十帧时将摄影机画面旋转到红色小人的侧面，并添加关键帧动画，如下右图所示。

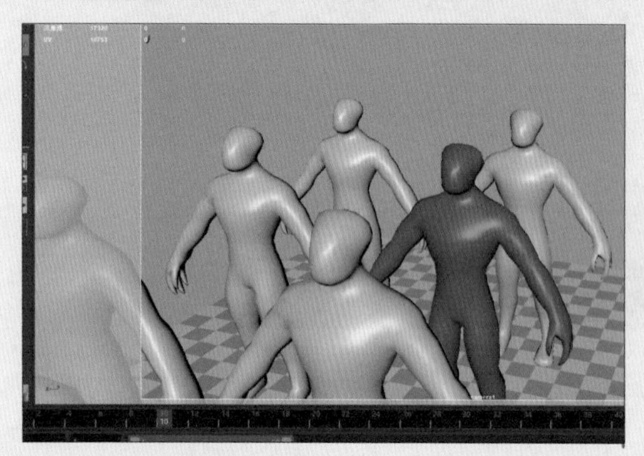

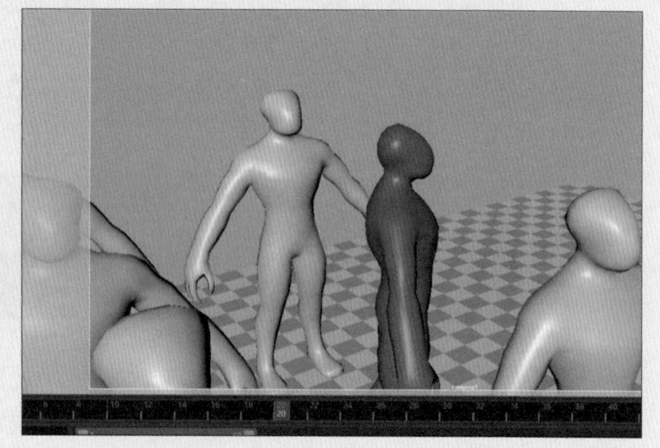

步骤07 让红色小人一直处在画面的中心位置，并在第五十五帧添加关键帧动画，如下左图所示。

步骤08 在第七十帧时让摄影机仰拍红色小人，并添加关键帧动画，如下右图所示。

步骤09 播放动画并观察摄影机的画面效果。这里只创建了一个摄影机，用户可以多添加几个摄影机从多个角度对角色进行拍摄。然后将每个摄影机所在的时间轴范围进行渲染，并用后期软件将多个摄影机的渲染图进行合成，即可完成一个短片的制作。

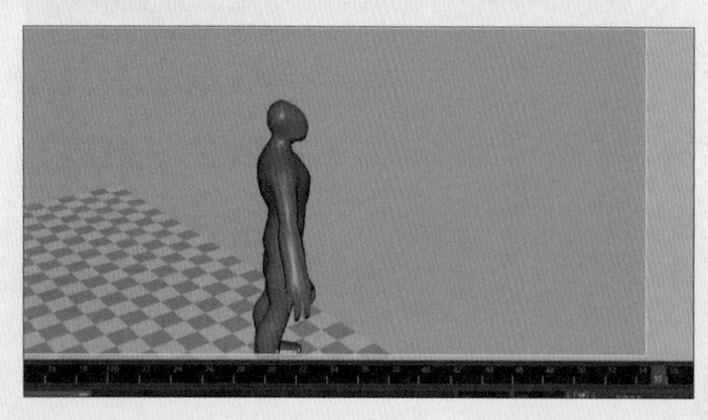

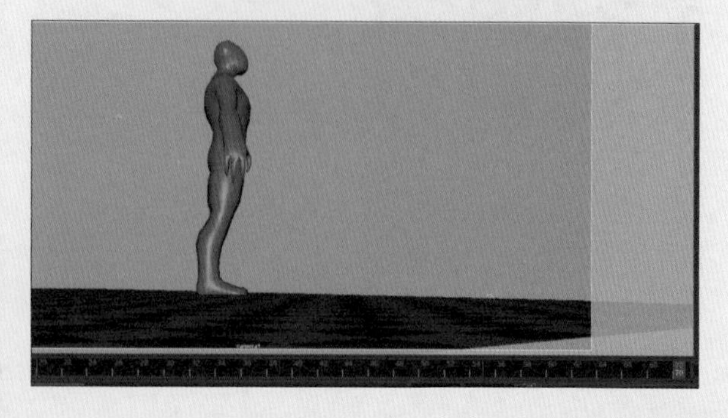

上机实训：弹跳的小球

通过本章的学习，相信你一定对动画有了初步的了解，下面将通过制作一个小球弹跳的动画，进一步介绍在项目制作过程中如何为物体添加动画。

扫码看视频

步骤01 首先打开本章节的案例文件“小球_Ring.ma”，如下左图所示。

步骤02 这是一个小球的绑定文件，黄色控制器控制小球整体移动，蓝色控制器控制小球的挤压拉伸效果，如下中图、下右图所示。

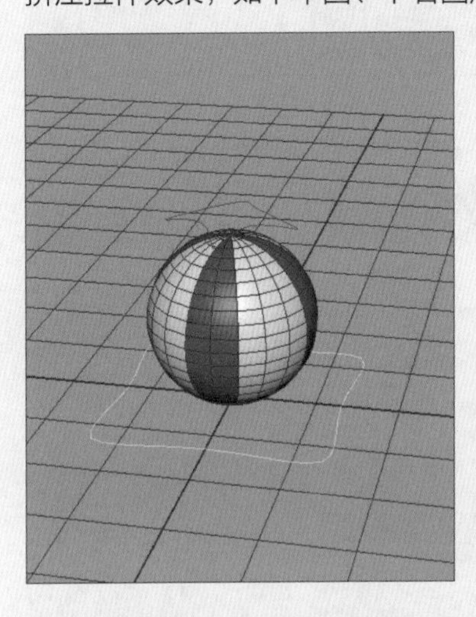

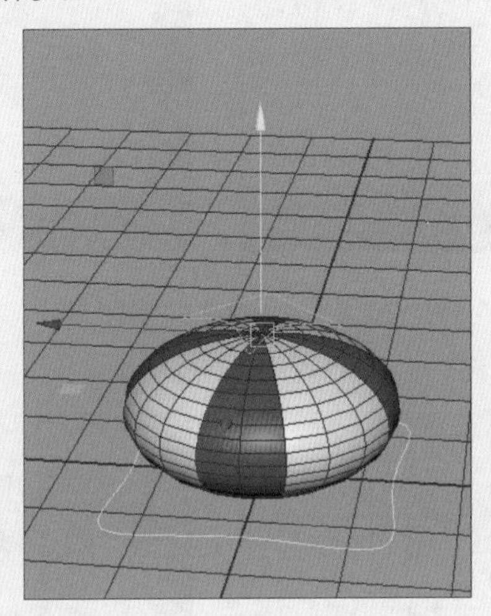

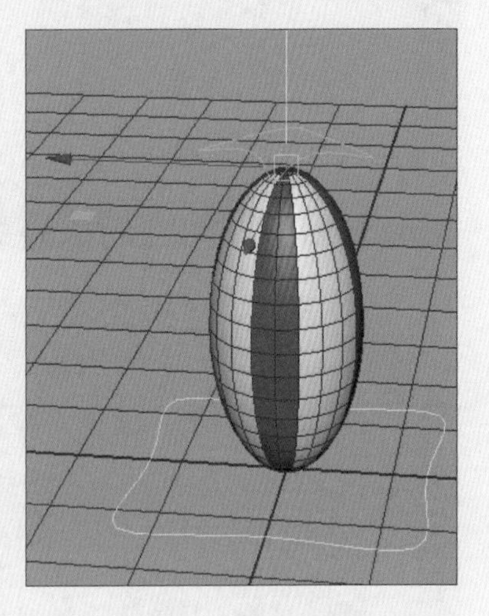

步骤03 选中黄色控制器，在第一帧、第十帧、第二十五帧和第三十五帧分别添加关键帧动画，并在第二十五帧将控制器的“平移Y”设置为2.5，如下图所示。这时可以得到小球从第十帧开始跳起，在二十五帧的时候跳至最高处，在三十五帧的时候下落的一段动画。

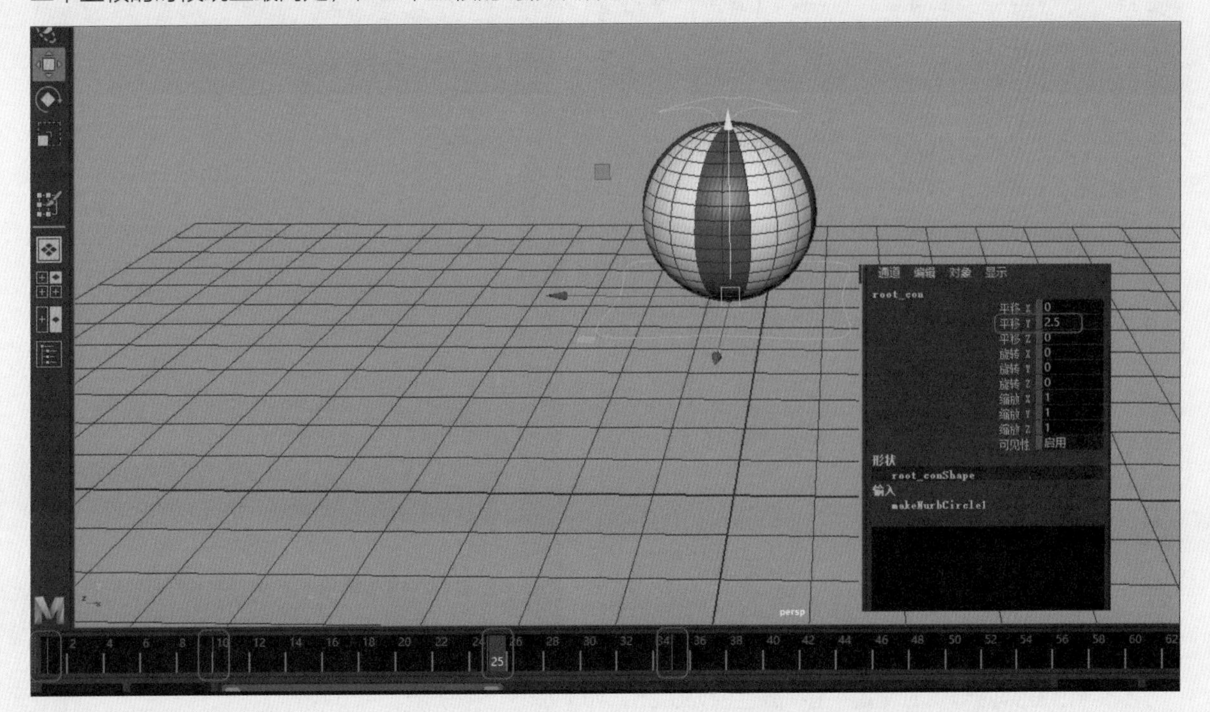

步骤 04 然后选择蓝色控制器，先在第一帧处创建一个关键帧，然后在第六帧处添加一个关键帧，并将“平移Y”设置为-0.5，如下左图所示。

步骤 05 在第十三帧的时候设置“平移Y”为0.6，如下右图所示。

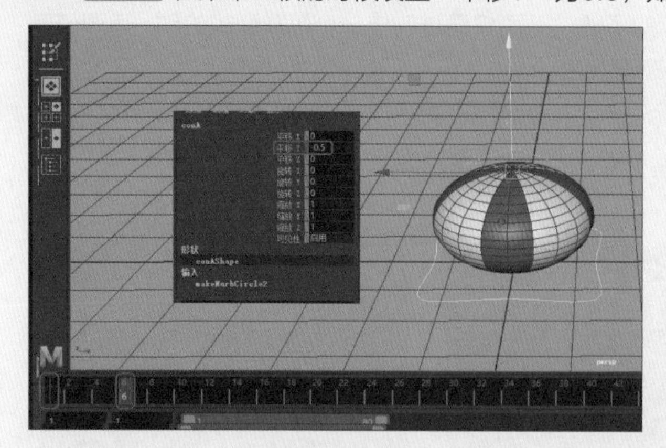

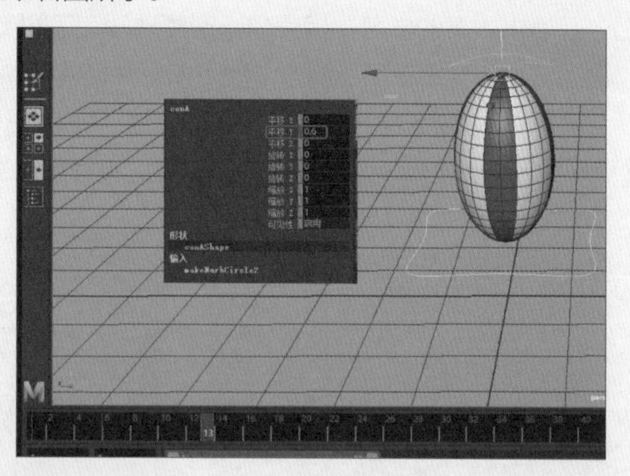

步骤 06 在第二十帧时设置平移Y属性值为-0.1，如下左图所示。

步骤 07 在第二十五帧时设置平移Y属性为0，如下右图所示。

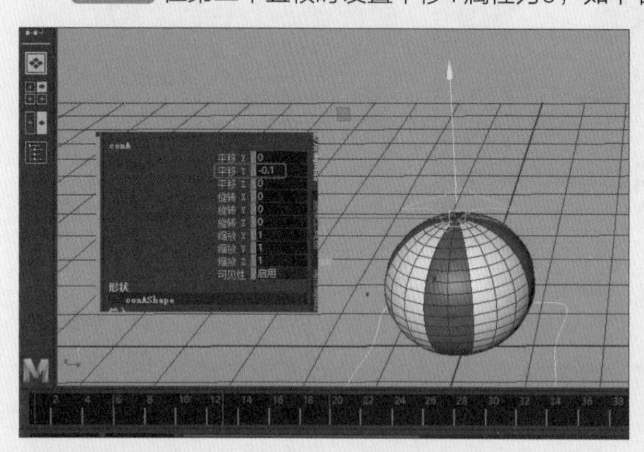

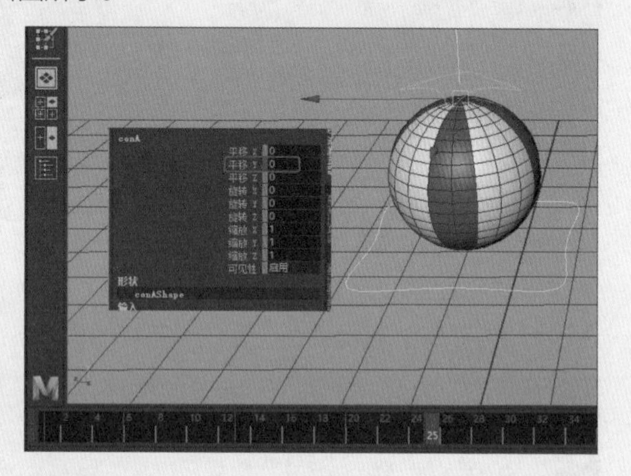

步骤 08 在第二十九帧时设置平移Y属性值为0.6，如下左图所示。

步骤 09 在第三十六帧时设置平移Y属性为-0.45，如下右图所示。

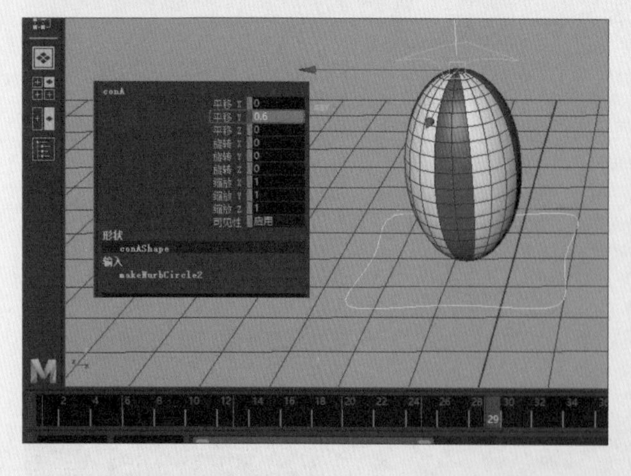

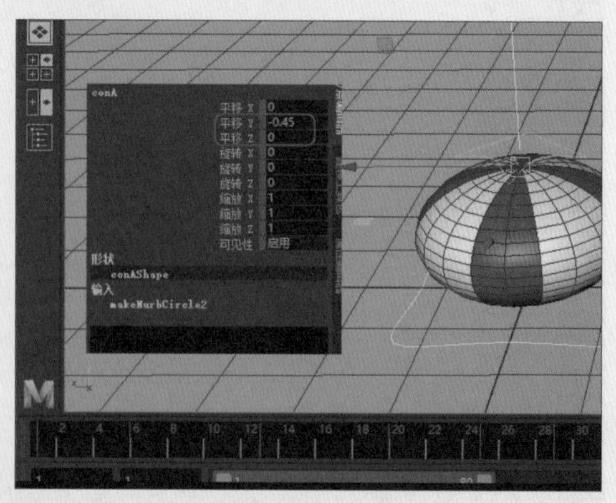

步骤 10 在第四十帧时设置平移Y属性值为0.25，如下页左上图所示。

步骤 11 在第四十四帧时设置平移Y属性为-0.2，如下页右上图所示。

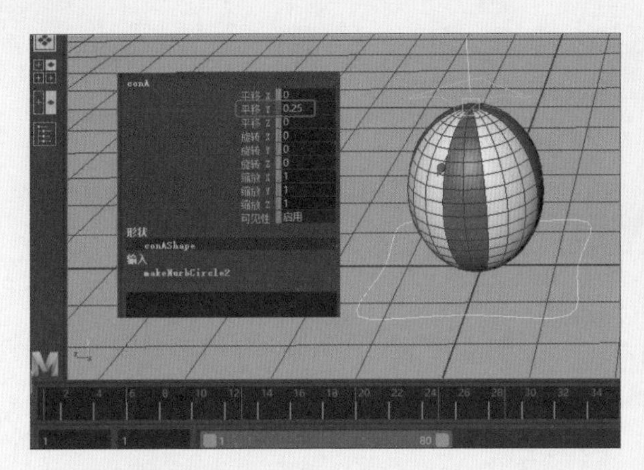

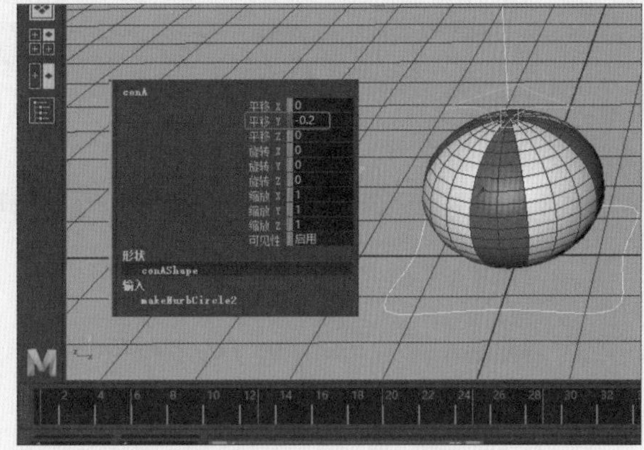

步骤12 最后在第四十八帧设置平移Y属性为0，回到原始的形状，如下左图所示。

步骤13 最后双击时间轴并单击鼠标右键，在弹出的菜单中选择“播放预览...”命令，如下右图所示。

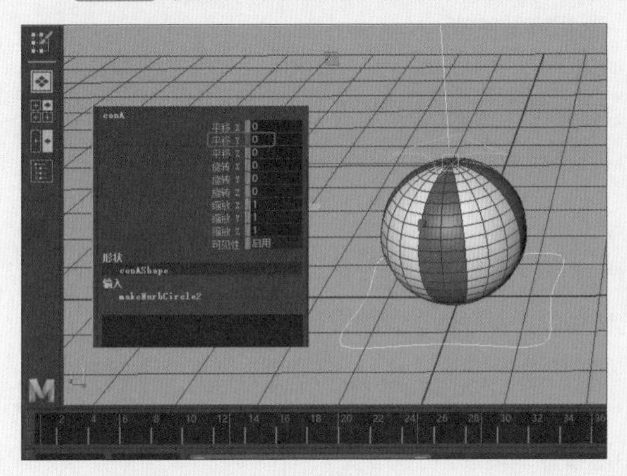

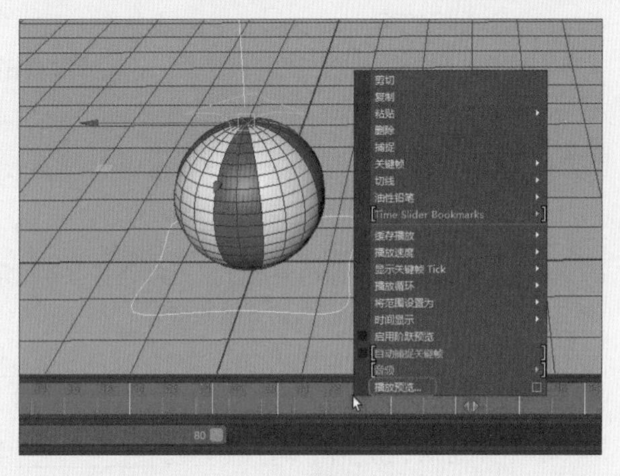

步骤14 在Maya中单击播放的话，有可能因为计算机内存的问题导致播放的结果不正确，所以将动画通过播放预览的形式导出形成视频进行观看，才能得到最正确的动画效果，如下图所示。

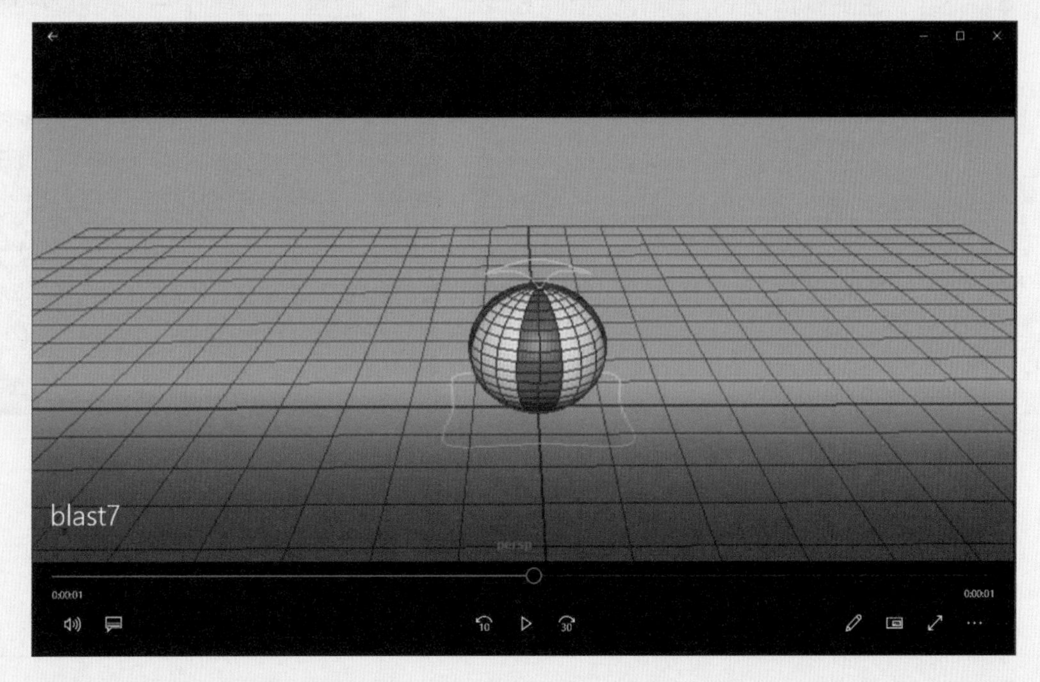

课后练习

一、选择题

(1) 在Maya 2022中为物体添加关键帧动画的快捷键是（　　）。

A. P键　　B. 空格键

C. S键　　D. F键

(2) 在Maya 2022中用户可以通过代码对物体添加（　　）。

A. 表达式动画　　B. 路径动画

C. 关键帧动画　　D. 约束动画

(3) 在约束动画中约束对象可以控制受约束对象的移动、旋转和缩放的是（　　）。

A. 父子约束　　B. 方向约束

C. 目标约束　　D. 极向量约束

(4) 如果对象物体被做了父子约束，则对象物体的属性呈（　　）。

A. 红色　　B. 紫色

C. 黄色　　D. 蓝色

二、填空题

(1) Maya 2022中让对象物体沿一条路径运动的动画叫作__________。

(2) Maya 2022中可以通过键盘的__________给选中的对象物体创建关键帧动画。

(3) 在执行UV命令等操作前，需要先将Maya的模式切换至__________模式后，才能在菜单栏中显示UV命令菜单。

(4) 在Maya 2022中，用户需要在__________中查看并编辑模型的UV。

三、上机题

本章介绍了动画的制作方式，打开附赠的“蛇.ma”文件，根据下左图制作一个小蛇爬行的动画。尝试在“流动路径对象选项”窗口中将“晶格围绕”改成曲线进行制作，如下右图所示。

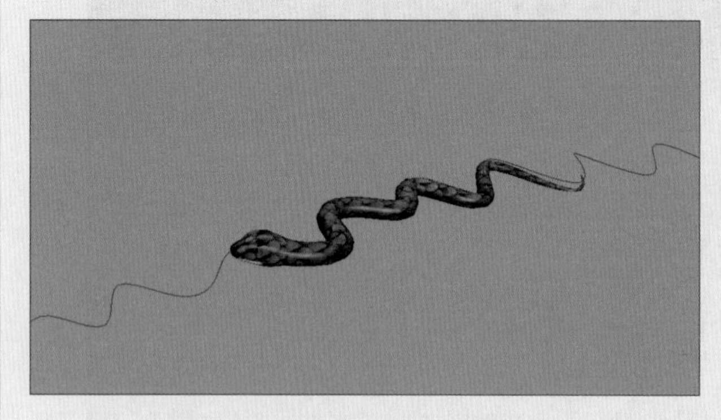

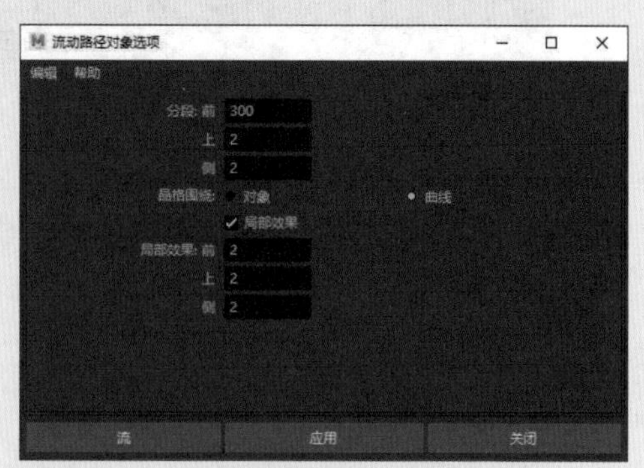

第8章 绑定基础

本章概述

本章将对Maya 2022中的绑定基础进行讲解。如果说模型是塑造一个角色的外形，动画是给角色赋予灵魂，那绑定就是给角色搭建一套骨骼，角色哪里可以动、怎么动都是由绑定决定的。所以绑定是动画的基础，好的绑定才能让动画师做出好的动画效果。

核心知识点

❶ 了解Maya的层级关系
❷ 掌握如何创建骨骼
❸ 掌握如何绘制蒙皮权重
❹ 了解FK与IK的区别
❺ 学习如何给人物模型进行绑定

8.1 绑定基础知识

绑定是承接模型和动画之间一道必不可少的工序。绑定师在拿到模型后要根据动画师对动画的要求进行绑定设置，有时也会因为模型问题导致无法达到动画师的要求，这时就需要由绑定师要求模型师配合修改模型。只有合理的模型才能制作出好的绑定，只有好的绑定才能让动画师做出好的效果，这很考验各工种之间的协同配合能力。

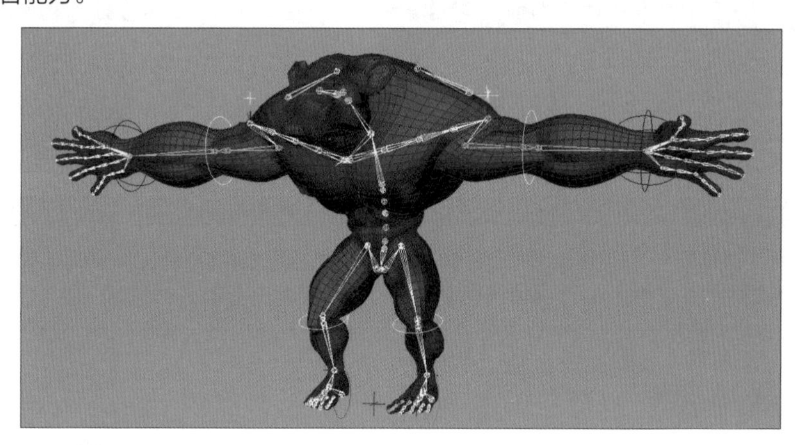

8.1.1 绑定基本原理

绑定师需要灵活运用Maya 2022自带的功能对一个物体或者角色进行绑定设置，会用到上一章中介绍的约束动画，和下章介绍的变形器命令等。本章将详细介绍骨骼绑定的创建及运用。骨骼就是根据模型的运动规律来设置模型的运动轴，例如人的肩膀、手肘和手腕这些可以旋转的地方都需要添加骨骼才能在Maya 2022中实现动画的制作。如果是给一匹马进行绑定，那么用户需要对马的骨骼结构有所了解，根据马的骨骼旋转点进行创建骨骼。

8.1.2 蒙皮的基本原理

蒙皮是指将骨骼与模型关联在一起的操作，只有给模型执行了蒙皮命令，骨骼才能控制模型。蒙皮权重是指通过一张黑白的权重图来控制模型所受骨骼控制的强弱。当多根骨骼来对一个模型进行绑定时，通过绘制权重来实现每个骨骼对模型影响范围的大小。例如给人物绑定时，手指骨骼在运动时不应该影响到除了手指以外的模型顶点，如果手指在转动时脚趾也会跟着转动，那就说明手指骨骼的权重影响到了脚趾的模型顶点，这种效果就是错误的。

8.2 层级关系

在学习绑定前，先学习Maya 2022软件特有的层级关系。很多软件都有层或者组的概念，但都只是单纯用于方便管理文件的方式。在Maya 2022中层级的用法更为广泛，甚至说层级是绑定的基础也不为过。

8.2.1 大纲视图

执行“窗口>大纲视图”命令，如下左图所示。打开“大纲视图”对话框，在该对话框中用户可以查看和管理场景中所有物体的信息。例如在场景中创建一个球体，就会在大纲视图中显示命名为pShere1的球体，用户也可以在大纲视图中对场景上的模型进行选择，如下右图所示。

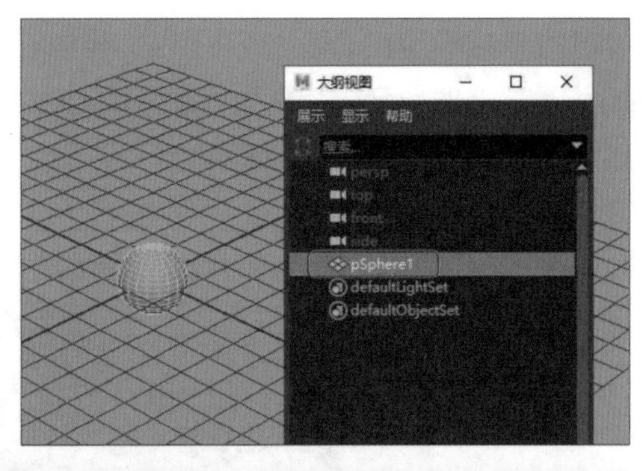

提示：隐藏和显示物体

用户可以在大纲视图中选择球体，通过按Ctrl+H组合键隐藏球体,隐藏后的球体名称会在大纲视图中以灰色显示。也可以在大纲视图中选中隐藏的球体，通过按Shift+H组合键来显示已经隐藏的球体。

8.2.2 层级基本操作

在“编辑”菜单中可以找到“分组”“解组”“建立父子关系”和“断开父子关系”四个命令，如右图所示。通过这四个命令可以实现Maya中的层级操作，下面将详细介绍具体操作。

步骤 01 新建场景并在场景上创建一个球体，选中球体执行“分组”命令，这时在大纲视图中创建名为group1的组，组里是创建的名为pSphere1的球体，如下页左上图所示。从大纲视图中可以看出pShere1在group1的组里，或者说是在group1的层级下，那group1就是pShere1的父级，pShere1是group1的子级。

步骤 02 选中球体pShere1，执行“断开父子关系”命令或者按Shift+P组合键，这时会发现pShere1被移出了group1层级，如下页右上图所示。

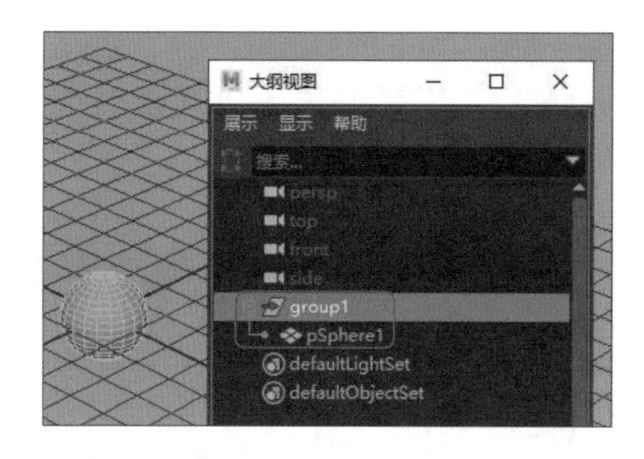

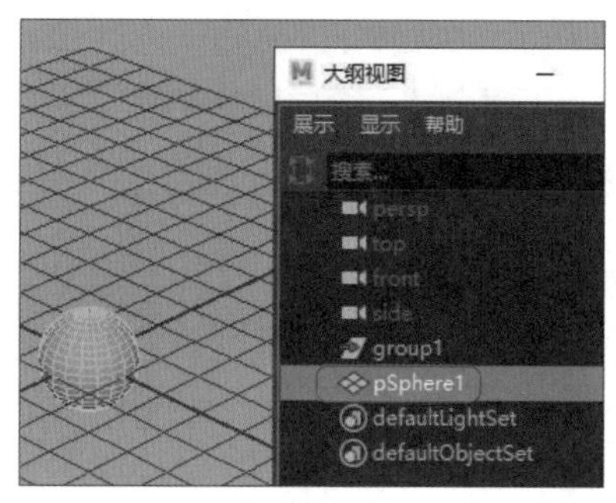

步骤03 这时如果先选中group1，再加选pShere1执行“建立父子关系”命令或者直接按P键，就可以将group1变成pShere1的子级，如下图所示。

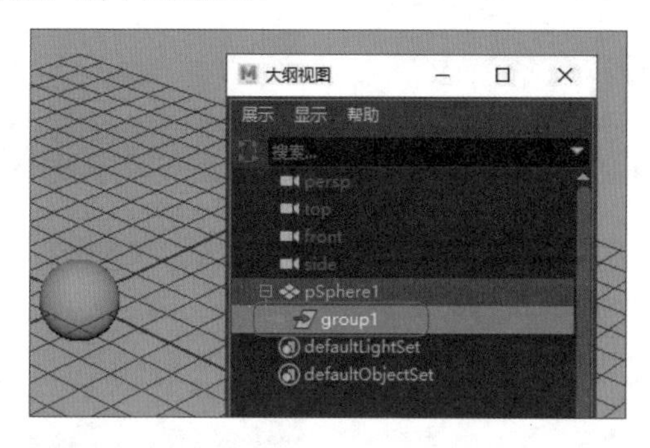

为对象物体增加父级后，可以通过父级对象控制子级。如果在场景中创建一个球体并想让球体向上移动一个单位，需要将球体的“平移Y”设置为1。如果给球体添加一个分组，并将分组的“平移Y”设置为1，则可以在球体“平移Y”设置为0的情况下，向上移动一个单位。通过分组，用户可以得到一个在场景任何地方都能自身移动、旋转和缩放且属性为0的对象物体。分组的操作在给骨骼添加控制器时经常被使用到。

实战练习 翻滚的盒子

通过翻滚的盒子的实例来介绍层级关系如何运用到动画制作中。下面介绍具体操作方法。

步骤01 先在场景中创建一个立方体，并将立方体“平移Y”设置为0.5，如下左图所示。

步骤02 为立方体添加一个分组，并按住键盘V键和D键将group1的坐标轴移动到立方体的角上，如下右图所示。

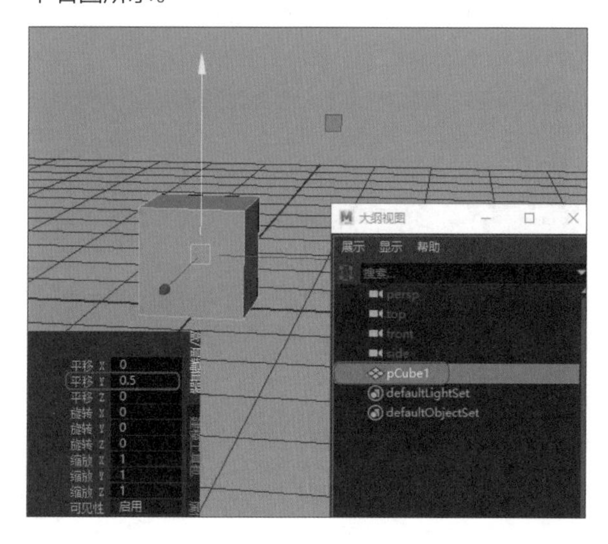

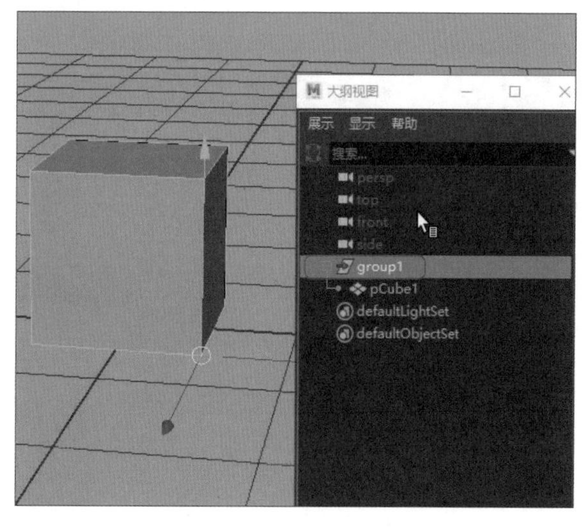

步骤 03 选中group1在时间轴的第一帧上创建关键帧动画，如下左图所示。

步骤 04 在第五帧创建一个关键帧动画，并将group1的“旋转Z”设置为-90，如下右图所示。

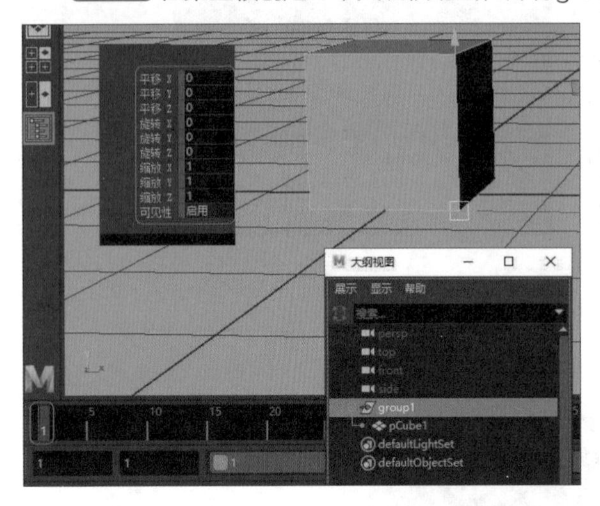

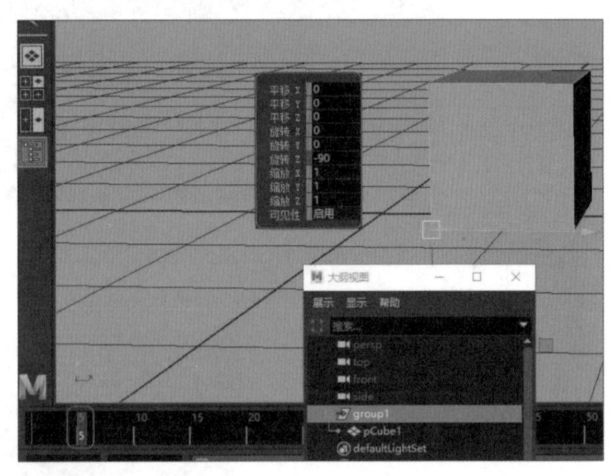

步骤 05 为group1添加分组，同样改变group2的坐标轴到立方体的角上，如下左图所示。

步骤 06 在时间轴第五帧为group2创建关键帧动画，如下右图所示。

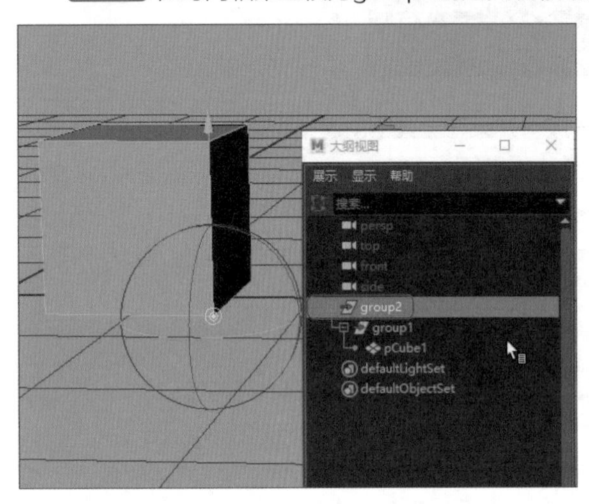

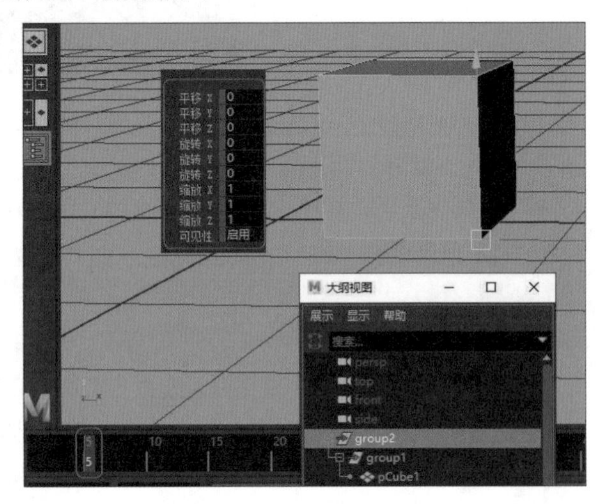

步骤 07 在第十帧为group2创建关键帧动画，并将“旋转Z”设置成-90，如下左图所示。

步骤 08 用同样的方式为group2添加分组，并调整group3的坐标轴位置，如下右图所示。

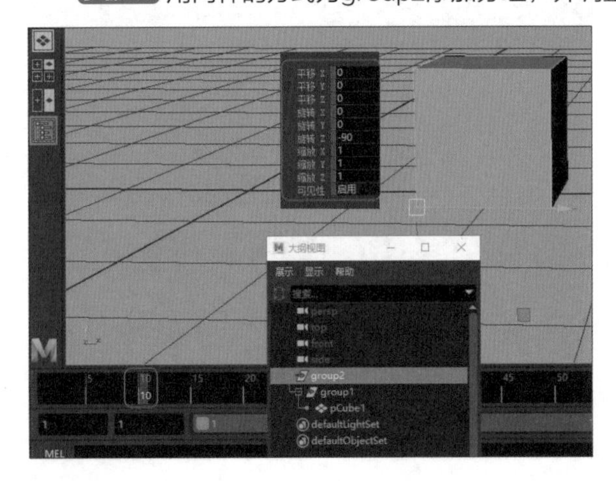

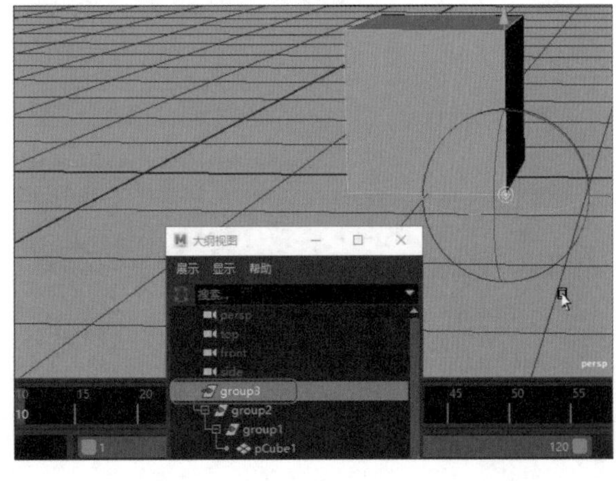

步骤 09 在第十帧为group3创建关键帧动画，如下左图所示。

步骤 10 在第十五帧为group3创建关键帧动画并将“旋转Z”设置为-90，如下右图所示。

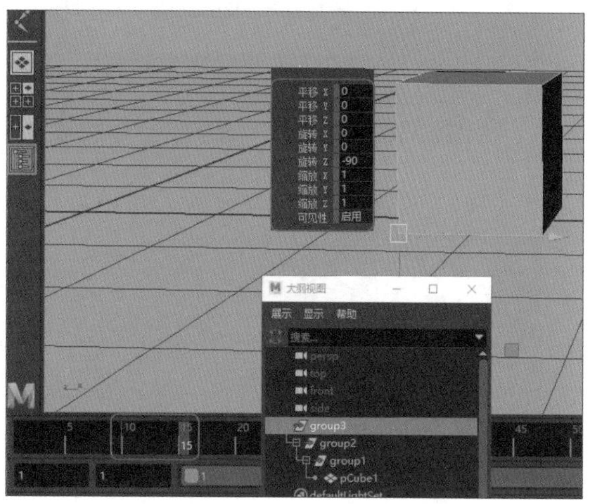

步骤 11 播放动画，就可以看到立方体实现了翻滚的效果，如果想继续让立方体翻滚，可以继续为group3添加分组并重复上述操作，如下图所示。通过这个立方体翻滚的实例，读者可以了解在动画制作的过程中，可以通过改变父级坐标轴的位置实现一些子级模型的特殊动画效果。

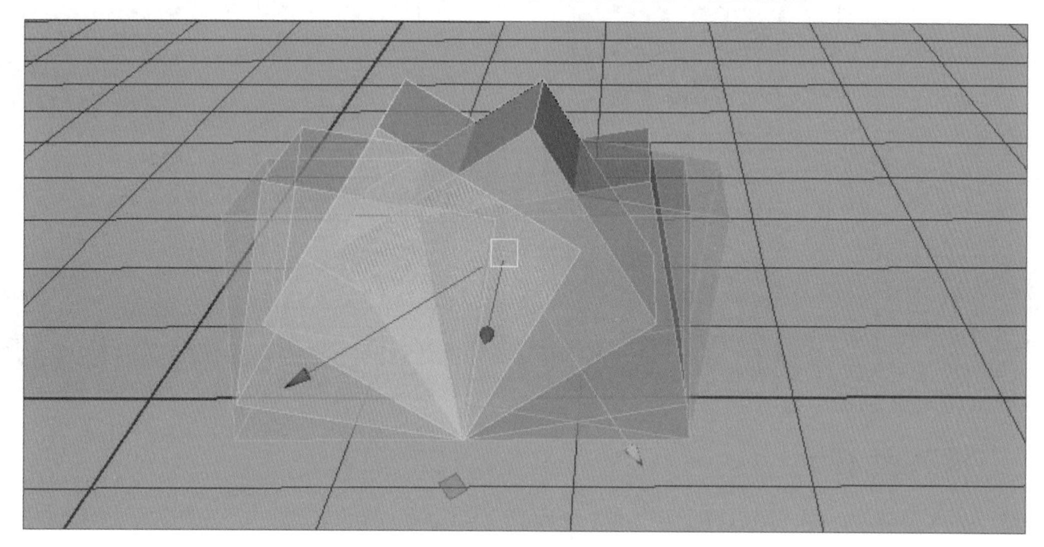

8.3 骨骼关节

骨骼又称为关节，在所有三维软件中都有骨骼的概念，尤其是在游戏动画上，所有游戏引擎都可以识别骨骼绑定动画。骨骼是绑定的重点，下面将详细介绍如何创建及编辑骨骼。

8.3.1 创建关节

先将Maya模块选择为“绑定”模块，在绑定模块下找到“骨架”菜单，如下页左上图所示。执行“创建关节”命令，并在前视图中点击两个顶点，就可创建两个连续的骨骼顶点，同时在大纲视图中显示两个骨骼顶点的层级关系，如下页右上图所示。

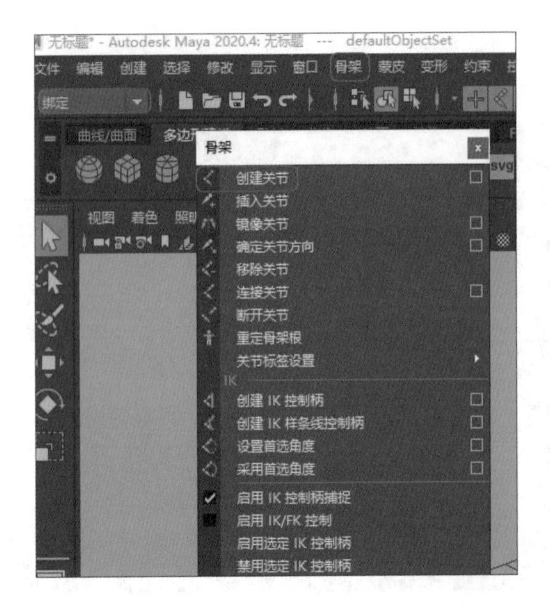

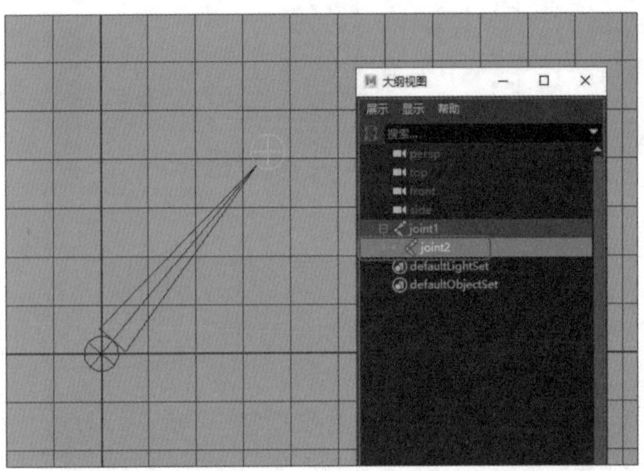

连续单击可以不停地创建骨骼顶点，或者单击鼠标右键，选择“创建关节”命令，效果如下左图所示。也可以通过“建立父子关系”命令，将所有子级骨骼都放在joint1的层级下，如下右图所示。

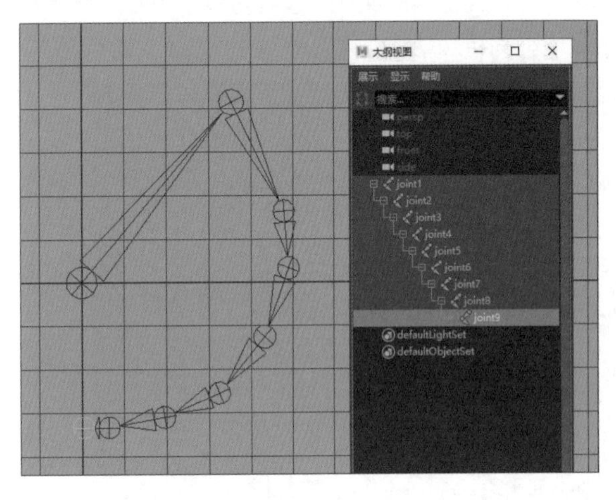

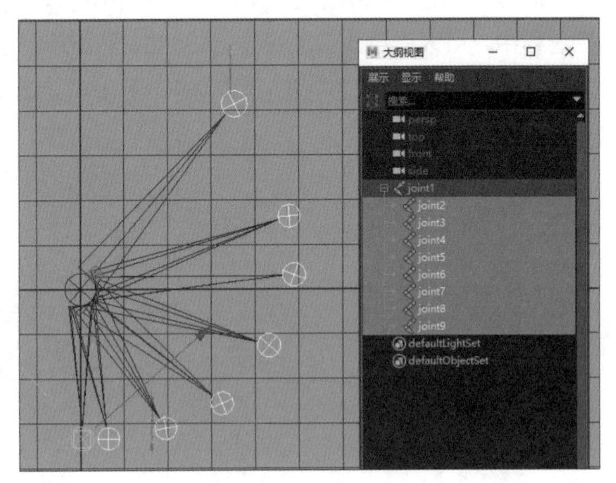

8.3.2 插入关节

通过“插入关节”命令，可以在已经绘制好的骨骼顶点上添加新的骨骼。下左图为已经绘制好的一段骨骼。执行“插入关节”命令，选中末尾的骨骼按住鼠标左键并移动，即可继续创建新的骨骼，如下右图所示。

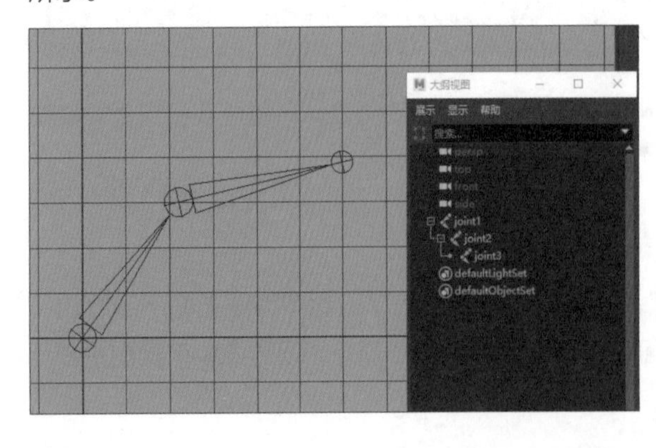

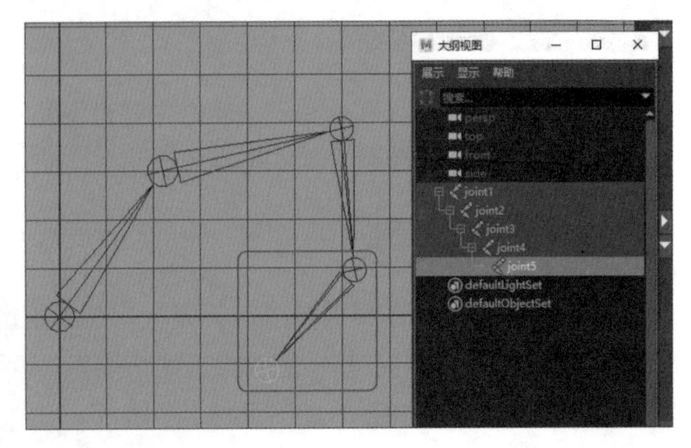

8.3.3 镜像关节

很多时候需要绑定的物体对象是左右对称的，例如人体模型。这时用户只需要创建一侧的骨骼然后通过“镜像关节”命令，就可以将创建好的骨骼镜像至另一边。但是需要注意的是，执行“镜像关节”命令前要在“镜像关节选项”对话框中的“镜像平面”属性里确认以哪个轴进行镜像。如果是在前视图中创建的骨骼，需要将“镜像平面”设置为YZ，如下左图所示。

选中创建的骨骼链的父级骨骼执行“镜像关节”命令，就可以镜像出一模一样的骨骼链，效果如下右图所示。

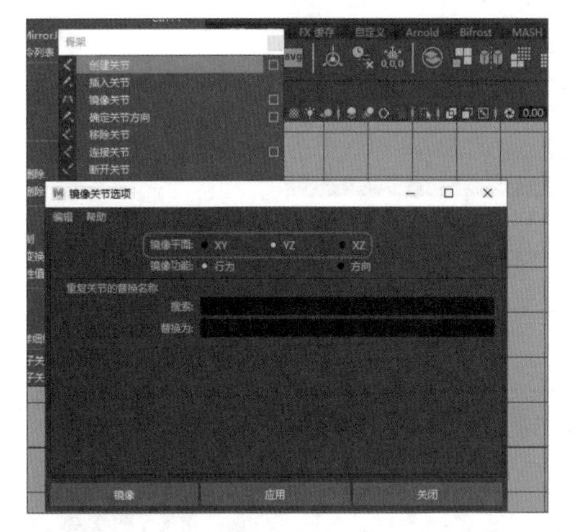

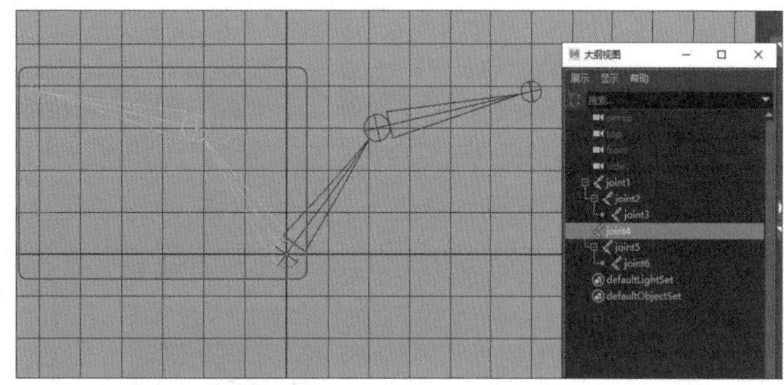

8.3.4 移除关节

移除关节，可以将骨骼链中间部分的骨骼移除掉。需要注意，如果直接通过Delete键删除骨骼链中的某个骨骼会同时删除掉子级下的骨骼，这里说的移除不等同于删除。下图是一条骨骼链。

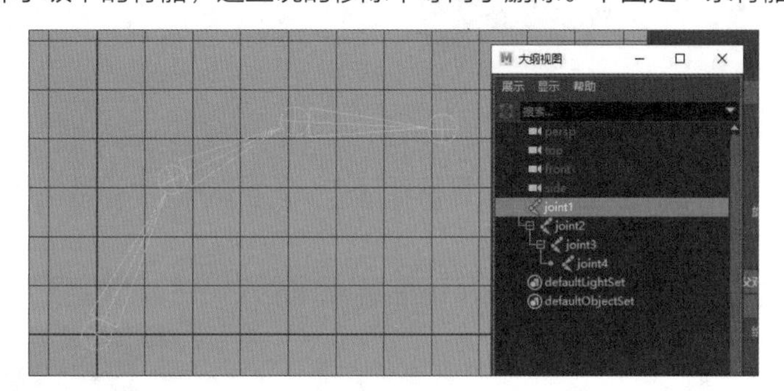

如果选中joint3骨骼按Delete键删除，则连同joint4骨骼一并删除掉了，如下左图所示。但如果选中joint3骨骼执行“移除关节”命令，只将joint3骨骼删除掉，保留joint4骨骼，如下右图所示。

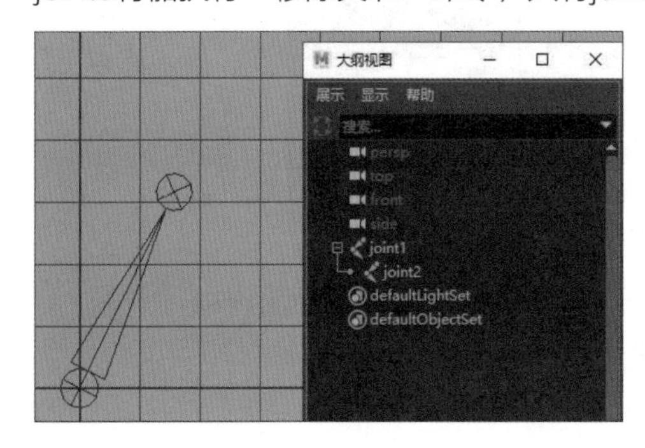

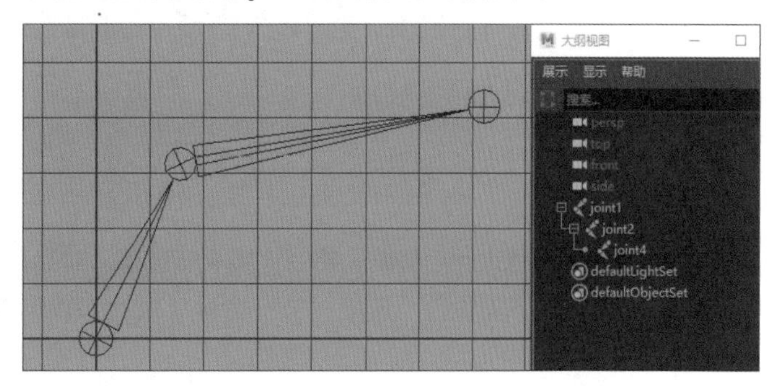

8.3.5 断开关节

断开关节，虽然是改变了骨骼链的层级关系，但又不同于“断开父子关系”命令，它会在断开的骨骼位置上重新创建一个骨骼节点。下图为一条骨骼链。

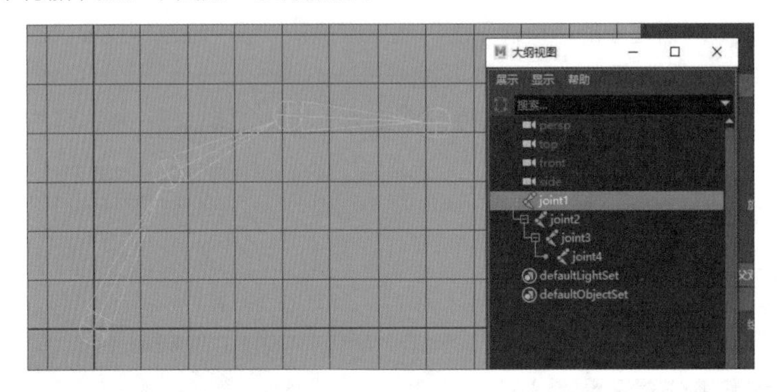

如果选中joint3骨骼执行“断开父子关系”命令，可以看到一条骨骼链变成了两条，如下左图所示。

但是如果选中joint3骨骼执行“断开关节”命令，可以看到骨骼链变成了两段骨骼链，并且Maya在joint3骨骼的位置上自动创建了一个joint5骨骼，如下右图所示。

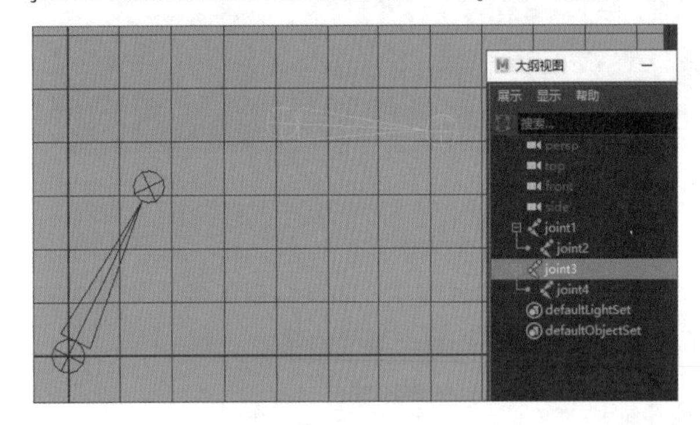

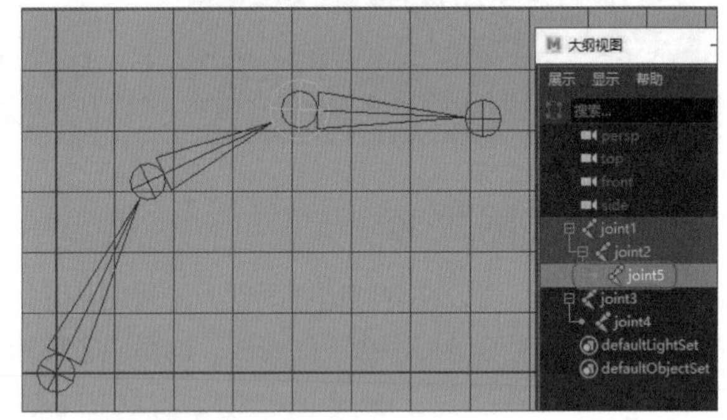

8.3.6 连接关节

连接关节，顾名思义就是将两条断开的骨骼链连接成一条骨骼链。创建两条断开的骨骼链，如下图所示。

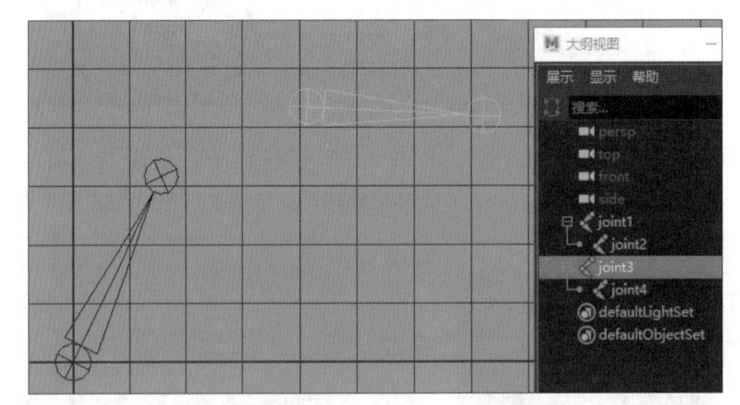

选中joint3骨骼和joint2骨骼，将“连接关节选项”对话框的“模式”修改为“将关节设为父子关系”，如下页左上图所示。并执行“连接关节”命令，就可以将两条骨骼链连接成一条骨骼链，如下页右上图所示。

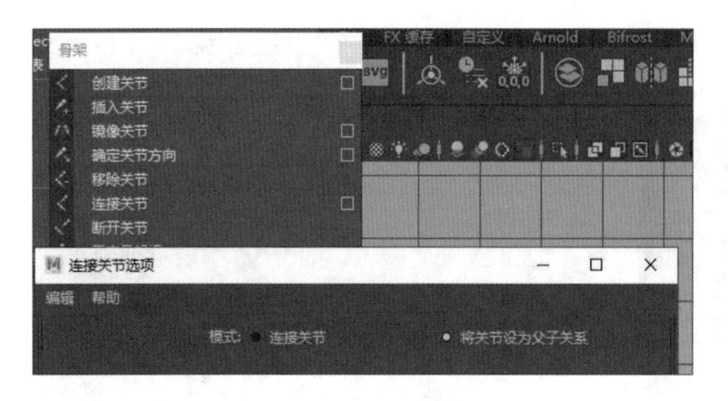

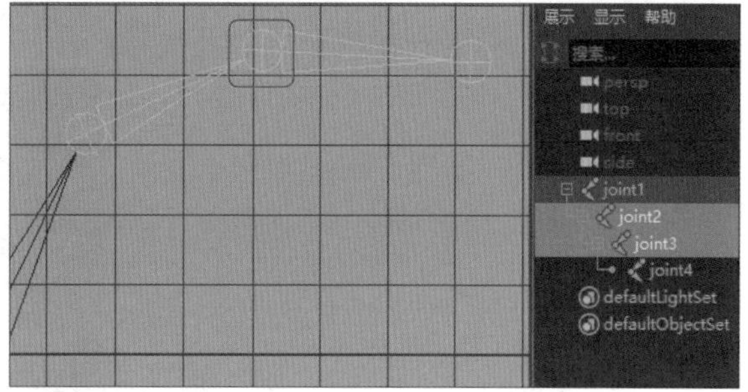

8.3.7 重新设定骨骼根

每条骨骼链的最高层级骨骼叫作骨骼根，骨骼根可以整体移动骨骼链。重新设定骨骼根可以改变骨骼链中的骨骼层级关系。下左图是一条骨骼链，joint1骨骼是这条骨骼链的骨骼根。选中joint2骨骼并执行“重新设定骨骼根”命令，可以将joint2骨骼设置成这条骨骼链的骨骼根，如下右图所示。

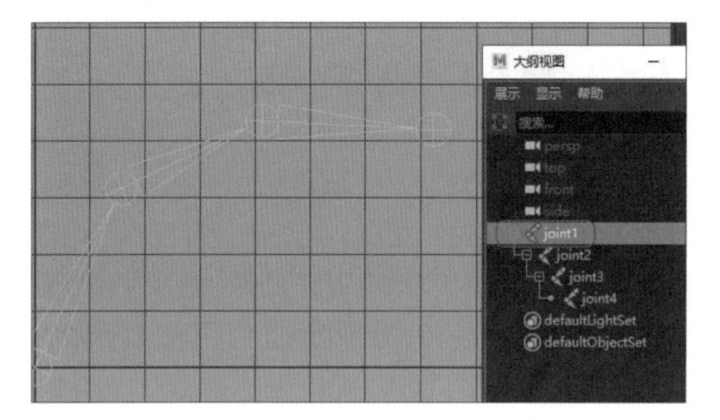

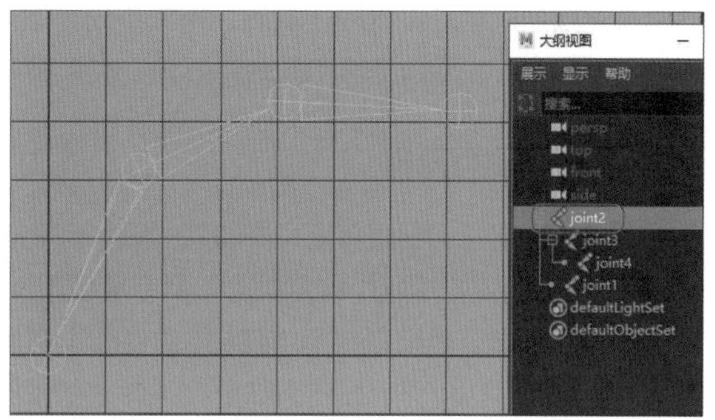

8.3.8 确定关节方向

通常父级骨骼的X轴都会指向子级骨骼，有时经过复杂的操作会导致父级骨骼的X轴未能指向子级骨骼，这时可以通过“确定关节方向”命令对骨骼链进行重置。

在场景中创建一条骨骼链，如下左图所示。选中所有的骨骼并执行“显示>变换显示>局部旋转轴”命令，如下右图所示。

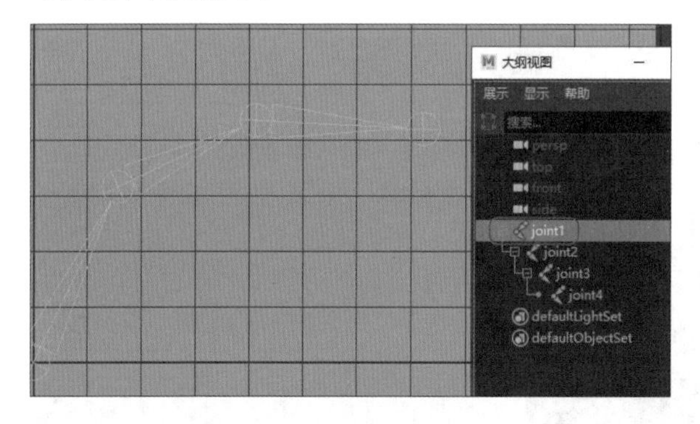

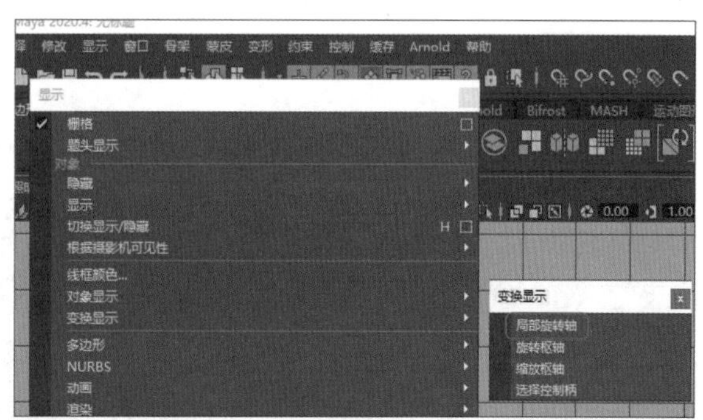

这时可以在场景中观察到骨骼的坐标信息，joint1骨骼的X轴指向joint2骨骼，这是正确的效果。joint2骨骼和joint3骨骼的X轴没有指向子级的骨骼，这是错误的效果，如下页左上图所示。

选中joint1骨骼并执行“确定关节方向”命令，就可以将骨骼链上的骨骼调整到正确的方向，如下页右上图所示。

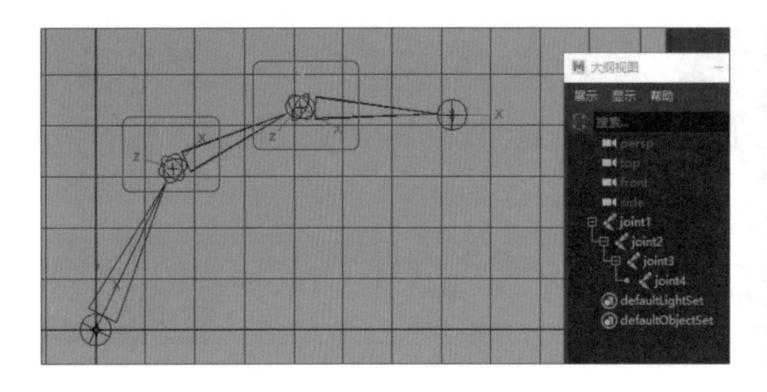

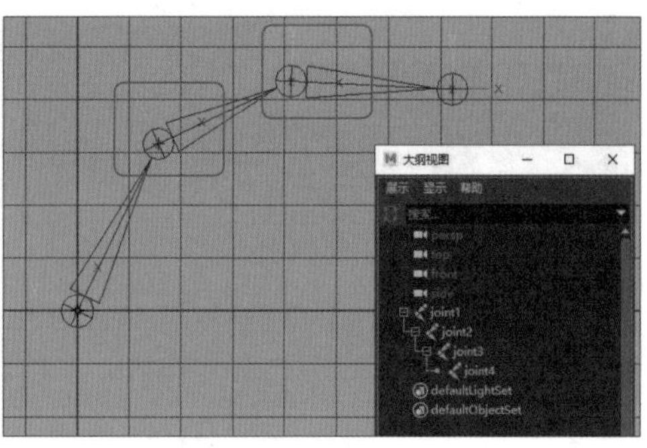

8.4 蒙皮与权重

权重，是指在Maya 2022中绘制一张黑白图，用来控制骨骼在模型上影响的区域和强弱；给模型上的每个骨骼绘制权重的过程叫作蒙皮。权重不光是指骨骼蒙皮，其他变形器都具有绘制权重的属性，后面章节中涉及簇变形、融合变形和晶格变形等，都需要用户通过绘制权重图来达到想要的效果。

8.4.1 创建蒙皮

上一节介绍如何创建骨骼，本节将讲解如何把创建好的骨骼与模型进行蒙皮。用户创建好骨骼后可以通过绑定模块下的“蒙皮>绑定蒙皮”命令给模型添加蒙皮。可以用“蒙皮>取消绑定蒙皮”命令来删除模型上的骨骼绑定。也可以使用“蒙皮>转到绑定姿势”命令将动画的模型转换到绑定时的状态，如下图所示。下面将通过实例介绍如何为模型进行蒙皮操作。

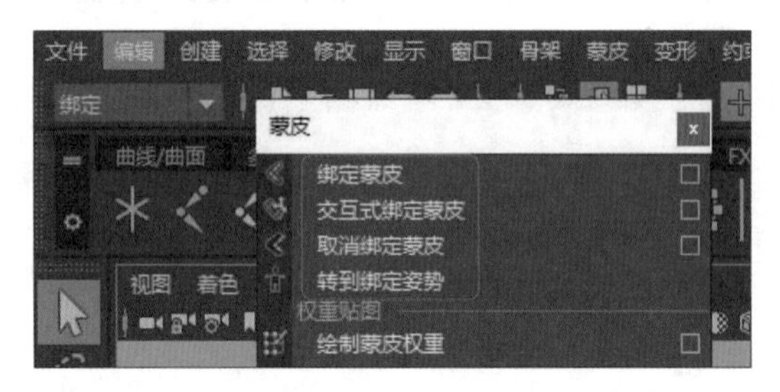

步骤 01 先在场景中创建一个圆柱体并将它的“高度”设置为4，“高度细分数”设置为6，如下左图所示。

步骤 02 在前视图中用“创建关节”命令在圆柱体的中间创建一条骨骼链，如下右图所示。

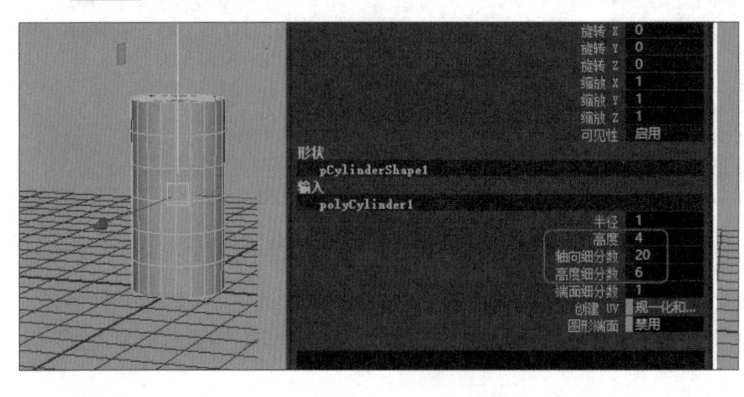

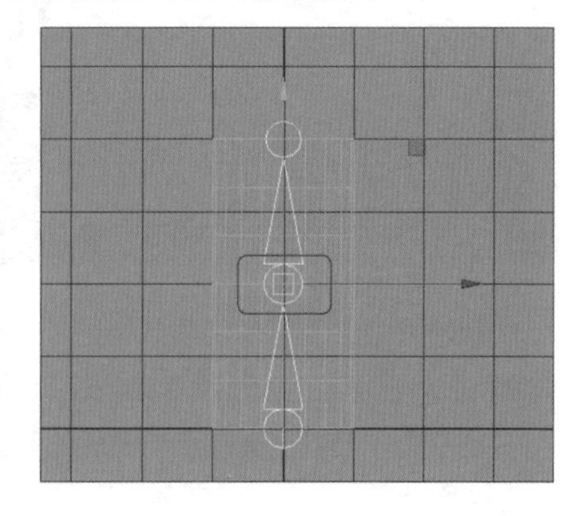

步骤 03 选中骨骼和圆柱体执行“绑定蒙皮”命令，如下页左上图所示。

步骤 04 选中中间的joint2骨骼将“旋转Z”设置为-90，圆柱体弯曲，但是弯曲的效果不是很理想，如下右图所示。

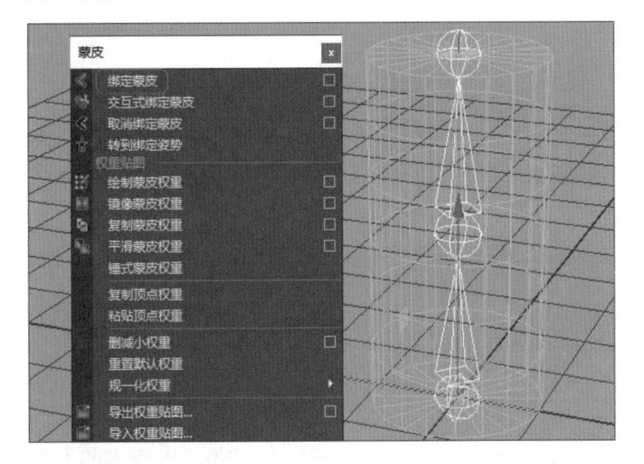

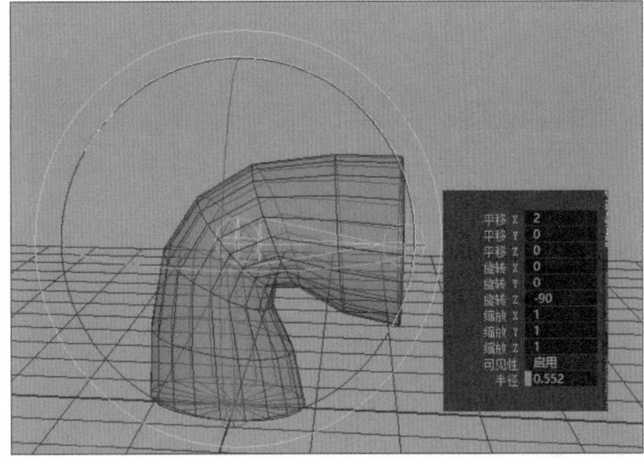

步骤 05 这时的效果是Maya 2022自动蒙皮的权重，如下图所示。在下面小节中将介绍如何调节权重达到一个比较理想的效果。

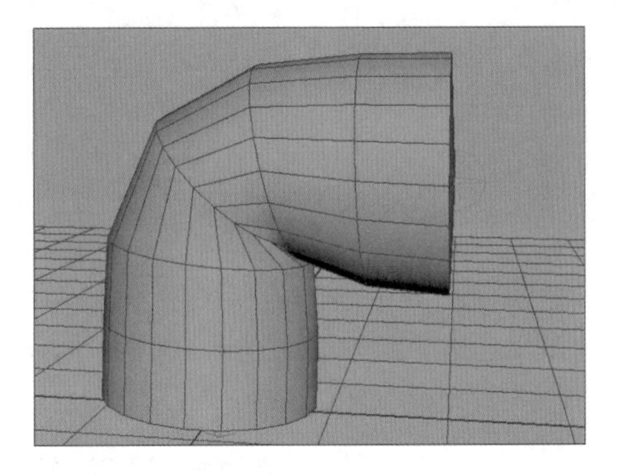

8.4.2 组件编辑器

执行绘制权重有两种方式，一种是通过“绘制蒙皮权重”命令用笔刷在模型上绘制权重，另一种是通过在“组件编辑器”中给每个顶点输入受到的骨骼影响值来调节权重。这两种模式在蒙皮绑定时都会经常使用，有时候通过输入数值会更方便地控制权重，有时通过绘画的形式更为方便，两者是相辅相成的关系。

首先介绍如何使用组件编辑器，在菜单栏中执行“窗口>常规编辑器>组件编辑器”命令，打开组件编辑器窗口，并切换至“平滑蒙皮”选项卡，如下图所示。

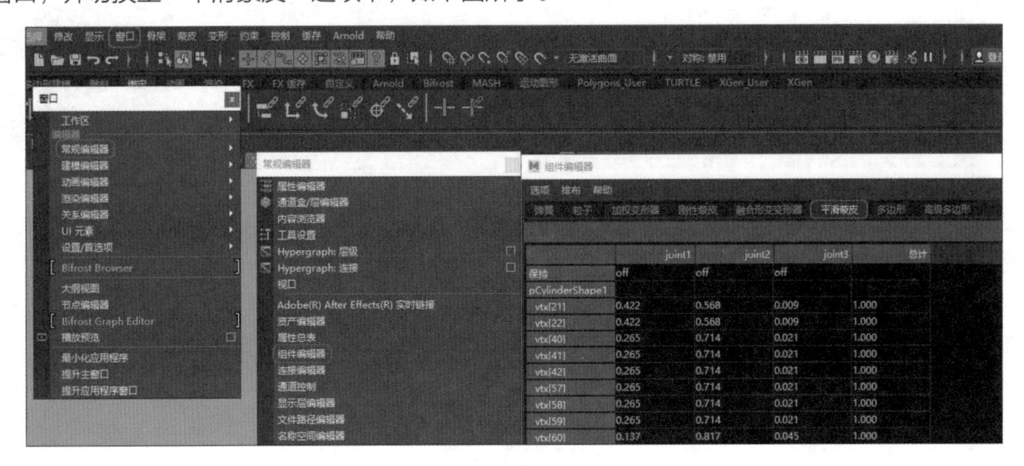

提示：使用组件编辑器的注意事项

使用组件编辑器调整权重数值时，要先选中具有蒙皮信息的模型顶点。

接着使用上节中的圆柱体蒙皮实例继续操作，介绍组件编辑器的使用方法。

步骤 01 选中圆柱体下半部分的顶点，如下左图所示。

步骤 02 在组件编辑器中将顶点joint1的影响值全部设置为1，如下右图所示。这里设置为1，是让这些顶点全部受joint1骨骼控制。

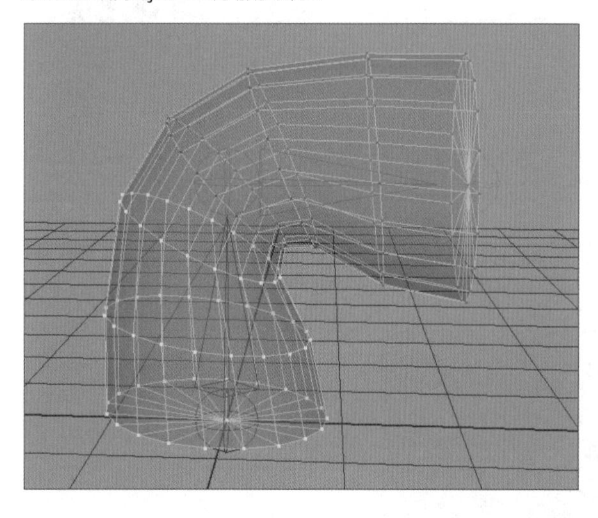

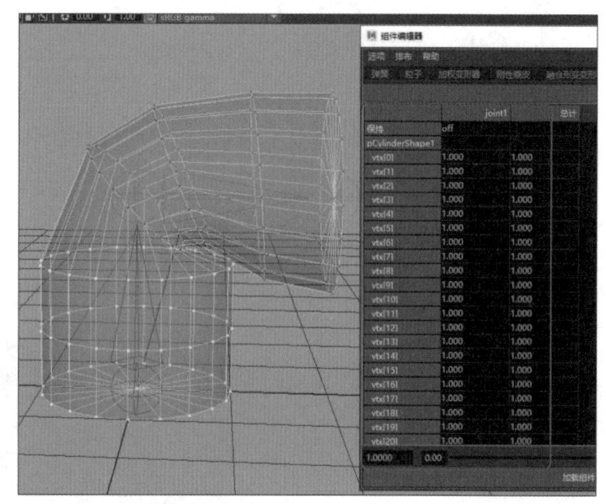

步骤 03 再选中圆柱体上半部分的顶点，留中间一圈顶点不要选择，如下左图所示。

步骤 04 根据步骤2的方法让这些顶点全部受joint2骨骼控制，如下右图所示。

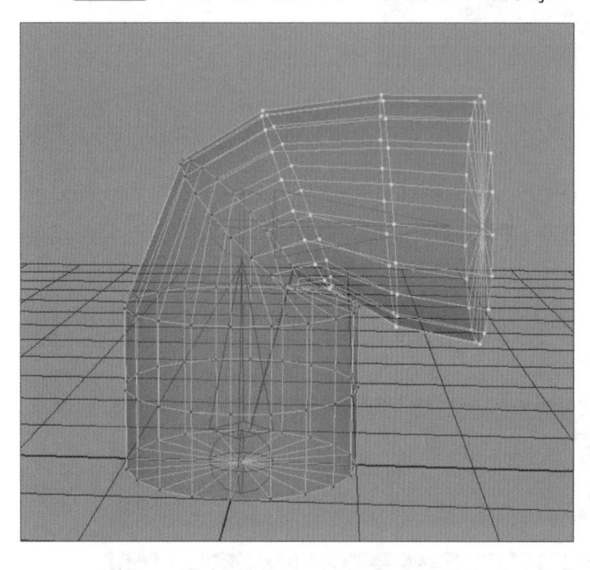

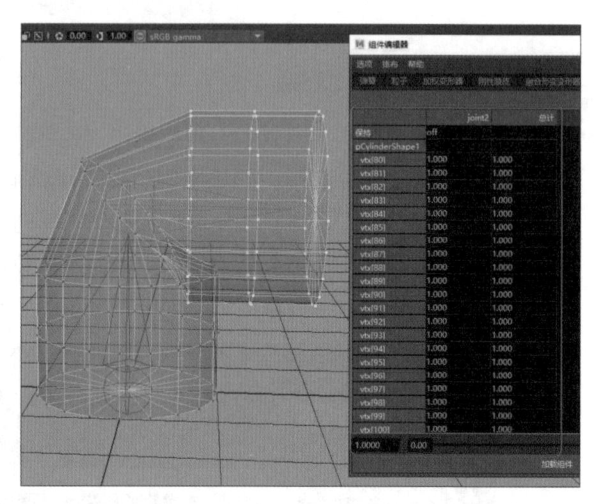

步骤 05 最后选中中间一圈顶点，如下页左上图所示。

步骤 06 中间这圈顶点是弯曲的中心顶点，它位于joint2骨骼的旋转轴上，所以这个顶点应该被joint1和joint2同时影响，并且影响值应该是各占一半，这时就需要在组件编辑器中将joint1和joint2均设置成0.5，如下页右上图所示。

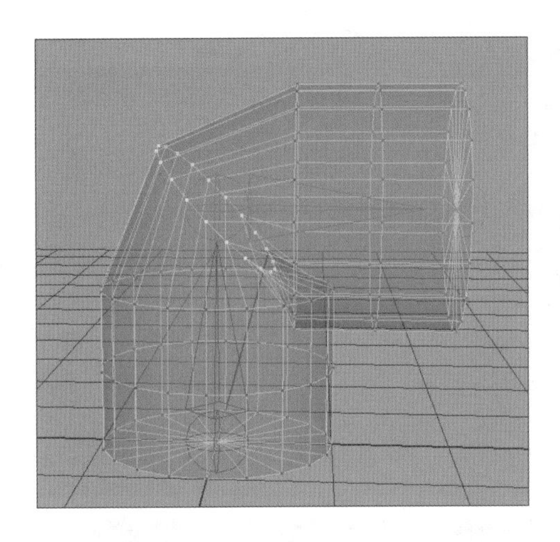

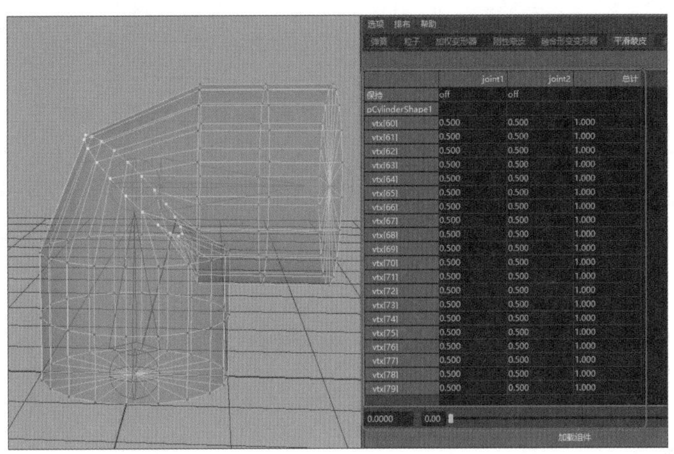

步骤 07 此时圆柱体靠近中间两端的顶点有穿插，这种现象就叫作“穿模”，如下左图所示。

步骤 08 用户在绘制权重的时候要尽量避免穿模。先选中圆柱体下面一圈顶点，需要让这圈顶点同时受到joint2骨骼的影响，且影响值不能高于中间一圈顶点的0.5的强度，如下右图所示。

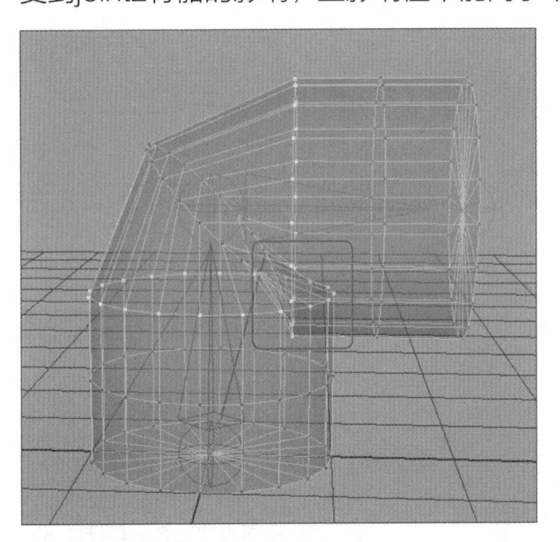

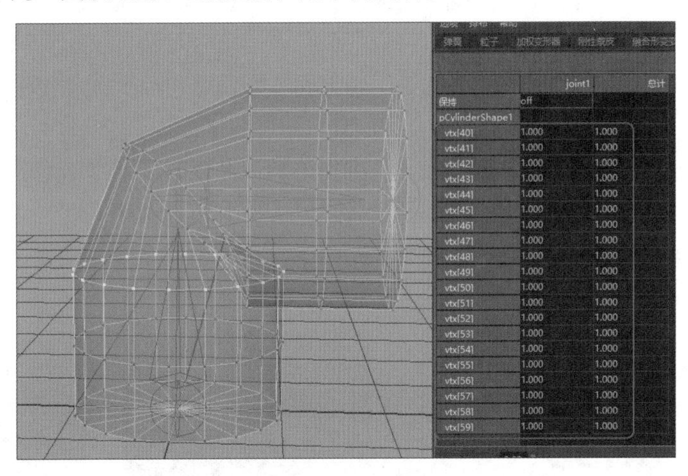

步骤 09 此时这圈顶点已经全部受到joint1骨骼的影响，组件编辑器中已经不显示joint2骨骼信息了。重新操作，选中下面一圈顶点中的一个顶点并加选中间一圈顶点上的一个顶点，如下左图所示。

步骤 10 组件编辑器中同时显示joint1骨骼和joint2骨骼的信息，这时将vtx[51]的joint2骨骼权重设置为0.15，并观察点的变化，如下右图所示。

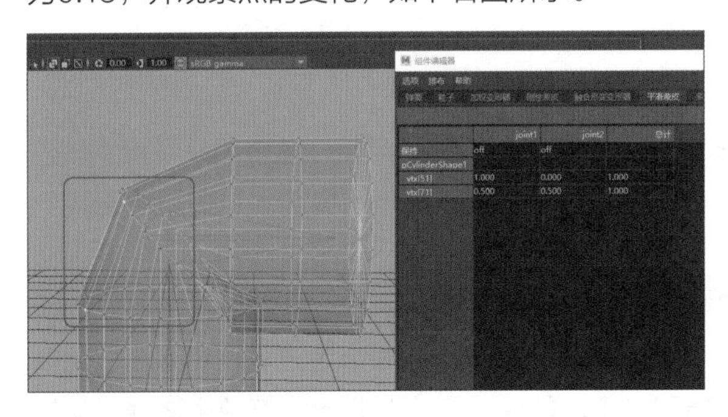

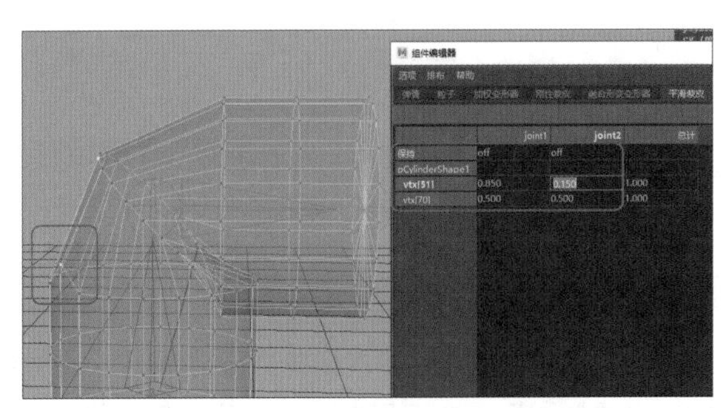

步骤 11 选中圆柱体上的vtx[51]这个顶点，执行“蒙皮>复制顶点权重”命令，如下页左上图所示。

步骤 12 再选中这一圈顶点，执行“蒙皮>粘贴顶点权重”命令，就可以将vtx[51]这个顶点的权重信息复制到一圈顶点上，如下页右上图所示。

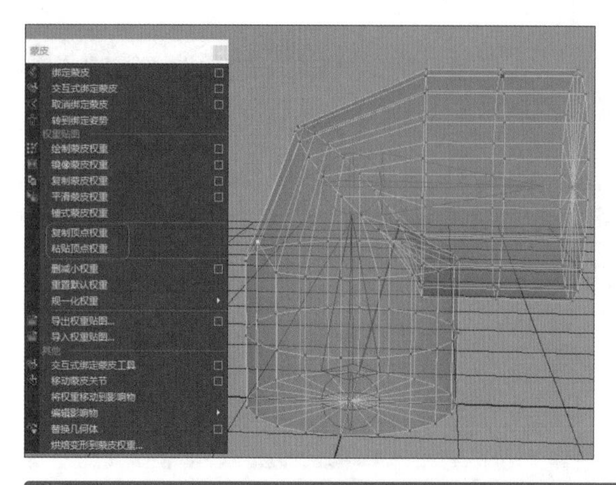

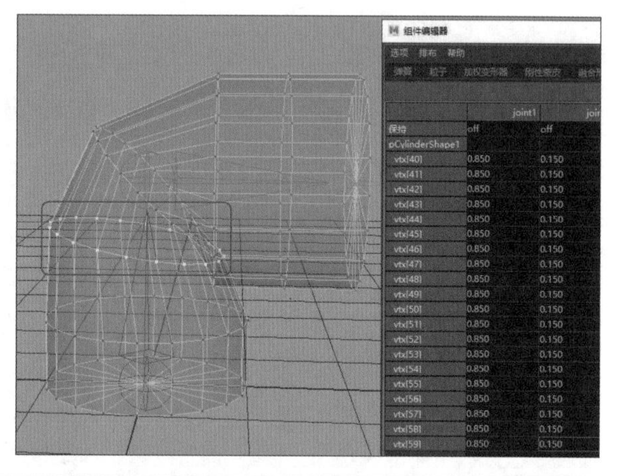

提示：末关节不参与蒙皮

这里要注意，一般骨骼链的末关节是不参与蒙皮权重的，例如本实例中的joint3骨骼不需要对圆柱体进行控制，它主要的作用是用来显示和方便用户观察joint2骨骼的旋转状态。如果没有joint3骨骼，那么joint2骨骼就只会显示一个圆形的骨骼节点，当joint2旋转时很难观察到它的旋转程度。

步骤 13 用同样的方法，将上面一圈顶点的joint1骨骼权重设置为0.15，joint2骨骼权重设置为0.85，如下左图所示。

步骤 14 如果觉得模型弯曲得不够平滑还可以继续给两侧的顶点添加骨骼权重，如下右图所示。注意权重数值应当成递增或递减的状态，切不可两头强中间弱或两头弱中间强。

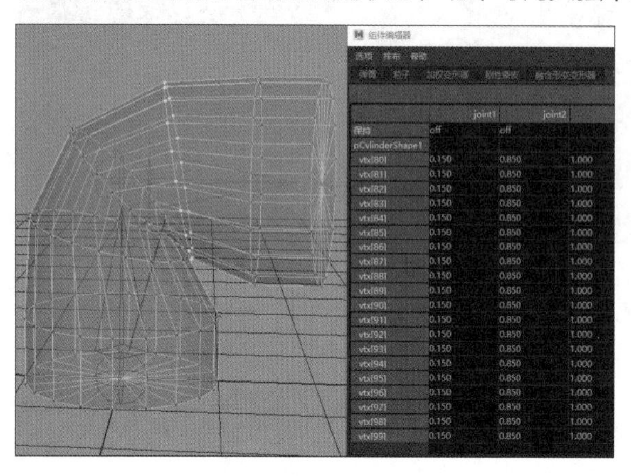

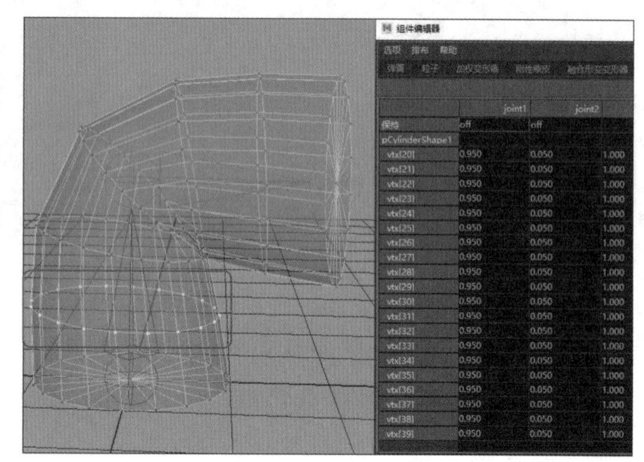

8.4.3 绘制蒙皮权重

如果模型是类似圆柱形且受到的骨骼影响相对比较单一，比如人的手指，用组件编辑器来设置蒙皮权重是很方便的。但在项目中也经常会遇到模型布线不规则且受到多个骨骼影响的情况，这时就需要用到"绘制蒙皮权重"命令了。

学习绘制蒙皮权重命令前要先对绘制蒙皮权重命令的界面有一定了解，用户可以通过三种方式执行绘制蒙皮命令。第一种是找到并执行"蒙皮>绘制蒙皮权重"命令。第二种是在绑定工具栏中单击"绘制蒙皮权重"图标，如下页左上图所示。第三种是选中模型并单击鼠标右键，在弹出的菜单中选择"绘制>skinCluster"中的绘制权重命令，如下页右上图所示。注意不管是哪种执行方式，"绘制蒙皮权重"命令只对已添加过绑定蒙皮的模型进行绘制操作。

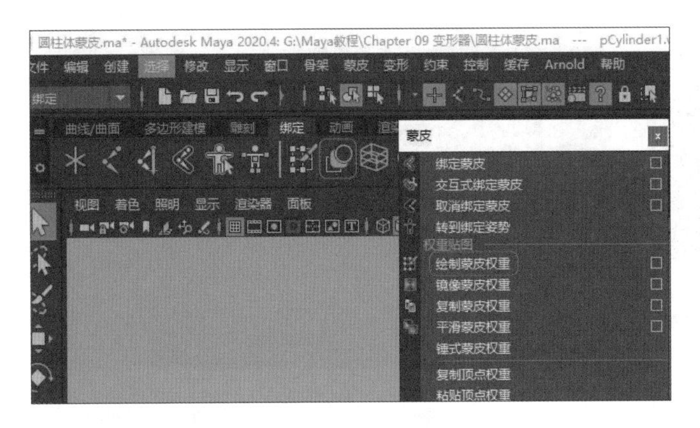

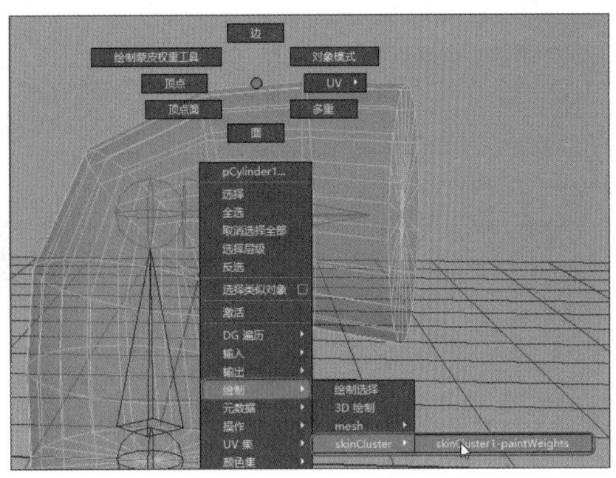

绘制蒙皮权重命令中的功能比较多，下面先对绘制蒙皮命令的工具设置窗口进行介绍。如果用户执行完“绘制蒙皮权重”命令后未弹出“工具设置”窗口，需要单击界面左侧工具栏上的“绘制蒙皮权重”图标，如下图所示。

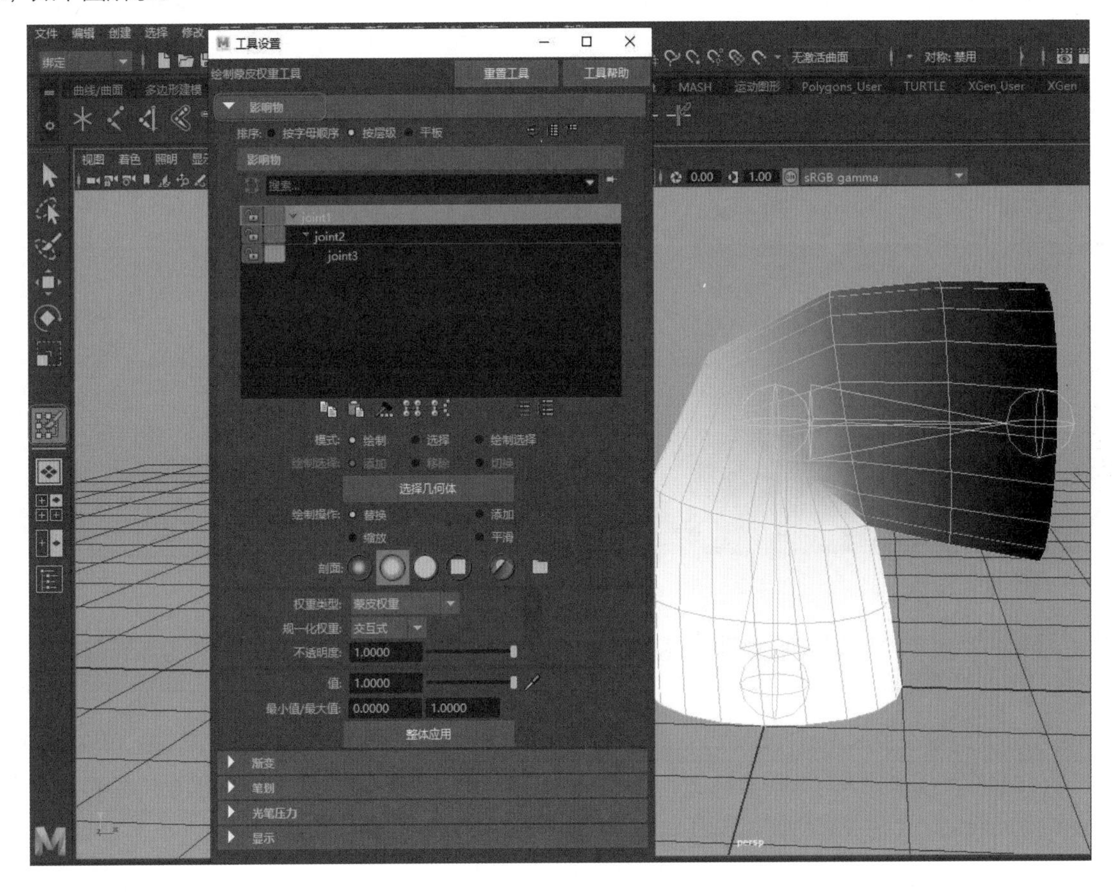

“影响物”选项卡：这是绘制蒙皮权重工具最为重要的部分，还是以上节中的圆柱体为例介绍该选项卡中的相关功能。

- **排序：**通过不同的形式对界面中的骨骼显示进行排序，默认也是最常用的“按层级”排序，这样用户可以看到骨骼链的层级关系。
- **影响物界面：**用来显示模型收到的所有骨骼的信息，并且在窗口中选中某个骨骼会显示这个骨骼对模型的影响区域，白色时权重值为1，黑色时权重值为0，如下页左上图、下页右上图所示。骨骼前面还有锁的图标，单击这个图标可以锁定某个骨骼的权重值，在绘制时不受影响。

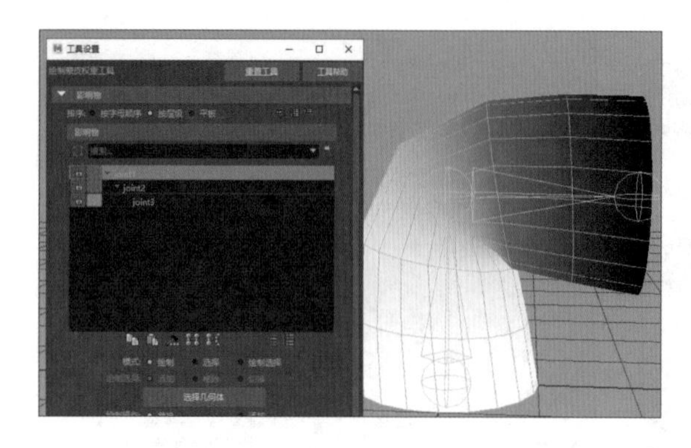

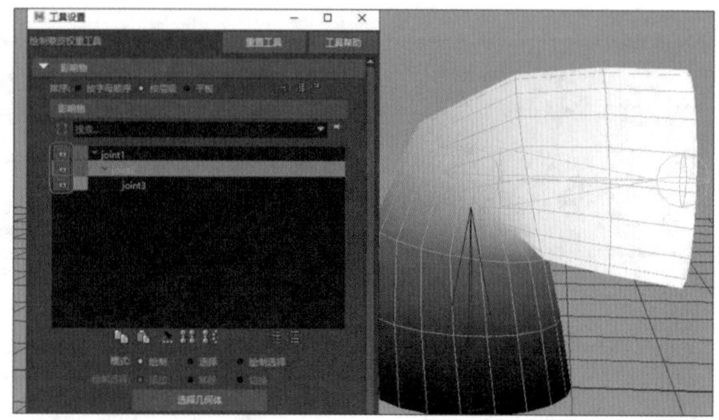

- **模式：**通过该选项可在绘制模式之间进行切换。因为选择“绘制”时光标相当于是画笔，不能再选择模型的顶点了，必须切换到“选择”模式后才能再次选择模型的顶点。如果是选中了模型的某些顶点再执行“绘制蒙皮权重”命令，则绘制时只对选中的顶点有影响。
- **绘制操作：**“替换”表示笔刷将使用为笔刷设定的权重替换蒙皮权重。“添加”表示笔刷绘制时将增加对骨骼的影响。“缩放”表示笔刷绘制时将减少对骨骼的影响。“平滑”表示笔刷绘制的顶点将进行平滑权重。
- **“渐变”选项卡：**开启后骨骼权重信息会有彩色显示，有利于用户观察权重的影响范围及强弱，如下左图所示。
- **“笔划”选项卡：**控制笔刷笔画的大小，如下右图所示。

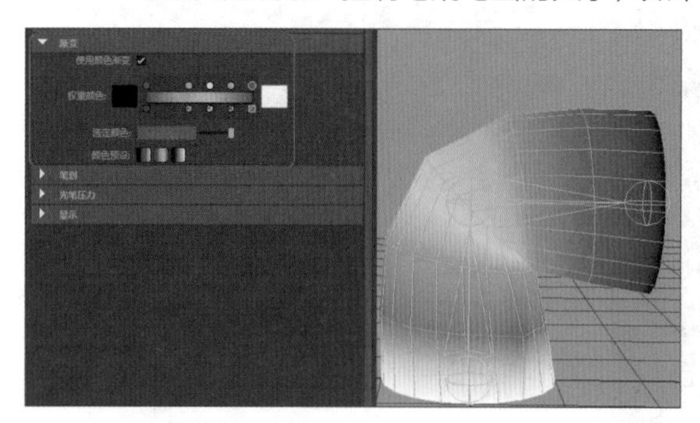

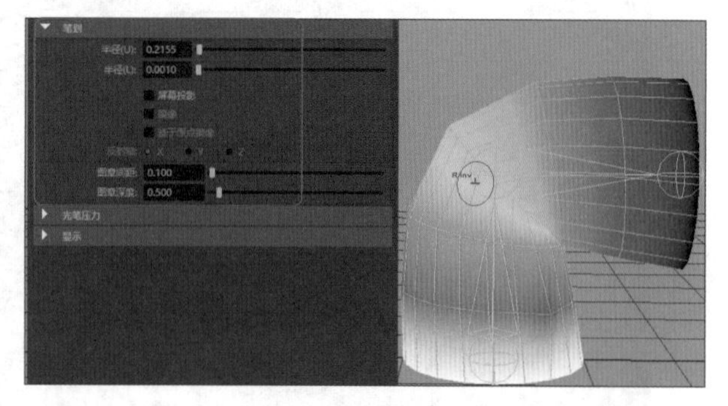

8.5 FK与IK

FK（正向运动）和IK（反向运动），是骨骼的两种运动方式。例如头发上的辫子，在人运动的时候会根据运动规律而晃来晃去，这种就是正向运动。再例如人的手在去拿东西的时候是有指向性的，虽然肩膀、手臂也在运动，但肩膀和手臂都是因手的牵动而运动，这就是反向运动。

8.5.1 FK原理

FK正向运动是带有层级关系的运动，是根据父关节的旋转来计算出子关节的位置。生活中看到的随风摆动的草、人的辫子、动物的尾巴等都属于FK运动。人走路时手臂会随着身体的运动而前后摆动也属于FK运动。在Maya 2022中创建的骨骼链默认都是FK，跟关节运动会带动子关节运动。

8.5.2 创建FK控制器

在Maya 2022中创建好了骨骼并不代表绑定工作就完成了，创建骨骼只是绑定的第一步。第二步是要给创建出来的骨骼添加一个控制器，因为在项目中要保持一套干净的骨骼链，并且复杂的绑定需要给骨骼添加很多的约束，所以不能直接在骨骼上创建动画，需要单独用曲线来创建骨骼的控制器，用户需要给控制器添加动画。曲线的特点就是不会被Maya渲染出来，所以不管多复杂的控制器也不会对文件最终的渲染造成影响。下面将介绍创建FK控制器的方法。

步骤 01 在场景上创建一条骨骼链，如下图所示。

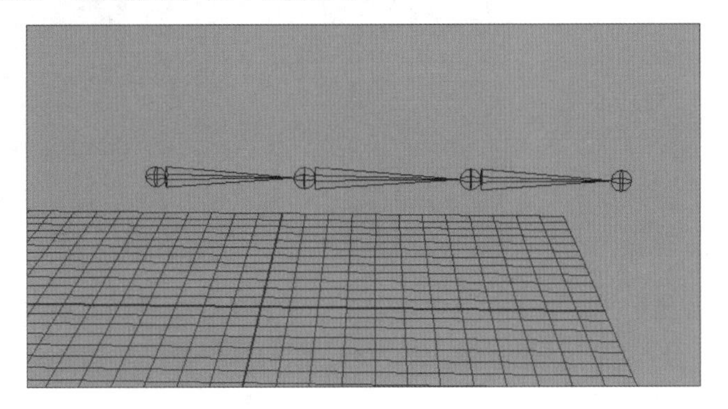

步骤 02 然后在“曲线/曲面”工具栏中双击“NURBS圆形”按钮，打开“NURBS圆形选项”对话框，将“法线轴”改成X后执行创建命令，如下左图所示。

步骤 03 创建好nurbsCircle1圆形后要添加分组，如下右图所示。

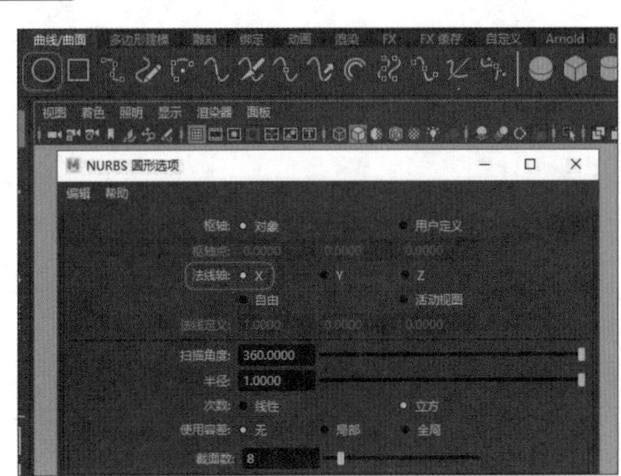

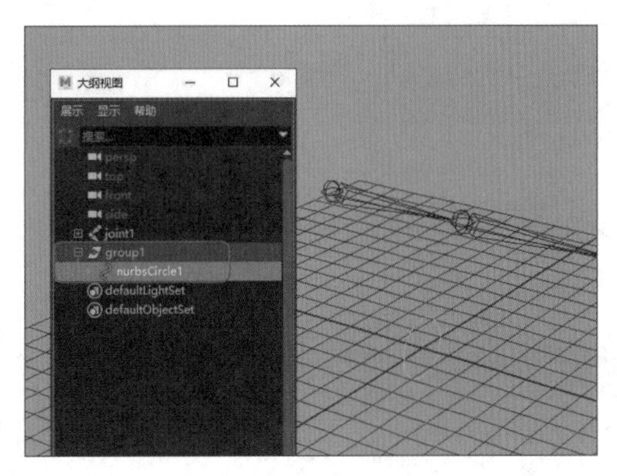

步骤 04 先选择中joint1骨骼再加选group1分组，再执行“父子约束”，如下图所示。

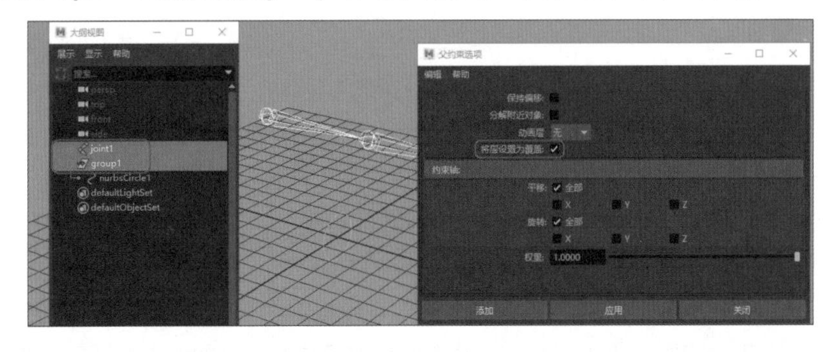

步骤 05 执行完父子约束命令后，可以看到group1分组会移动到joint1骨骼的位置上，如下页左上图所示。为了让控制器的位置与旋转和骨骼的位置与旋转保持一致，给控制器添加分组是因为如果直接用骨骼给控制器做父子约束，则控制器的属性就会有数值，为了让控制器的属性为零，则需要给控制器添加分组，用骨骼跟控制器的组进行约束。这里还需要删除group1_parentConstraint1的父子约束节点，因为并不是真的要去用骨骼约束控制器，只是为了要改变控制器组的位置而已。

步骤 06 选中nurbsCircle1圆形再加选joint1骨骼，再进行“父子约束”命令，让nurbsCircle1圆形来控制joint1骨骼的平移和旋转属性，如下右图所示。

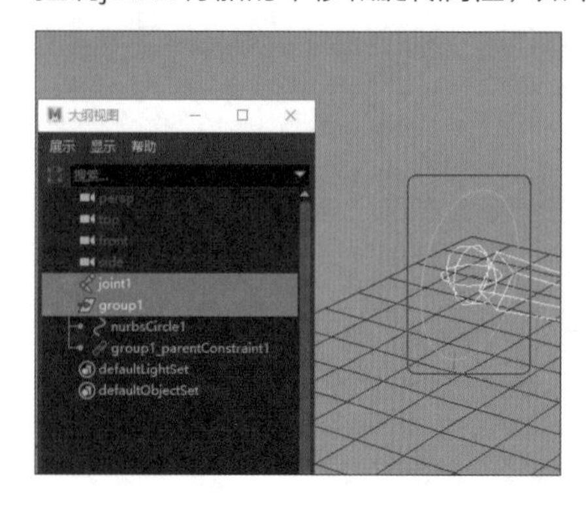

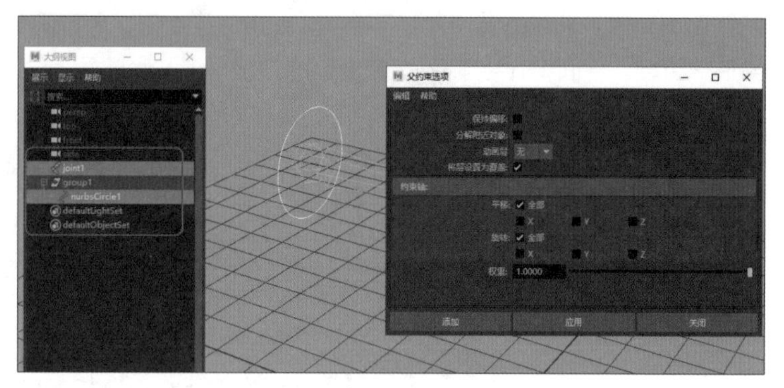

步骤 07 用同样的方式再创两个“NURBS圆形”，并更改它们的名称。用joint1_con圆形给joint1骨骼做父子约束，用joint2_con圆形给joint2骨骼做父子约束，用joint3_con圆形给joint3骨骼做父子约束，并改变它们的分组层级，如下左图所示。

步骤 08 这样就可以分别用这三个控制器来控制骨骼的旋转了，如下右图所示。

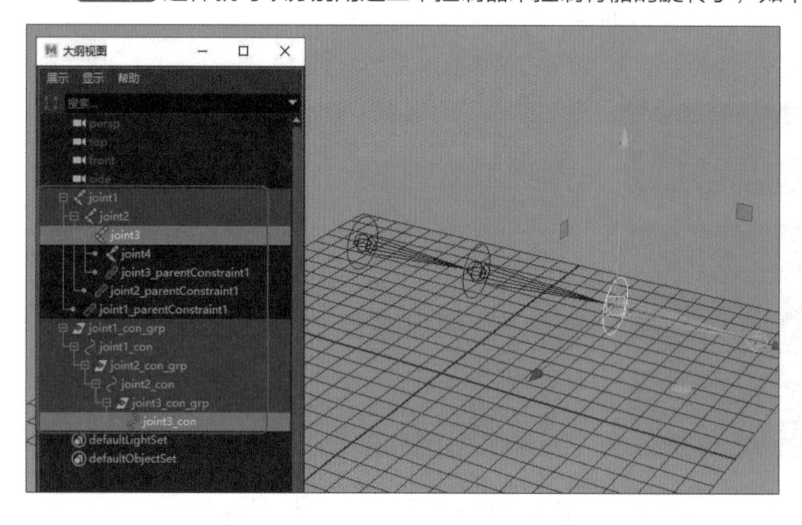

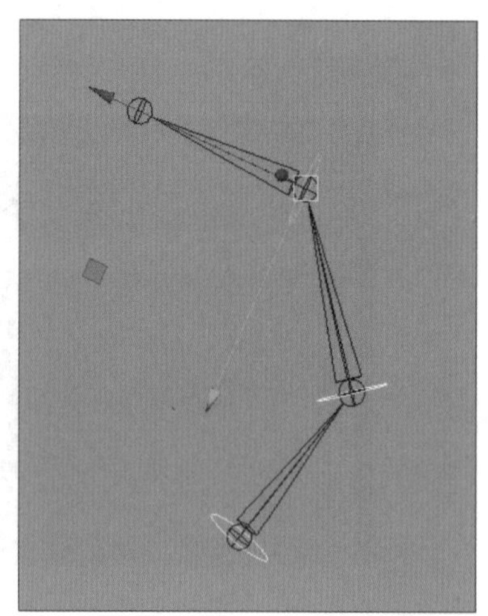

8.5.3 IK原理

IK是指反向运动，由末端骨骼去控制父骨骼的运动角度。例如，人在做俯卧撑运动时，手臂的末端骨骼手掌按在地上并保持不动，运用反向动力学，反向求出大臂和小臂的骨骼运动角度，来实现身体的上下浮动。再例如，一个伸手开门的动作，在伸出手碰到门把手之前是正向运行，当手握住门把手时，手会随着门的开合移动并控制手臂的运动角度，这是一个反向运动。

8.5.4 创建IK控制柄

IK手柄分为普通IK和样条线性IK两种模式，样条线性IK是指用一条曲线来控制骨骼的IK反向运动。普通IK是只有一个末端控制器来控制反向运动效果。下面介绍普通IK绑定的具体操作。

步骤 01 在顶视图模式下创建一条骨骼链，如下页左上图所示。

步骤 02 将当前的骨骼链想象成是人的手臂，joint1骨骼是大臂、joint2骨骼是手肘、join3骨骼是手腕，如下页右上图所示。

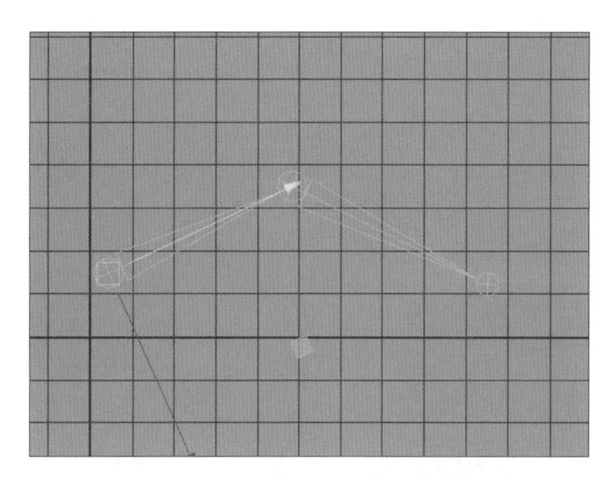

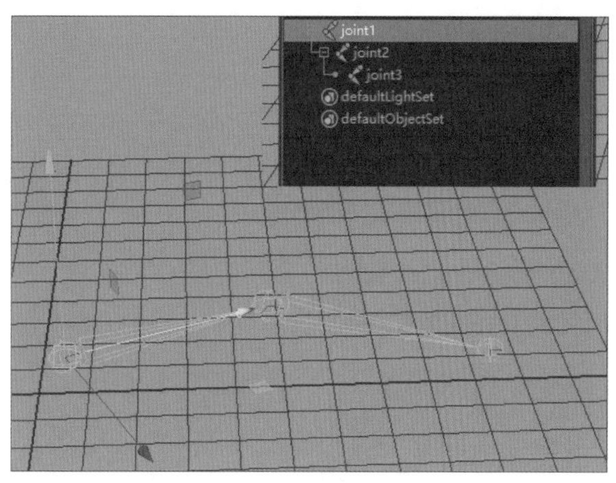

步骤03 在绑定模式下执行“骨架>创建IK控制柄”命令，如下左图所示。

步骤04 然后光标会变成一个十字符号，这时先选中joint1骨骼再选中joint3骨骼来完成IK的创建，ikHandle1就是IK的控制柄，如下右图所示。要注意选择的顺序，先选中父级骨骼再选中末端骨骼。

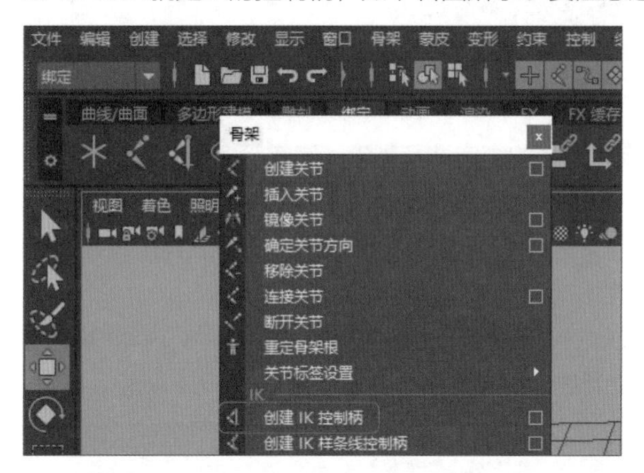

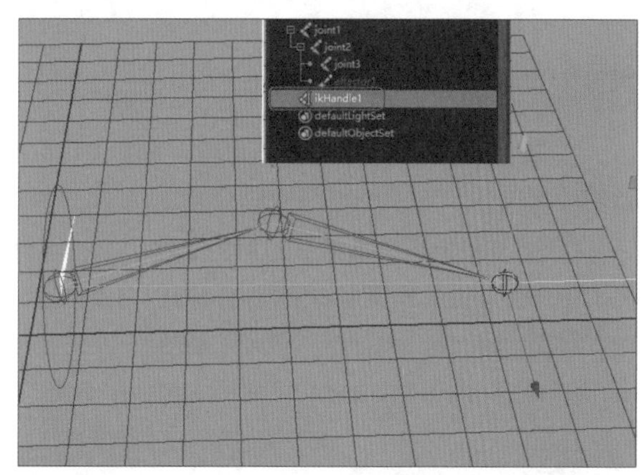

步骤05 注意，创建出来的ikHandle1控制柄属性上是有数值的，不方便用户在操作后找到原始的点，所以还是要先创建一个控制器来约束ikHandle1控制柄。跟创建FK控制器的方式一样，用创建好的曲线给ikHandle1控制柄做父子约束，如下左图所示。

步骤06 移动IK_con控制器可以看到父骨骼会跟着末端骨骼的位置而产生角度变化，如下右图所示。但是，用户会发现“手臂”骨骼虽然弯曲了，但是弯曲的方向却不能控制。这里就要用到上一章中介绍的“极向量”约束，极向量就是用于控制IK弯曲时骨骼的翻转效果。

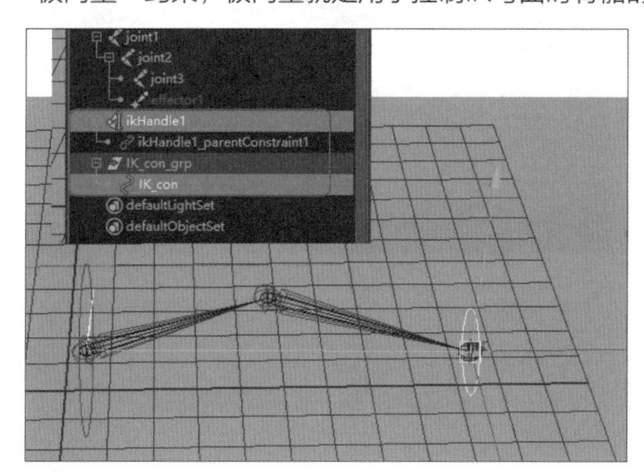

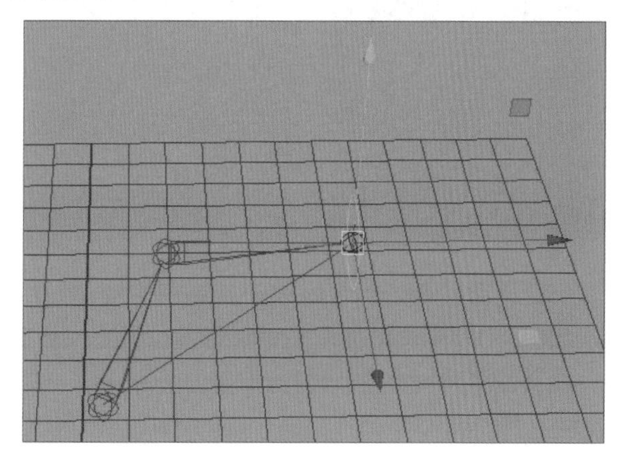

步骤 07 先将IK_con控制器属性归零。执行“创建>定位器”命令，在骨骼弯曲点的前方创建一个定位器，如下左图所示。

步骤 08 在大纲视图窗口中，先选中locator1定位器再加选ikHandle1的IK控制柄，并执行“绑定>约束>极向量约束”命令，如下右图所示。移动locator1控制器，骨骼的翻转方向会一直指向控制器，这样就创建好了一套完整的IK绑定。

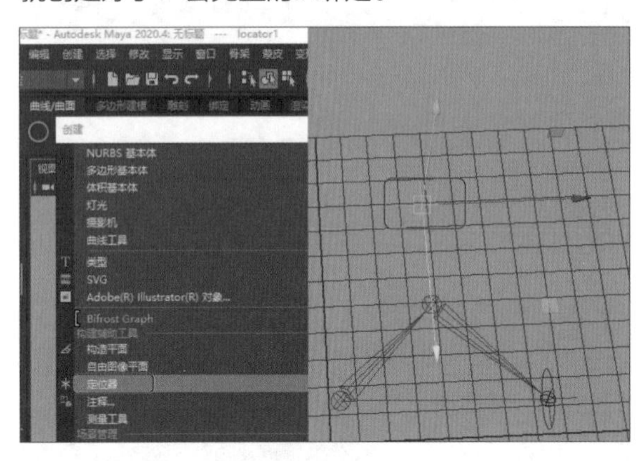

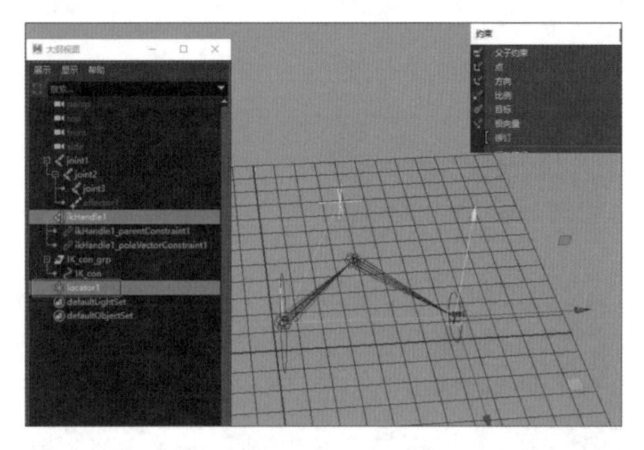

实战练习 人物腿绑定

在角色绑定中，通常只有手臂和腿需要进行IK绑定，而腿的绑定涉及脚尖、脚掌等多个旋转点，比手臂更加复杂。下面做一个人物腿部的绑定案例，学习多个IK绑定结合使用的效果。

步骤 01 首先打开本章节的案例文件“人物腿绑定_准备.ma”，如下左图所示。文件已经搭建好了骨骼，用户也可以根据案例中的骨骼位置练习重新搭建骨骼。

步骤 02 使用“创建IK控制柄”命令分别在joint_UpLeg骨骼与joint_Foot骨骼、joint_Foot骨骼与joint_ToeBase骨骼、joint_ToeBase骨骼与joint_end骨骼之间创建三个IK控制器，如下右图所示。

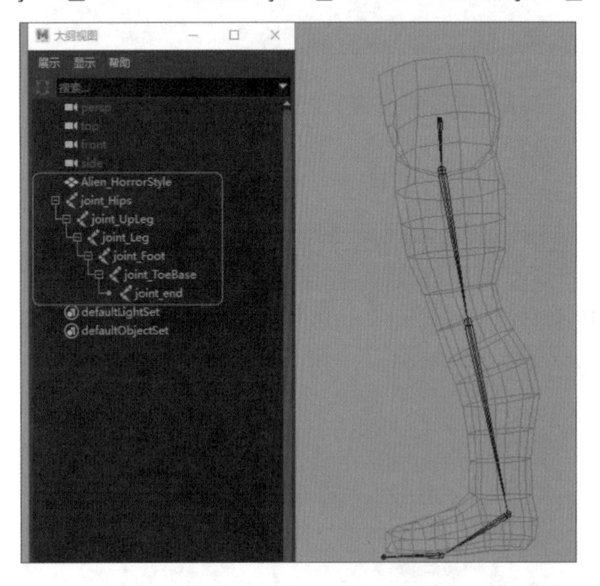

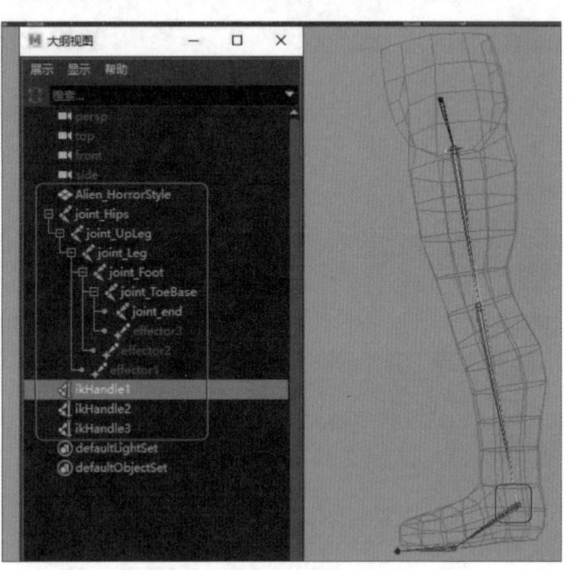

步骤 03 选中ikHandle1的IK控制柄、ikHandle2的IK控制柄和ikHandle3的IK控制柄并添加分组，将分组的中心点移动到joint_Foot骨骼的位置上，如下页左上图所示。

步骤 04 再次为三个IK控制柄添加一个分组，并将分组的中心点移动到joint_end骨骼的位置上，如下页右上图所示。

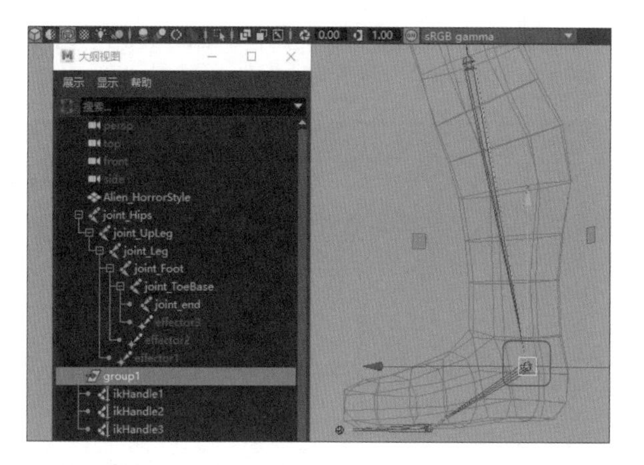

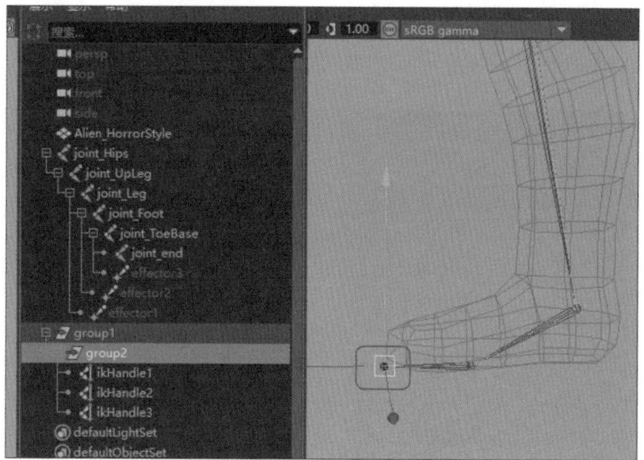

步骤 05 再选中ikHandle1的IK控制柄和ikHandle2的IK控制柄并添加分组，将分组的中心点移动到joint_ToeBase骨骼的位置上，如下左图所示。

步骤 06 单独给ikHandle3的IK控制柄添加分组，并将分组的中心点也移动到joint_ToeBase骨骼的位置上，如下右图所示。

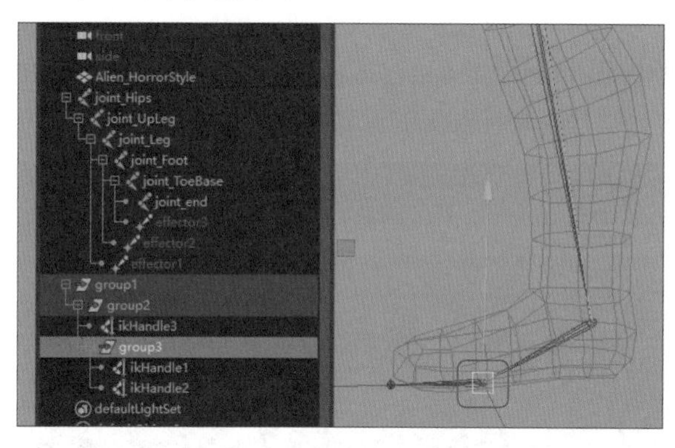

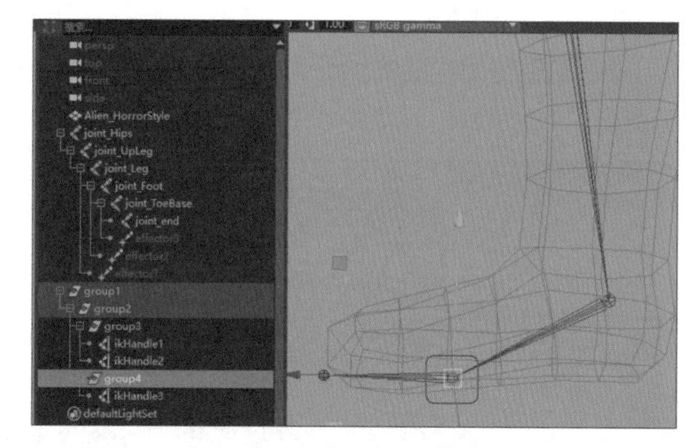

步骤 07 再给groud2分组添加一个新分组，并将分组的中心点移动到模型脚后跟的位置上，如下左图所示。

步骤 08 创建一个“法线轴”属性为Y的圆形曲线，将名称改成Foot_Con作为脚部的控制器。并将其中心点设置在joint_Foot骨骼的位置上，添加一个分组并命名为Foot_Con_grp，如下右图所示。

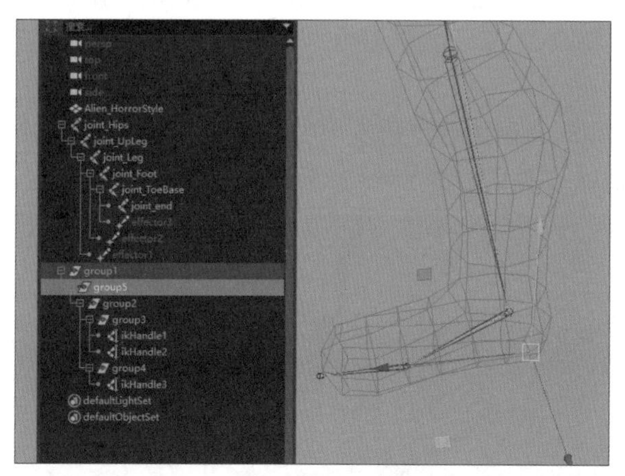

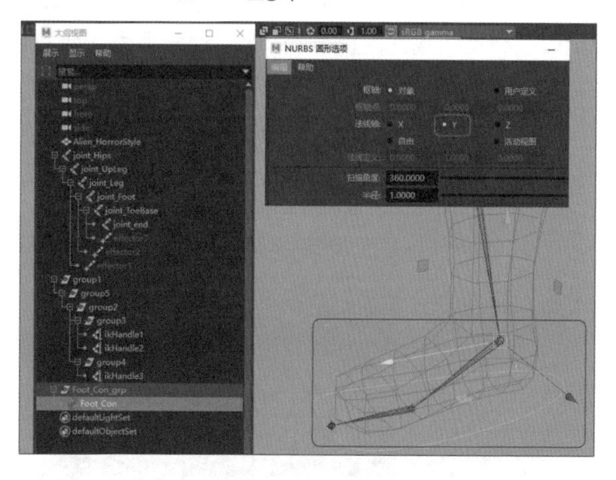

步骤 09 用Foot_Con控制器给group1分组做父子约束，记得要勾选父子约束的“保持偏移”属性，如下页左上图所示。

步骤 10 选中Foot_Con控制器并在右侧属性面板中找到并执行“编辑>添加属性”命令，如下右图所示。

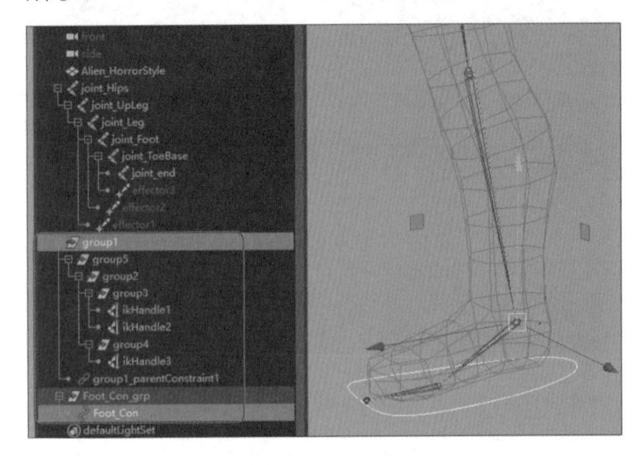

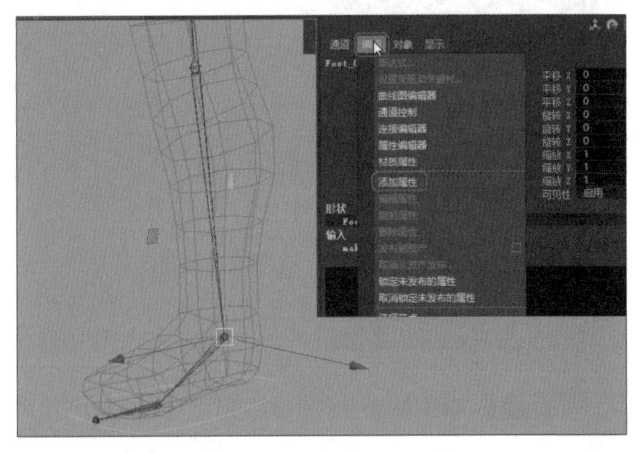

步骤 11 在弹出的“添加属性”对话框的“长名称”文本框中输入Heel，在“数据类型”区域选择“浮点型”单选按钮，其他属性保持默认，如下左图所示。这样就给控制器添加了一个属性，后面将用这个属性来控制脚的运动。

步骤 12 用同样的方法分别给Foot_Con控制器添加Ball、BallLateral、Toe、Tiptoe、Lateral Tiptoe、Lateral、Tilt和Roll属性，如下右图所示。这些都是用来控制脚的运动方向的。

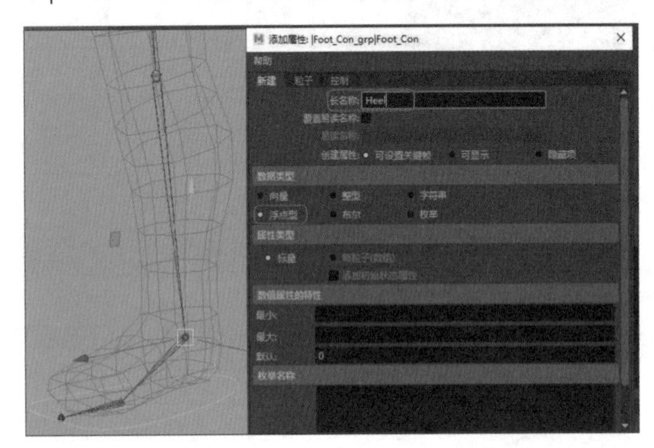

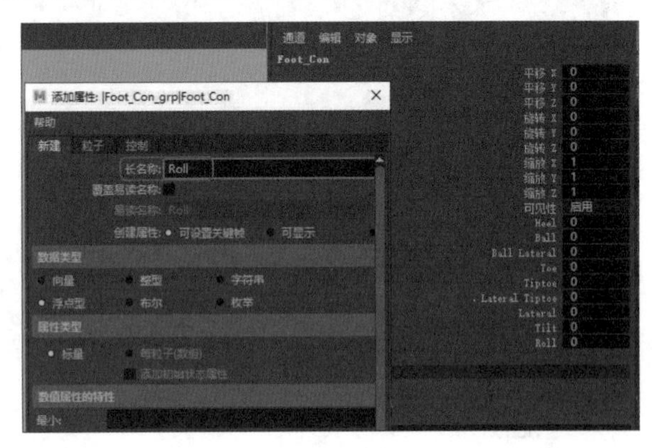

步骤 13 执行“窗口>常规编辑>连接编辑器”命令，在弹出的“连接编辑器”对话框中将Foot_Con控制器加载到左侧，将group5分组添加到右侧，将Foot_Con控制器中的Heel属性与group5分组中的rotateX关联，如下左图所示。

步骤 14 为了更好地观察绑定是否正确，先将模型于骨骼执行“蒙皮>绑定蒙皮”命令，然后将Foot_Con控制器的Heel属性设置为-30，可以看到脚会以脚跟为轴心向上抬起脚掌，如下右图所示。

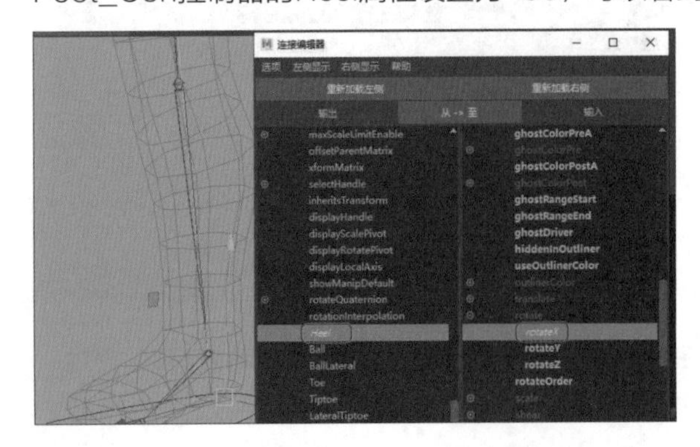

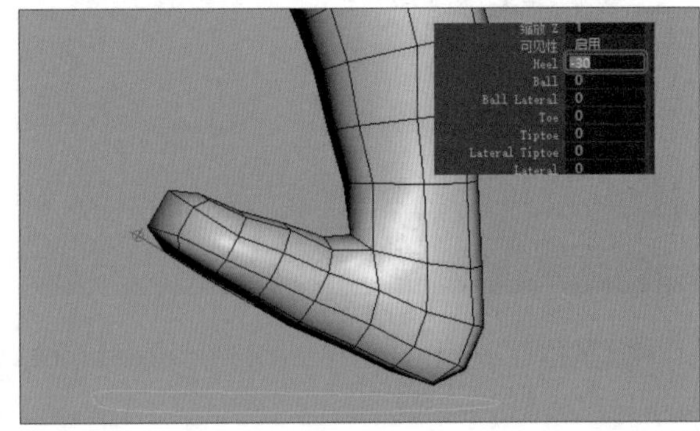

步骤 15 继续关联属性，打开“连接编辑器”对话框，将group3分组添加载到右侧。将Foot_Con控制器的Ball属性与group3分组的rotateX属性进行关联，如下左图所示。

步骤 16 将Foot_Con控制器的BallLateral属性与group3分组的rotateY属性进行关联，如下右图所示。

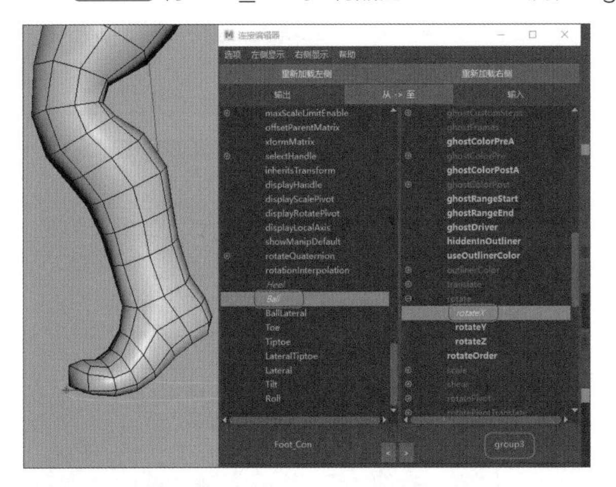

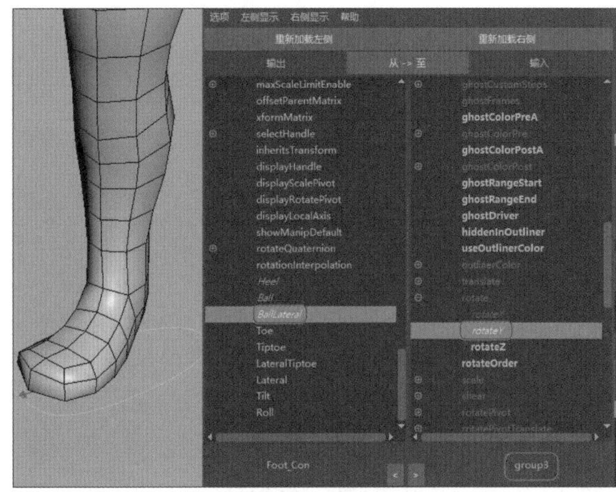

步骤 17 再将group4分组加载到右侧，将Foot_Con控制器的Toe属性与group4分组的rotateX属性进行关联，如下左图所示。

步骤 18 再将group2分组加载到右侧，将Foot_Con控制器的Tiptoe属性与group2分组的rotateX属性进行关联，如下右图所示。

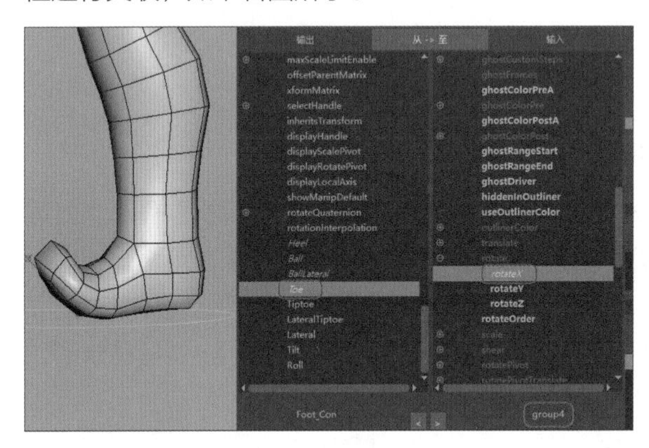

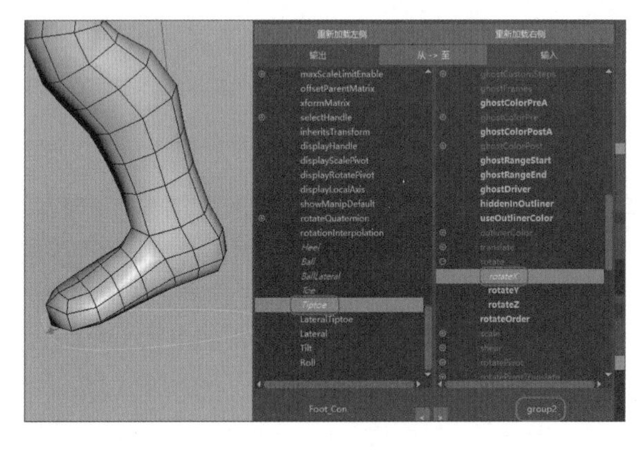

步骤 19 将Foot_Con控制器的LateralTiptoe属性与group2分组的rotateY属性进行关联，如下左图所示。

步骤 20 将Foot_Con控制器的Lateral属性与group2分组的rotateZ属性进行关联，如下右图所示。

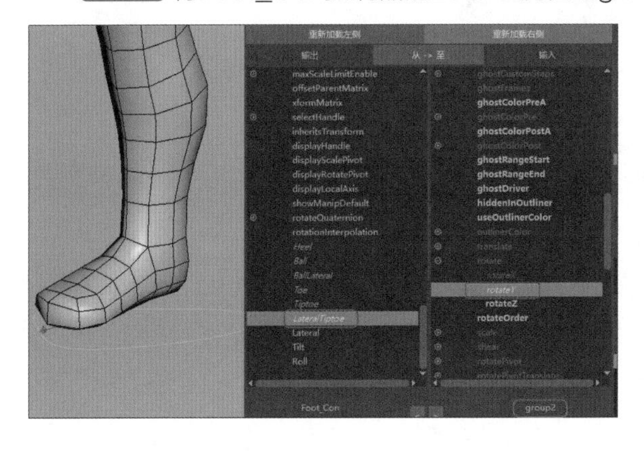

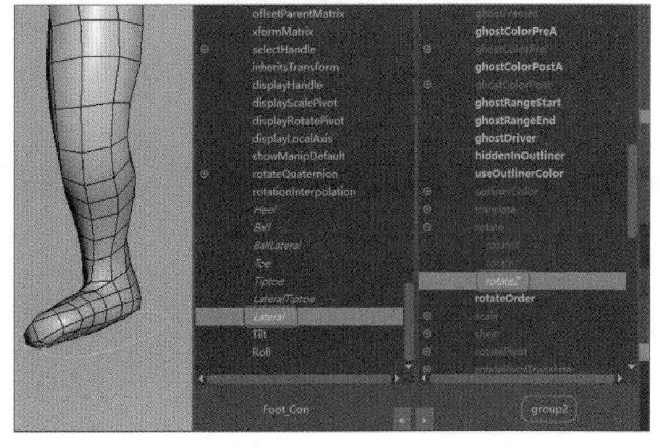

步骤 21 将group5分组加载到右侧，将Foot_Con控制器的Tilt属性与group5分组的rotateZ属性进行关联，如下左图所示。

步骤 22 将ikHandle1的IK控制柄加载到右侧，将Foot_Con控制器的Roll属性与ikHandle1的IK控制柄的twist属性进行关联，如下右图所示。至此就完成了一个腿部绑定的案例，此案例主要讲解如何利用分组与IK结合做出复杂的运动效果。

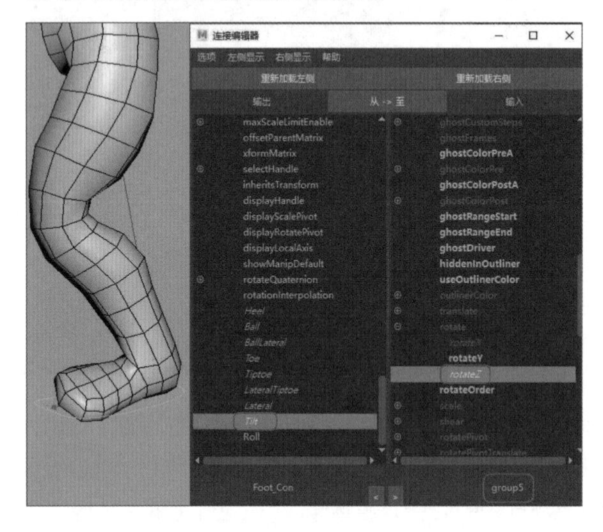

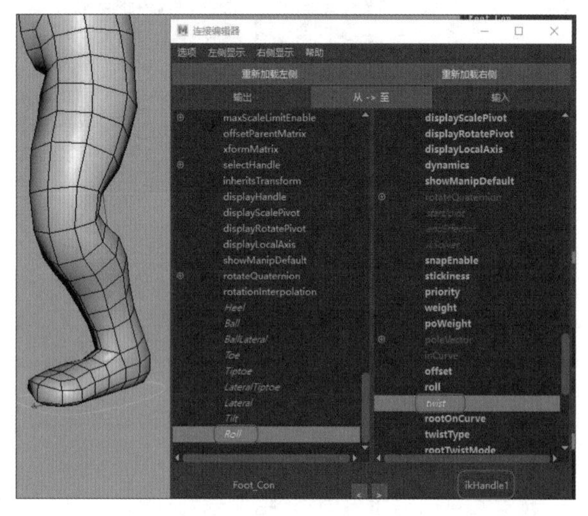

知识延伸：制作立体的曲线控制器

绑定文件中需要运用很多的控制器来控制模型对象，如果控制器都是圆圈会使动画师在制作动画时难以区分和选择控制器。所以绑定时制作各种造型的控制器也是用户需要学习的一个知识点。

首先，控制都是由NURBS曲线制作的，最常用的是“NURBS圆形”曲线。双击“曲线/曲面>NURBS圆形”按钮，在打开的“NURBS圆形选项”对话框中“截面数”属性默认是8，将其修改为10，并进行创建，如下左图所示，就可以创建一个具有10个曲线点的圆形。

每隔一个曲线点选中一个曲线点，并进行缩放，就可以得到一个五角星的曲线控制器，如下右图所示。同理，如果想制作一个六边形的曲线控制器，就可以在创建时将“截面数”属性改为12。

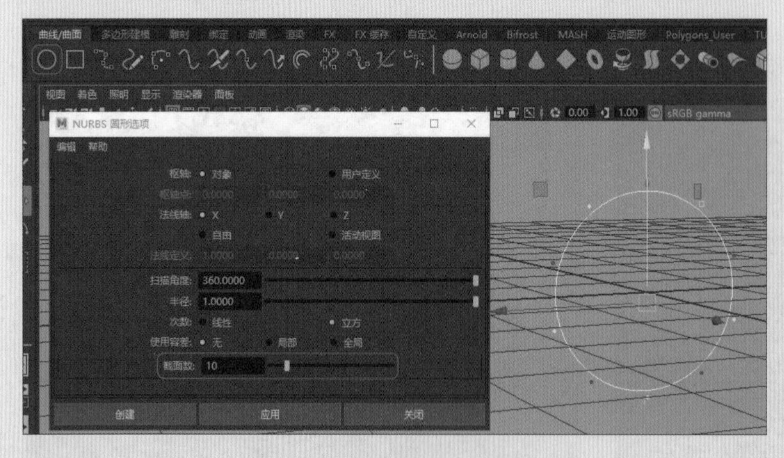

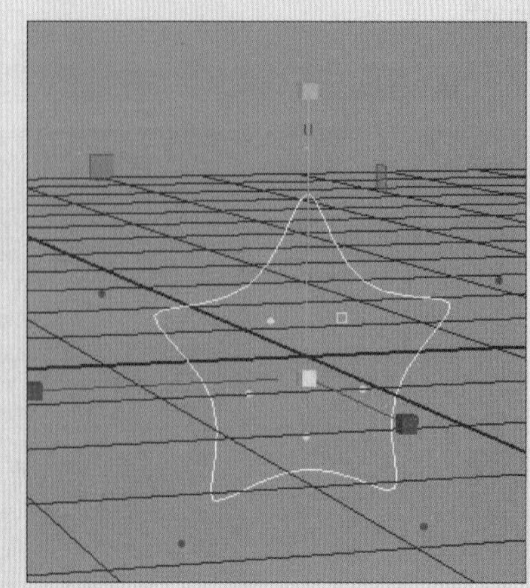

我们还可以利用“EP曲线工具”绘制立方体造型的控制器。首先需要在场景中创建一个立方体，如下左图所示。

执行“曲线/曲面>EP曲线工具”命令，并按住键盘V键，开启吸附顶点功能，在立方体的八个顶点上进行点击，如下右图所示。

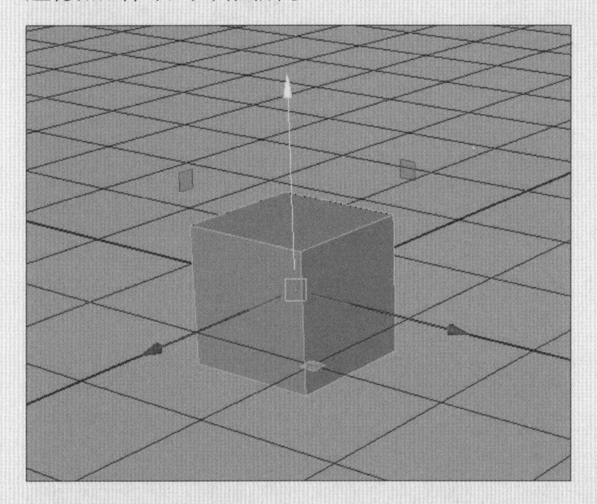

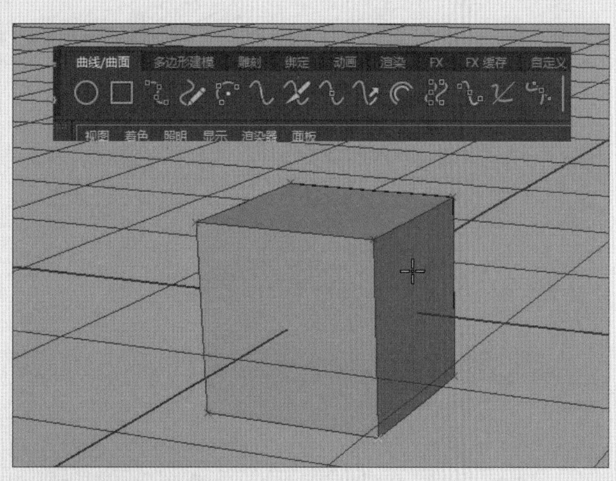

绘制完成后删除立方体，就可以得到一个立方体造型的曲线控制器，如下图所示。通过制作不同造型的模型，利用“EP曲线工具”就可以制作出各种立体的曲线控制器。

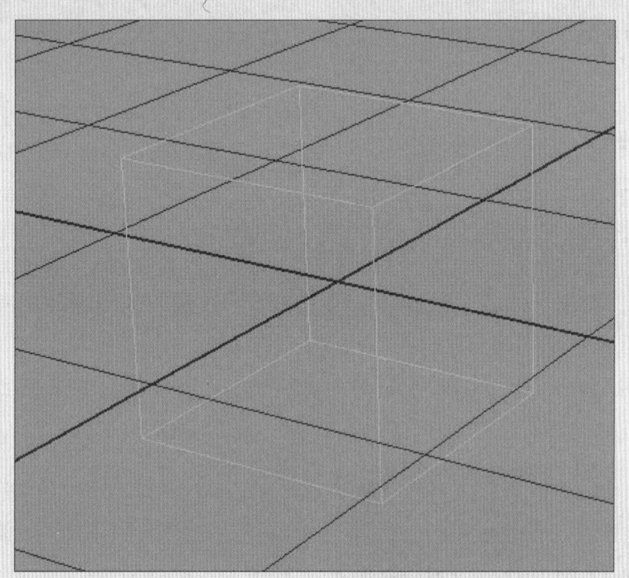

上机实训：人物手臂绑定

通过本章对骨骼及权重绘制的学习，用户对绑定有了基础的了解。下面将通过对一个手部绑定的实例，从创建骨骼和控制器到绘制权重，介绍完整的绑定流程。

扫码看视频

步骤 01 首先打开本章节的案例文件“手部绑定_01.ma”，如下页左上图所示。文件中是一个手部的模型，第一步是要创建骨骼。

步骤 02 根据手的骨骼及布线创建一条骨骼链，如下页右上图所示。

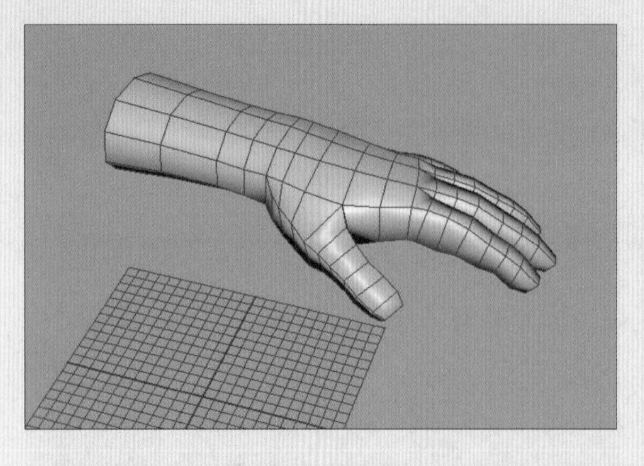

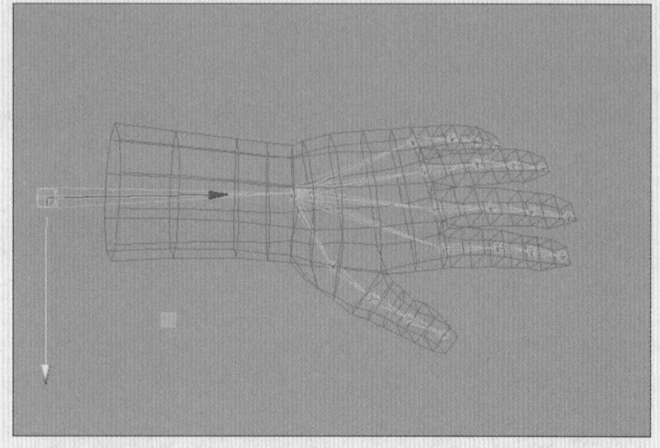

步骤 03 需要注意的是四根手指的骨骼并不是水平的，要向扇形一样带有轻微的旋转角度，如下左图所示。

步骤 04 手握拳的时候实际上手背是形成一个圆弧的状态，如下右图所示。

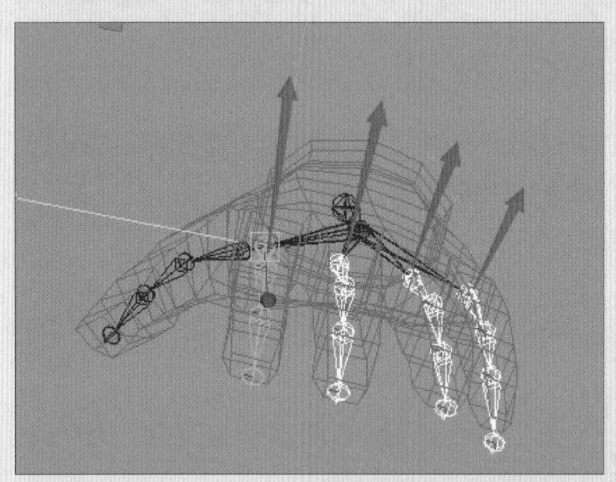

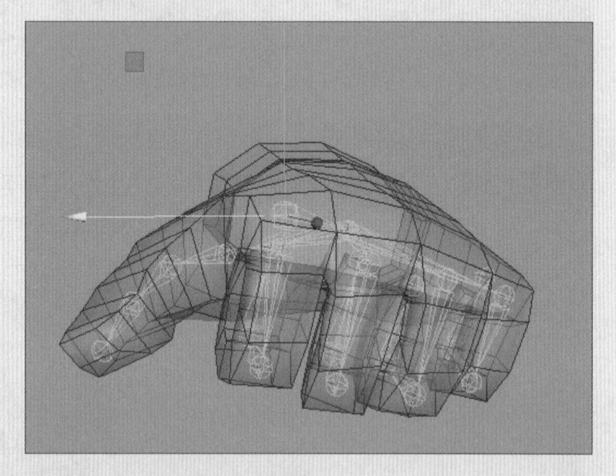

步骤 05 给创建好的骨骼进行命名，以便后续绑定和绘制权重时能清晰地知道对应的骨骼，如下左图所示。

步骤 06 创建控制器并调节控制器的位置与每个骨骼点的位置和旋转方向相同，也要重命名，如下右图所示。

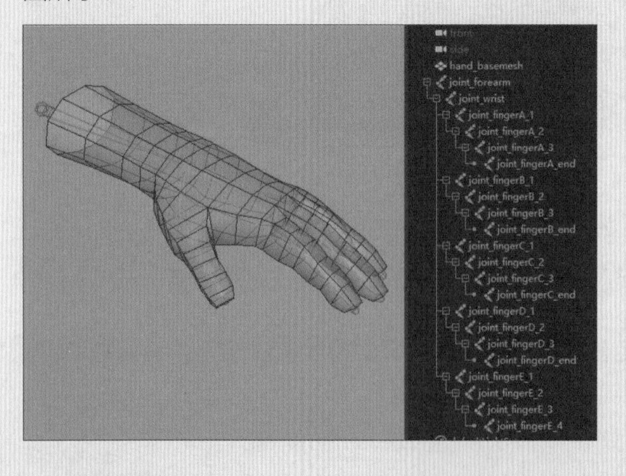

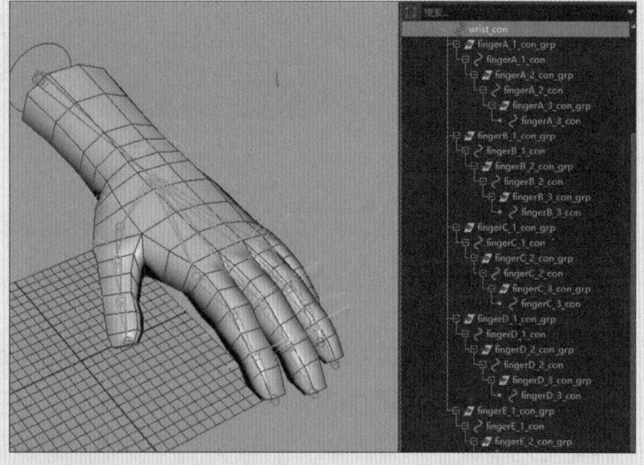

步骤 07 用控制器对相应的骨骼分别进行父子约束，并在时间轴上创建简单的动画。绘制权重时要在骨骼运动的状态下观察模型顶点的位置，从而对权重进行调节，如下页左上图所示。

步骤 08 设置好动画后，下面就要开始绘制权重。绘制权重时要注意，执行“绑定蒙皮”命令时Maya自动生成的权重不够细致，需要重新绘制每一骨骼根的权重，由父骨骼到子骨骼的顺序依次进行权重绘制。本案例中，先对小臂和手掌进行权重绘制。将小臂区域的顶点权重全部分配给joint_forarm骨骼，将整个手掌的权重分配给joint_wrist骨骼，如下右图所示。然后再去绘制两个骨骼间顶点的权重。

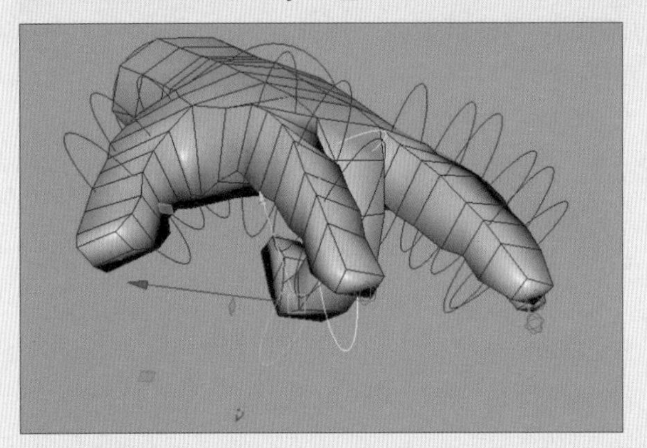

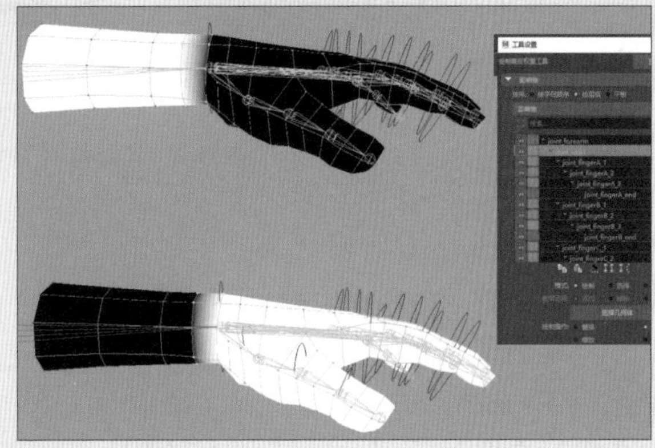

步骤 09 绘制权重时一定要观察骨骼运动时模型的状态，仔细地去调节权重的分布，如下左图所示。

步骤 10 手指部分的权重是最容易绘制的，因为只受到上下两骨骼根的影响，只要找准骨骼旋转区域顶点的权重，稍微添加点过渡就可以实现比较好的效果，如下右图所示。

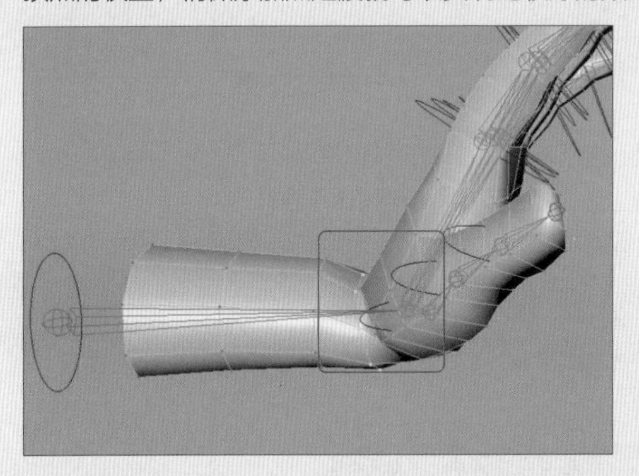

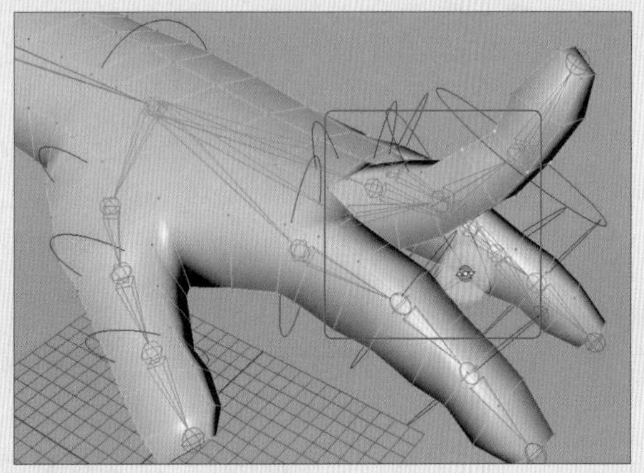

步骤 11 需要注意的是两根手指之间的顶点权重，如下左图所示。这两根顶点，应该受joint_wrist骨骼0.5的权重值，受joint_fingerB_1骨骼和joint_fingerC_1骨骼各0.25的权重值。

步骤 12 将手部权重绘制完成后，就可以摆出各种手势了，如下右图所示。

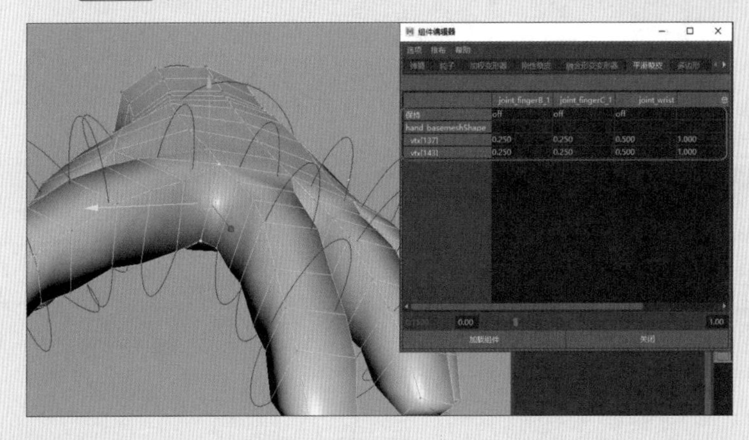

课后练习

一、选择题

（1）在Maya 2022中为模型创建（　　）后才能对模型进行蒙皮绑定。

A. 控制器　　B. 贴图

C. 骨骼　　D. 特效

（2）将骨骼链中的某个单独的骨骼关节删除可以使用（　　）命令。

A. 移除关节　　B. 连接关节

C. 镜像关节　　D. 确定关节方向

（3）在Maya 2022中IK是指（　　）。

A. 反向运动　　B. 正向运动

C. 曲线运动　　D. 连续运动

（4）下列说法中对绑定蒙皮描述正确的是（　　）。

A. 除了骨骼还可以用其他方式对模型蒙皮　　B. 用定位器也可以给模型蒙皮

C. 可以用控制器对模型蒙皮　　D. 只有骨骼才能给模型蒙皮

二、填空题

（1）在Maya 2022的“绘制蒙皮权重”命令下可以使用__________、__________、__________和__________四种绘制模式。

（2）在IK控制柄的制作中用户可以通过__________约束来控制骨骼的翻转效果。

（3）除了“绘制蒙皮权重”命令用户还可以在__________窗口中对权重进行编辑。

（4）用户可以使用__________命令将依次做好的骨骼关节镜像移到另一边。

三、上机题

本章介绍模型绑定及权重绘制的制作方法，对本章中的“腿部绑定_完成”文件重新进行权重的绘制。可以参考本章附赠的“腿部绑定_Rig”文件。

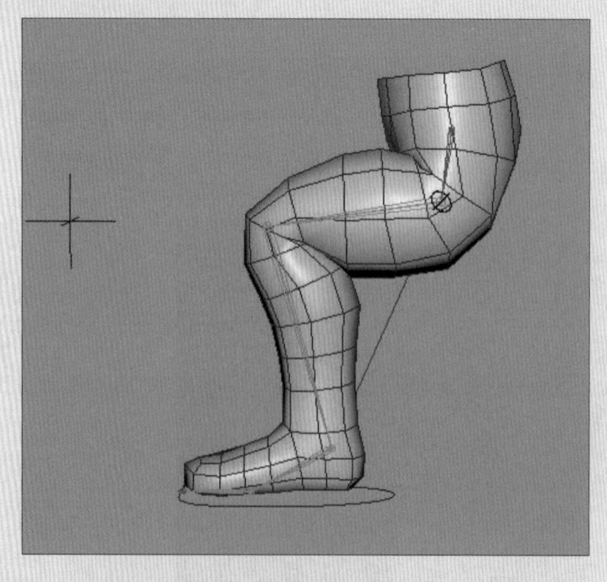

第9章 变形器

本章概述

本章将对Maya中的变形器等相关知识进行讲解。变形器是一种可以使模型外观发生变化的命令。用户可以通过绘制变形器具的权重，来控制变形器的变形范围，也可以通过给变形器的属性创建动画关键帧，来制作一些特殊的动画效果。

核心知识点

1. 了解变形器的基础知识
2. 掌握不同变形器的特点
3. 了解变形器的权重绘制
4. 了解非线性变形器的特点
5. 学习如何制作变形器动画

9.1 变形器基础知识

变形器是指通过一些命令使模型对象的外观发生变化，但不改变模型顶点和面的数量，如下左图所示。变形器具有各自的属性，用户可以通过给变形器或变形器的属性创建关键帧动画的形式来制作动画。例如很多游戏的捏脸系统就是通过Maya的融合变形器制作的，再比如可以对已经创建过蒙皮绑定的模型添加簇变形器，使模型实现更多的动画效果，如下右图所示。

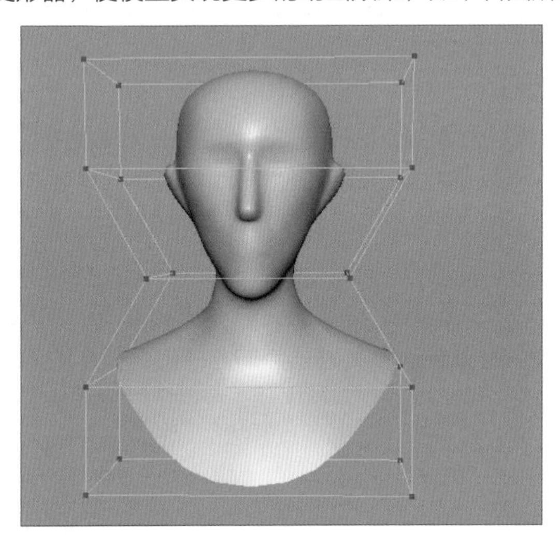

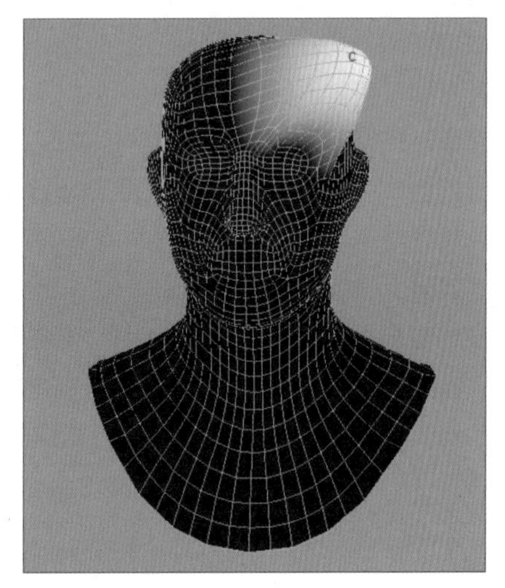

9.1.1 变形器基本原理

在Maya 2022中，用于使模型外观发生变化的工具统称为变形器，例如簇变形器。虽然簇变形器的效果很像Maya中的软选择命令，但是使用簇变形器可以记录模型的变化数据，在动画的制作过程中可以随时通过改变簇变形器来改变模型外观。使用软选择命令只是单纯地更改模型的外观，信息不会被记录下来，也不能精确地反复进行同样的软选择操作。用户还可以同时使用多个变形器对一个模型进行编辑，通过编辑变形器更简化地操控模型。

9.1.2 变形器基本分类

变形器命令在Maya动画模块下的“变形”菜单中，如下图所示。常用的变形器有融合变形、簇变形、晶格变形、包裹变形以及非线性变形器等。

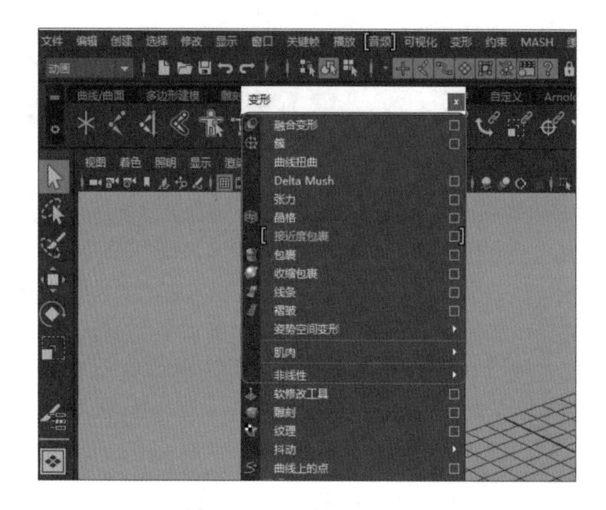

- **融合变形**：在保证模型对象的顶点数和面数没有变化的前提下，可以让模型由自身形状变成另一个模型形状。很多变装游戏中同一件衣服既可以穿着在男性角色上又可以穿在女性角色上，就是因为它们的模型顶点数和面数是一致的，开发者给衣服模型做了融合变形效果。
- **簇变形**：用户可以选择模型上的一部分顶点并添加簇变形，这样就可以通过改变簇变形器的位置来改变模型的形状。
- **晶格变形**：给模型创建一个点状网格，通过调整网格上的点来改变模型的形状，类似PS软件中的“自由变换”命令。
- **包裹变形**：有些项目中模型的面数过高，这时可以创建一个面数相对少一点，外形基本与高模一样的简模，并用简模来包裹高模，这样改变简模时就可以改变高模。在绑定的时候模型面数过高，对权重的绘制就增加了难度，就算绑定好了，动画师在制作动画时由于面数过高会导致数据信息过多，从而使电脑运行超载。这时就需要对简模进行绑定及动画制作，然后用简模去包裹高模，实现最终效果。
- **非线性变形器**：非线性变形器由“弯曲变形”“扩展变形”“正弦变形”“挤压变形”“扭曲变形”和“波浪变形”组成。这些变形器不是以单独改变模型上某些顶点的方式进行操作的，而是通过Maya内置的算法实现一些有规律的形态变化。

9.2 融合变形

在模型顶点数和面数相同的前提下，用户可以使用融合变形器使模型对象发生外观的改变，常用于人物的表情制作或是一些怪物变身的效果。

9.2.1 创建融合变形

融合变形对模型的要求比较严格，在顶点数和面数不同的情况下是无法创建融合变形的。用来控制一个模型产生融合变形的模型被称为“目标模型”，受“目标模型”控制而发生融合变形效果的模型被称为“基础模型”，一个“基础模型”可以被多个“目标模型”所影响。

下面介绍创建融合变形的方法。

步骤 01 在场景上创建两个球体，并改变其中一个球体的顶点位置，如下左图所示。

步骤 02 选中右侧的球体，再加选左侧的球体，执行“变形>融合变形”命令，如下右图所示。

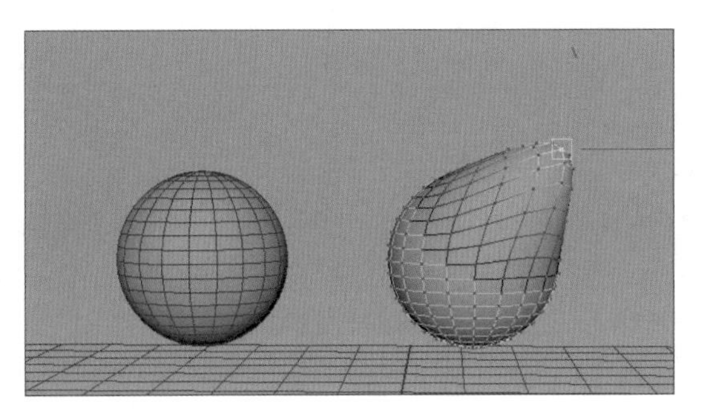

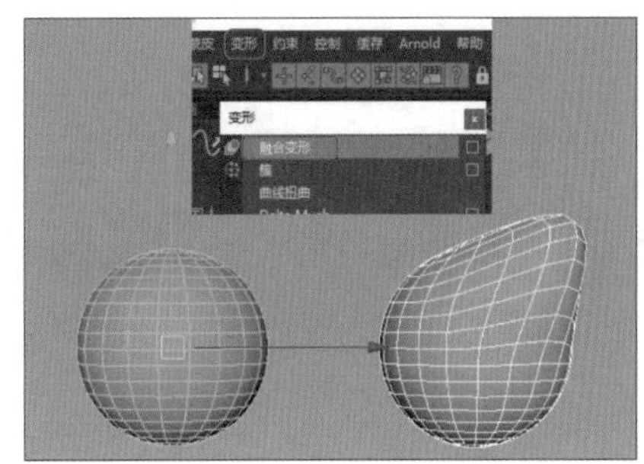

步骤 03 选中左侧的球体，并在它的属性面板中找到名为blendShape1的融合变形属性节点，节点中有名为pSphere2的属性，如下左图所示。

步骤 04 将pSphere2的属性值设为1，会发现左边的球体形状会变成右边的球体形状，这就是融合变形效果，如下右图所示。

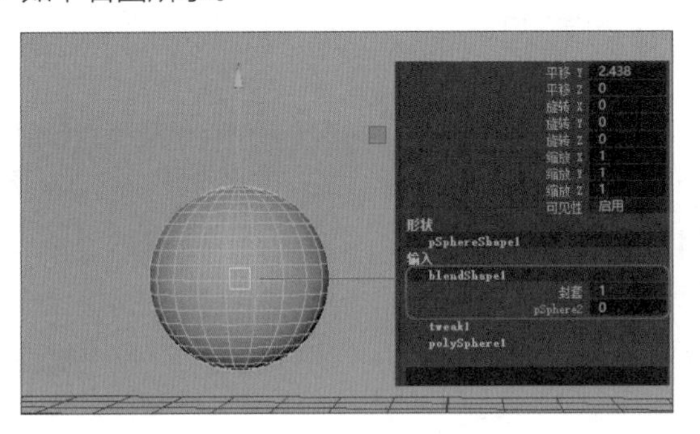

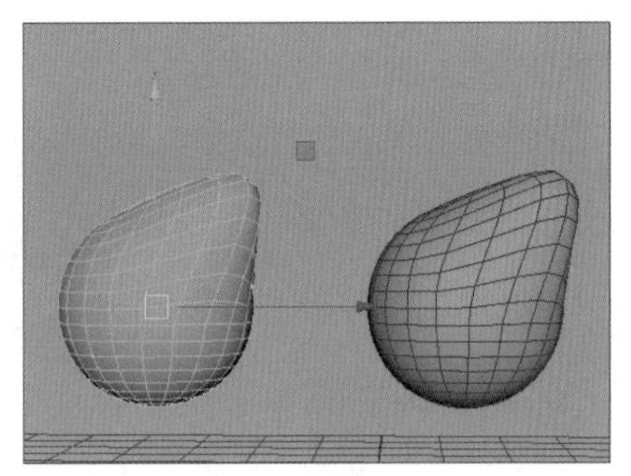

9.2.2 编辑融合变形

在“变形>（编辑）融合变形”菜单中，用户可以通过列表中的“添加”“移除”“交换”“将拓扑烘焙到目标”来编辑已经创建好的融合变形效果，如下左图所示。在场景上创建三个球体，并改变左右两边球体的形状，用左右两边的球体为中间的球体同时创建融合变形命令，如下右图所示。

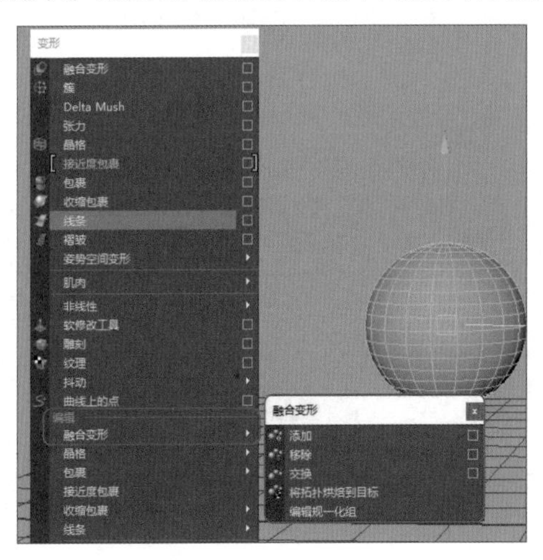

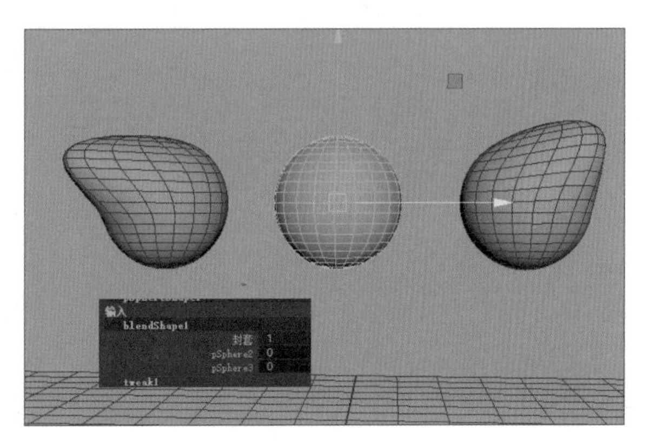

- **移除：**选中右边的球体再加选中间的球体执行“移除”命令，就可以在blendShape1属性节点中将右边球体的融合变形器控制属性移除掉，如下页左上图所示。
- **添加：**选中右边的球体并加选中间的球体，执行“添加”命令， 在blendShape1属性节点中就添加右边球体的融合变形器控制属性了，如下页右上图所示。

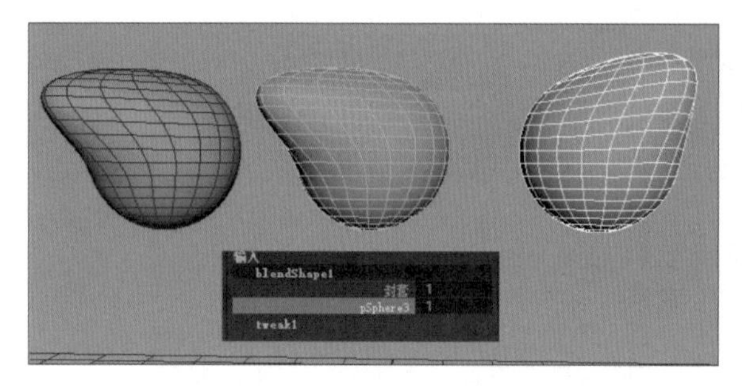

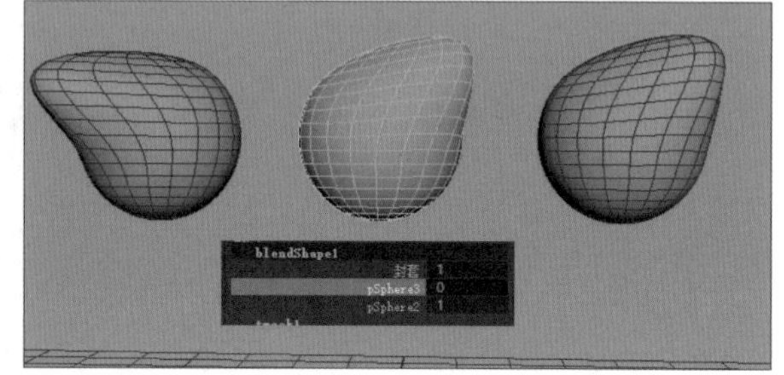

- **交换：** 如果有多个目标模型对基础模型进行了影响，可以使用交换命令，改变目标物体在blendShape1属性节点中的排列顺序，如下左图所示。
- **将拓扑烘焙到目标：** 有时候虽然已经给模型对象创建好了融合变形效果，但是还需要对基础模型进行修改，可以使用“将拓扑烘焙到目标”命令，将基础模型修改的内容烘焙到多个目标模型上。在中间球体上添加一些循环边，并执行“将拓扑烘焙到目标”命令，可以看到左右两边的球体也会增加同样的循环边，如下右图所示。

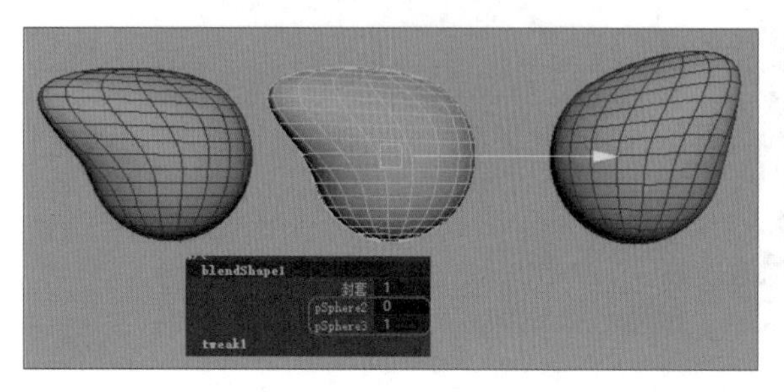

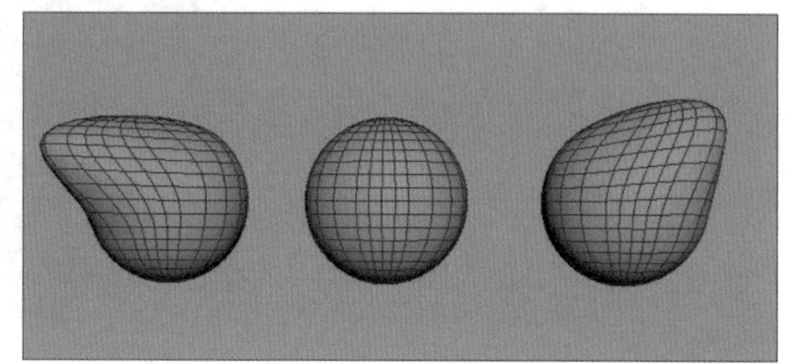

9.2.3 绘制融合变形权重

融合变形也有用于控制影响范围与大小的权重图，用户可以通过绘制权重来控制融合变形效果。选中具有融合变形信息的基础模型执行“变形>（绘制权重）融合变形”命令，如下左图所示。或者选中具有融合变形信息的基础模型右击，在弹出的菜单中选择“绘制>blendShape>blendShape1-baseWeights”命令，绘制融合变形权重，如下右图所示。

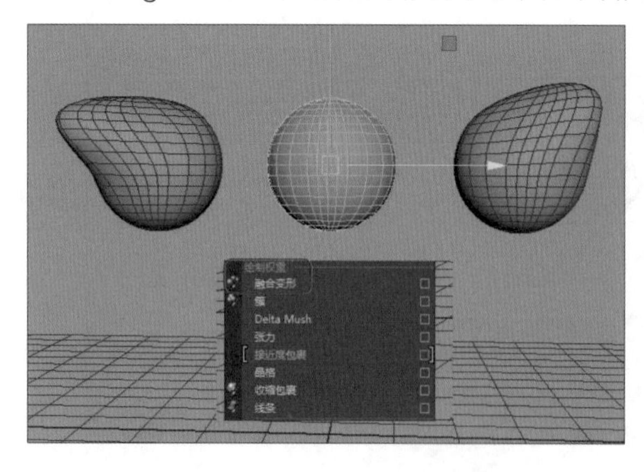

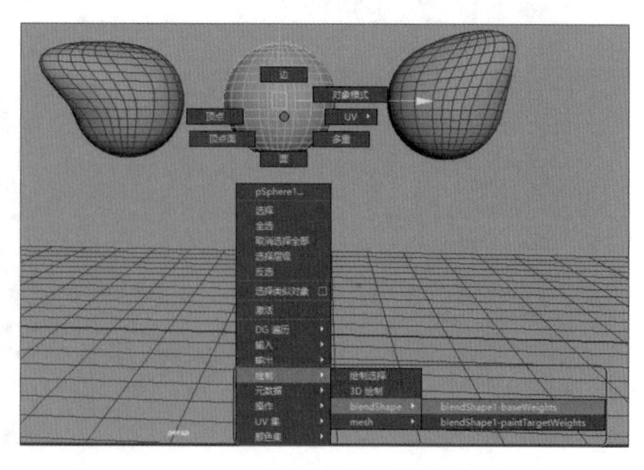

执行绘制融合变形权重命令后会弹出“（绘制权重）融合变形”命令的工具面板，如下页左上图所示。

- **笔刷：** 控制绘制权重时笔刷的大小。
- **目标：** 列出当前融合变形受到目标模型的信息，类似绘制绑定蒙皮中的骨骼列表。想要绘制目标模型的权重图就要先在这里选中那个目标模型。

● **绘制权重：** 通过不同的绘制操作在模型上绘制，白色为全影响，黑色为不影响。

通过融合变形器权重的绘制，可以使中间球体的左半边顶点和左边的球体一致，同时右半边顶点又和右边的球体一致，如下右图所示。

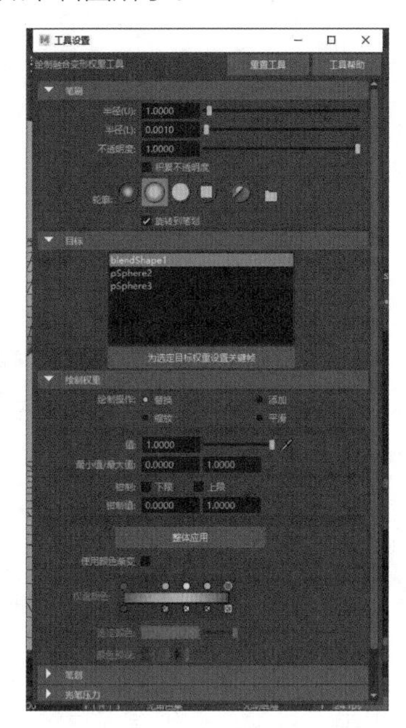

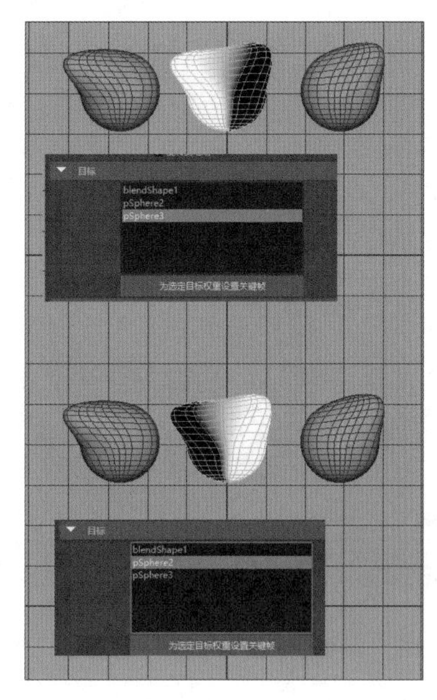

9.3 簇变形

如果要在动画的过程中反复地移动模型上的某些顶点，可以给模型添加簇变形效果。簇变形是把选中的顶点做成了一个分组，可以绘制每个顶点的权重，使每个顶点在簇变形器移动、旋转和缩放时都受不同程度的影响。但要注意，如果用户在创建簇变形器时没有选中的顶点将不能参与簇变形器的权重绘制。

9.3.1 创建簇变形

创建簇变形器首先要在模型上选中需要簇变形器控制的多个顶点，尽量使选中的顶点区域比预期的多一点，这样才能做出更好的过渡效果。

在场景上创建一个球体，并选中一部分顶点，执行“变形>簇”命令，如下左图所示。

创建好的簇变形器会在模型上显示一个图标为“C”的簇变形器控制柄，可以通过对控制柄的移动、旋转和缩放来控制被选中的顶点位置，如下右图所示。

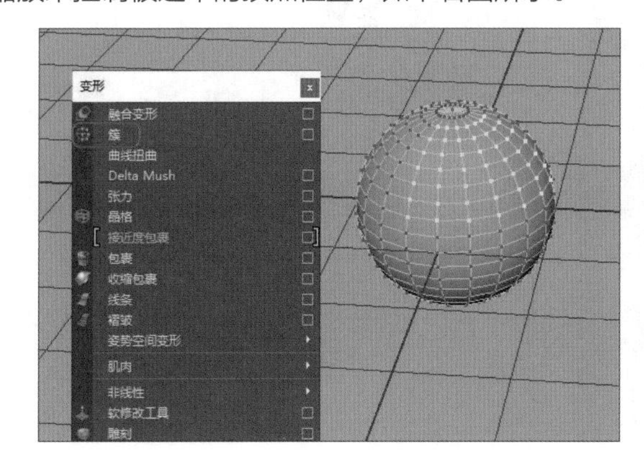

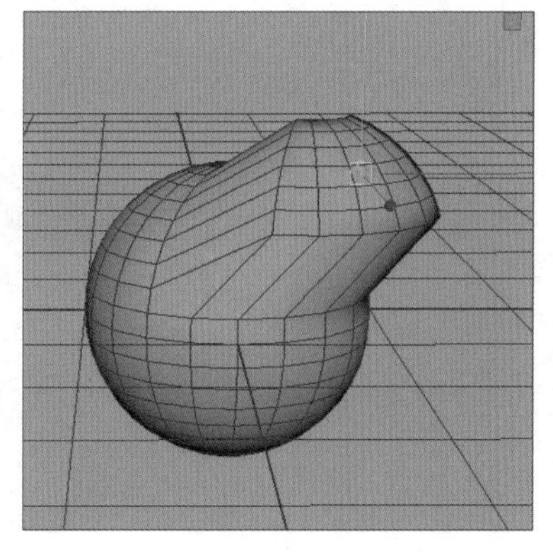

9.3.2 绘制簇变形权重

簇变形器也需要通过绘制簇变形器权重来控制簇变形器的影响范围及大小。用户可以通过选中具有簇变形器信息的模型执行“变形>（绘制权重）簇”命令，如下左图所示。或者是选中具有簇变形器信息的模型右击，在弹出的菜单中选择“绘制>cluster>cluster1-weights”命令绘制簇变形权重，如下右图所示。

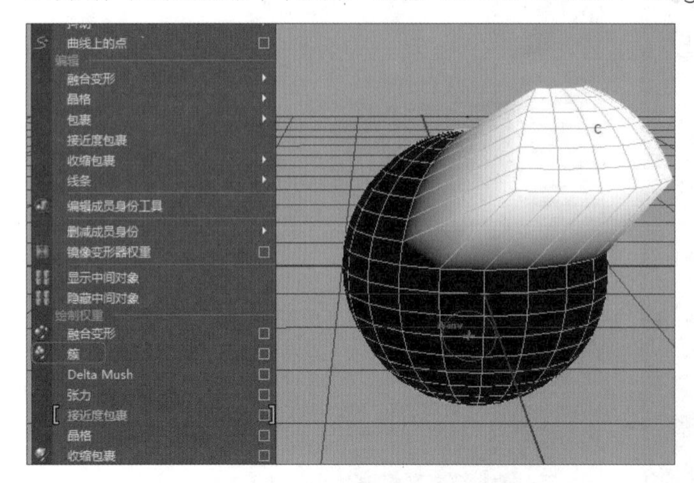

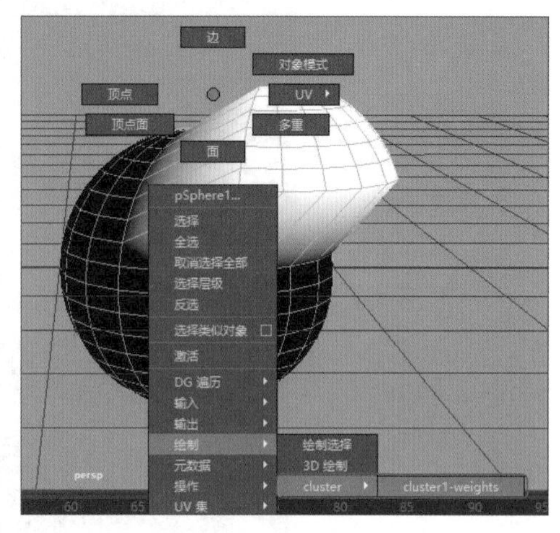

执行绘制簇变形器权重命令后，会弹出簇的“工具设置”面板，其中包括笔刷、绘制属性、笔划等卷展栏，如下左图所示。绘制的方法与融合变形器的绘制权重工具类似，也是通过绘制权重图上的黑白区域，来控制簇变形器的过渡效果，如下右图所示。

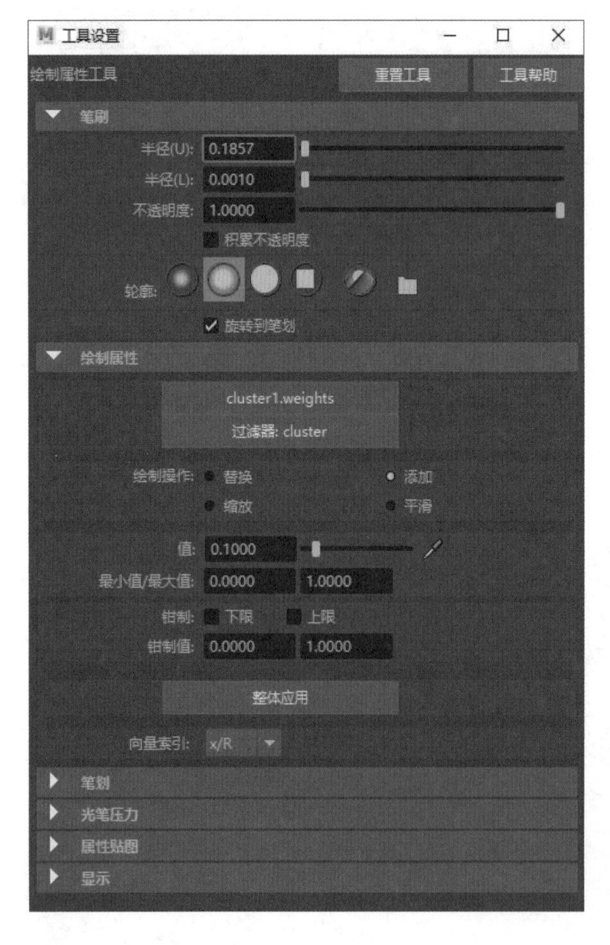

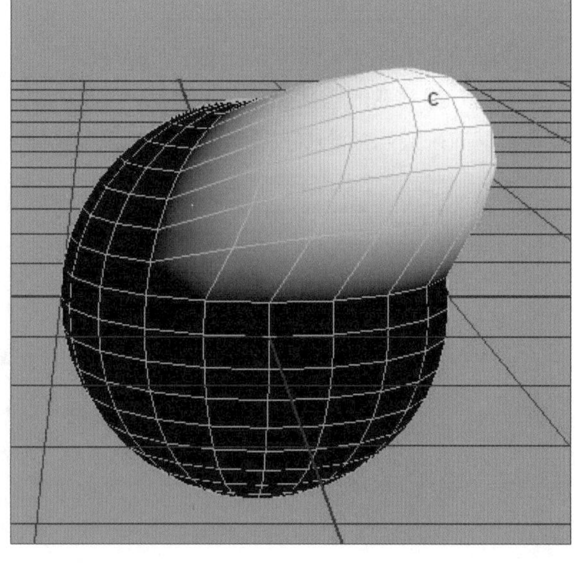

9.4 晶格变形

晶格变形器是一种矩形点结构的变形器，用于对任何可变形对象执行自由形式的变形。用户可以通过调高晶格的分段数来更精细地调整模型的外观形态，也可以给晶格变形器的网格添加绑定蒙皮，通过骨骼来控制晶格变形器的形式实现一些动画效果。

9.4.1 创建晶格变形

执行“窗口>常规编辑器>内容浏览器”命令，从打开的窗口切换至“示例”选项卡中，双击人头模型图标即可加载一个人头的模型，如下左图所示。

选中头部模型，执行“变形>晶格”命令创建一个晶格变形器，如下右图所示。

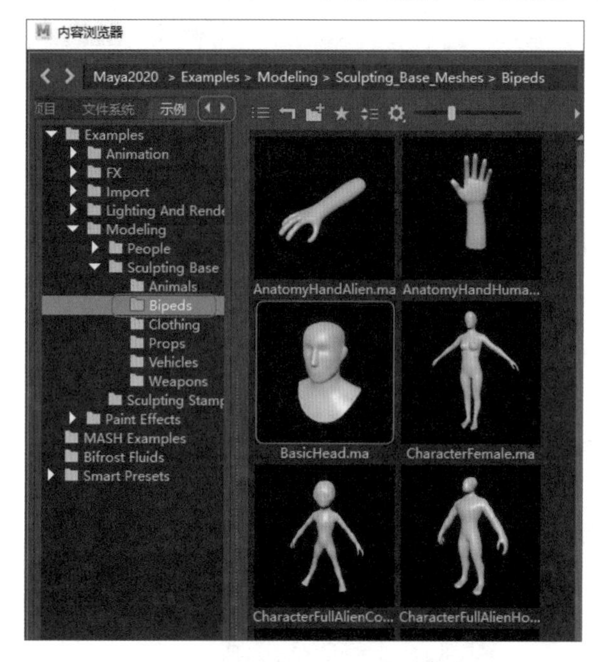

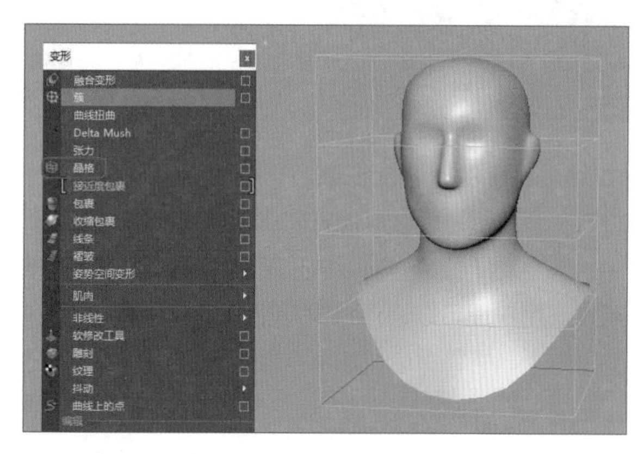

可以在ffd1LatticeShape晶格变形器属性节点中将分段数都改成2，如下左图所示。然后通过调整网格点的位置来改变模型的外观，如下右图所示。

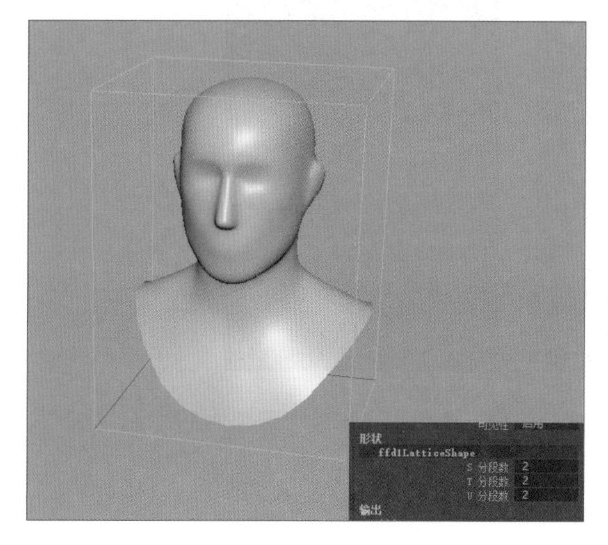

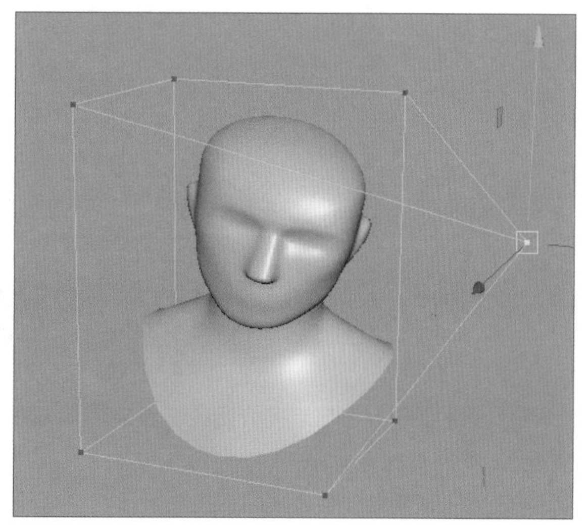

9.4.2 编辑晶格变形

如果晶格变形器只能通过移动网格顶点来控制模型的外观，那么晶格变形器的使用效果并不高，其实晶格变形器的用法更加灵活和多变。对物体创建晶格变形器后，Maya会产生两个网格，分别是基础网格和目标网格，通过这两个网格用户可以对模型的局部进行变形。

下面介绍编辑晶格变形的具体操作。

步骤 01 打开大纲视图，场景中有一个名为ffd1Base的基础网格和一个名为ffd1Lattice的目标网格，如下左图所示。上一节介绍移动晶格的顶点实际是移动ffd1Lattice目标网格的顶点。

步骤 02 在大纲视图中选中两个网格同时进行缩放和移动，将网格移动到头部模型鼻子的部分，如下右图所示。

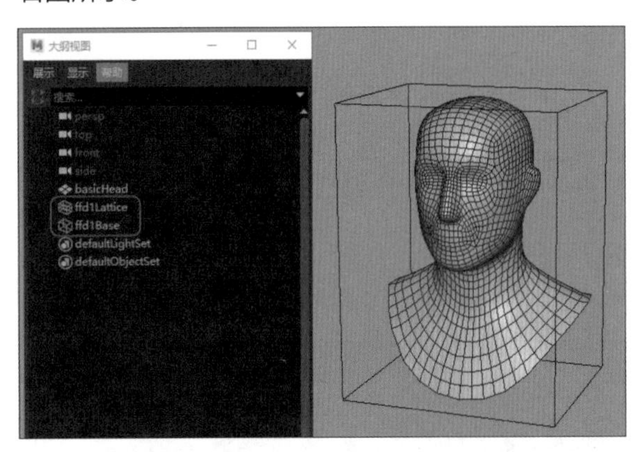

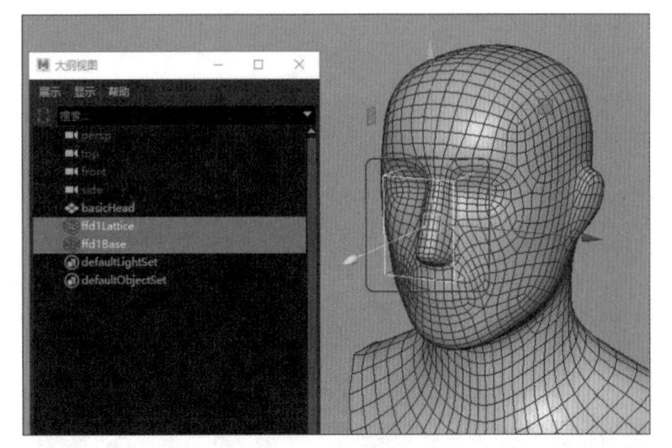

步骤 03 然后再去移动ffd1Lattice目标网格的顶点，会发现晶格变形器只对鼻子部分的模型进行影响，如下左图所示。通过这种方式可以对模型的局部进行控制。

步骤 04 但是这样操作还有个问题，下左图中鼻子下方，晶格变形过渡的地方有明显的模型布线拉扯现象。用户还可以通过绘制晶格变形器的权重来控制晶格变形器的影响范围，选中模型执行“变形>（绘制权重）晶格”命令，如下右图所示。

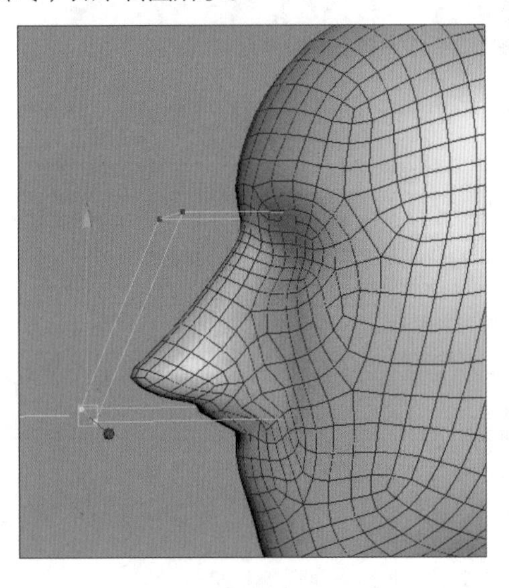

步骤 05 绘制方法与之前介绍的“绘制蒙皮权重”命令类似，白色为全影响，黑色为不影响，如下左图所示。

步骤 06 调整完成后效果如下右图所示。

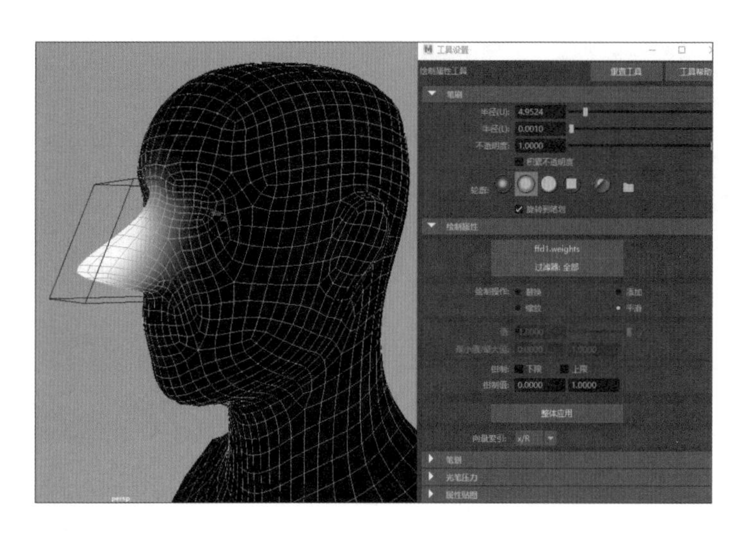

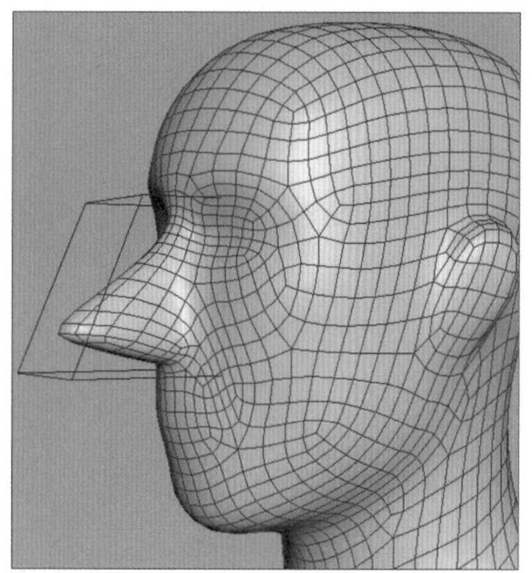

9.5 包裹变形

包裹变形器可以通过改变一个物体的形状从而去影响另一个物体的形状。还有一种叫“收缩包裹”，是指可以让一个物体的外形吸附在另一个物体的表面上，比如做人物的腰带等效果。

9.5.1 创建包裹变形

创建包裹变形的条件是两个模型外观必须尽可能相似，两个模型的外观差别越大则包裹变形的准确度就越差。用户可以用建模模块下的“网格>重新拓扑”工具将高模的模型重新拓扑出一个外形一样的低面数模型，然后用低面数的模型对高模进行包裹变形。

实战练习 包裹变形的运用

打开随书附赠的“包裹变形的运用准备.ma”文件，场景中有两个模型，一个是名为Head的头部模型，一个是名为Cube的简易多边形模型，如下图所示。下面通过两个模型介绍创建包裹变形的方法。

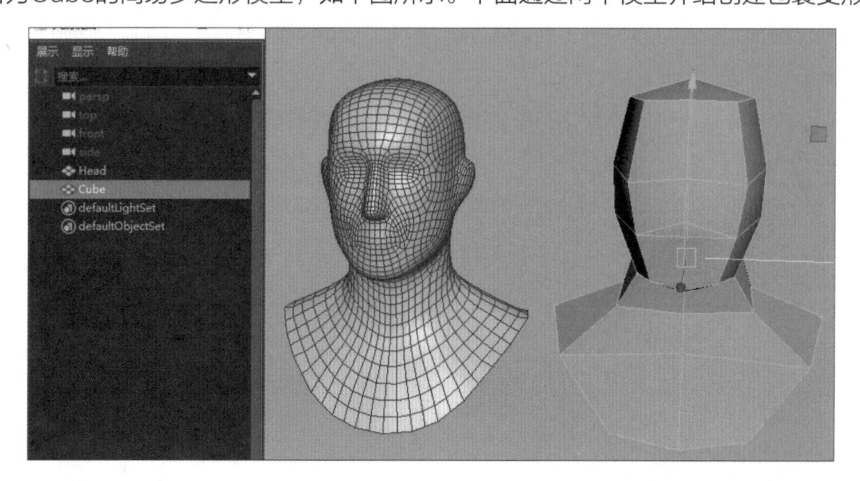

步骤 01 首先将两个模型重叠在一起，如下左图所示。先选中Head模型再加选Cube模型，再执行“变形>包裹”命令。

步骤 02 此时可以通过移动Cube模型上的顶点改变Head模型的结构，如下中图和下右图所示。

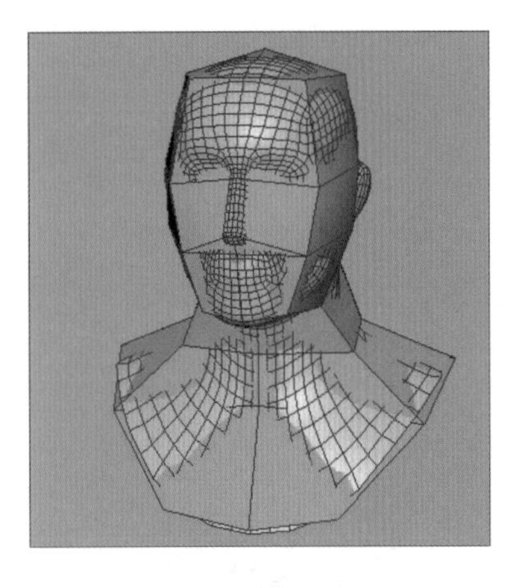
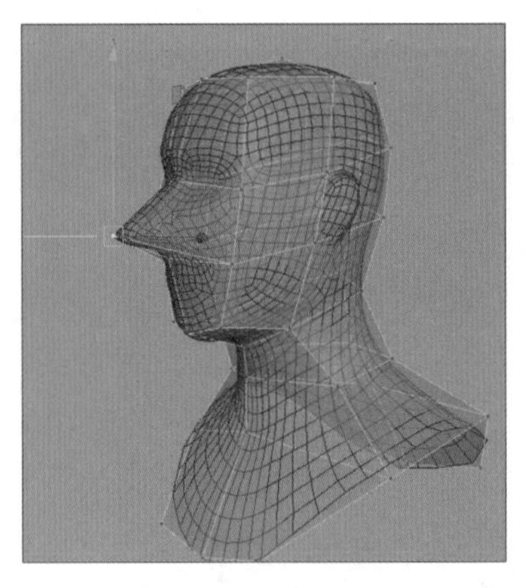
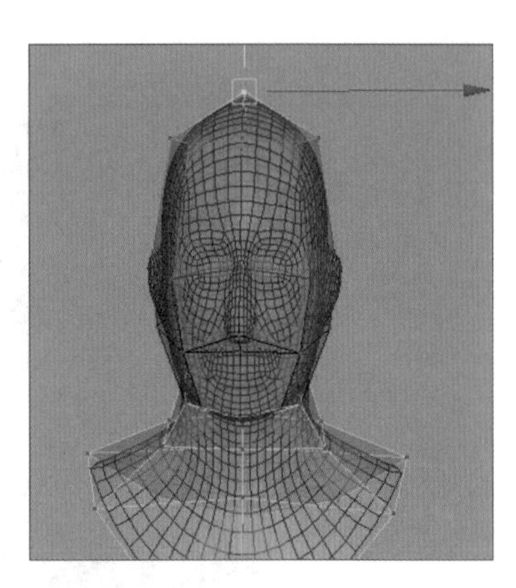

晶格变形器只能创建出一个方形的控制器，但是通过包裹命令，可以创建出一个具有更多控制点的类似晶格变形器的效果。

9.5.2 创建收缩包裹变形

如场景中有一个是名为Head的头部模型，一个是名为Cube的环状模型，如下图所示。下面创建收缩包裹变形将Cube模型吸附在头部模型上的效果，具体操作如下。

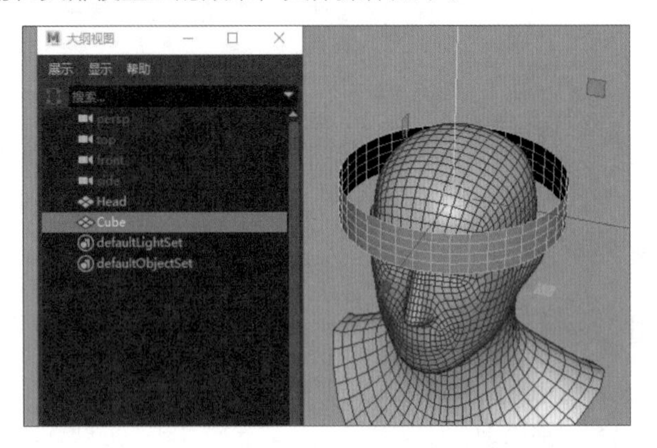

步骤 01 首先选中Cube模型再加选Head模型，执行“变形>收缩包裹”命令，可以看到Cube模型吸附在Head模型上，如下左图所示。

步骤 02 移动Cube模型到Head模型的额头部分，并适当调整角度，可以得到一个头箍的效果，如下右图所示。

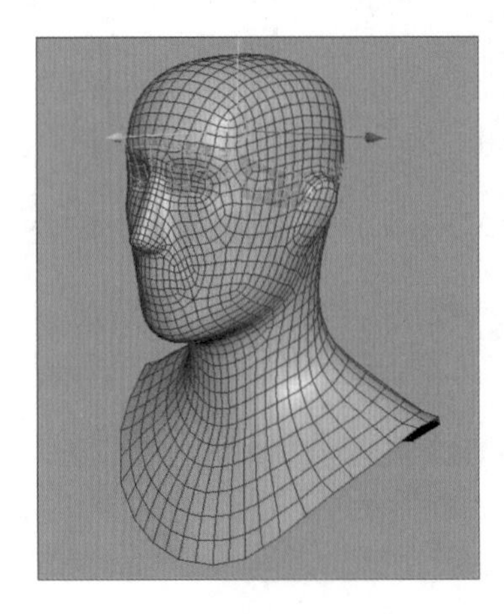
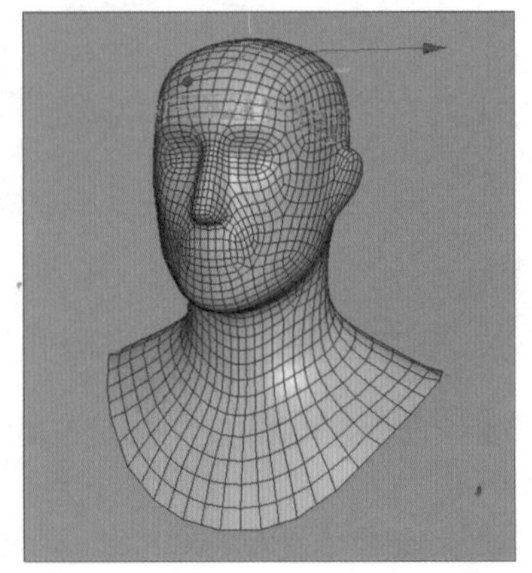

步骤 03 将Cube模型移动到Head模型的眼睛部分，可以做成一个眼罩，如下左图所示。又或者移动到Head模型的颈部，做成一个项圈的效果，如下右图所示。

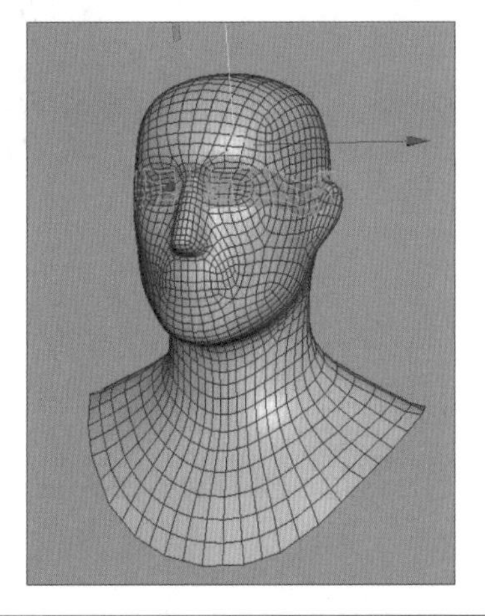

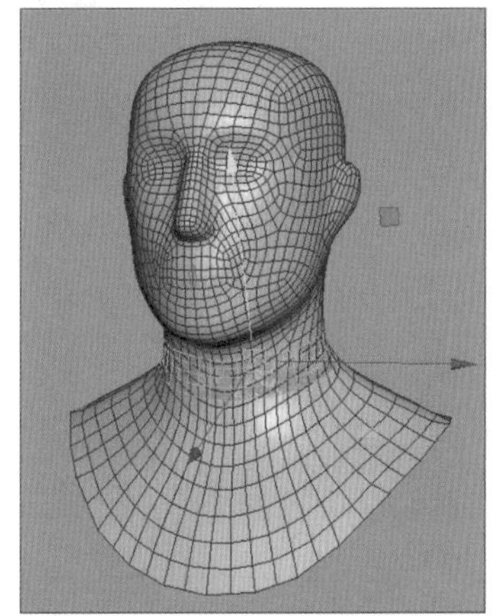

提示：使用收缩包裹的注意事项

使用收缩包裹时需要注意，收缩包裹只能用于片面模型，如果对立体模型进行收缩包裹命令是不能保持模型原本的立体形态的。

9.6 非线性变形器

用户可以在动画模式下执行“变形>非线性”命令，子菜单中包括弯曲、扩张、正弦、挤压、扭曲和波浪6种非线性变形器工具，如下图所示。

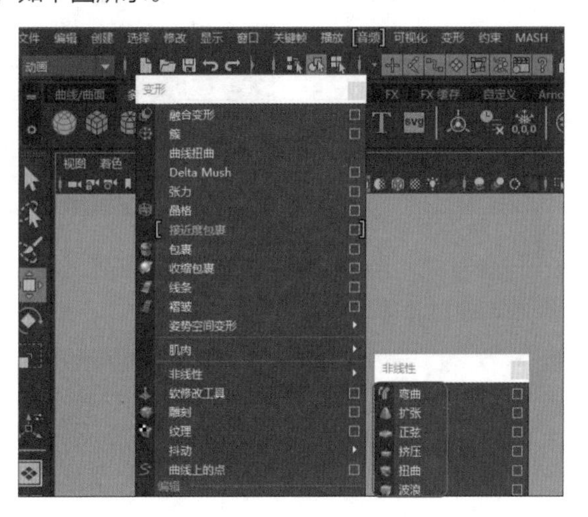

9.6.1 弯曲变形

弯曲变形器可以用来弯曲模型。下面通过对立方体的弯曲介绍弯曲变形的具体操作。

步骤 01 首先在场景上创建一个立方体，设置“缩放Y”值为10，将立方体节点中的“高度细分数”值改为30，如下左图所示。

步骤 02 选中立方体执行“弯曲”变形命令，创建完成后可以在属性窗口中看到bend1的弯曲属性节点。将“曲率”值改为180，可以看到创建的立方体弯曲成了一个圆形，如下右图所示。

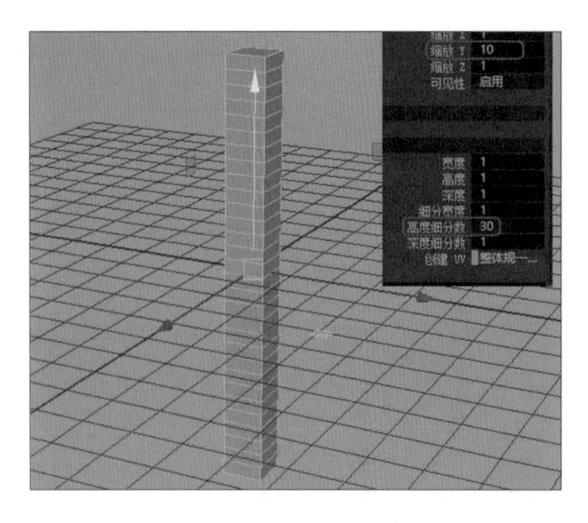

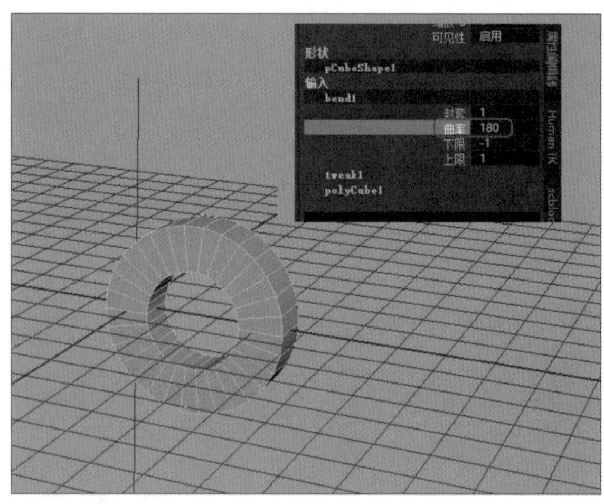

步骤 03 可以通过“上限”或“下限”属性来控制起始弯曲的位置，将“下限”设置为0，立方体的上方变形为弯曲，下方不变，如下左图所示。

步骤 04 还可以在大纲视图中选中bend1Handle弯曲变形器控制柄，通过调整控制柄的位置来控制模型的弯曲状态，如下右图所示。

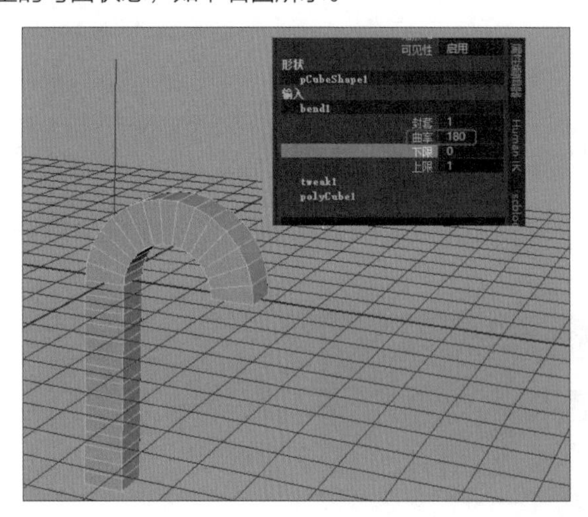

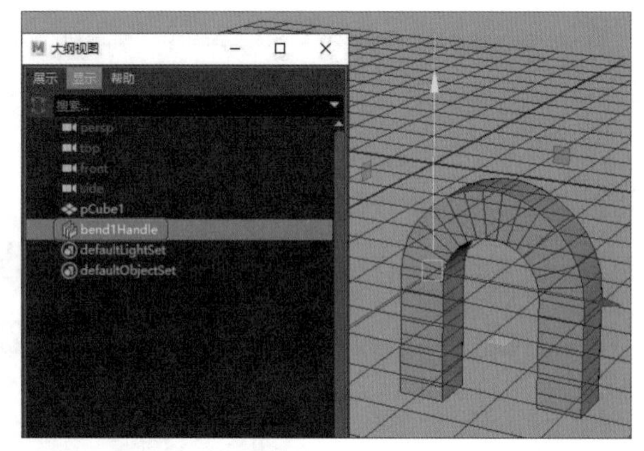

步骤 05 “封套”属性相当于一个开关，当“封套”属性值为0.6时，模型将关闭弯曲变形器效果，也可以通过输入其他值来控制模型的弯曲过渡形态，如下图所示。

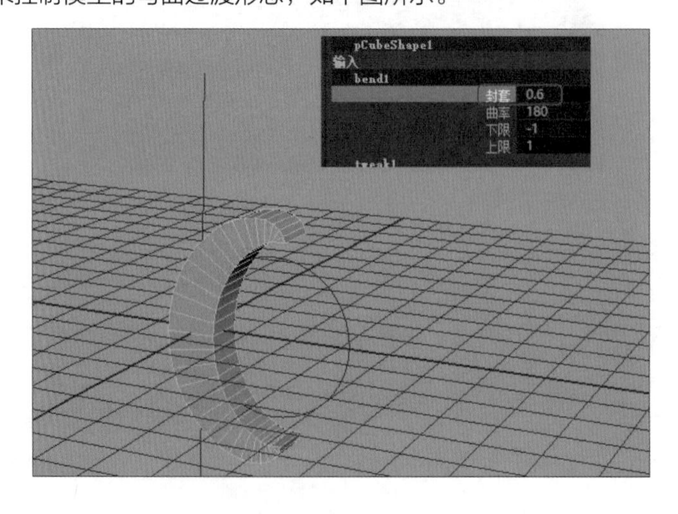

9.6.2 扩张变形

扩张变形器可用于沿着两个轴扩大或锥化模型对象。下面通过对圆柱体的变形介绍扩张变形的具体操作方法。

步骤 01 在场景上创建一个圆柱体，并将其属性节点“高度细分数”值设为10，如下左图所示。

步骤 02 选中圆柱体创建“扩张”变形命令，并将flare1扩张属性节点中的“结束扩张X”与“结束扩张”Z属性值设为0，圆柱体就变成了一个锥体，如下右图所示。

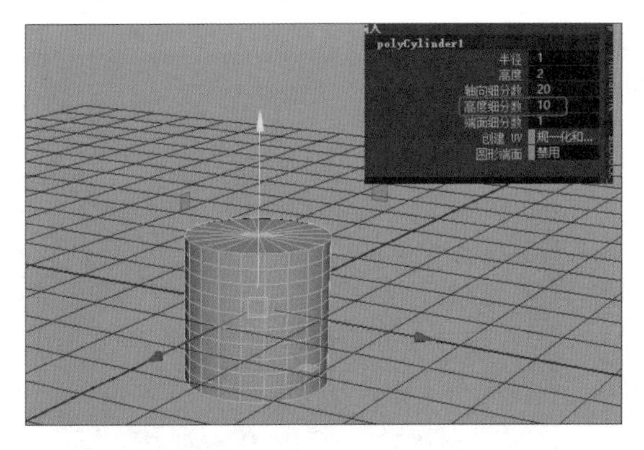

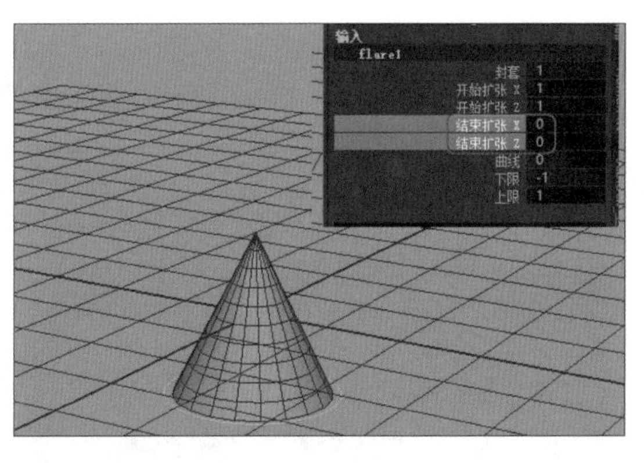

步骤 03 将“曲线”值设为1，可以让椎体的中间部分膨胀起来，如下左图所示。

步骤 04 还可以通过改变“下限”属性让扩张的部分上下移动，设置“下限”为-0.1，变形效果如下右图所示。

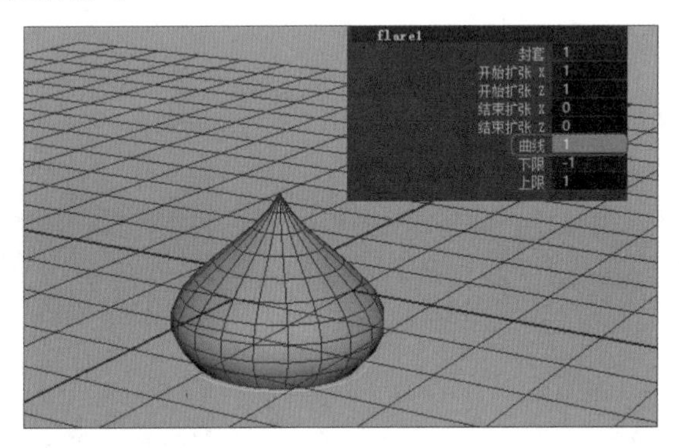

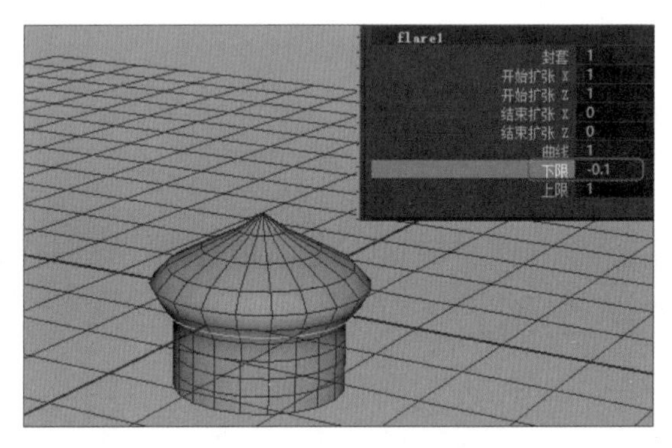

步骤 05 只改变“开始扩张Z”属性值，可以做出类似牙膏包装底部的效果，如下左图所示。

步骤 06 在大纲视图中选中flare1Handle扩张变形器控制柄，通过移动或旋转控制柄得到其他的扩张效果，如下右图所示。

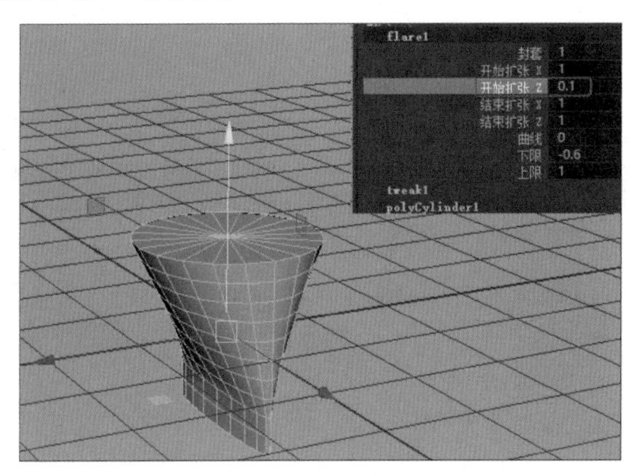

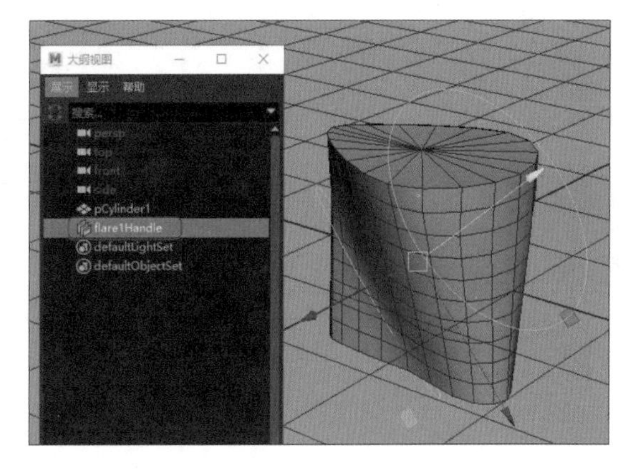

9.6.3 正弦变形

正弦变形器用于沿正弦波操作模型对象。下面用正弦变形器制作一个鱼的游动效果，具体操作如下。

步骤 01 执行“窗口>常规编辑器>内容浏览器”命令，如下左图所示。这里是Maya 2022默认项目文件中自带的一些案例文件。

步骤 02 在弹出的“内容浏览器”窗口的“示例”选项卡下展开Modeling>Sculpting Base>Animals并选中Shark.ma鲨鱼模型文件，如下右图所示。

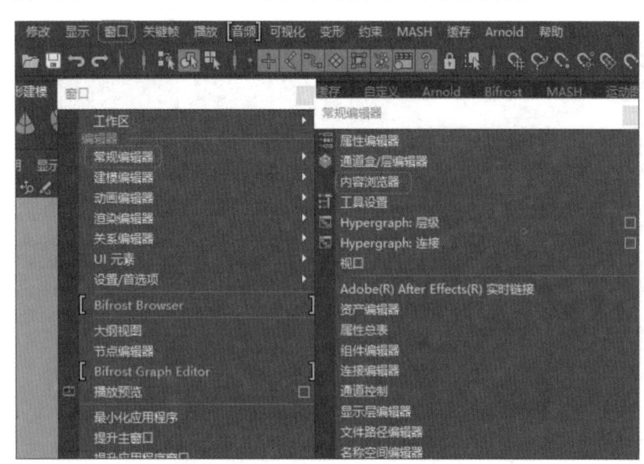

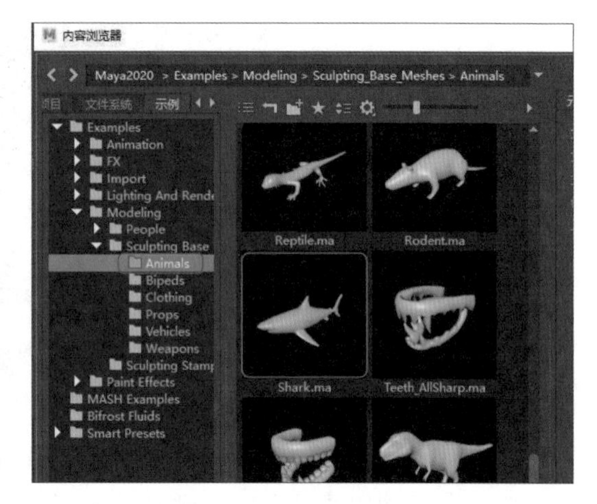

步骤 03 场景中就会加载一个鲨鱼模型，如下左图所示。选中鲨鱼模型并执行“正弦”变形命令。

步骤 04 大纲视图中选中sine1Handle正弦变形器控制柄，并改变它的位置及方向，以及正弦节点中的属性，如下右图所示。

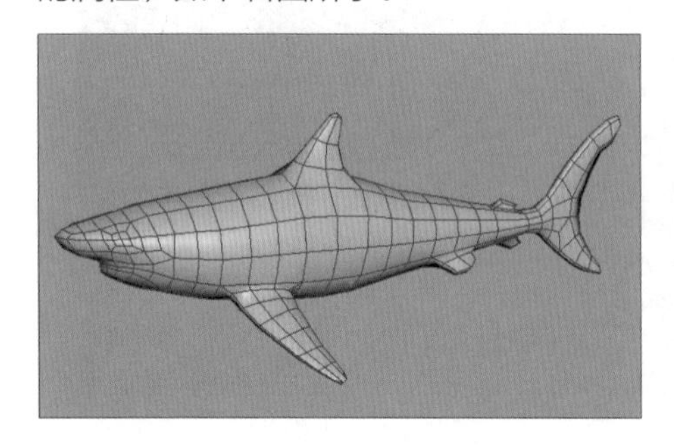

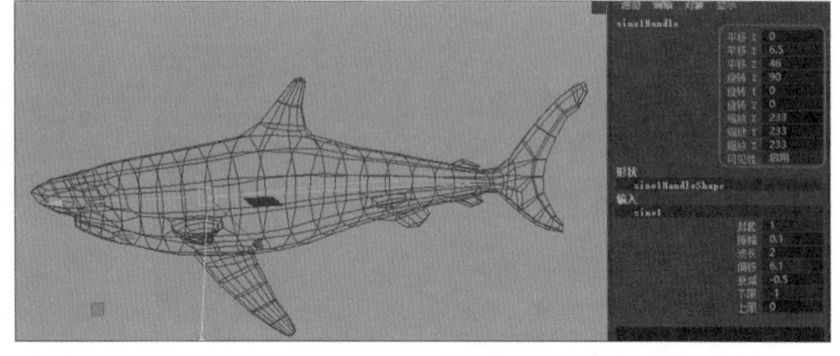

步骤 05 通过逐步改变“偏移”属性值就可以得到一个鲨鱼游动的动画，如下左图和下右图所示。

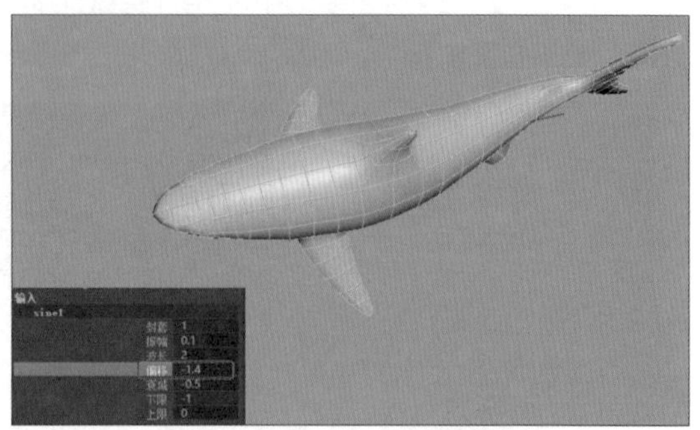

9.6.4 挤压变形

挤压变形器用于挤压和拉伸模型对象。

在场景上创建一个球体，给球体添加“挤压”变形命令，通过改变squash1挤压变形器属性节点中的“因子”属性可以实现球的挤压和拉伸效果。下左图为挤压效果，下右图为拉伸效果。

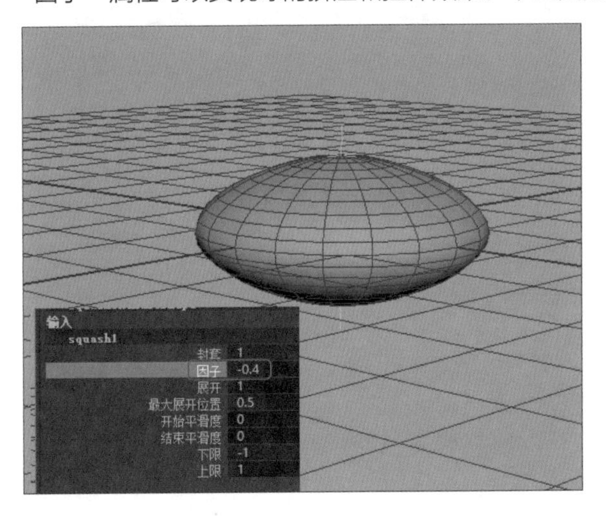

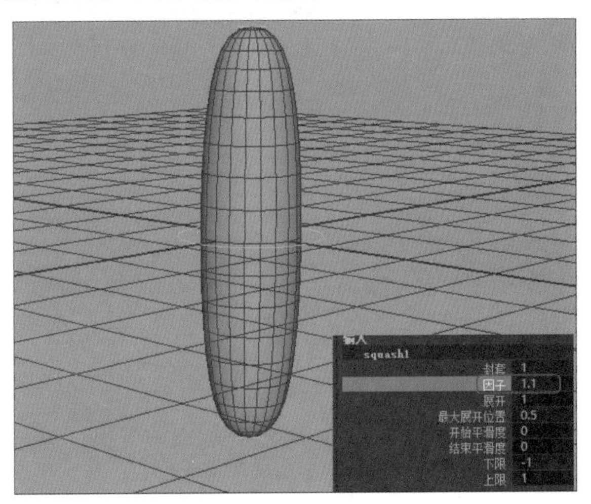

9.6.5 扭曲变形

扭曲变形器可以让模型对象围绕轴进行扭曲效果。下面通过对立方体的扭曲介绍扭曲变形的具体操作。

步骤 01 在场景上创建一个立方体，并将polyCube1立方体属性节点中的“高度”值设为10，“高度细分数”值设为30，如下左图所示。

步骤 02 选中立方体执行“扭曲”变形命令，将“开始角度”值设为300，“结束角度”值设为-300，就可以将立方体进行扭曲，如下右图所示。

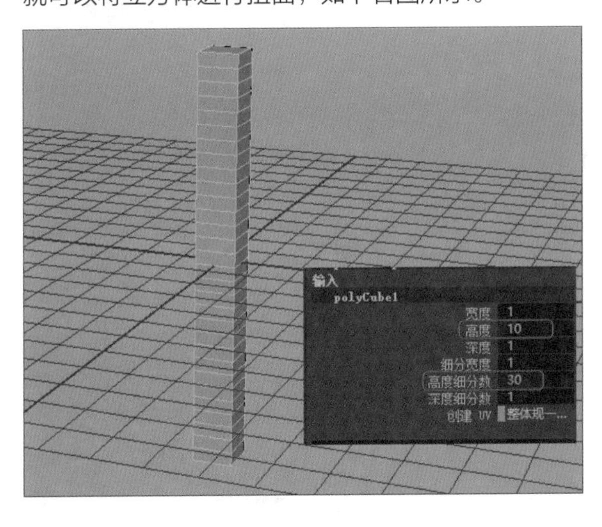

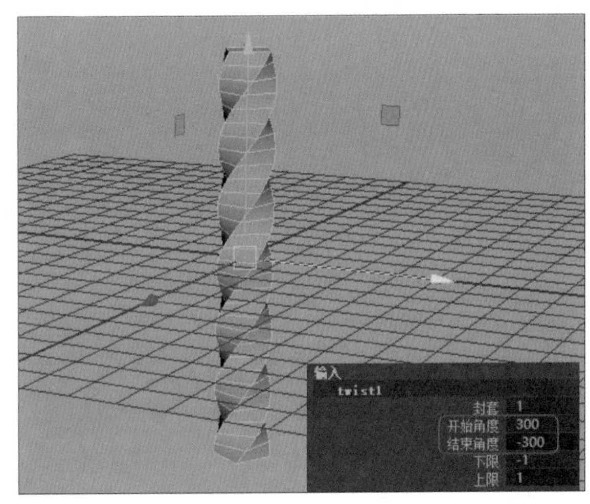

9.6.6 波浪变形

波浪变形器类似于圆形的正弦变形效果，可以让模型产生涟漪效果。下面通过设置平面的波浪变形介绍波浪变形的具体操作。

步骤 01 在场景上创建一个平面，并将polyPlane1平面属性节点中的“细分宽度”和“高度细分数”都设置成30，面数越多变形效果越好，如下页左上图所示。

步骤 02 选中平面执行“波浪”变形命令，将“振幅”属性值设为0.1，“波长”属性值设为0.5，给“偏移”属性创建关键帧动画，就可以形成涟漪效果，如下页右上图所示。

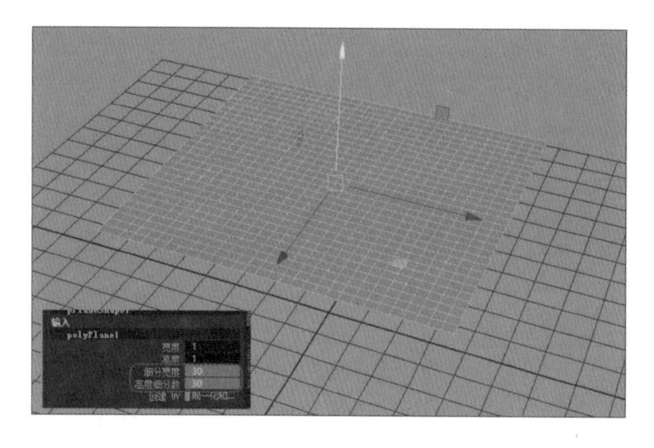

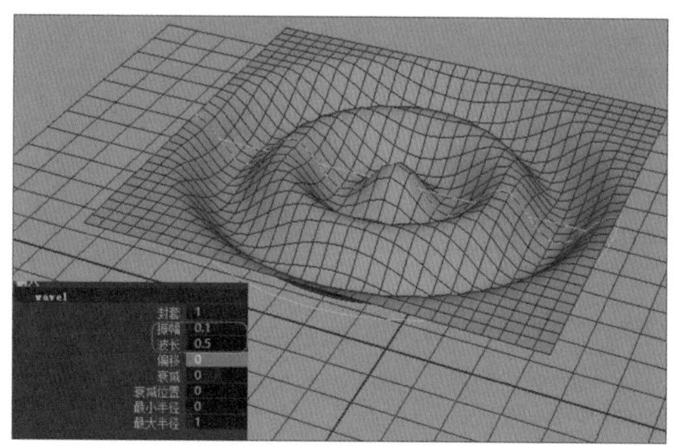

知识延伸：改变模型输入节点的顺序

在Maya中用户可以对一个物体创建多个变形器效果，但是变形器相互之间会有影响。比如用户先给一个球体创建了融合变形器，然后又给这个球体制作了骨骼绑定蒙皮，这时开启融合变形器效果后会发现绑定蒙皮不起作用了，如下左图所示。选中右边的球体可以看到它的输入属性中blendShape1融合变形节点位于skinCluster1蒙皮节点之上，如下右图所示。

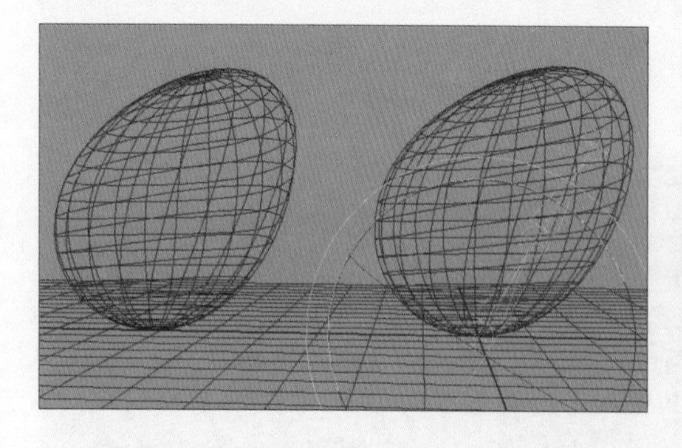

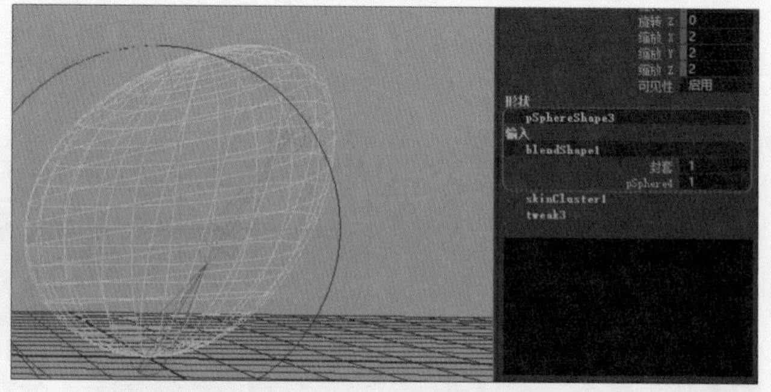

用户需要改变两个输入节点的排列顺序，选中右边的球体，按住鼠标右键不放，在弹出的菜单中选择“输入>所有输入...”命令，如右图所示。

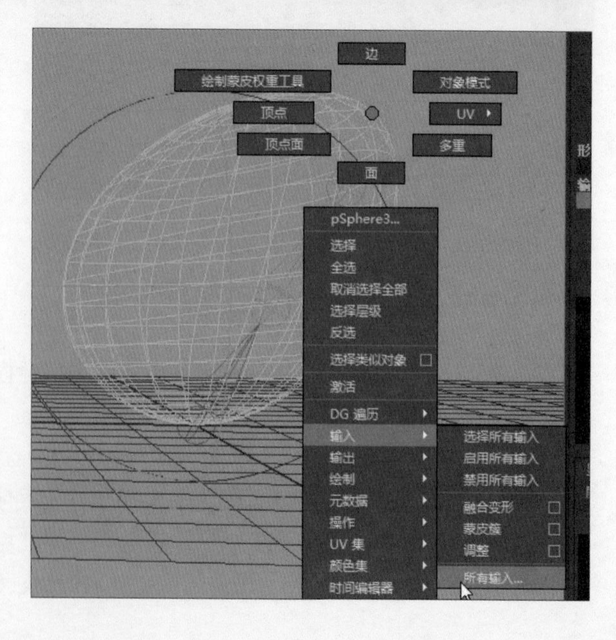

在弹出的“pSphere3的输入操作列表”窗口中，通过按住鼠标中键，将“融合变形（blendShape1）”节点拖拽至“蒙皮簇（skinCluster1）”节点下方，如下左图所示。

这时球体就会优先计算绑定蒙皮的效果，再计算融合变形效果了，如下右图所示。这种现象经常出现在角色面部表情绑定中，有时因为用户先对角色进行了面部表情的融合变形效果，再对角色制作蒙皮绑定效果，就会出现上述错用，用改变输入节点顺序的方式就可以解决这种问题。

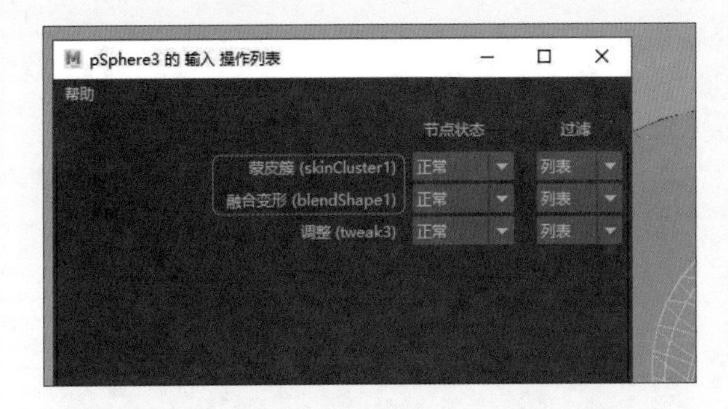

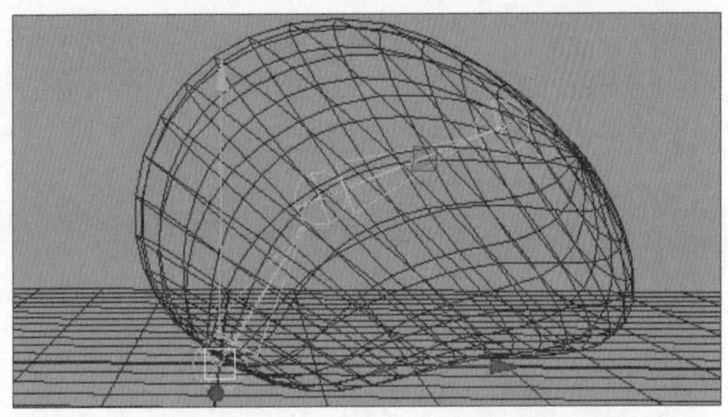

上机实训：蠕动变形的球体

扫码看视频

运用融合变形器命令可以做出用骨骼绑定无法实现的动画效果，下面通过一个实例来练习如何运用融合变形去制作特殊动画效果，并且学习如何创建控制器去控制融合变形器。

步骤 01 首先打开本章节的附赠文件“融合变形球体_准备.ma”，如下左图所示。在场景上有三个面数相同但造型不同的模型，分别为pCube1球形、pCube2方形和pCube3异形。

步骤 02 先选中pCube2方形和pCube3异形最后加选pCube1球形，并执行“变形>融合变形”命令，如下右图所示。最后一个选中的模型才是被融合基础模型，前面选中的模型都是融合变形的目标模型。

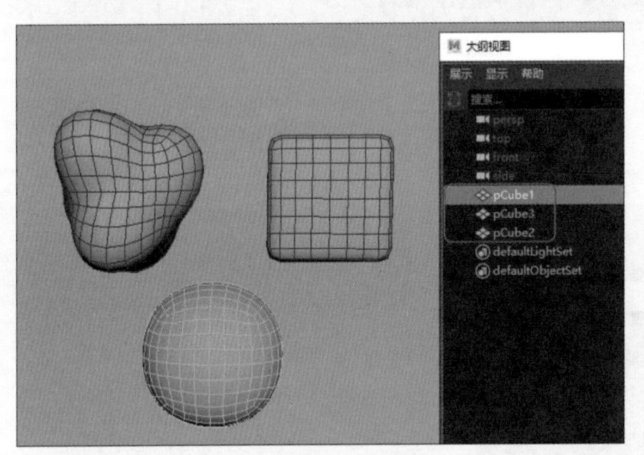

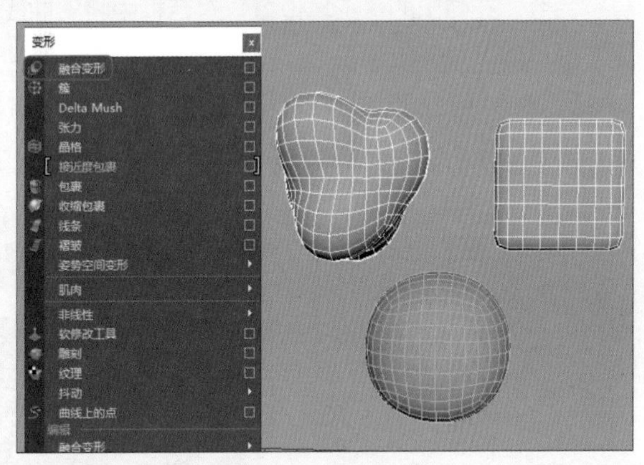

步骤 03 选中pCube1球形，可以在属性面板中找到blendShape1融合变形属性节点，因为是受到两个目标模型的影响，所以会有分别名为pCube2和pCube3的属性，如下左图所示。

步骤 04 将pCube2属性值设为1，可以看到pCube1球形变成了pCube2方形的样子，如下右图所示。

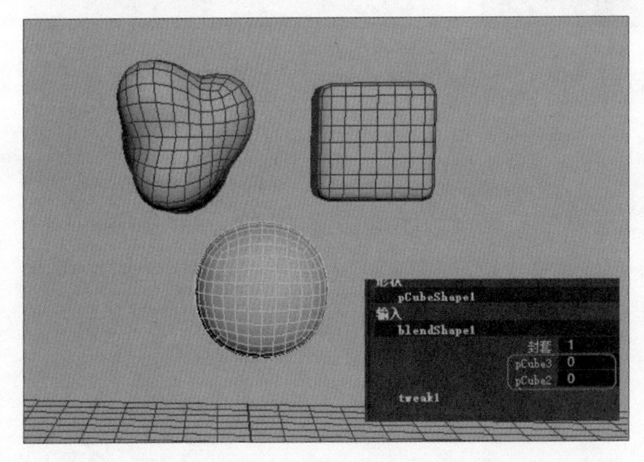

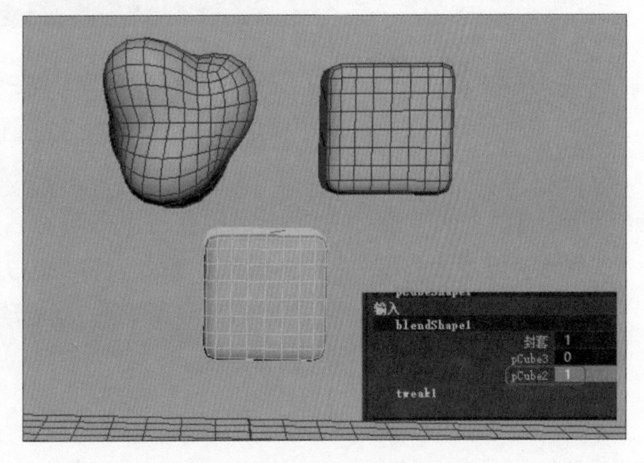

步骤 05 将pCube3属性值设为1，可以看到pCube1球形变成了pCube3异形的样子，如下左图所示。

步骤 06 也可以将pCube2属性和pCube3属性都设置为1，这样pCube1球形就会变成两个目标模型融合在一起的样子，如下右图所示。

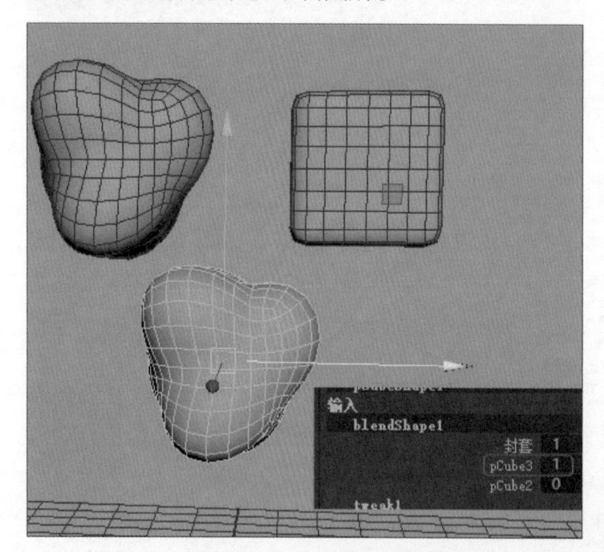

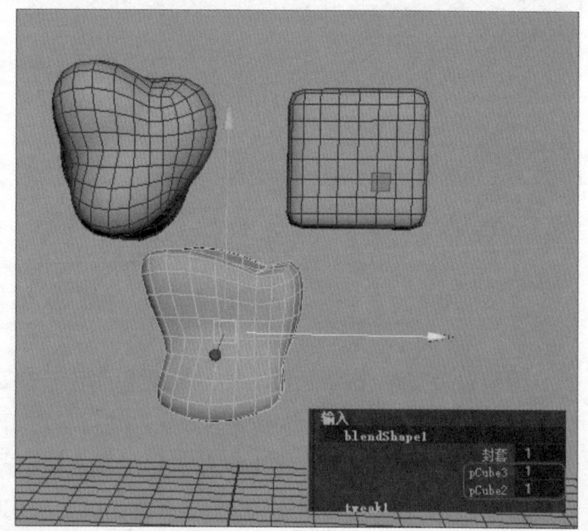

步骤 07 然后创建一个控制器来控制融合变形器效果。在“曲线/曲面”选项卡中双击执行“曲线工具”命令，在弹出的“工具设置”对话框中将“曲线次数”属性设置为“1线性”，然后在场景上绘制一个正方形，如下左图所示。

步骤 08 再执行“曲线/曲面”选项卡，单击“NURBS圆形”按钮，绘制一个圆形曲线，并添加分组，将分组移动到方形曲线的角上，如下右图所示。

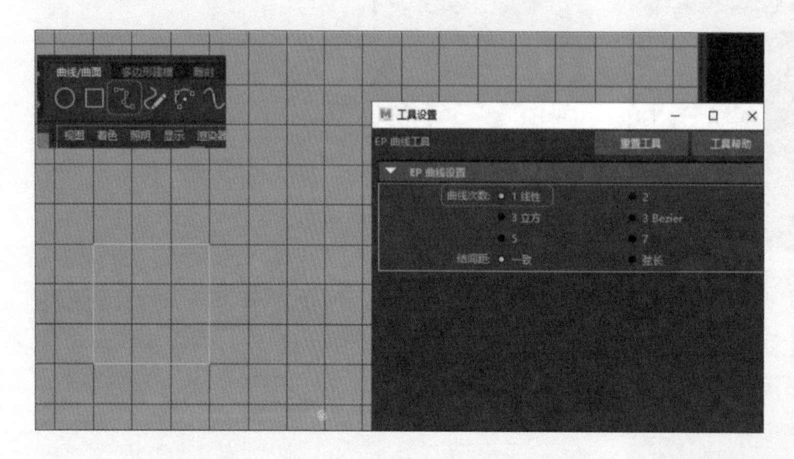

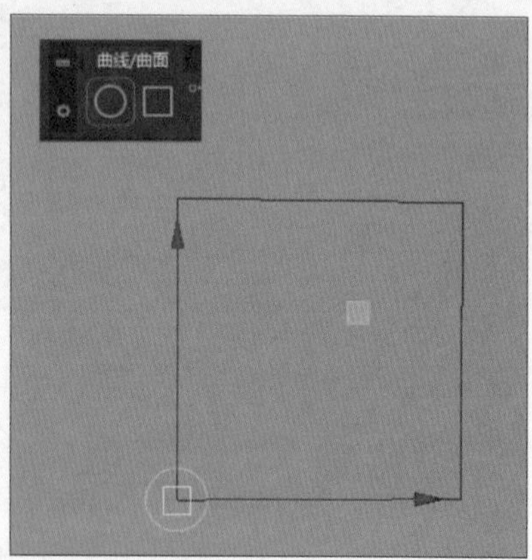

步骤 09 选中圆形曲线，并在nurbsCircle1属性节点中展开“限制信息>平移”属性，将“平移限制X”与“平移限制Z”的最小值设置为0，最大值设置为3，这样圆形曲线就只会在方形曲线的范围内移动了，如下左图所示。

步骤 10 创建好控制器后，需要在控制器与融合变形属性节点设置驱动关键帧，执行动画模块下的“关键帧>设定受驱动关键帧>设置”命令，在弹出的“设置受驱动关键帧”窗口中，将圆形曲线加载到“驱动者”中，选中融合变形属性节点加载到“受驱动”项中，如下右图所示。

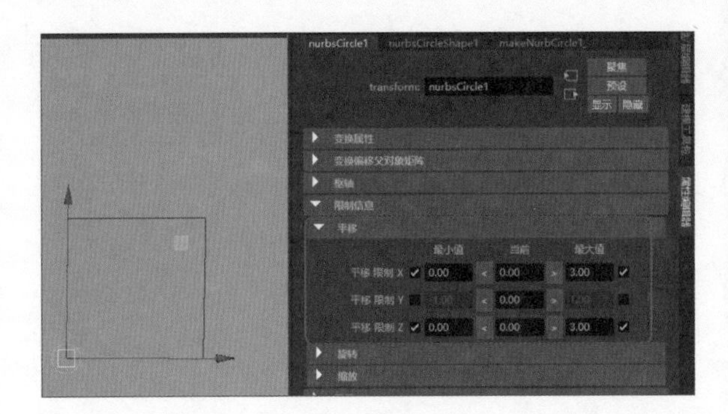

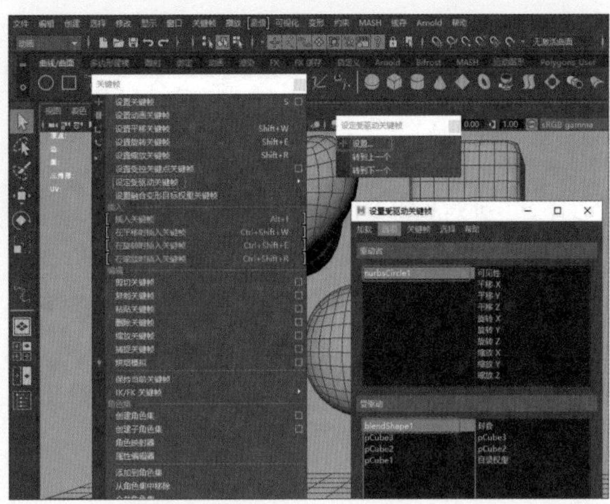

步骤 11 在“驱动者”窗口中选中nurbsCircle1的“平移X”属性，在“受驱动”窗口中选中blendShape1的pCube3属性，执行“关键帧”命令，如下左图所示。

步骤 12 将圆形曲线的“平移X”设为3，并将blendShape1属性节点中的pCube3属性设置为1，再执行一次“关键帧”命令，如下右图所示。

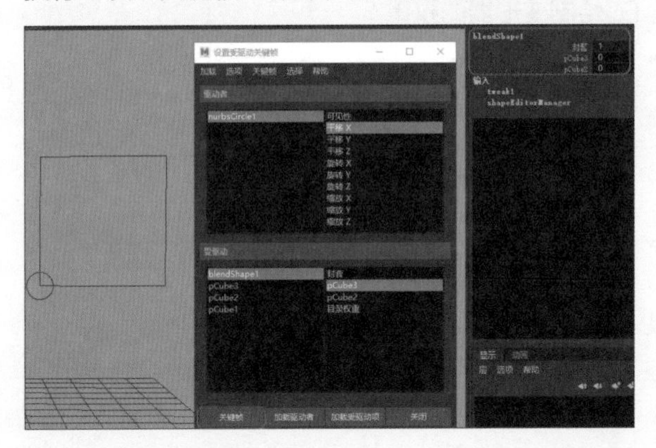

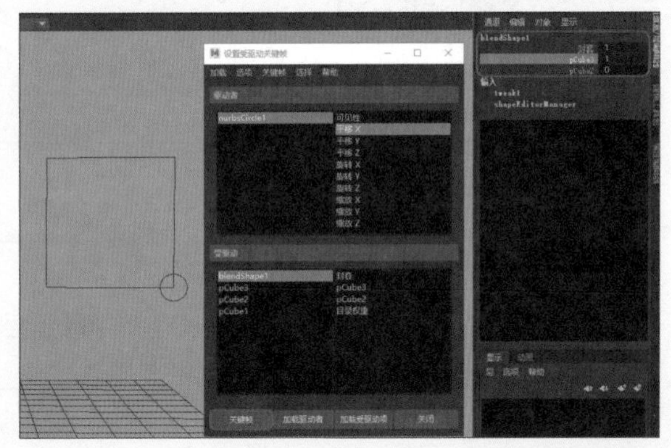

步骤 13 用同样的方法将nurbsCircle1的“平移Z”属性和blendShape1的pCube2属性也创建关键帧动画，如下左图所示。

步骤 14 这样就可以通过控制器去控制融合变形的效果，如下右图所示。用户可以用这种方式去制作角色的表情绑定。

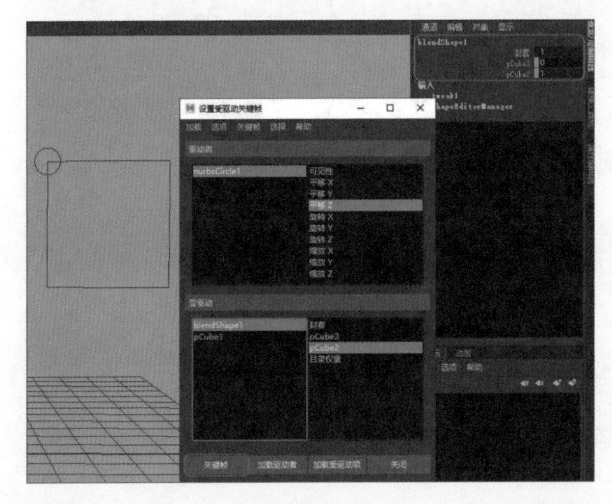

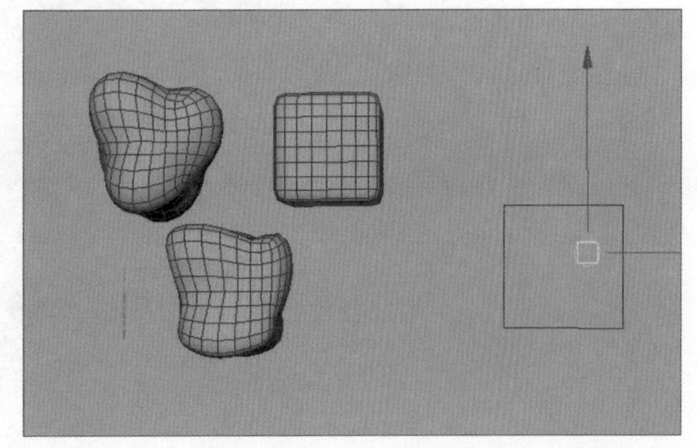

课后练习

一、选择题

（1）下列对晶格变形器描述错误的是（　　）。

A. 晶格变形器是矩形点结构的变形器　　B. 晶格变形器可以对模型的局部进行控制

C. 晶格变形器只能对模型的整体进行控制　　D. 晶格变形器也可以绘制权重

（2）下列哪些不属于非线性变形器的是（　　）。

A. 晶格变形　　B. 弯曲变形

C. 挤压变形　　D. 扭曲变形

（3）下列哪一个属于非线性变形器？（　　）。

A. 波浪变形　　B. 晶格变形

C. 包裹变形　　D. 融合变形

（4）用户可以通过（　　）方式来控制变形器的影响范围。

A. 移动控制器的位置　　B. 设置变形器的大小

C. 更改模型的大小　　D. 绘制变形器的权重

二、填空题

（1）Maya 2022的变形器由________、________、________、________和一些非线性变形器组成。

（2）非线性变形器有________、________、________、________、________和________6种类型。

（3）如果想让一个物体变形成另一个物体需要用到________。

（4）如果需要用简模去控制高模，需要用到________。

三、上机题

本章节主要讲解了变形器的使用，在项目中使用最多的就是融合变形器，打开附赠的“表情绑定_准备.ma”文件，有些预设好的表情目标模型，用户需要练习创建控制器来简单地控制角色的表情变化。

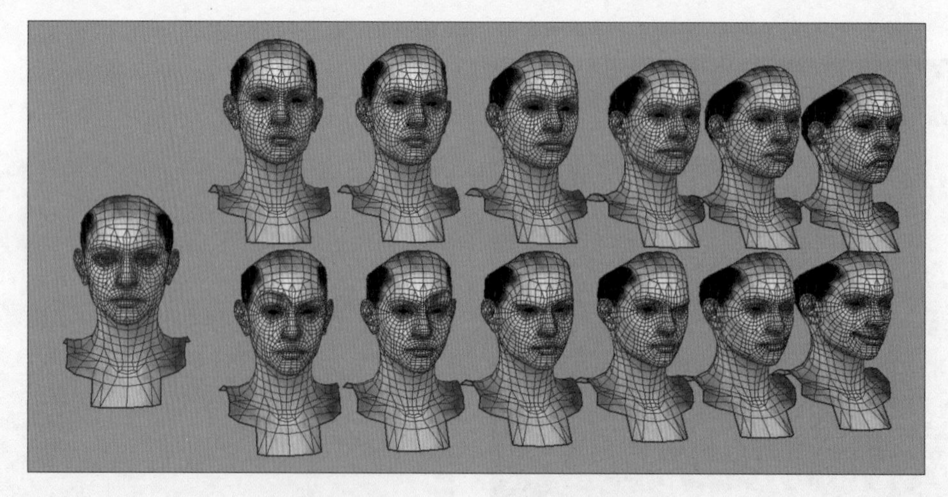

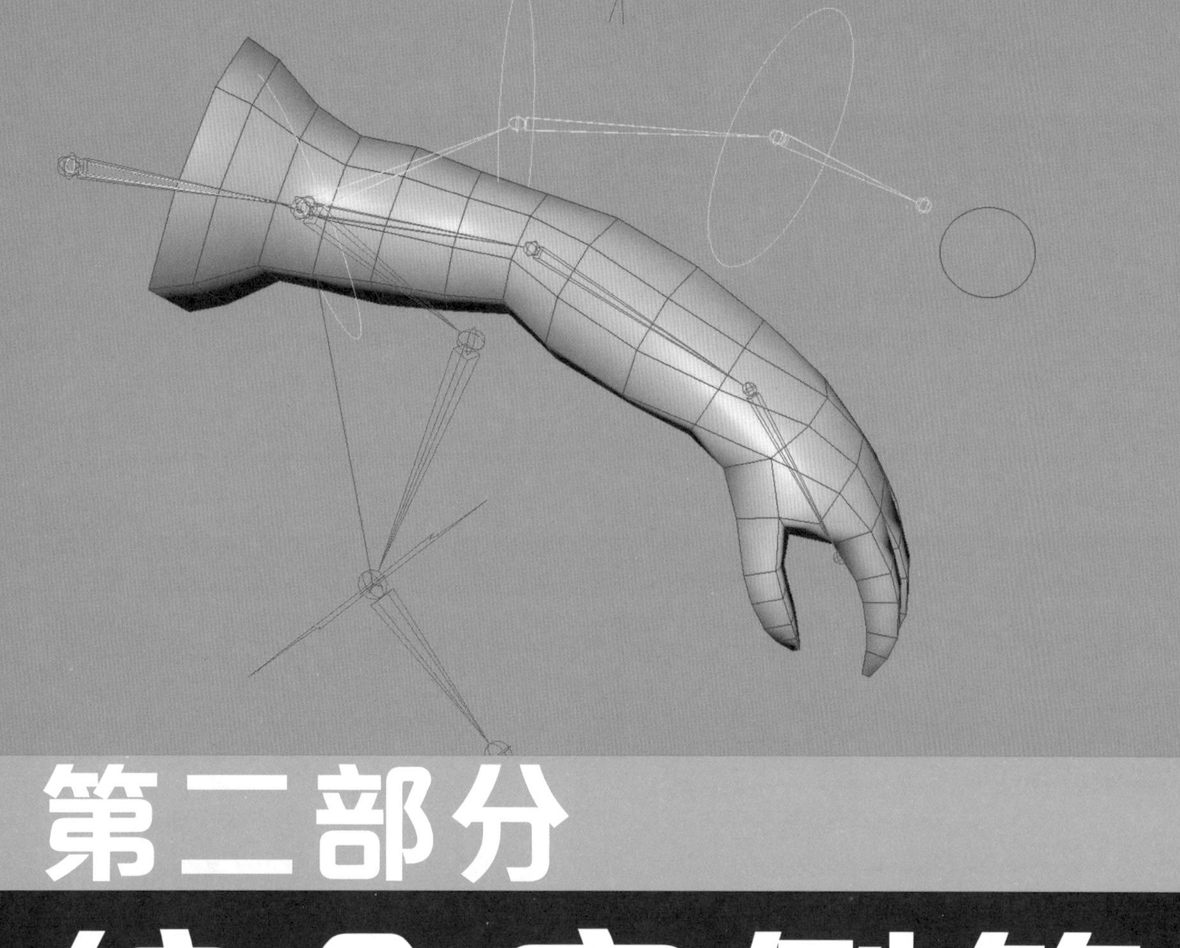

第二部分
综合案例篇

介绍完Maya几大功能模块的操作和具体应用后，本篇我们将通过“百财狗”模型的制作、人物角色的绑定以及手臂动画效果的实现三个综合应用案例，来对Maya的建模流程、UV制作、3D绘制工具使用、HumanIK绑定、角色全身权重绘制、匹配动作捕捉数据以及IKFK无缝切换的原理和代码进行综合讲解和应用。在巩固前面所学基础知识的同时，读者可将所学知识应用到日常工作学习中，真正做到学以致用。

第10章 制作“百财狗”模型

本章概述

本章通过实例来讲解模型的制作全流程。如何创建多边形模型，如何在Unfold3D软件中进行UV的制作，以及如何使用Maya的3D绘制工具绘制模型贴图。

核心知识点

① 了解建模的制作方法
② 学习Unfold3D软件制作UV
③ 了解Maya中的3D绘制工具

10.1 模型制作

扫码看视频

本章将制作一个“百财狗”的卡通模型，效果如下图所示。造型基本上是一条狗，不过在狗的背后和颈部要制作出白菜叶的效果。本章节将分为三个部分，第一部分讲解模型的制作流程，第二部分讲解使用Unfold3D软件对模型进行UV制作，最后一部分讲解Maya 2022的3D绘制工具的使用方法。下面先讲解模型的制作流程。

10.1.1 用立方体制作身体模型

本节将利用立方体制作白菜狗的身体模型，首先制作出白菜狗的大概身体模型，然后制作尾巴、前腿和后腿，最后制作颈部模型。本节使用到的功能有“到环形边并分割”“特殊复制”“挤出”“平滑”等，下面介绍具体操作方法。

步骤01 首先新建场景并在场景中创建一个立方体，进入边组件模型并按住Ctrl键+鼠标右键，在弹出的菜单中选择“环形边工具”命令，如下页左上图所示。

步骤02 在子菜单中选择“到环形边并分割”命令，如下页右上图所示。这样可以在立方体的中间加上一圈边。

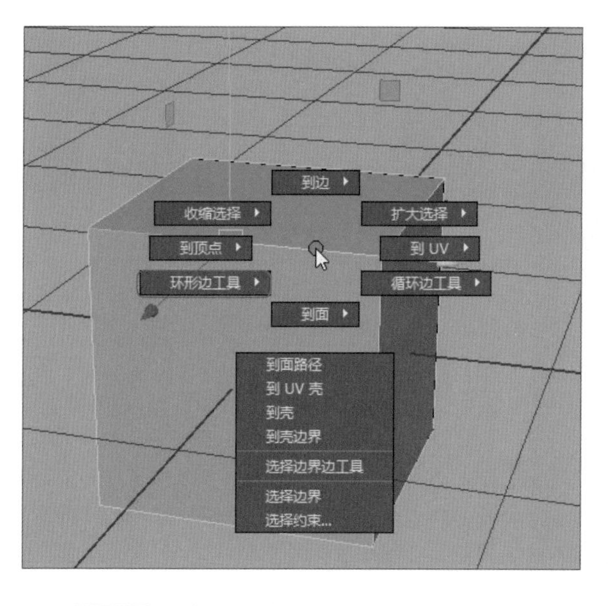

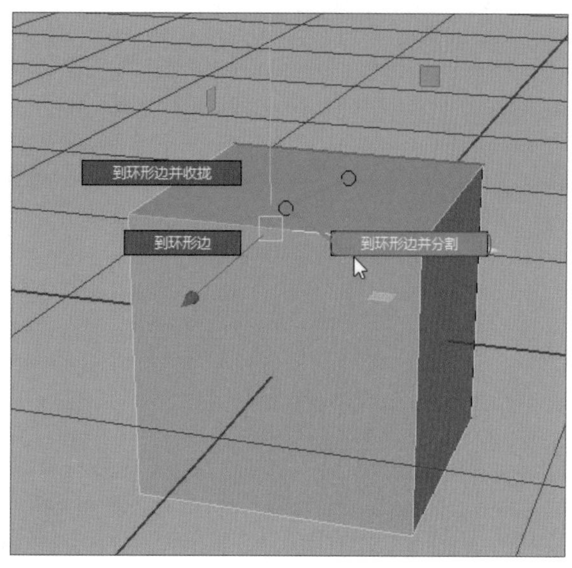

步骤 03 选中立方体左边的面进行删除，如下左图所示。

步骤 04 选中剩下的立方体执行“编辑>特殊复制”命令，并将“特殊复制选项”对话框中的“几何体类型”属性改为“实例”，将“缩放”属性的第一栏参数改成“-1”，如下右图所示。这样就完成了关联镜像的操作，更改一边的立方体，另一边立方体也会进行相同的镜像操作。

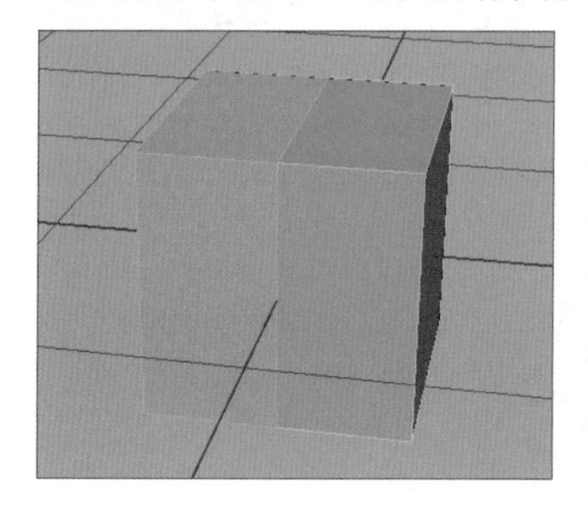

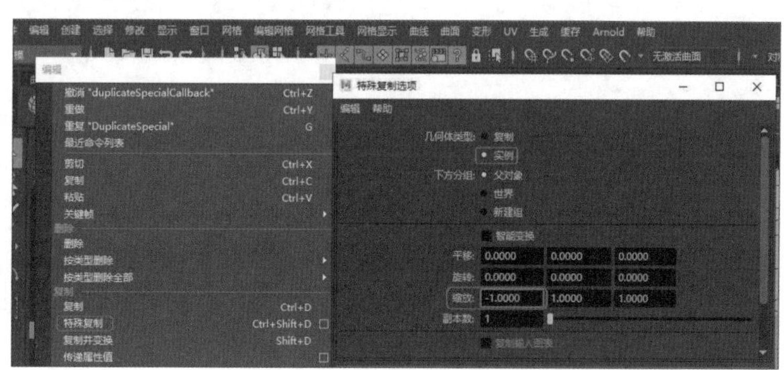

步骤 05 在侧视图中给模型继续执行“环形边工具>到环形边并分割”命令为模型添加边，如下左图所示。

步骤 06 进入顶点组件模式调整立方体的顶点，这里要先创建一个狗身体的大致轮廓，如下右图所示。

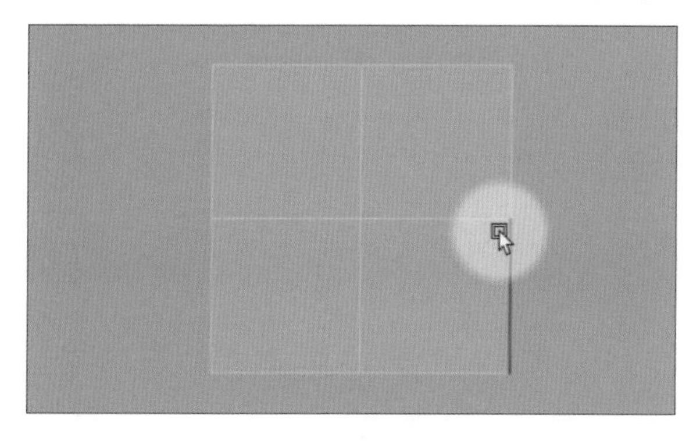

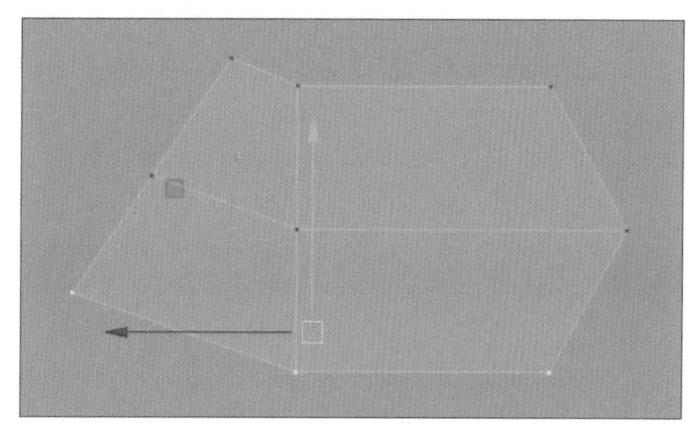

步骤 07 切换至透视图中继续调整模型的顶点，让模型先变得饱满且圆滑，如下页左上图所示。

步骤 08 在顶视图中给立方体添加边，并调整模型的形状，如下页右上图所示。

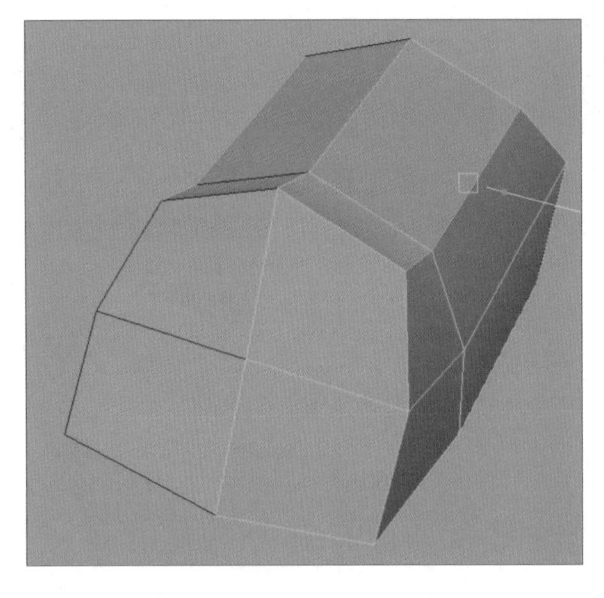

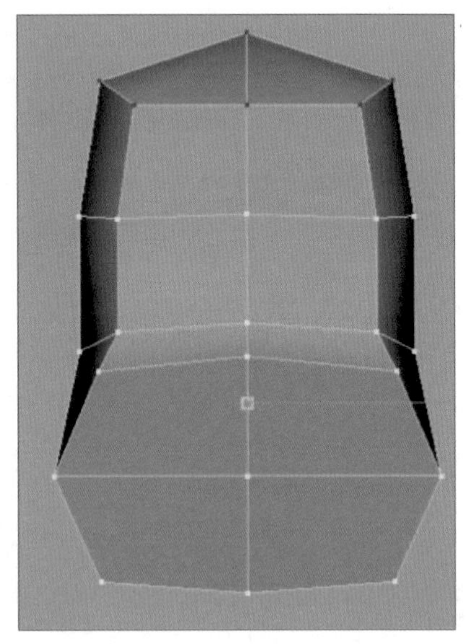

步骤 09 一定要多角度地去观察模型，并调整模型上的每一个顶点，如下左图所示。

步骤 10 用“多切割”和“挤出”命令，在模型的后面制作出一个“尾巴”的大致形态，如下右图所示。

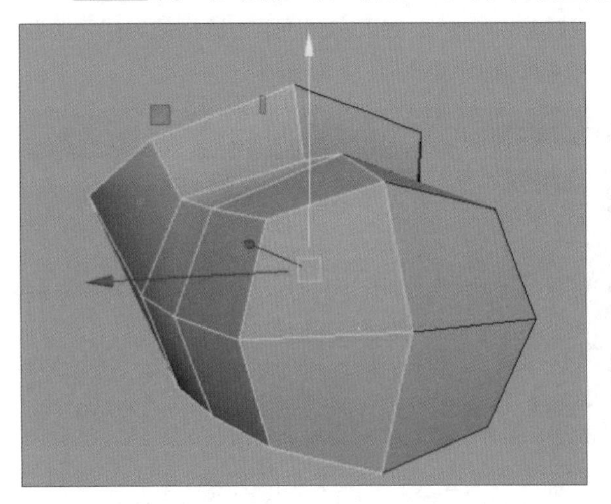

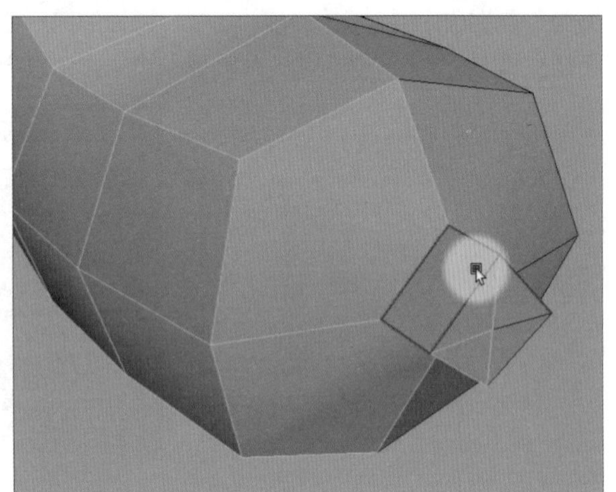

步骤 11 在侧视图中继续给模型添加边，并调整顶点与边的位置，如下左图所示。

步骤 12 在模型上使用“挤出”命令制作出“狗”的前腿模型，如下右图所示。

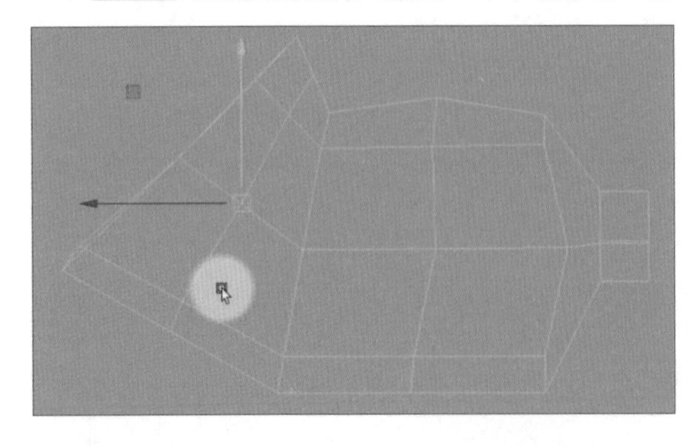

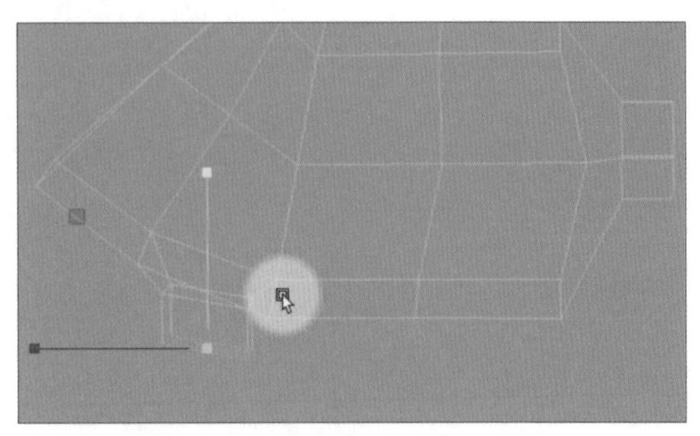

步骤 13 在多个视图中对“前腿”的形状进行调节，如下页左上图所示。

步骤 14 使用同样的方法制作“后腿”的模型，如下页右上图所示。

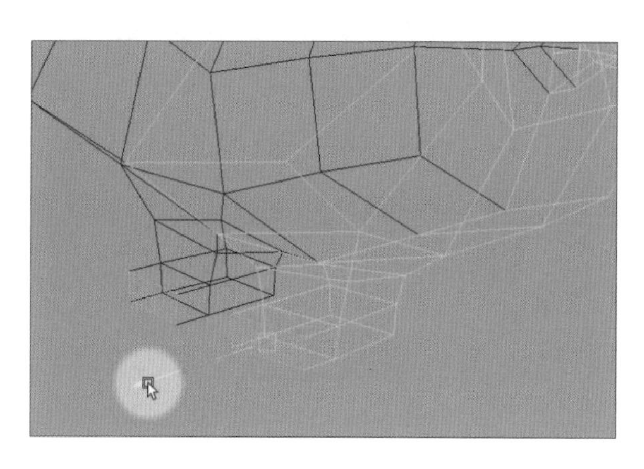

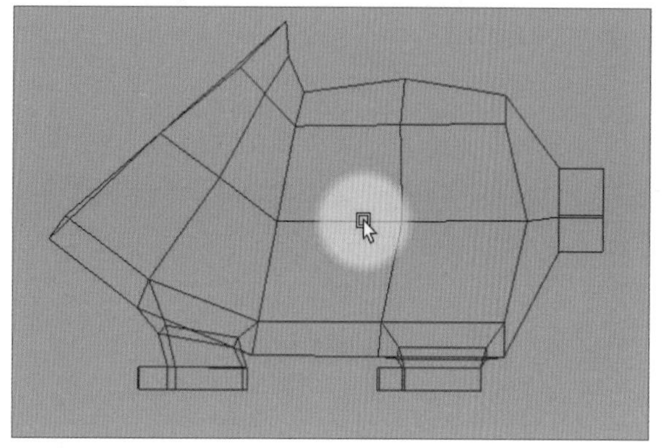

步骤15 继续在“颈部”添加边，并调整顶点和边的位置，如下左图所示。

步骤16 选中“颈部”一圈面挤出新的面，用来制作白菜叶的效果，如下右图所示。

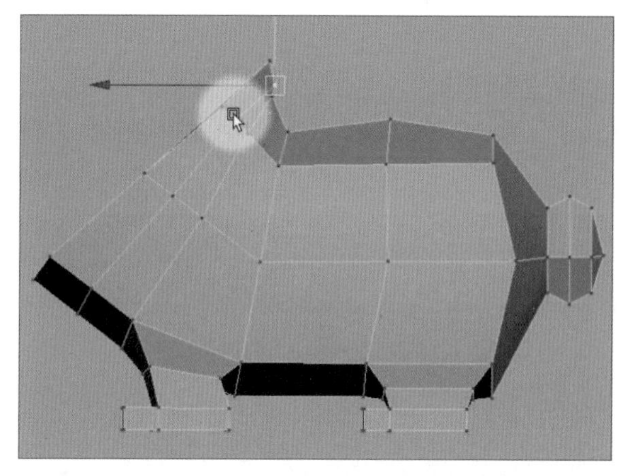

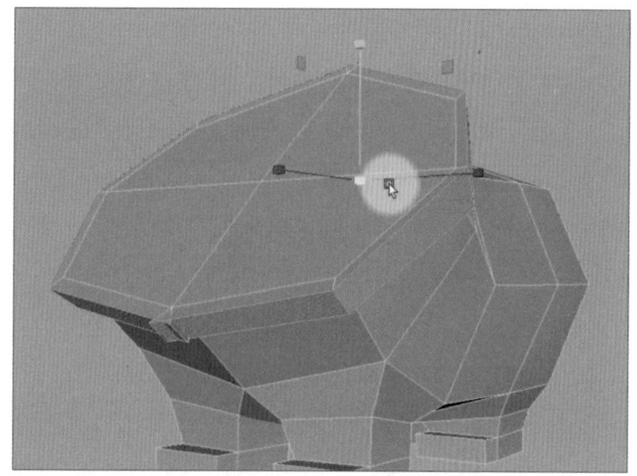

步骤17 为了做出两层白菜叶的效果，还需要选中下面一圈面继续挤压出新的面，如下左图所示。

步骤18 调整新创建出来的顶点和边的角度以及厚度，如下右图所示。

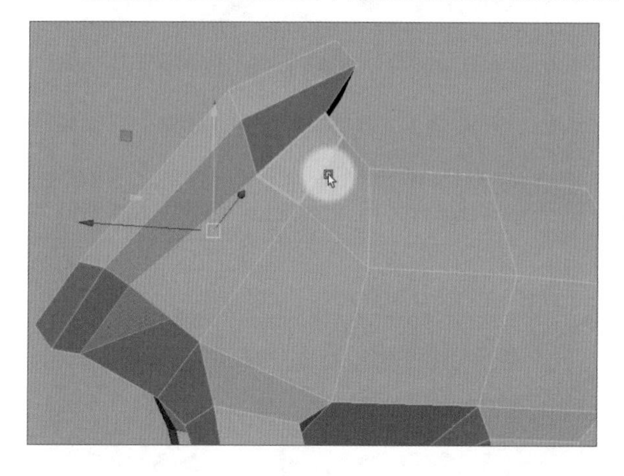

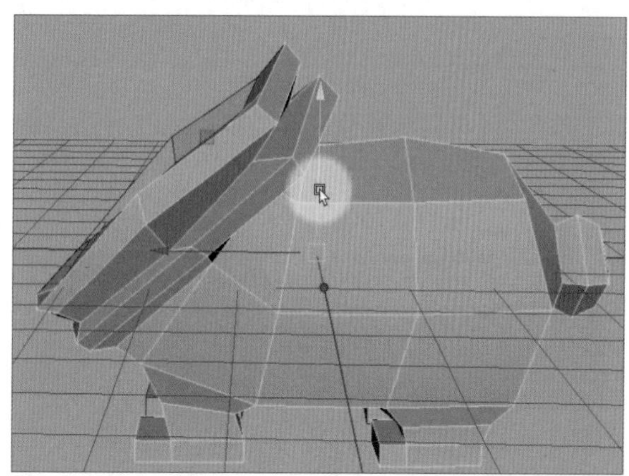

步骤19 调整好后对模型执行“网格>平滑”命令，如下页左上图所示。

步骤20 多角度地去观察模型，并调整模型的顶点，如下页右上图所示。这时身体就暂时完成了，下面继续制作“狗头”的模型。

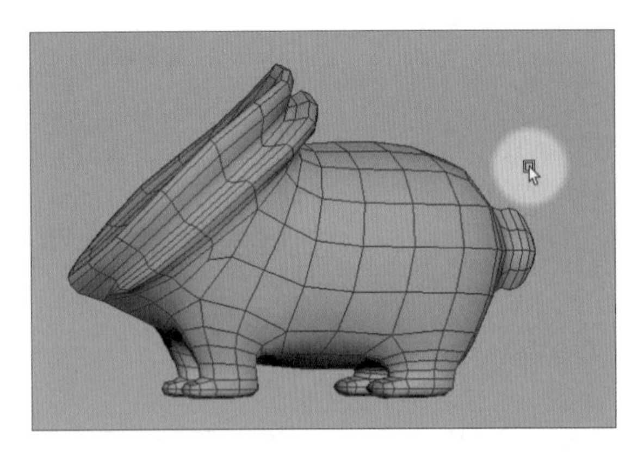

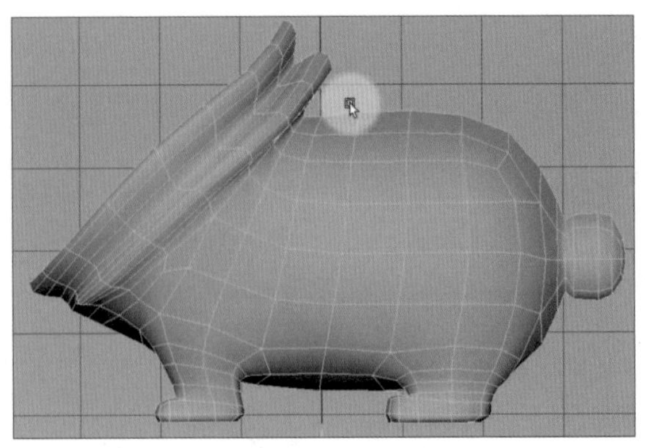

10.1.2 用立方体制作头部模型

本节介绍使用立方体制作白菜狗的头部模型，主要用到“特殊复制”“挤出”等功能，下面介绍具体操作方法。

步骤 01 再创建一个立方体，并调整立方体的位置，如下左图所示。

步骤 02 同样删除一半立方体，并执行“编辑>特殊复制”命令，为立方体制作一个关联镜像效果，并给立方体添加边，如下右图所示。

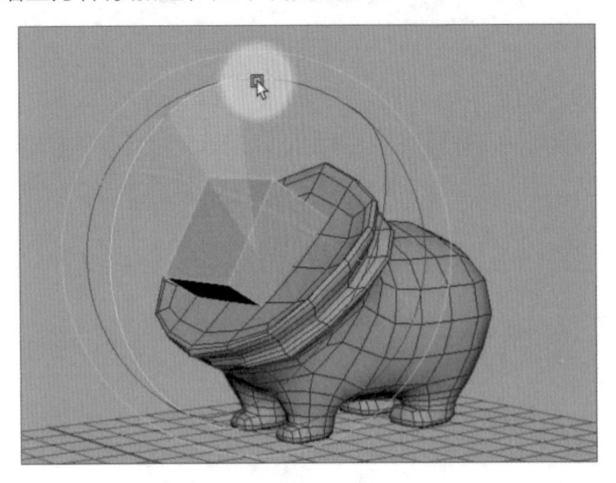

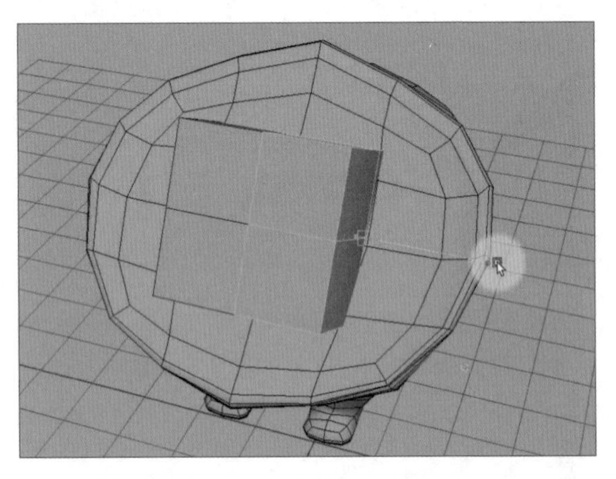

步骤 03 将身体模型暂时隐藏，继续给头部模型添加边，并调整顶点的位置，先尽量使头部模型圆滑、饱满，如下左图所示。

步骤 04 选中脸颊的两个面并执行“挤出”命令，这里要做出“狗”的面部被白菜叶挤压腮帮的效果，目的是让模型看起来更可爱一些，如下右图所示。

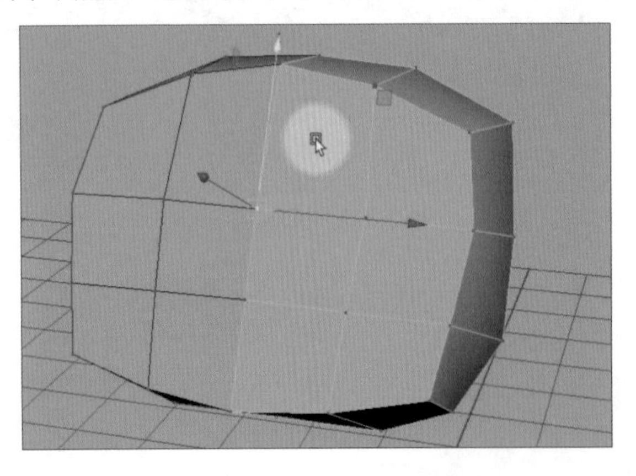

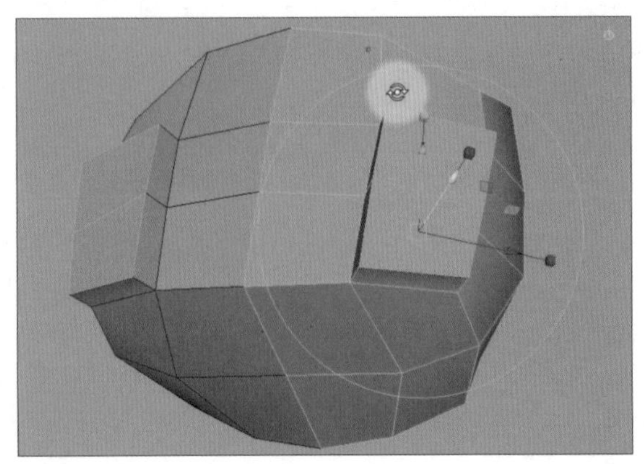

步骤 05 继续调整挤出后的顶点位置，如下左图所示。

步骤 06 为了更好地制作头部，需要先把舌头的模型大致制作出来。再创建一个立方体，在侧视图调整立方体的大小及位置，并删除一半的立方体，执行“编辑>特殊复制”命令，如下右图所示。

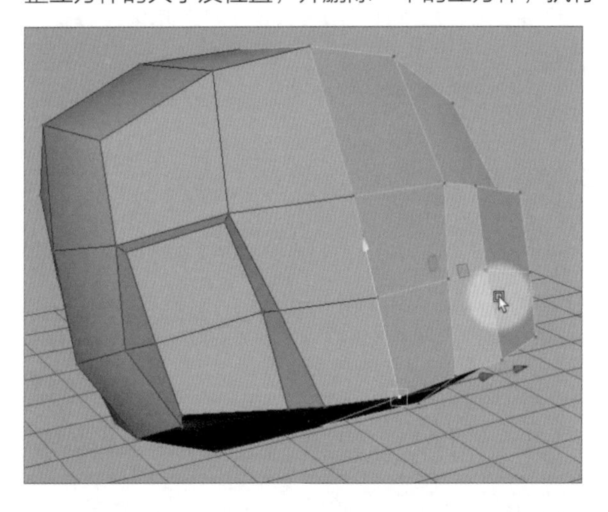

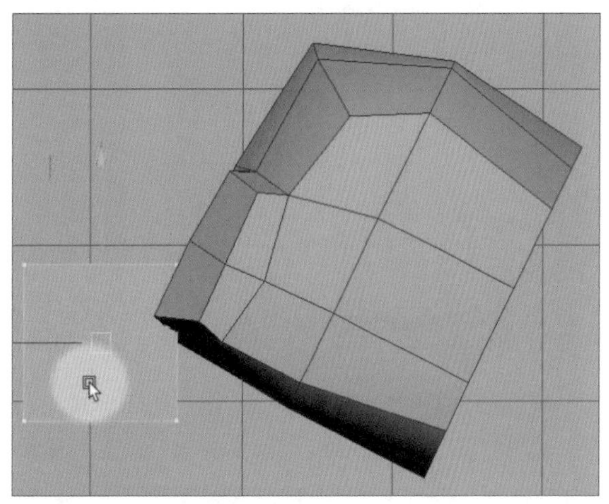

步骤 07 给舌头模型添加更多的边进行细节的调整，如下左图所示。

步骤 08 要在多个角度观察并调整舌头模型的厚度及造型，效果如下右图所示。

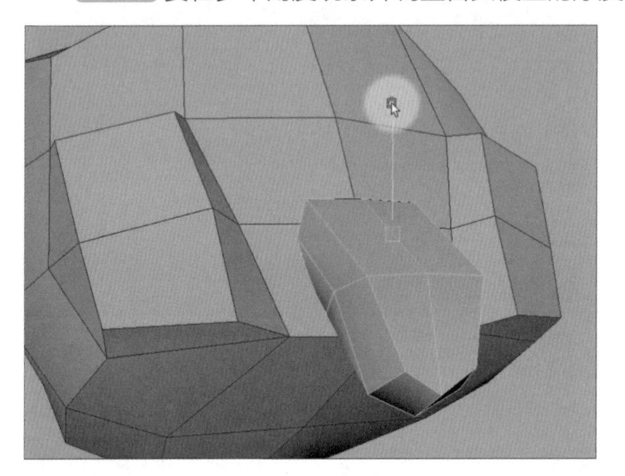

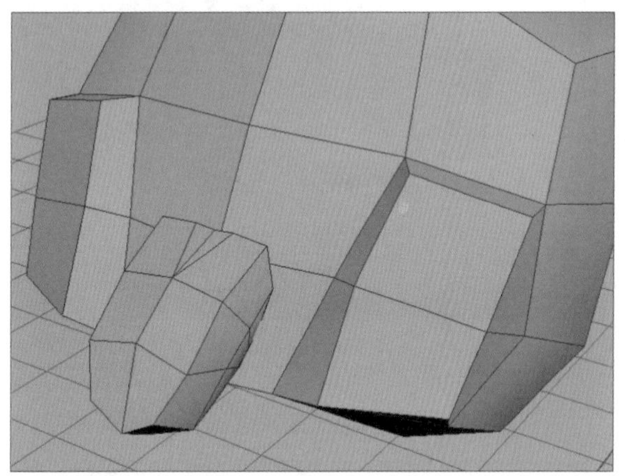

步骤 09 选中头部模型位于舌头上方的面进行挤压，这里要制作“狗鼻子”的模型，如下左图所示。

步骤 10 调整挤出后的顶点位置，如下右图所示。

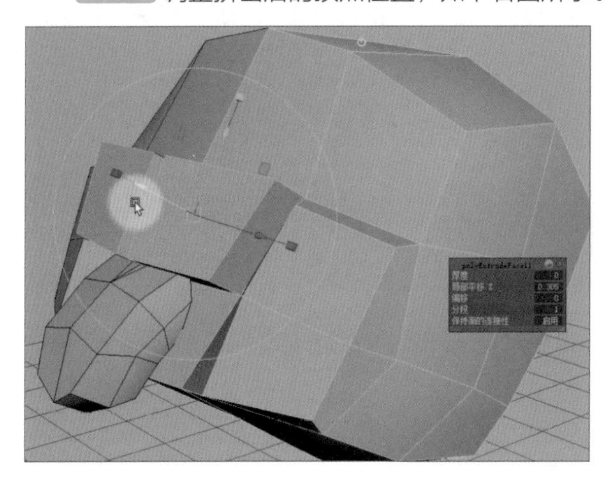

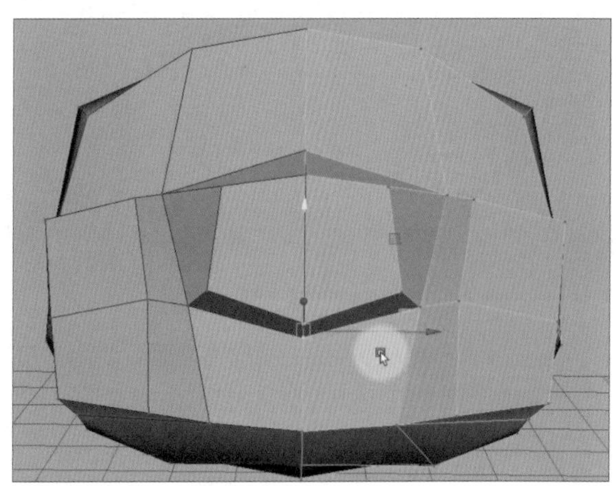

步骤 11 继续给模型添加新的边并调整顶点和边的位置，如下左图所示。

步骤 12 用多切割工具制作出一个鼻头的效果，如下右图所示。

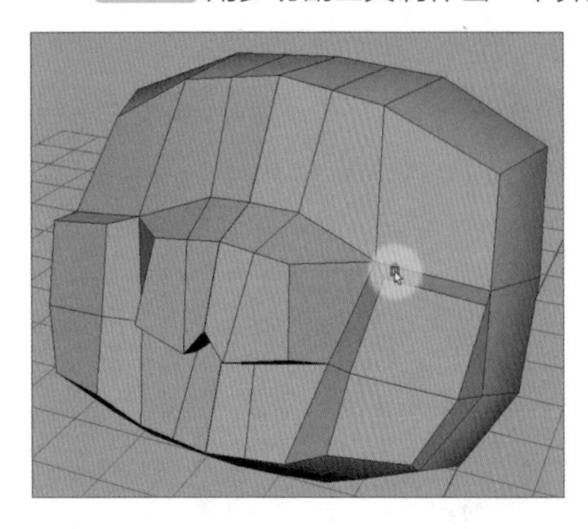

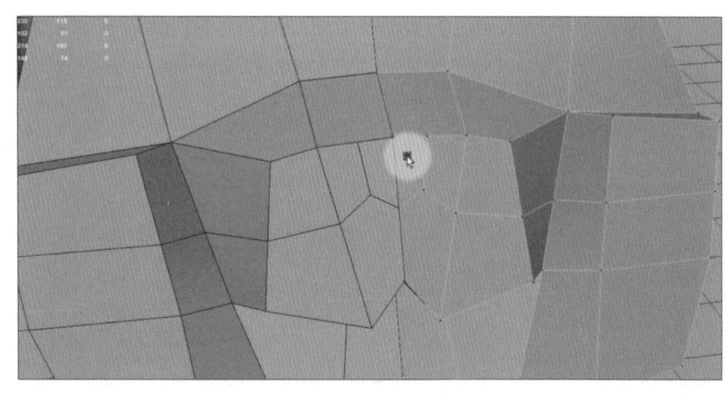

步骤 13 调整挤出后的顶点位置，制作出鼻头的效果，如下左图所示。

步骤 14 在侧视图中，给额头的部分添加一圈边，并调整位置，使额头变得更圆滑一点，如下右图所示。

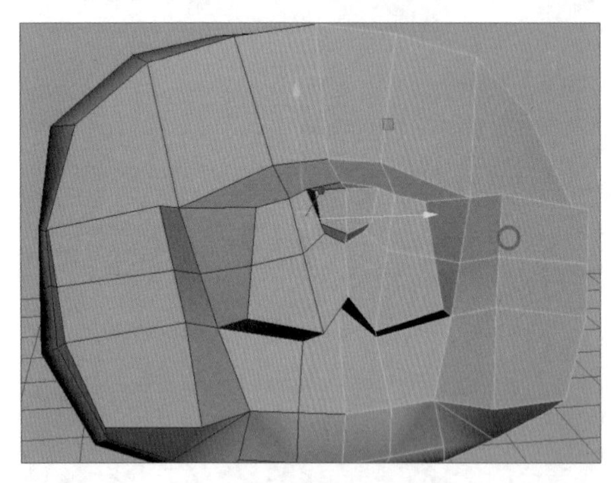

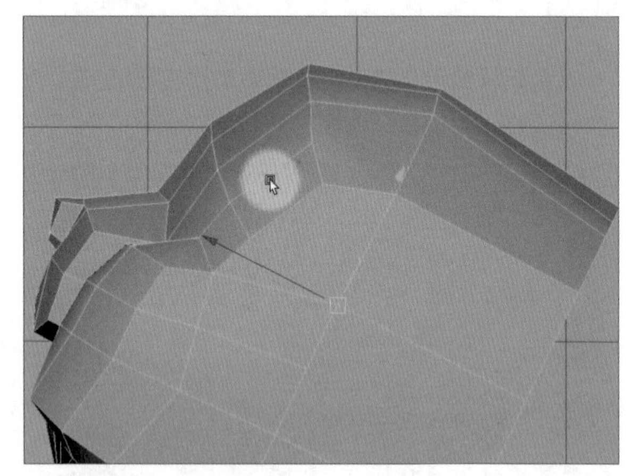

步骤 15 头部大致的效果做出来以后，需要把身体显示出来，如下左图所示。

步骤 16 观察身体与头部相交的部分，调整身体模型上的顶点，做出挤压头部的效果，如下右图所示。

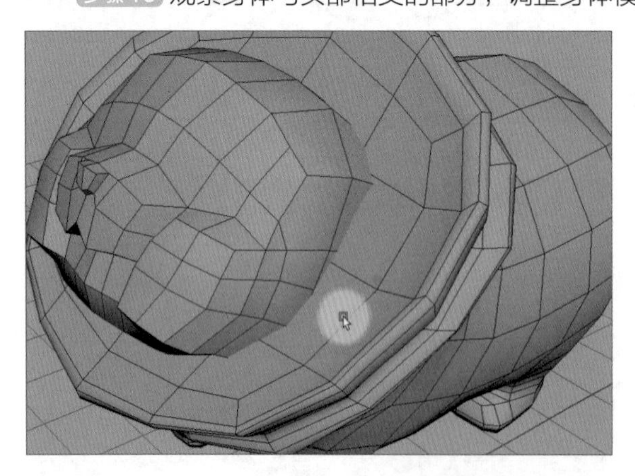

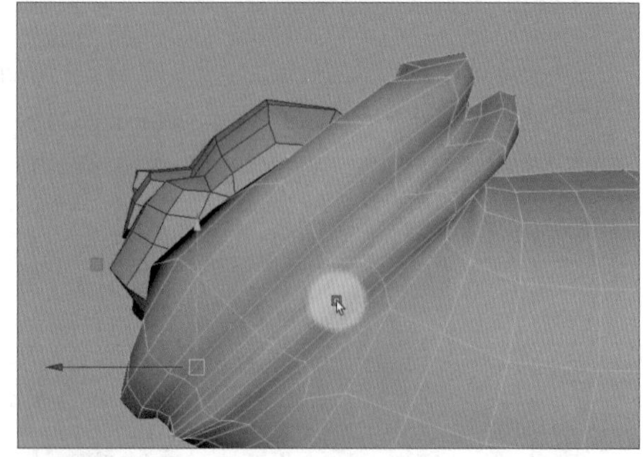

步骤 17 选中头部模型上面的两个面，使用“挤出”命令制作出耳朵的形状，如下页左上图所示。

步骤 18 调整耳朵的造型，如下页右上图所示。

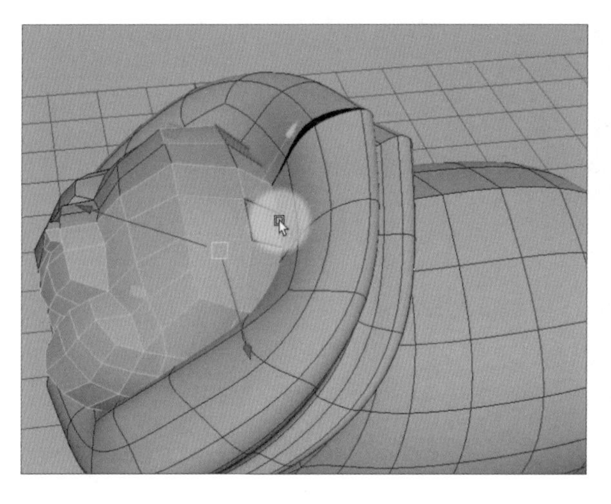

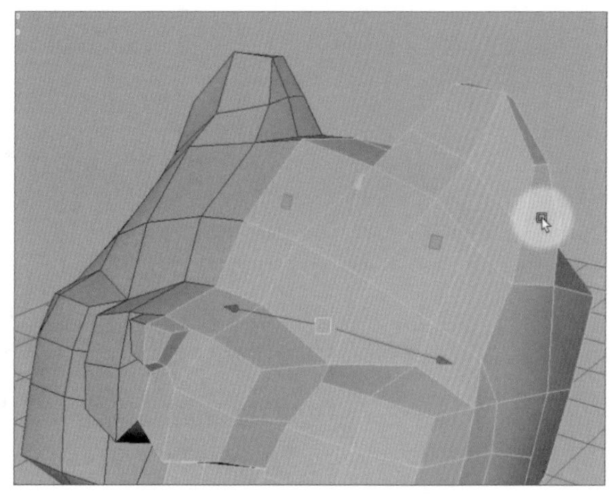

步骤19 多给耳朵部分的模型添加一些边来调整耳朵的造型，如下左图所示。

步骤20 继续在脸上加些边，调整更多的细节，如下右图所示。

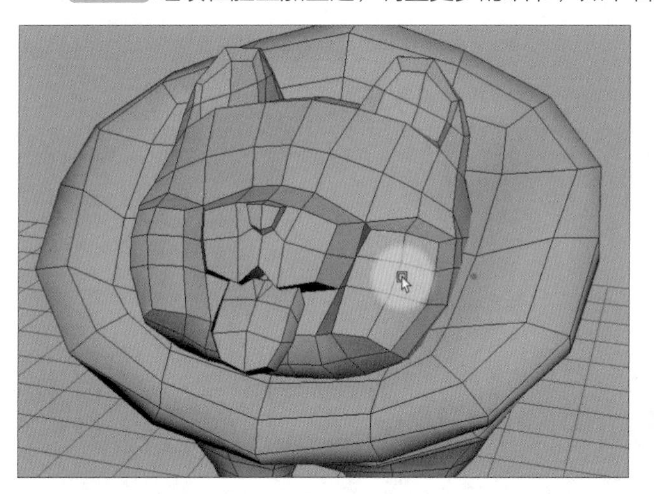

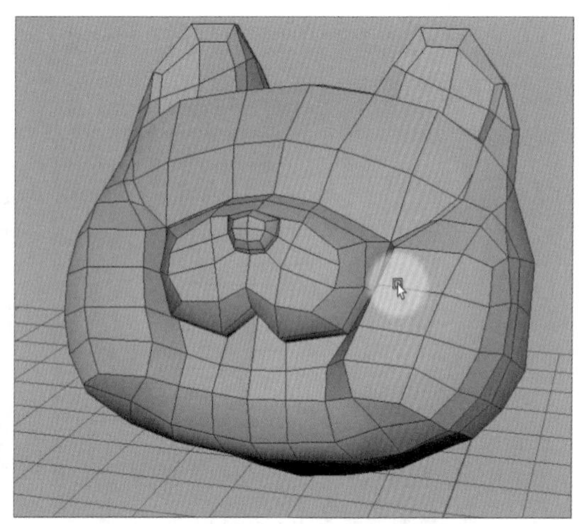

步骤21 使用多切割工具做出鼻孔的效果，如下左图所示。

步骤22 使用“挤出”命令做出眼睛的凹槽，如下右图所示。

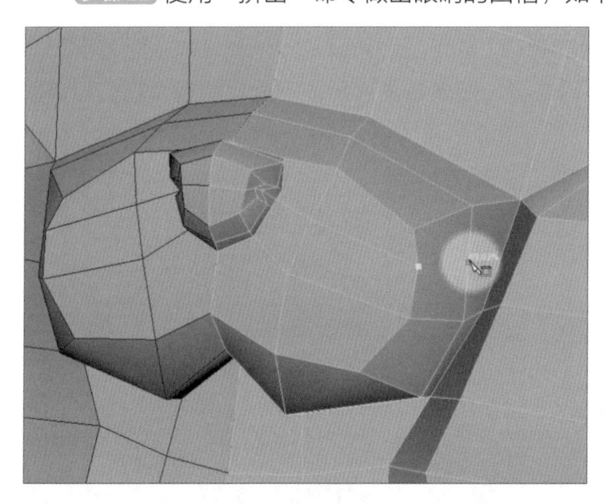

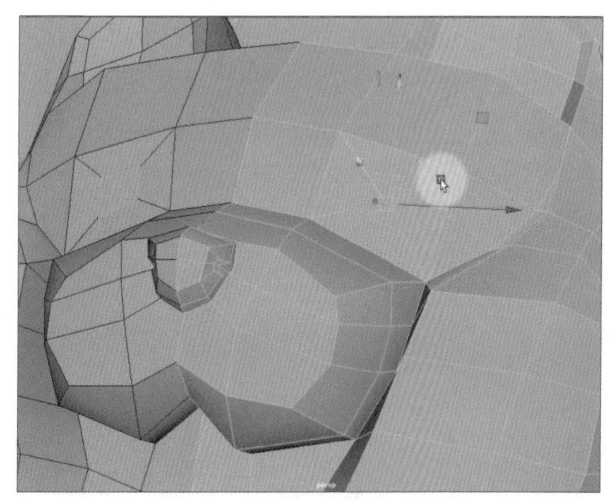

步骤23 可以按键盘上的数字3键，预览模型平滑后的效果，如下页图片所示。

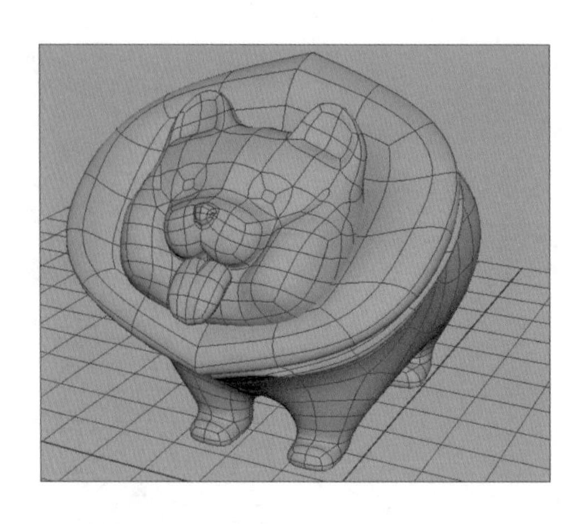

10.1.3 用软选择工具制作白菜叶效果

本节介绍制作白菜叶的效果，主要使用“平滑”功能，下面介绍具体操作方法。

步骤 01 为所有模型执行“平滑”命令，效果如下左图所示。

步骤 02 选中耳朵上顶点按键盘B键用软选择工具将耳朵的边缘做出一些波浪感，用来模拟白菜叶的感觉，如下右图所示。

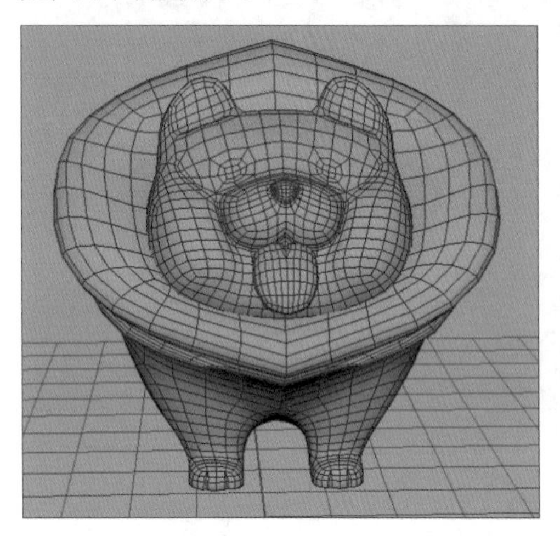

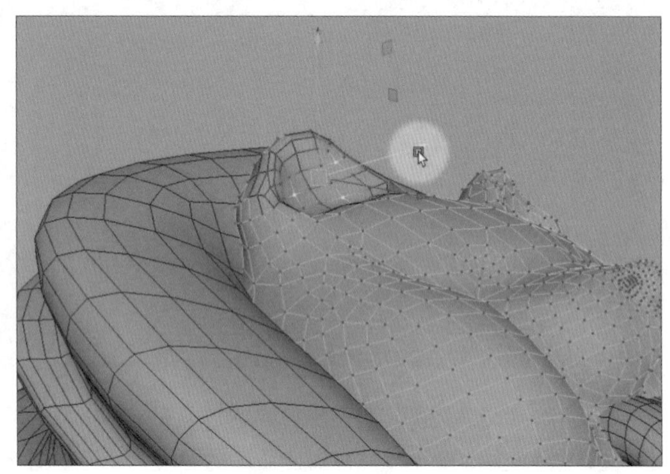

步骤 03 用同样的方法给模型脖子周围也做出白菜叶的感觉，如下左图所示。

步骤 04 多角度观察并调整完以后，模型的部分就完成了，如下右图所示。下面将对模型进行UV的制作。

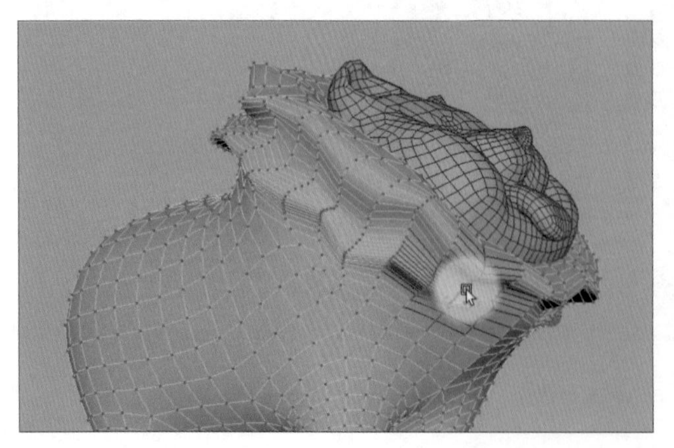

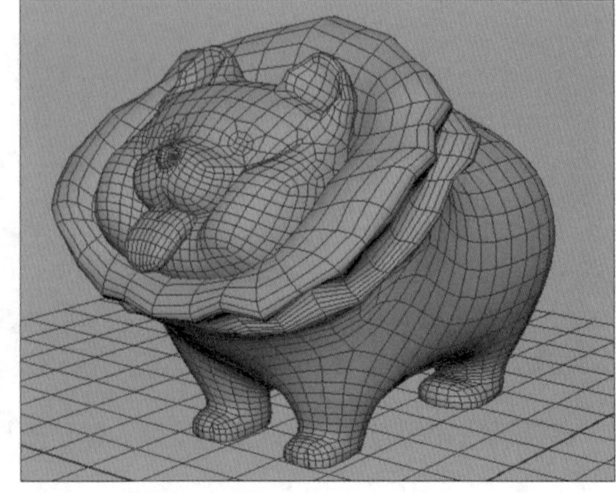

步骤05 选中所有模型，执行“文件>导出当前选择”命令，在“文件类型”属性中选择OBJexport选项，如下图所示。把做好的模型导出一个OBJ格式的文件，下面就需要用这个OBJ文件在Unfold3D软件中进行UV的制作。

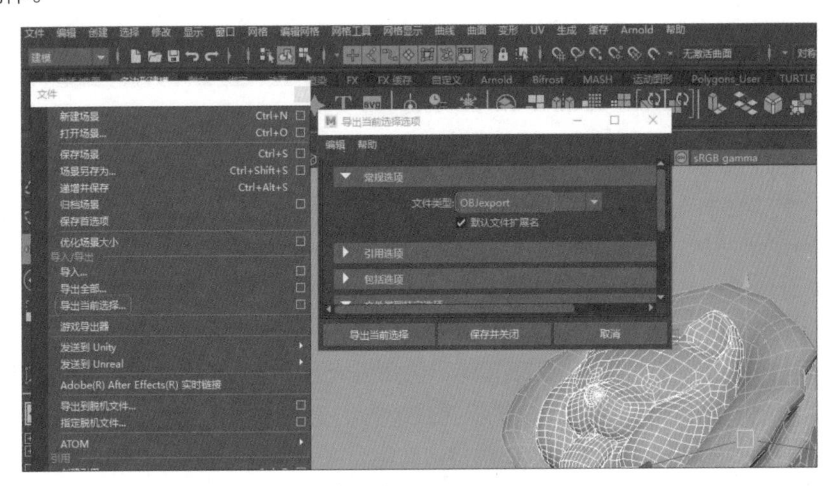

10.2 UV制作

扫码看视频

模型制作完成后需要进行UV的制作，虽然Maya 2022中也可以制作UV，但相比专门制作UV的Unfold3D软件（界面如下图所示）还是稍显不足。下面将讲解如何用Unfold3D软件制作模型的UV。

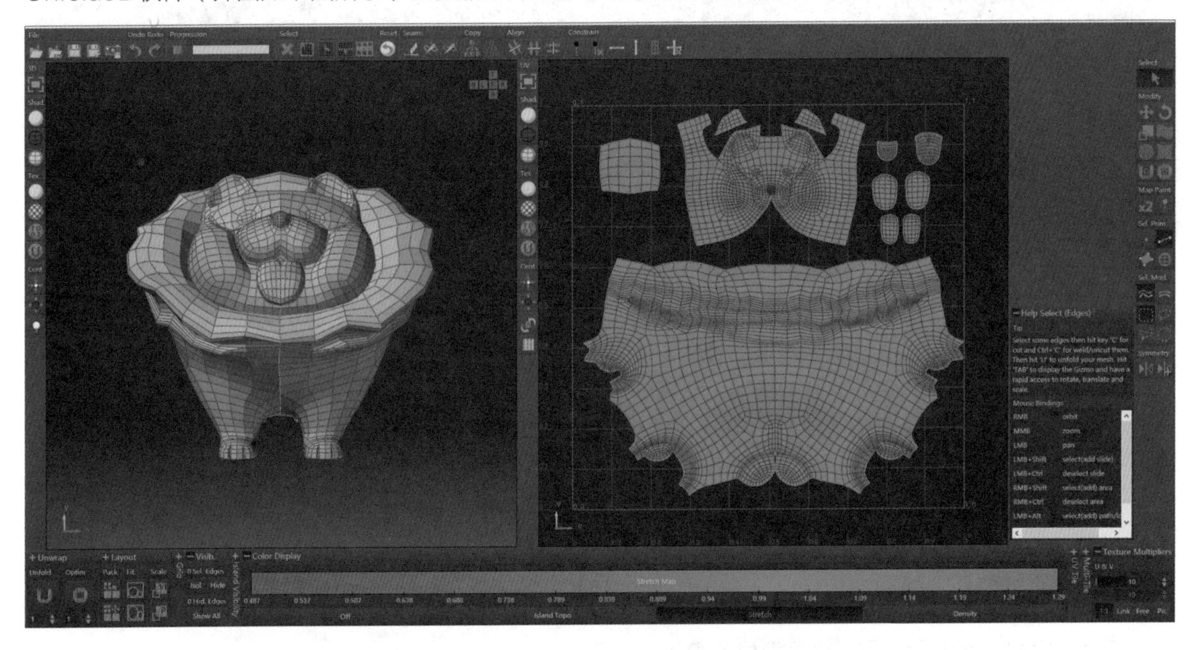

首先介绍工具栏中各按钮的含义，顺序为从左至右。工具栏如下图所示。

- **加载模型：** 加载导入OBJ格式的模型文件。
- **加载带有UV的模型：** 加载导入具有UV信息的OBJ模型。
- **保存模型：** 保存制作好UV的模型文件。
- **另存模型：** 将制作好UV的模型文件另外存储一份。
- **撤销：** 撤销上一步操作。
- **重做：** 重新制作撤销的操作。
- **暂停结算：** 取消当前UV的结算。
- **取消当前选择：** 取消当前选择，也可以按键盘“空格”键取消当前的选择。
- **框选：** 可以使鼠标框选模型上的边。
- **竖向选择：** 在模型上选中一条边并执行，可以选中同一圈的边。
- **横向选择：** 在模型上选中一条边并执行，可以选中同一排的边。
- **选择工具：** 执行后会弹出界面，在界面里可以选择不同的模型，类似Maya中的大纲视图界面。
- **重做：** 如果对制作的UV不满意，可以执行此命令删除模型上的UV信息，并重新制作。
- **切割：** 一个刀片的图标，将选中的边切割开，蓝色为选中的边，橙色为已经被切割过的边。快捷键是键盘C键。
- **缝合：** 将切割开的边缝合在一起，快捷键是Ctrl+C。
- **缝合相同的边：** 必须在UV视图中选中两条同一个边才能缝合。

软件中间有两个视图，左边为模型操作区，右边为UV操作区。两个区域的左侧都有一排同样的图标，如下图所示。下面按从上至下的顺序介绍各图标的含义。

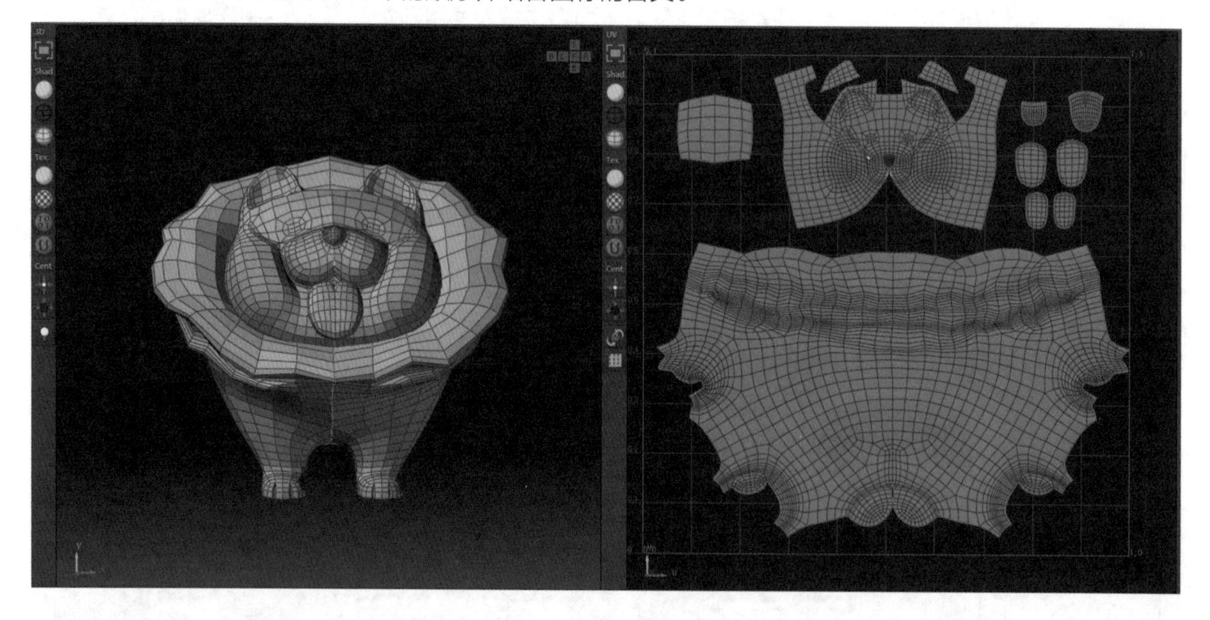

- **单独显示：** 点击后可以单独显示当前操作区域，隐藏另一个操作区。
- **模型模式：** 点击后不显示线框只显示模型。
- **线框模式：** 点击后只显示线框不显示模型。
- **模型线框模式：** 既显示模型也显示线框，这也是最常用的模式。
- **无贴图：** 在分解UV时如果有贴图可以更好地观察UV的接缝处是否正确，点击此命令则不显示任何贴图。
- **棋盘格贴图：** 点击后模型上会有棋盘格类型的贴图，方便用户观察UV是否正确。

- **数字贴图：**点击后模型上会有彩色数字类型的贴图，方便用户观察UV是否正确。
- **自定义贴图：**用户可以根据自己的需要添加一张贴图。
- **以选中区域为中心：**改变视图的显示中心，此命令会以用户选中的模型为中心进行操作。
- **以所有模型为中心：**改变视图的显示中心，此命令会以文件中整体模型为中心进行操作。
- **显示光影：**模型操作区域最下方的一个灯泡图标，用来开启或关闭软件中的默认灯光效果。关闭后模型不会有光源的明暗变化。
- **显示背景贴图：**UV操作区域最下方的一个图标，开启后可在UV操作区的背景上显示贴图纹理。

软件的左下角有两个图标分别为Unfold和Optim，如下左图所示。

- **Unfold（展开UV）：**将模型的边切割完成后点击此命令，软件会自动展开UV，并把展开好的效果在右侧的UV操作区中显示。
- **Optim（舒展UV）：**可连续点击此命令，让展开的UV不停地舒展开，可平滑UV效果。

在Optim命令的右边还有一组图标，分别为Pack、Fit和Scale，如下右图所示。

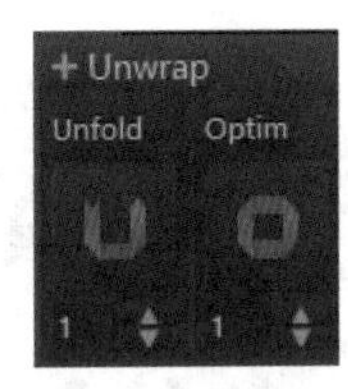

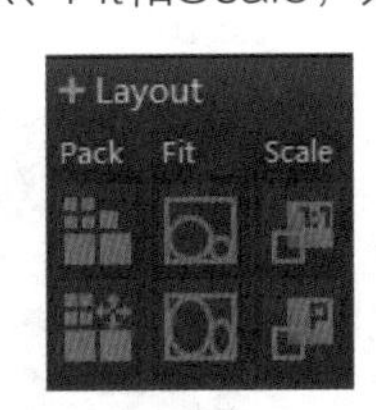

- **Pack（排列）：**选中所有分解UV的模型执行此命令，软件可以将UV自动进行排列。
- **Fit（适应）：**点击此命令可以让UV最大限度地撑满界面不浪费UV空间。
- **Scale（缩放比例）：**有时制作UV我们会有重点地去制作，比方说头部的细节比较多，那么可以将头部的UV放大，这样在绘制贴图的时候才能有更多空间去绘制细节。在做一些不需要重点绘制的模型时，可以使用此命令，将所有模型的UV按它们的实际比例缩放。

其余更多的界面介绍可以在附赠的教程视频中查看。下面将开始进行白菜狗UV的制作，具体操作方法如下。

步骤01 首先将白菜狗的OBJ格式文件加载到Unfold3D软件中，如下左图所示。

步骤02 选中舌头的模型，执行Visib.>Isol单独显示命令，只显示舌头的模型，如下右图所示。

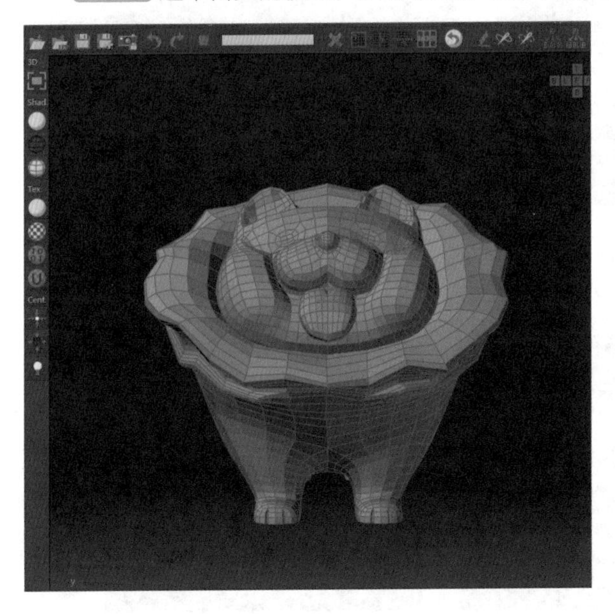

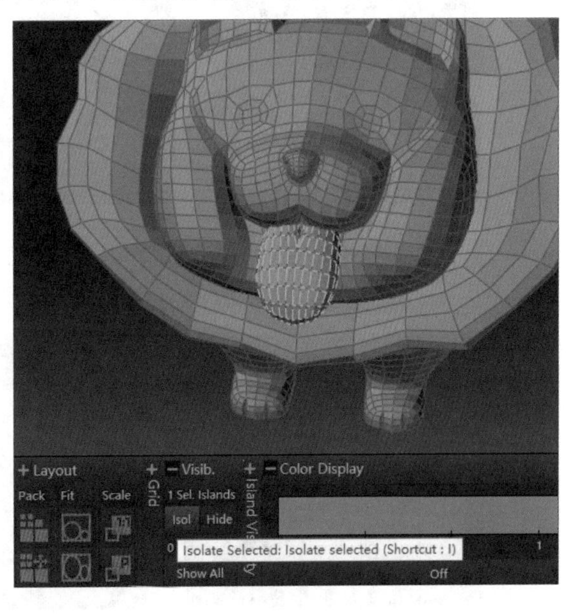

步骤 03 选中舌头侧面的一条边，如下左图所示。

步骤 04 执行“竖向选择”命令，效果如下中图所示。

步骤 05 再执行“切割”命令，效果如下右图所示。

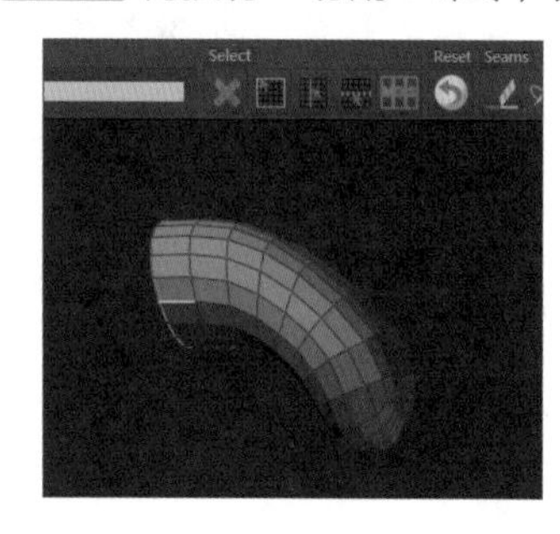

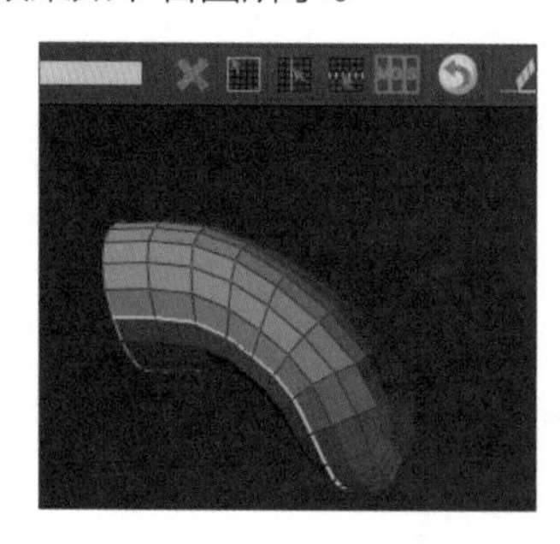

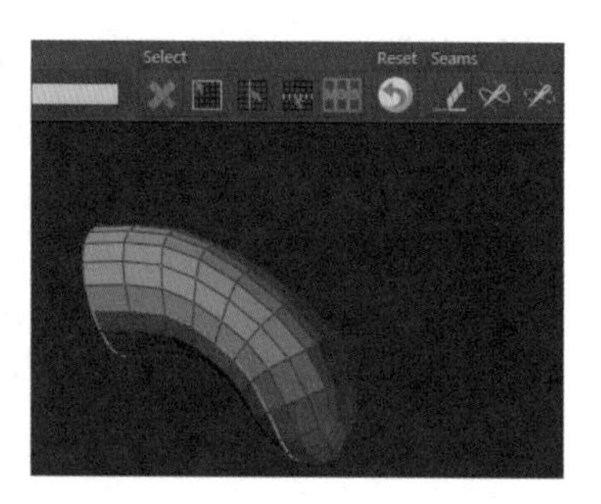

步骤 06 执行左下角的Unfold展开UV命令，就可以在右边的UV操作区中见到展开后的舌头模型的UV，这样就完成了舌头UV的制作，如下图所示。

步骤 07 将头部模型按照下左图、下中图所示进行切割。

步骤 08 完成后再执行Unfold展开命令，就可以得到分解好的头部UV，效果如下右图所示。

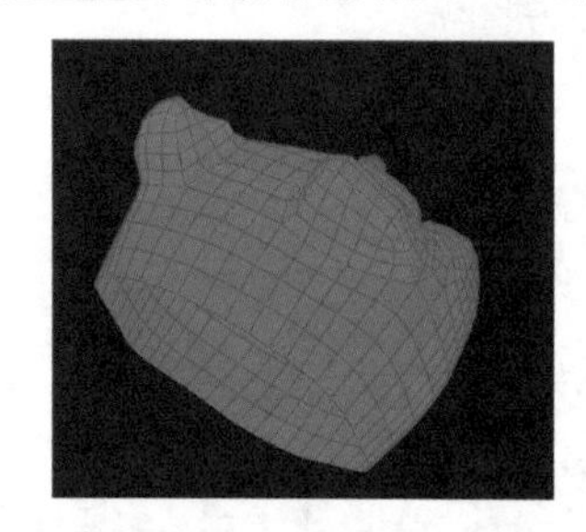

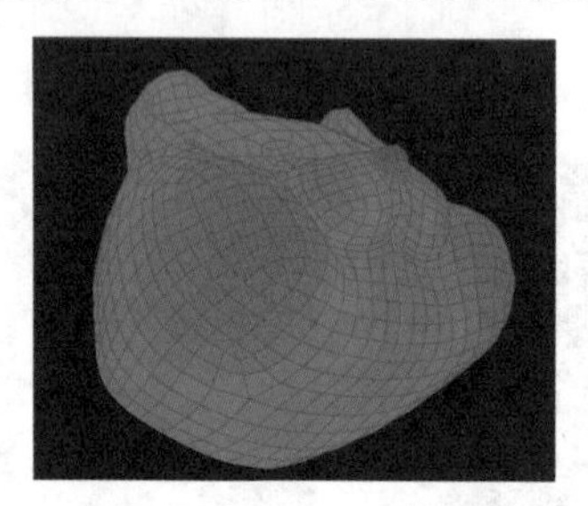

步骤 09 将身体模型按照下左图、下中图进行切割。

步骤 10 完成后再执行Unfold展开命令，就可以得到分解好的身体UV，如下右图所示。

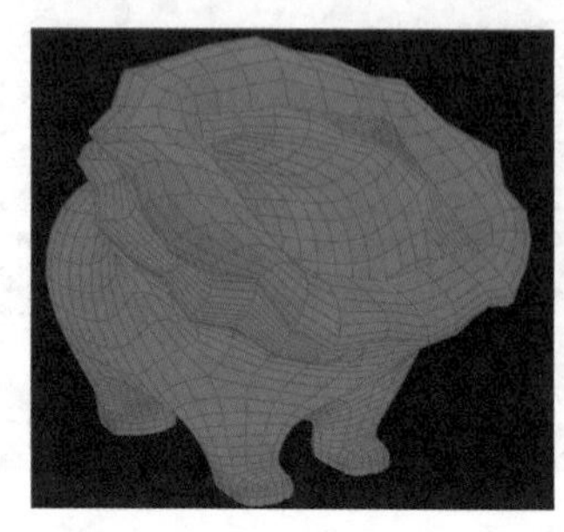

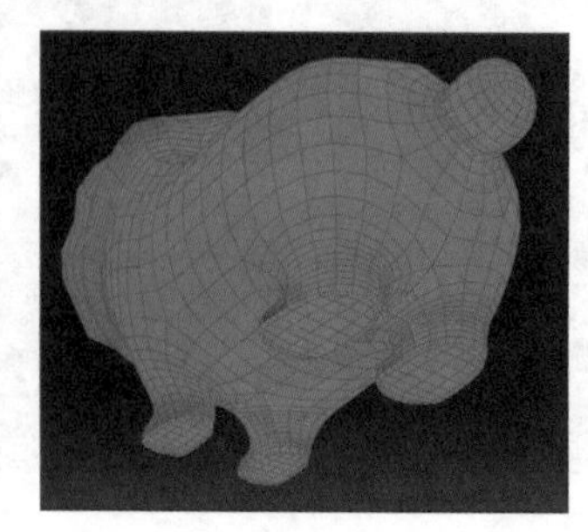

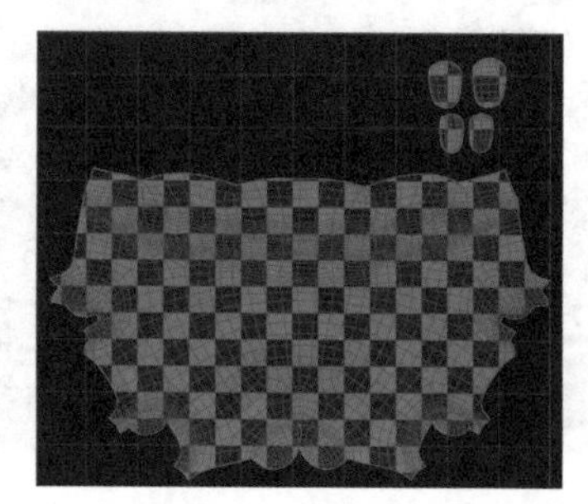

步骤11 将所有UV分解好并排列好，如下左图所示。

步骤12 执行Files>Export命令，如下右图所示。将带有UV信息的模型及UV贴图导出到本地。

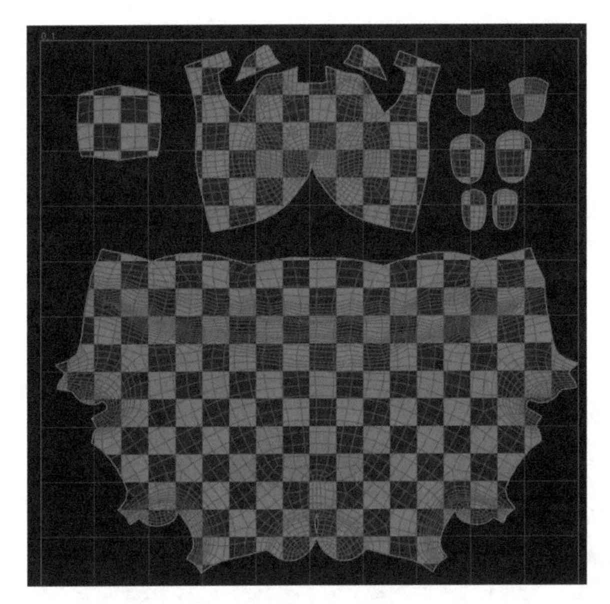

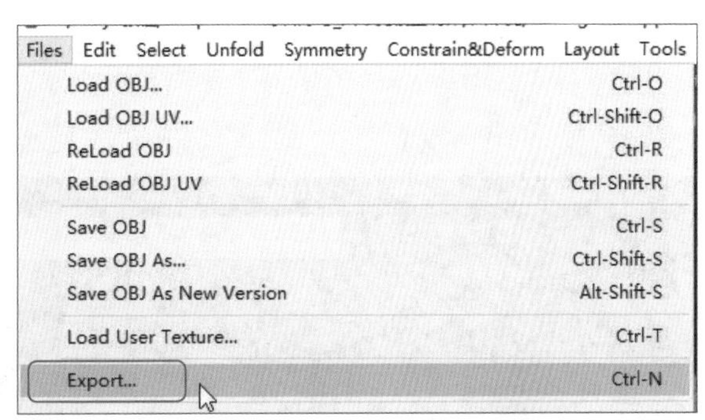

步骤13 在弹出的Exporter窗口的File Exports属性中勾选Obj File和Tiff UV Stamp复选框，并且将Width和Height都设置为2048，如下左图所示。

步骤14 导出的Tiff文件就是模型的UV线框图，导入PhotoShop软件中就可以绘制贴图，如下右图所示。在Unfold3D软件中制作模型UV的流程就完成了，下面将讲解如何利用Maya 2022的3D绘制功能对模型的贴图进行绘制。

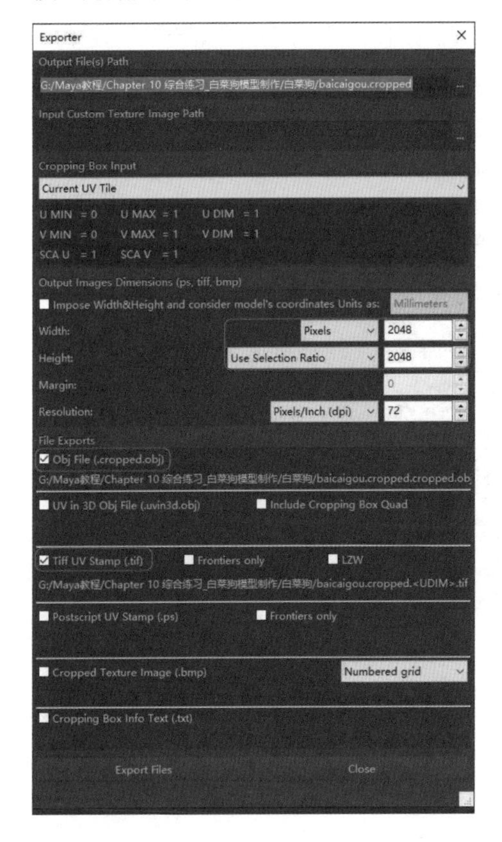

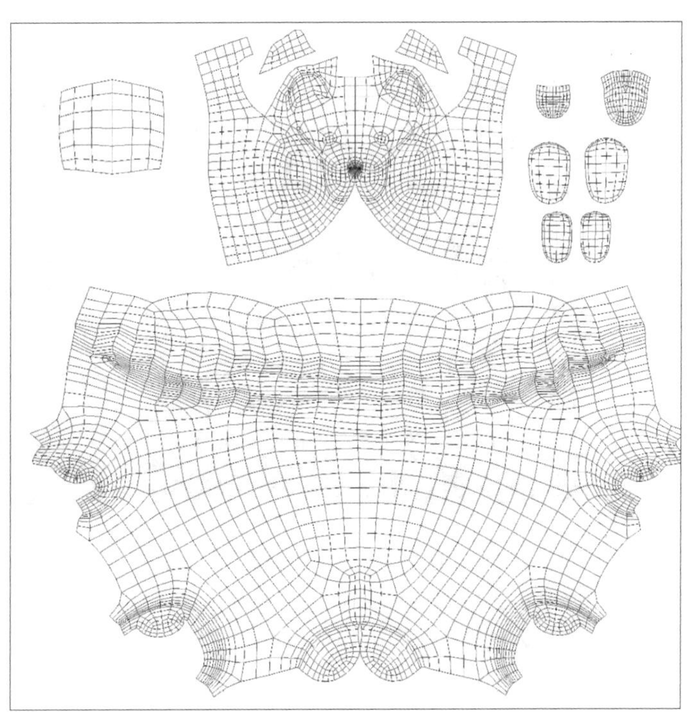

10.3 3D绘制工具

扫码看视频

3D绘制工具是Maya提供给用户可以在软件中通过画笔直接在模型上绘制贴图颜色的功能。利用此功能可以更方便直观地去绘制贴图，但更多是作为一种辅助的功能，想做出好的贴图效果还是需要在PhotoShop软件中进行操作。下面来讲解如何使用3D绘制工具。

步骤 01 执行“渲染>纹理>3D绘制工具”命令，如下左图所示。

步骤 02 将带有UV信息的OBJ模型导入到Maya场景中，并选中模型执行“3D绘制工具”命令，这时可以看到笔刷上有个叉，说明当前还不能对模型进行绘制，如下右图所示。

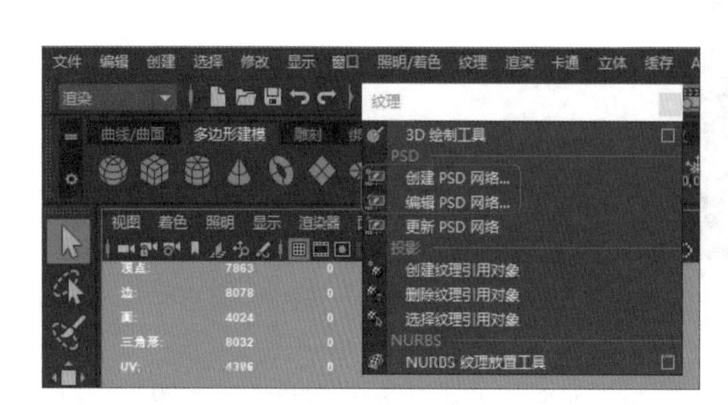

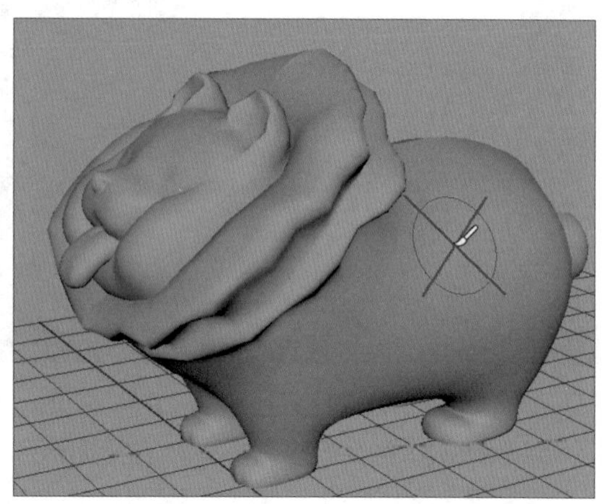

步骤 03 双击右侧“3D绘制工具”图标，打开“工具设置”对话框，在“文件纹理”卷展栏中单击“指定/编辑纹理”按钮，如下左图所示。

步骤 04 弹出“指定/编辑文件纹理”窗口，将“图像格式”设置为PSD(psd)，然后单击“指定/编辑纹理”按钮，就可以在模型上进行绘制了，如下右图所示。这里要注意文件需要先保存才能创建纹理贴图，因为创建的贴图要保存在相应的文件夹下。

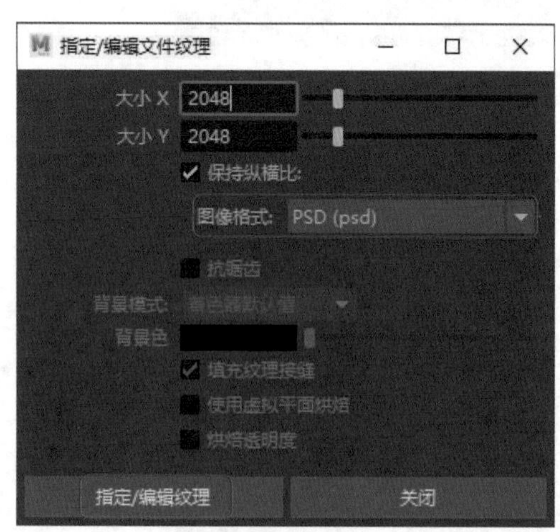

步骤 05 用笔刷在模型上绘制基础颜色，并在模型上标记出白菜叶的位置，如下左图所示。

步骤 06 然后在3D绘制工具的“工具设置”对话框展开“文件纹理”卷展栏，单击“保存纹理”按钮，就可以将刚绘制的信息保存到PSD文件中，如下右图所示。

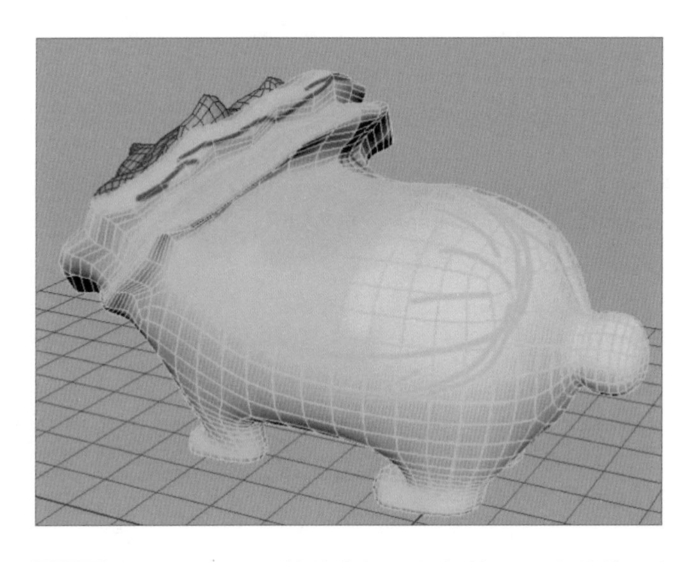

步骤 07 在PhotoShop软件中打开保存的PSD文件就可以看到贴图上会有在Maya中绘制的颜色信息，如下左图所示。

步骤 08 找些白菜叶的素材在PhotoShop软件中合成处理下，如下右图所示。

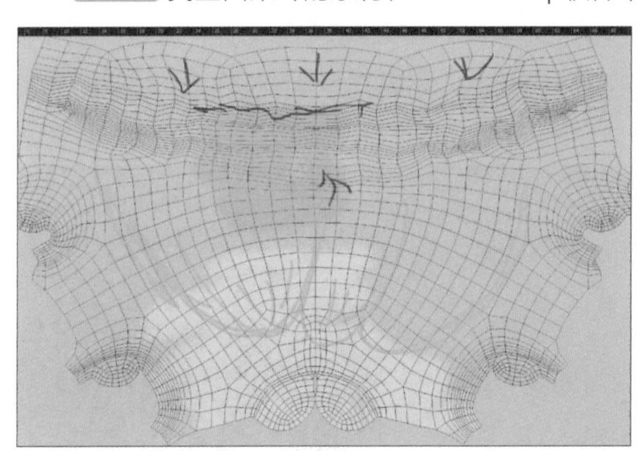

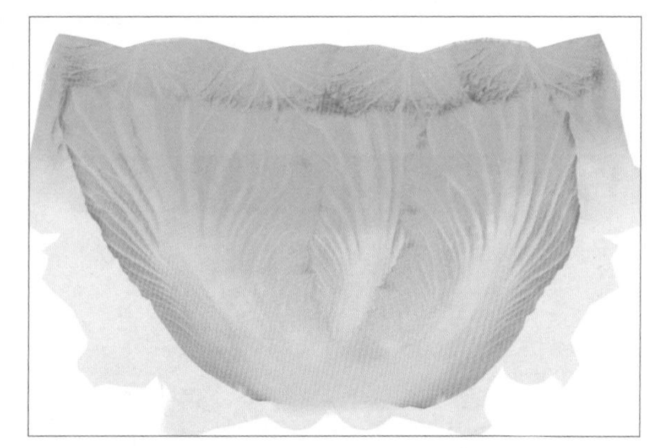

步骤 09 将文件保存，在Maya 2022中将贴图赋予模型，就可以看到效果了，如下左图所示。

步骤 10 通过3D绘制工具结合PhotoShop软件制作贴图，就可以完成最终贴图的绘制，效果如下右图所示。

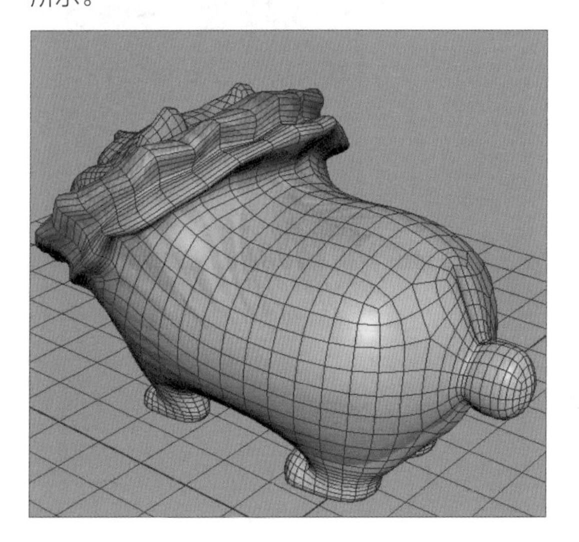

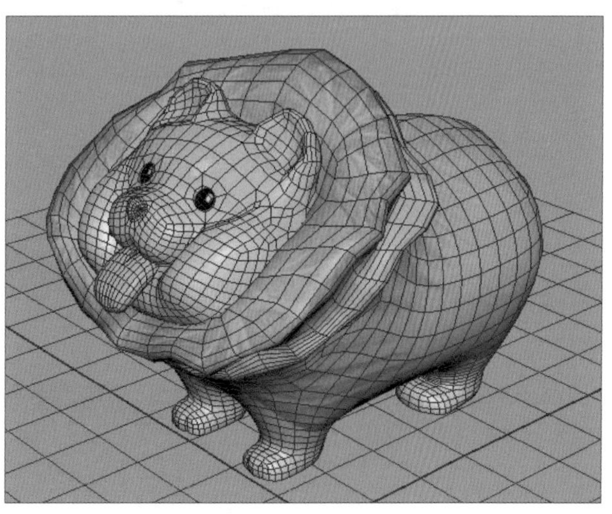

第 11 章 使用HumanIK进行角色绑定

本章概述

本章通过实例来学习如何用Maya内置的HumanIK进行角色绑定，并用HumanIK的绑定文件去匹配动作捕捉数据。

核心知识点

❶ 了解HumanIK绑定知识
❷ 学习角色全身权重绘制
❸ 如何匹配动作捕捉数据

11.1 创建HumanIk骨骼

扫码看视频

HumanIK（人类角色反向动力学）是Maya 2022内置的一套绑定系统，可以为用户提供方便快捷的绑定方案。Maya内置的HumanalK技术是为了匹配MotionBuilder（专业获取动画捕捉信息的三维软件）软件中的动作捕捉信息，可以让用户在Maya和MotionBuilder中进行交互操作。

例如先在Maya中进行角色模型绑定，再用MotionBuilder软件将动画捕捉信息发送到Maya软件中，接着用Maya软件对动画捕捉信息进行细化和修正。很多游戏及真人动画电影就是采用这种流程，例如电影《阿凡达》。下面将通过实例来讲解如何给角色模型创建HumanIK以及如何去匹配动作捕捉信息。下图为本案例的最终绑定效果。

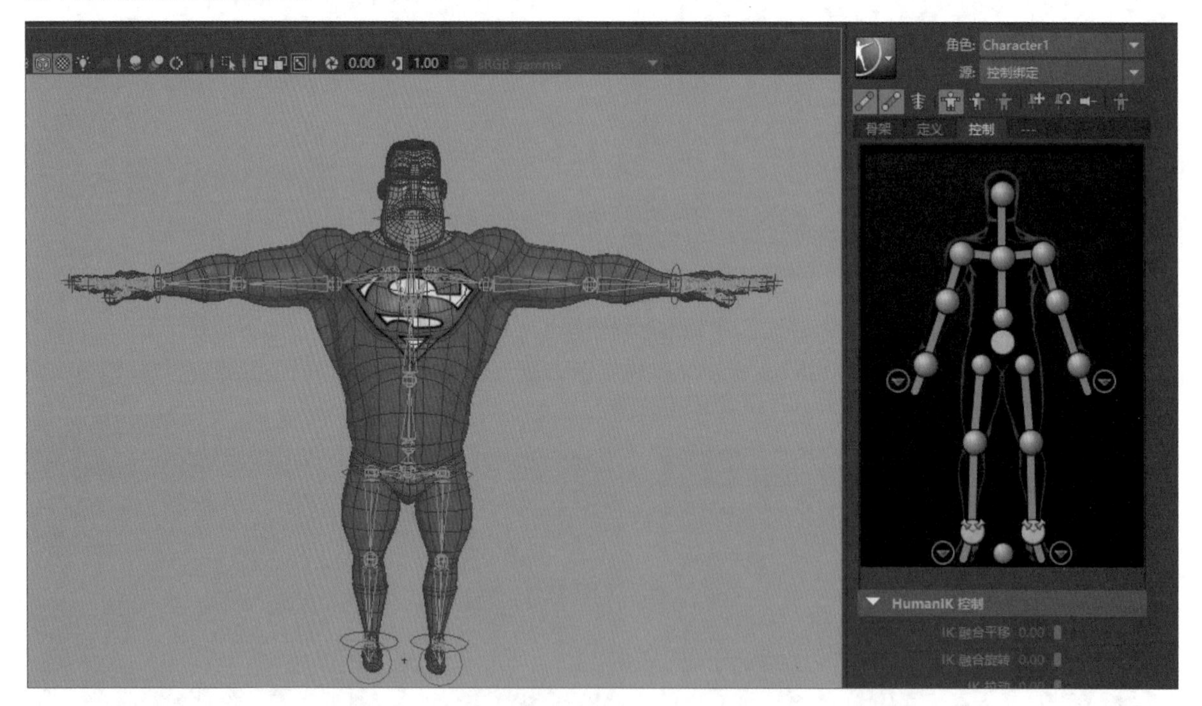

步骤 01 首先打开随书附赠的文件“卡通男性_准备.ma”，有一个卡通的男性角色模型，如下页左上图所示。

步骤 02 在Maya界面的右上角，单击“切换角色控制”按钮，可在右侧属性面板中显示HumanIK的界面信息，点击“创建骨架”按钮，如下页右上图所示。

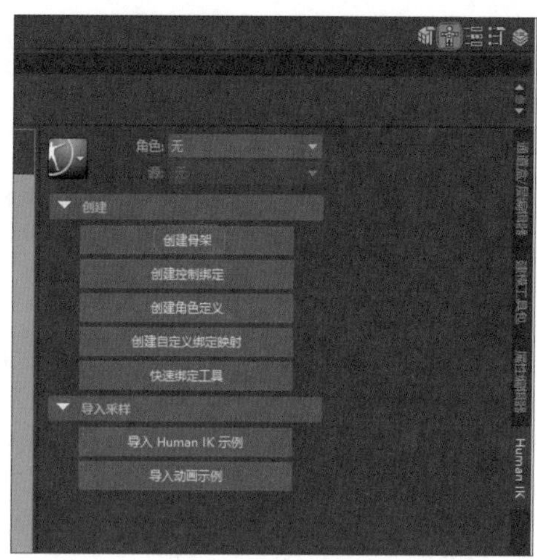

步骤 03 场景中会自动创建出一套骨架，并且右边的属性界面切换至HumanIK的“骨架”界面，用户可以在右侧属性界面里调整骨骼数、手指的指节数以及是否需要创建脚趾骨骼等，如下图所示。

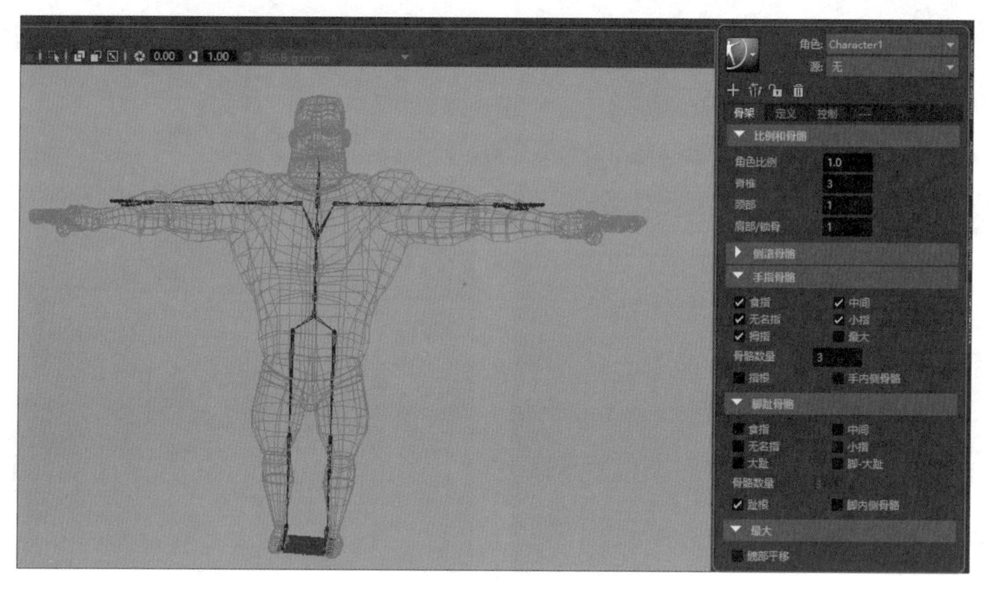

步骤 04 将骨骼调整到角色的正确位置上，如下图所示。

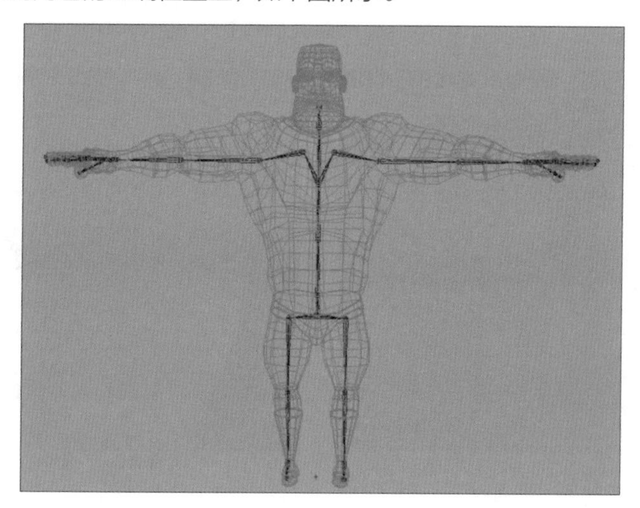

11.2 为模型绘制蒙皮权重

扫码看视频

创建好骨骼后的下一步，就是需要给模型创建绑定蒙皮，并绘制绑定蒙皮的权重。因为这个角色的布线比较不规整，所以这次我们主要用“绘制蒙皮权重”工具来绘制角色的权重，具体操作如下。

步骤 01 选中骨骼并加选模型执行绑定模块下的“蒙皮>绑定蒙皮”命令，如下左图所示。

步骤 02 绘制Character1_Hips臀部骨骼的权重，如下右图所示。

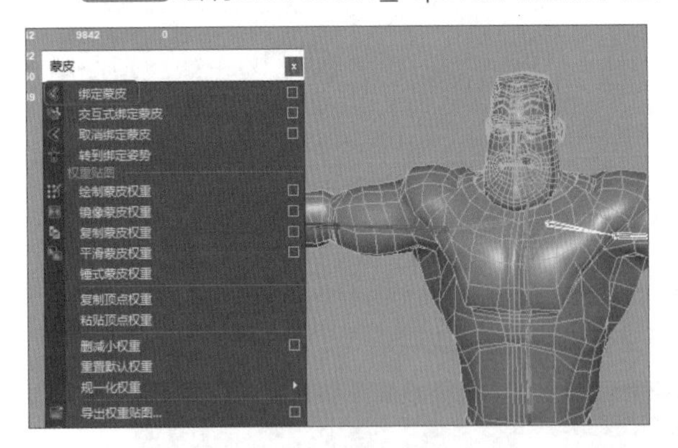

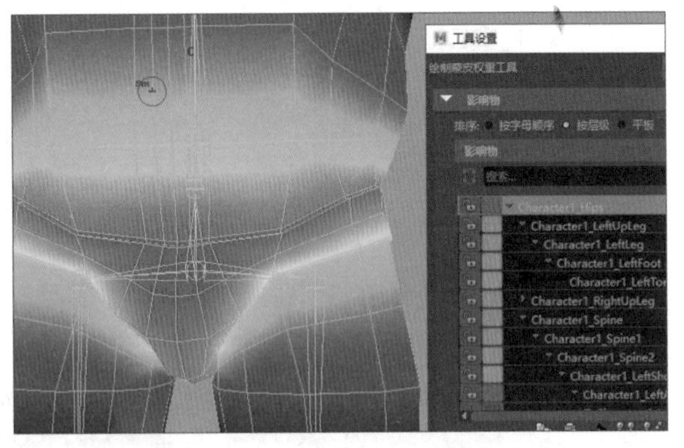

步骤 03 绘制Character1_Spine躯干骨骼的权重，如下左图所示。

步骤 04 绘制Character1_Spine1躯干骨骼的权重，如下右图所示。

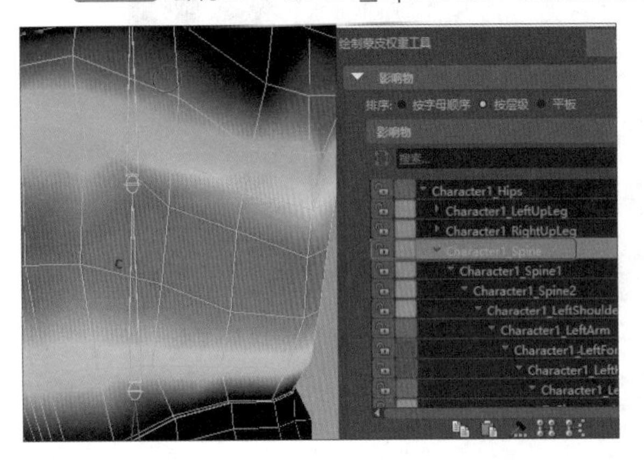

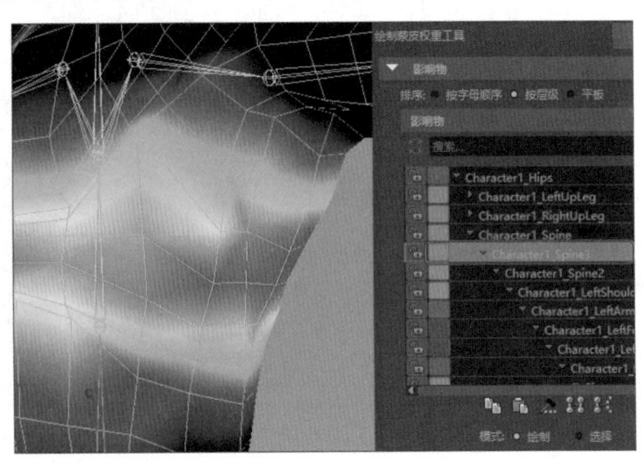

步骤 05 绘制Character1_Spine2躯干骨骼的权重，如下左图所示。

步骤 06 绘制Character1_LeftUpLeg左侧大腿骨骼的权重，如下右图所示。

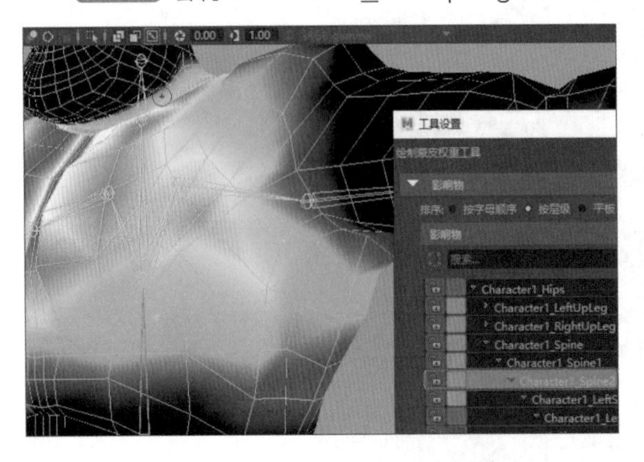

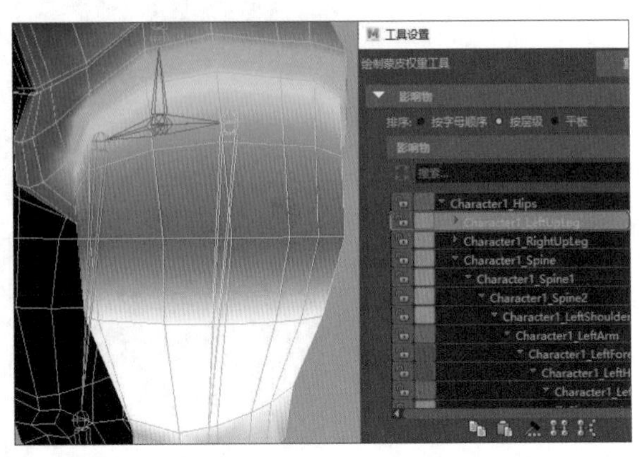

步骤 07 再绘制Character1_LeftLeg左侧小腿骨骼的权重，如下左图所示。绘制这里只需要绘制一边的权重，右腿骨骼的权重可以使用“镜像蒙皮权重”命令，将左边绘制好的权重镜像移到右边。

步骤 08 继续绘制Character1_LeftFoot左侧脚掌骨骼的权重，如下右图所示。

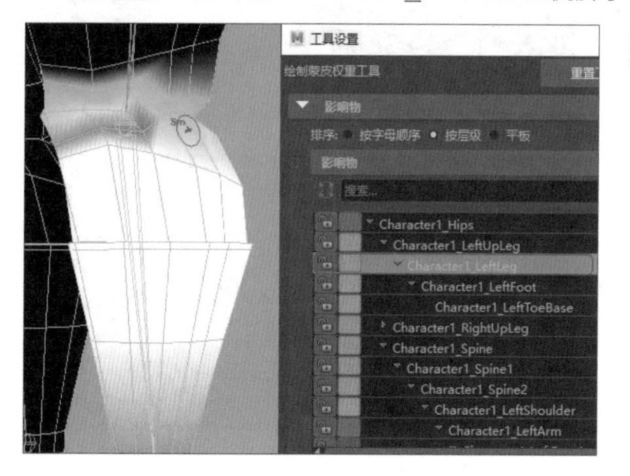

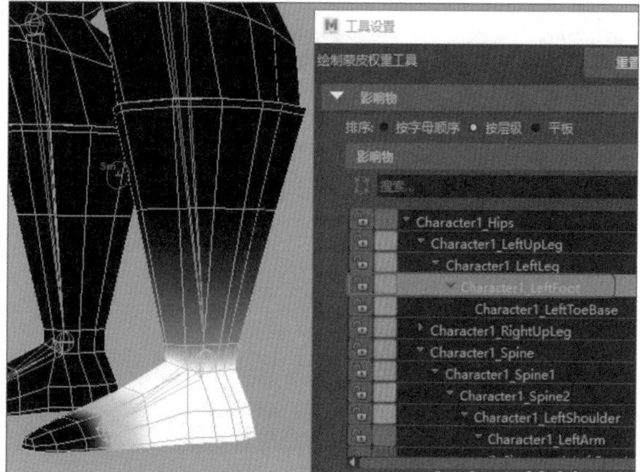

步骤 09 继续绘制Character1_LeftToeBase左侧脚趾骨骼的权重，如下左图所示。

步骤 10 绘制Character1_LeftShoulder左侧肩膀骨骼的权重，如下右图所示。

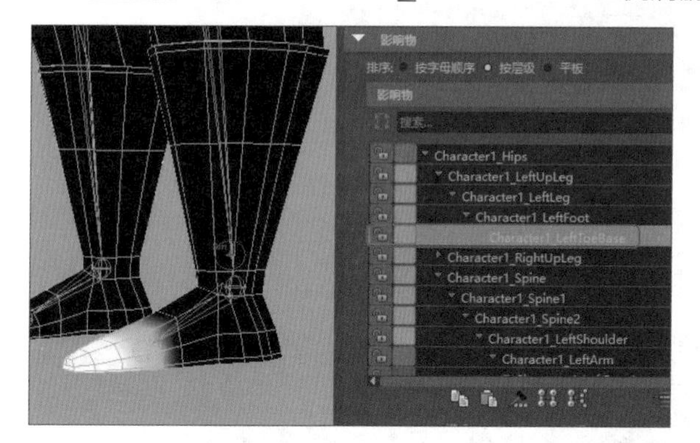

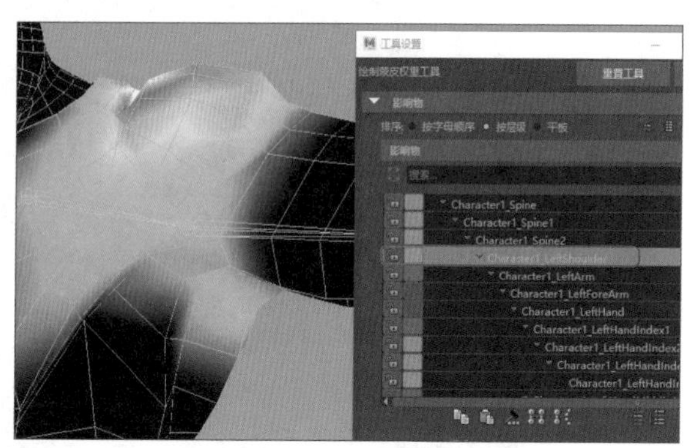

步骤 11 绘制Character1_LeftArm左侧大臂骨骼的权重，如下图所示。

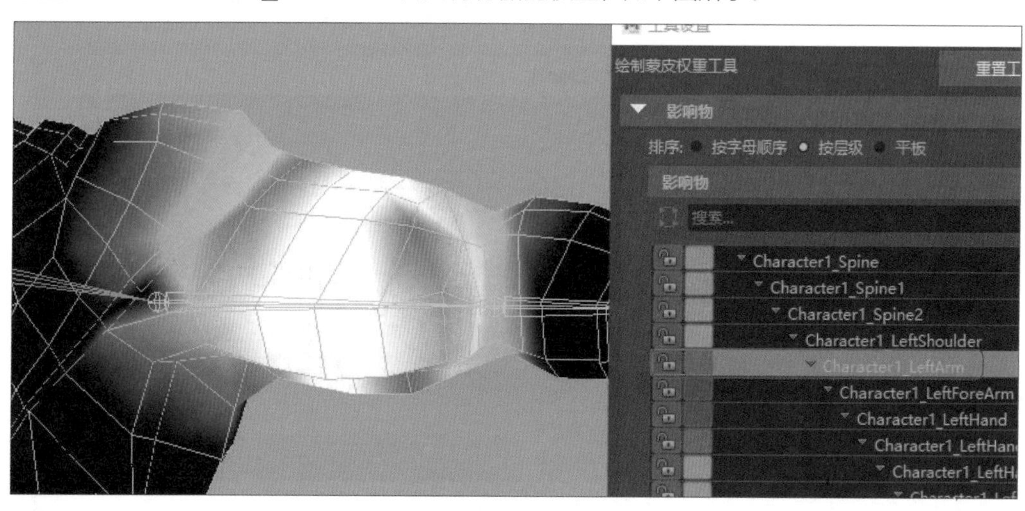

步骤 12 绘制Character1_LeftForeArm左侧小臂骨骼的权重，如下页左上图所示。

步骤 13 绘制Character1_LeftHand左手骨骼的权重，如下页右上图所示。

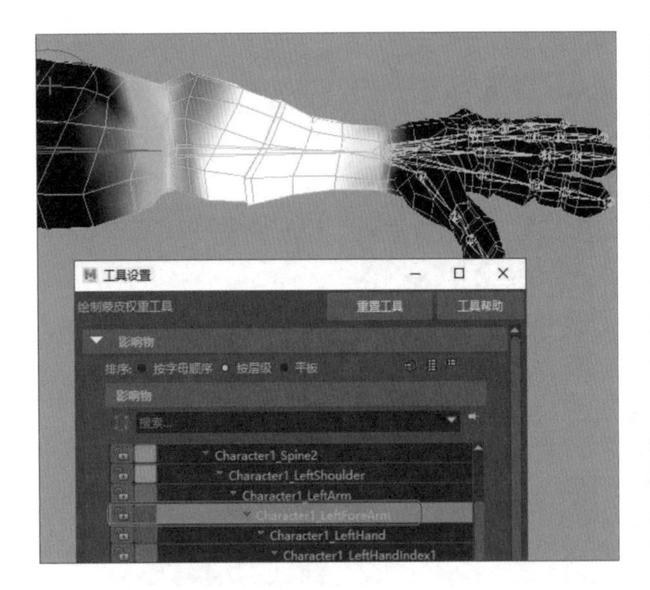

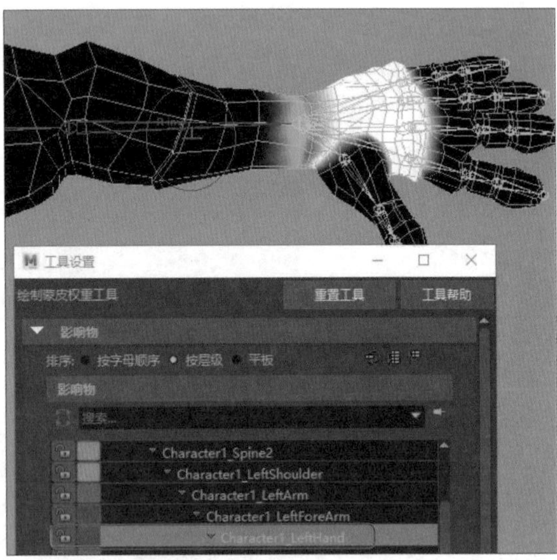

步骤 14 绘制Character1_LeftHandIndex1食指第一节骨骼的权重，如下图所示。

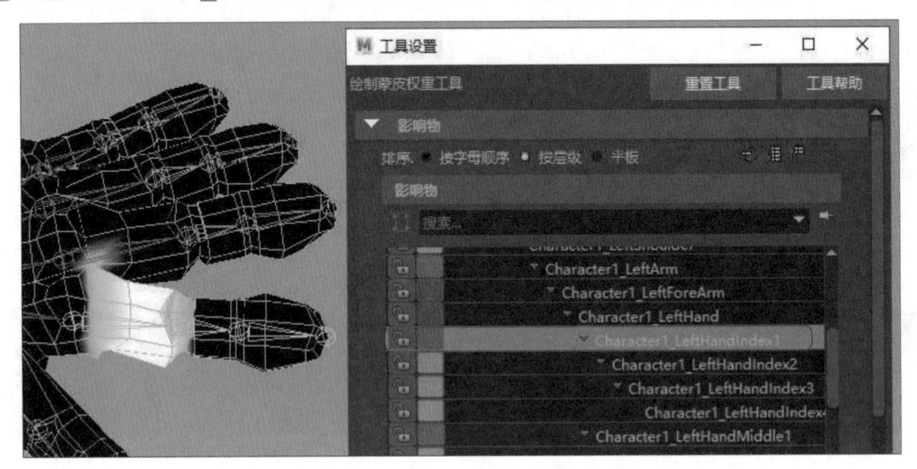

步骤 15 绘制Character1_LeftHandIndex2食指第二节骨骼的权重，如下图所示。

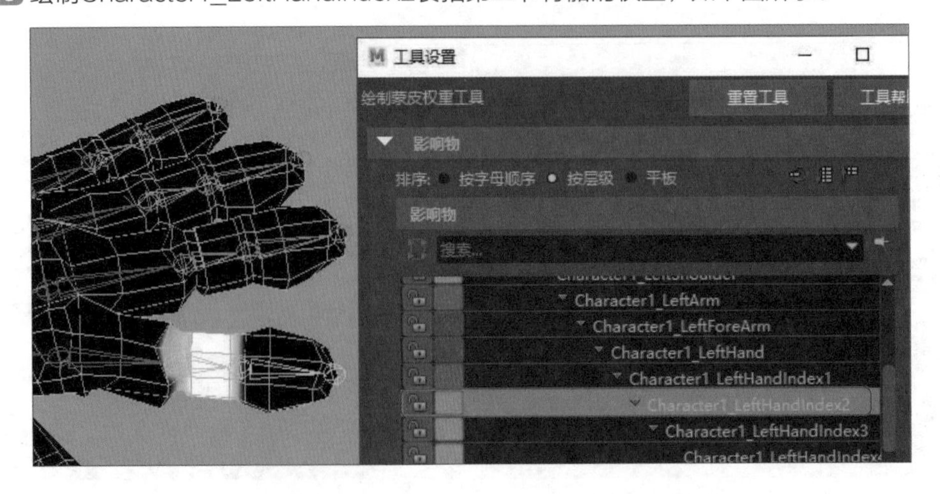

步骤 16 绘制Character1_LeftHandIndex3食指第三节骨骼的权重，如下页左上图所示。

步骤 17 其他手指骨骼权重与食指权重基本一致，效果如下页右上图所示。

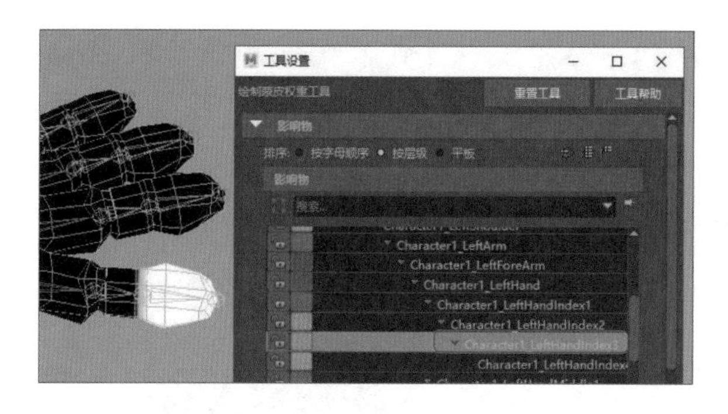

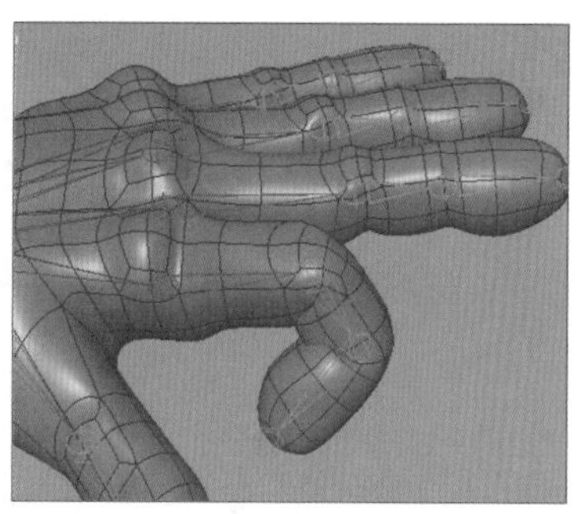

步骤 18 绘制Character1_Neck脖子的骨骼权重，如下左图所示。

步骤 19 绘制Character1_Head头部的骨骼权重，如下右图所示。如果用户需要表情绑定，可以在此绑定的基础上进行添加。执行“镜像蒙皮权重”命令后，就完成了角色的权重绘制，接下来讲解如何创建HumanIK的绑定系统。

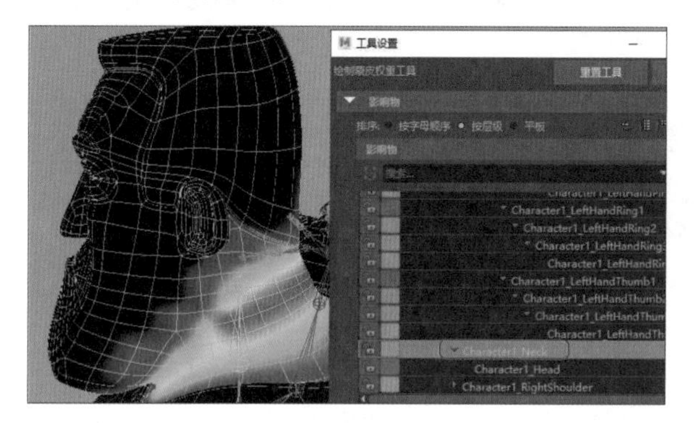

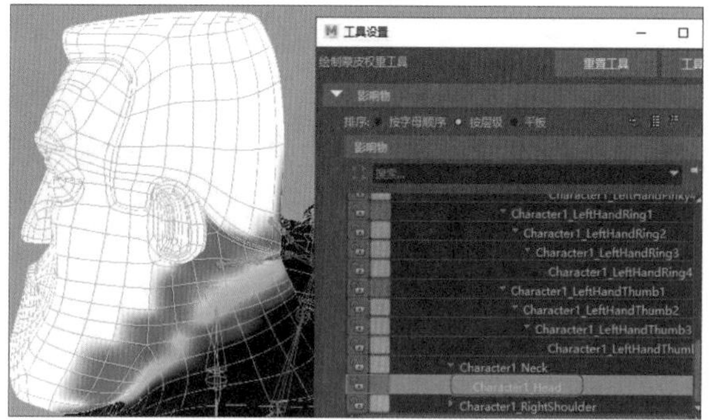

11.3 创建HumanIK绑定系统

扫码看视频

在HumanIK属性右侧面板中，选中“控制”面板，当前是没有控制器的。在右上角可以看到有“角色”和“源”的下拉菜单，如下图所示。“角色”就是指当前需要控制的骨骼名称。“源”是指用哪一种模式去控制当前“角色”里的骨骼。

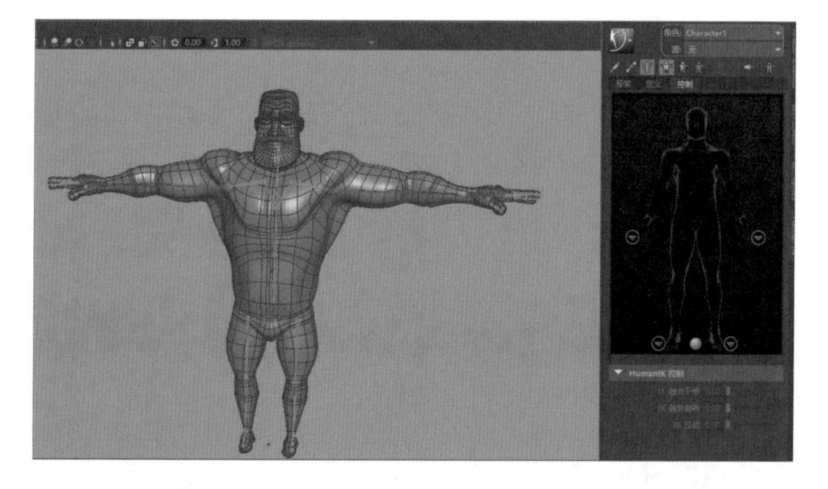

步骤 01 在“源”的下拉列表中，选中“控制绑定”模式。这时场景上的骨骼就会生产一套控制器，并且在右侧的“控制”面板中也出现了控制器的图标，如下页图片所示。

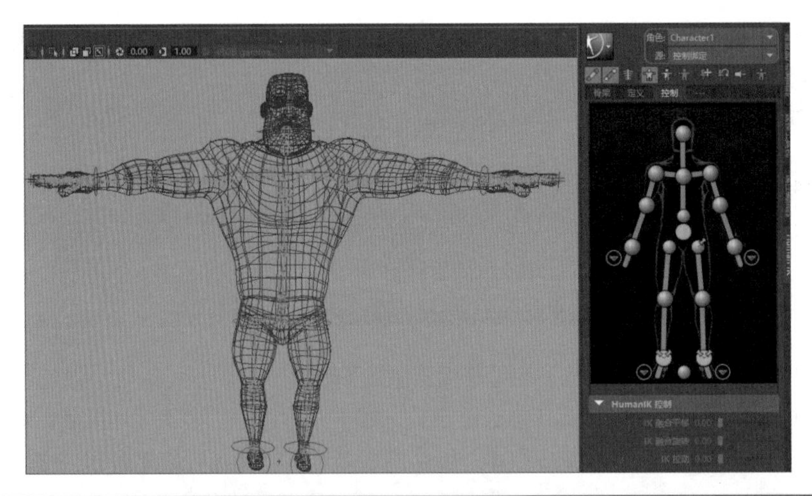

提示："控制"面板工具的含义

"控制"面板上的一排工具命令，如下图所示。

从左至右各工具的含义如下。

- **显示/隐藏 IK**：用来控制IK控制器的显示和隐藏，在场景上红色的圆圈形控制器与定位器都属于IK控制器,也可以在控制面板里选中圆球图标从而选中IK控制器。
- **显示/隐藏 FK**：用来控制FK控制器的显示和隐藏，在场景上黄色的类似于骨骼图标的控制器属于FK控制器，也可以在控制面板里选中棍形图标从而选中FK控制器。
- **显示/隐藏 骨架**：用来显示和隐藏蒙皮骨骼。
- **全身控制模式**：在全身控制模式下移动控制器会对角色全身的控制器产生拉动影响。
- **身体部分控制模式**：在身体部分控制模式下移动控制器只会对相关联的骨骼有影响。下左图所示的是在全身控制模式下移动手的IK控制器，可以看到角色的整个身体都会被手的IK控制器拉动。而在身体部分控制模式下只有手臂区域受到手的IK控制器影响，如下右图所示。
- **选择模式**：只能选择并控制开启IK融合的IK控制器。
- **固定平移**：固定IK控制器的平移属性。
- **固定旋转**：固定IK控制器的旋转属性。
- **释放**：释放所有的固定。

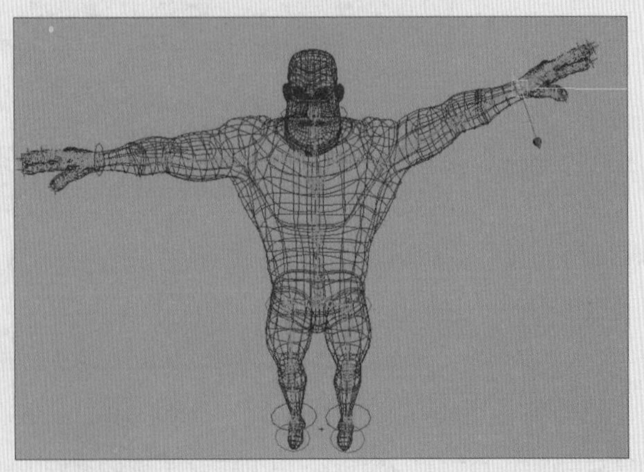

步骤 02 选中场景中的任意IK控制器，在“控制”面板中的“HumanIK 控制”卷展栏会被开启，包括“IK融合平移”“IK融合旋转”和“IK拉动”三个属性，如下左图所示。

步骤 03 当“IK融合平移”和“IK融合旋转”属性设置为1时，则锁定IK控制器，IK控制器不受FK控制器影响。如果将“IK拉动”也设置为1，则移动IK控制器会拉动全身的其他控制器，效果如下右图所示。

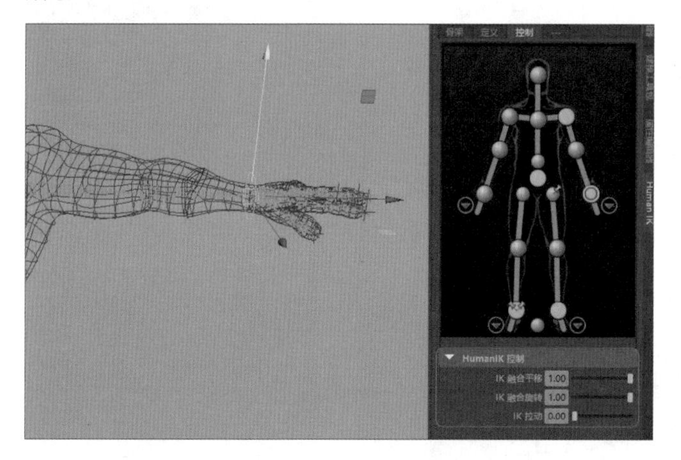

11.4 匹配动作捕捉数据

扫码看视频

这套HumanIK控制器可以供动画师直接创建动画，也可以用来匹配动作捕捉数据。只要将带有动画信息的FBX格式的文件导入到Maya中，就可以将动作捕捉数据匹配到用户制作的模型上。下面将讲解如何用这套绑定来匹配动作捕捉数据。

步骤 01 执行“窗口>常规编辑器>内容浏览器”命令，在“内容浏览器”窗口中找到Examples>Animation>Motion Capture>FBX文件夹，如下图所示。

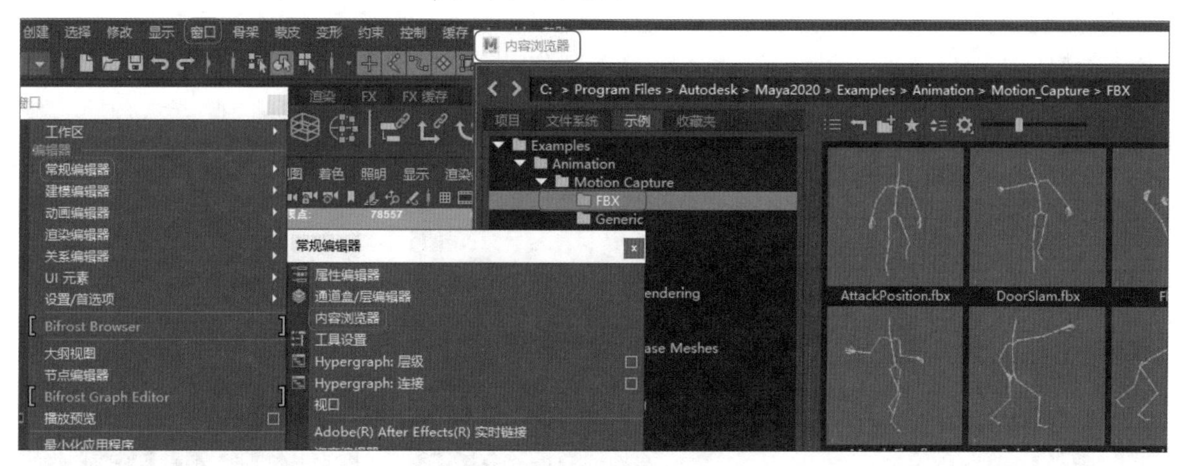

步骤 02 这里都是具有动作捕捉数据的FBX文件，例如双击jumpOn.fbx图标便可以把文件导入到当前的场景中，如下页左上图所示。

步骤 03 然后将HumanIK面板中的“源”属性改为JumpOn1，如下页右上图所示。

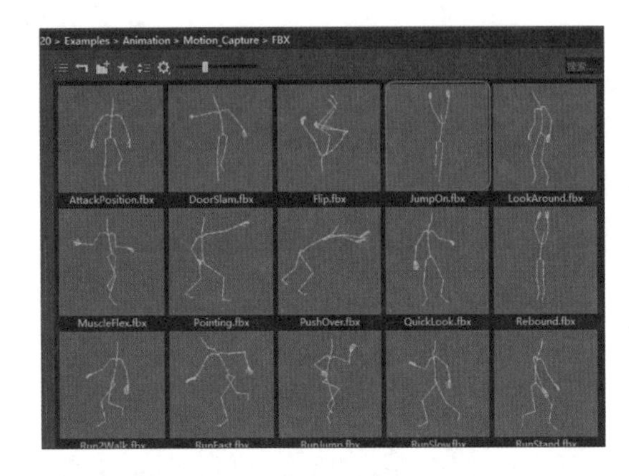

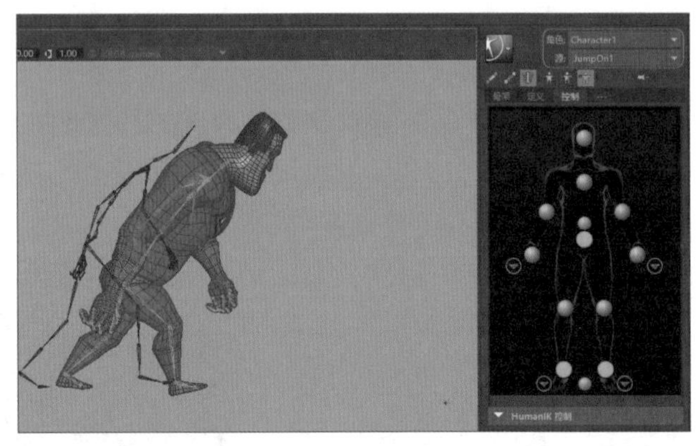

步骤 04 观察场景中的角色，此时就匹配了JumpOn1的动画信息，效果如下左图、下中图和下右图所示。

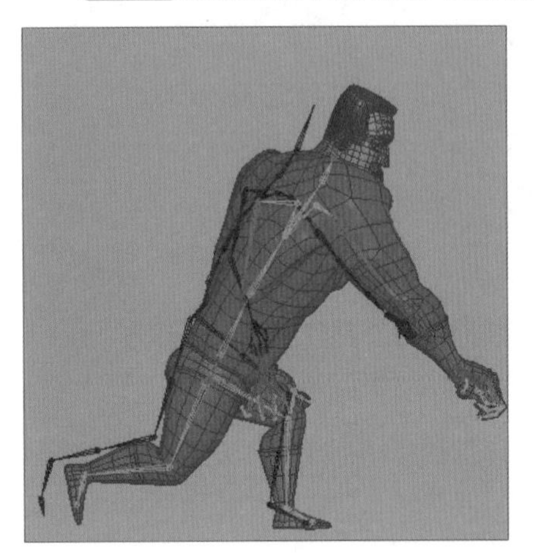

步骤 05 单击HumanIK图标，在弹出的菜单中选择“烘焙>烘焙控制绑定”命令，可以将动画信息烘焙到控制器上，这样就可以再次使用控制器对角色的动画进行调节，如下左图所示。

步骤 06 这就是HumanIK绑定的制作流程，用户也可以不使用HumanIk自动生产的骨架，可以将自己创建的骨架在“定义”面板中设置一下，也能用来匹配动作捕捉数据，如下右图所示。

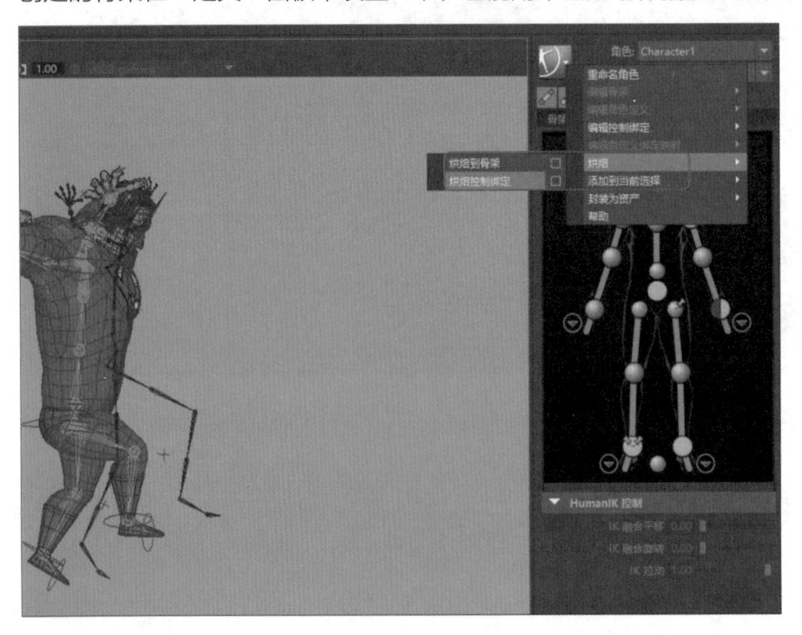

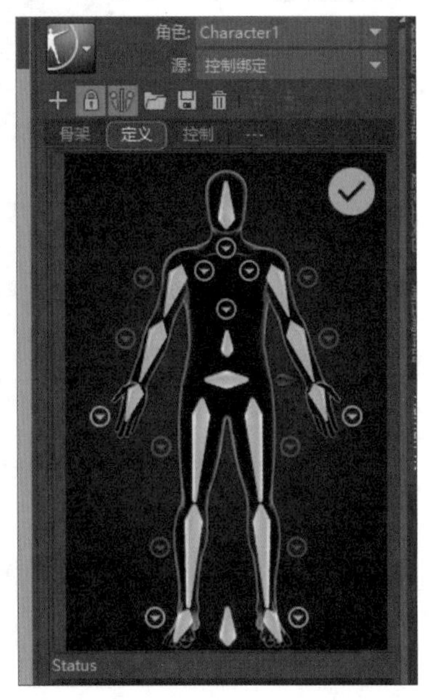

第 12 章 IKFK无缝切换实现手臂动画效果

本章概述

本章通过实例来讲解IKFK无缝切换的原理及代码。通过学习IKFK的代码原理可以在动画制作中实现很多动画效果。

核心知识点

❶ 了解Mel的基础知识
❷ 了解IKFK无缝切换原理
❸ 掌握IKFK无缝切换代码

12.1 IKFK切换原理

在之前的绑定章节中对IK（反向运动）和FK（正向运动）进行过详细介绍。而在IK与FK之间做到无缝切换对制作动画来说起到非常大的辅助作用，学会其中的原理不仅可以做到IK与FK之间的切换,还可以把原理套用在道具上。最常见的道具用法例如插在地上的武器，当角色用手拿起武器时，武器可以无缝切换到角色的手上，其原理就与IKFK无缝切换的原理是一样的。下图为手臂在同一姿态下的IK与FK控制器效果。

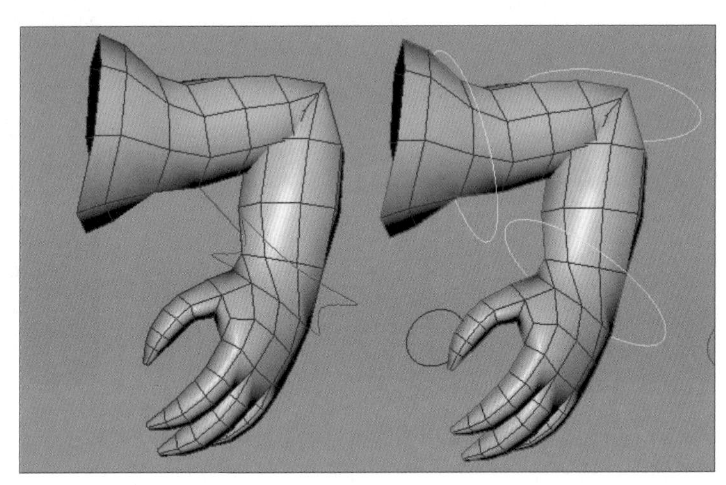

在制作之前先讲解下IKFK的切换原理，本章将用三套骨骼来实现无缝切换。三套骨骼分别是用来做IK控制的骨骼、用来做FK控制的骨骼以及一套SK蒙皮骨骼。然后通过代码在实现切换的同时让骨骼之间的位置保持一致，从而实现无缝切换的效果。同时也希望用户不要畏惧代码编程，多了解一些代码方面的知识，这对建模、渲染、动画、绑定以及动力学方面的学习和工作都有帮助。下面来讲解实现IKFK无缝切换的具体步骤。

12.2 制作三套骨骼

扫码看视频

下面来给手臂创建三套骨骼，给其中的FK骨骼和IK骨骼创建控制器。然后用SK骨骼给手臂绑定蒙皮，具体操作如下。

步骤 01 首先打开随书附赠的文件“IKFK无缝切换_准备.ma”，里面有一个手臂模型，如下图所示。

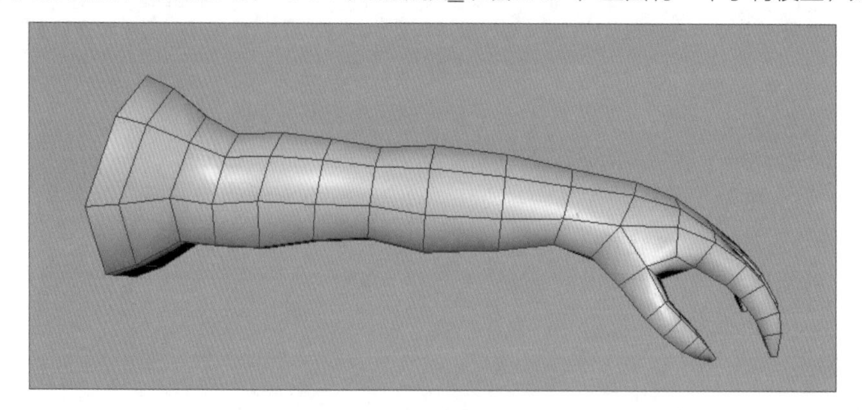

步骤 02 使用绑定模块下的“骨架>创建关节”命令给手臂创建一条骨骼链，如下左图所示。

步骤 03 将骨骼链重命名，并复制两套骨骼链，同样进行重命名，如下右图所示。不管做角色还是道具的绑定都要养成重命名的习惯，因为在权重绘制以及编写代码时都需要通过名称准确地找到相应的骨骼。

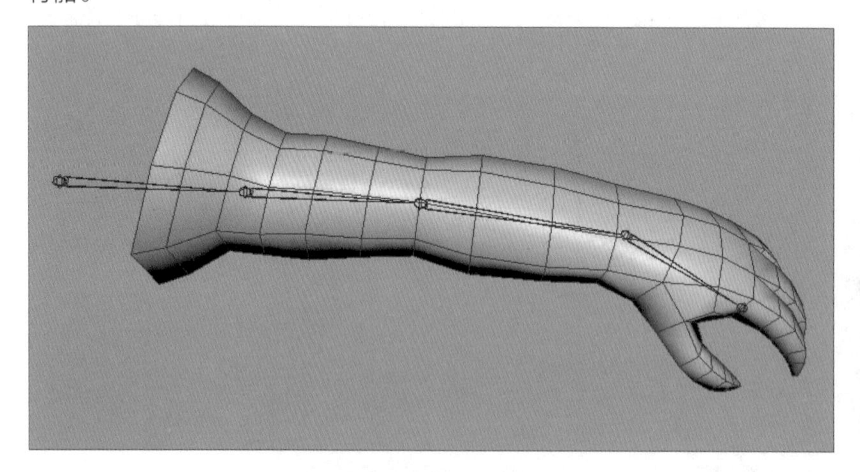

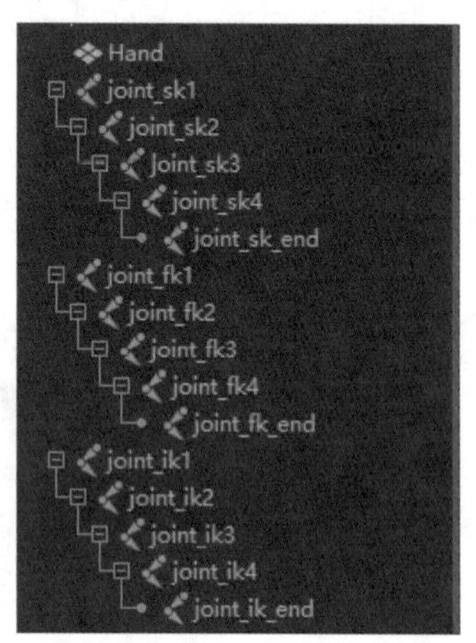

步骤 04 为了方便观察，可以选中骨骼链的根关节，在属性面板里展开“显示>绘制覆盖”卷展栏，勾选“启用覆盖”复选框并将颜色改成不同颜色，如下图所示。这里将IK骨骼链设置为红色、FK骨骼链设置为黄色、SK蒙皮骨骼链设置为蓝色。

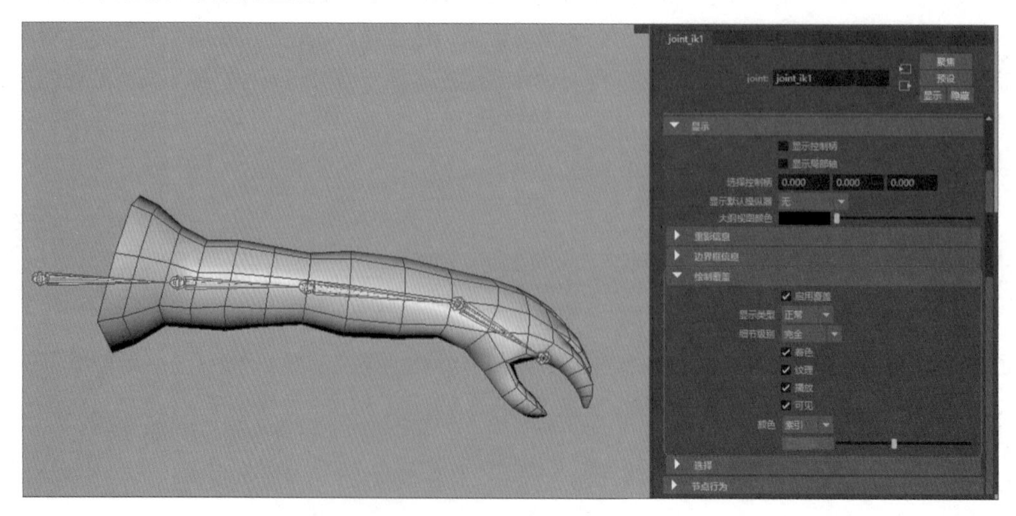

步骤 05 创建好骨骼之后，要针对IK骨骼链和FK骨骼链进行控制器的创建。先创建FK控制器，创建NURBS圆形并添加分组，用FK的骨骼对分组进行父子约束，目的是使控制器的位置及旋转与骨骼的位置及旋转保持一致，然后删除分组的父子约束节点。再选中控制器加选骨骼做父子约束，用控制器来控制骨骼。大臂骨骼、手肘骨骼和手腕骨骼分别添加三个控制器，如下左图所示。

步骤 06 测试下控制器对骨骼的控制是否正常，效果如下右图所示。

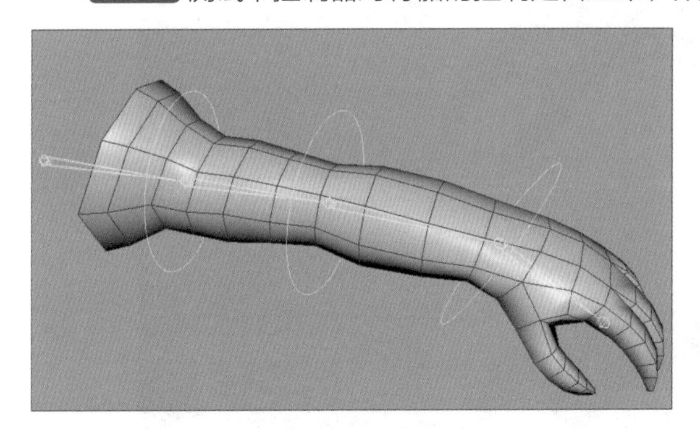

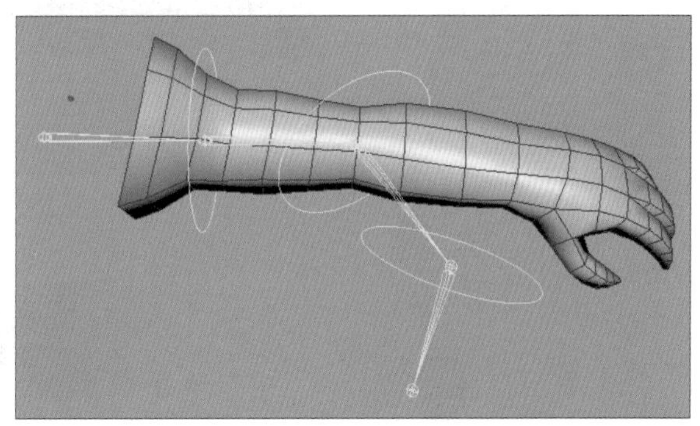

步骤 07 然后创建IK控制器，先执行绑定模块下的“骨架>创建IK控制柄”命令，给大臂和手腕的骨骼直接创建一个IK控制柄。分别在手腕的地方创建一个IK控制器，在肘部的后方创建一个定位器用来与IK控制柄直接创建极向量约束，如下图所示。

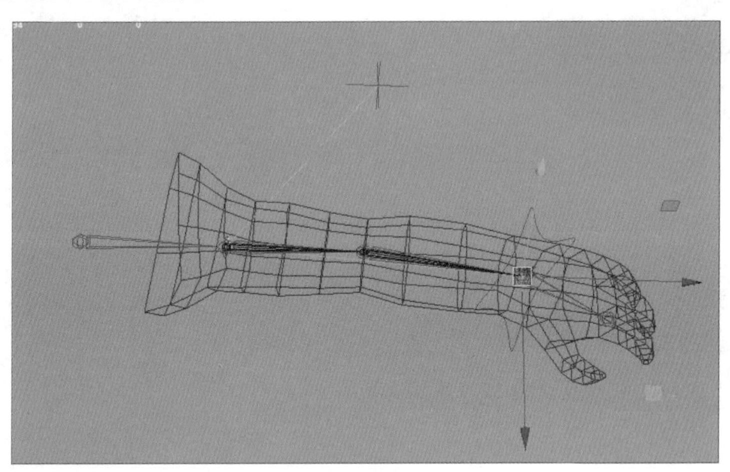

步骤 08 测试IK控制器运行是否正常，效果如下图所示。

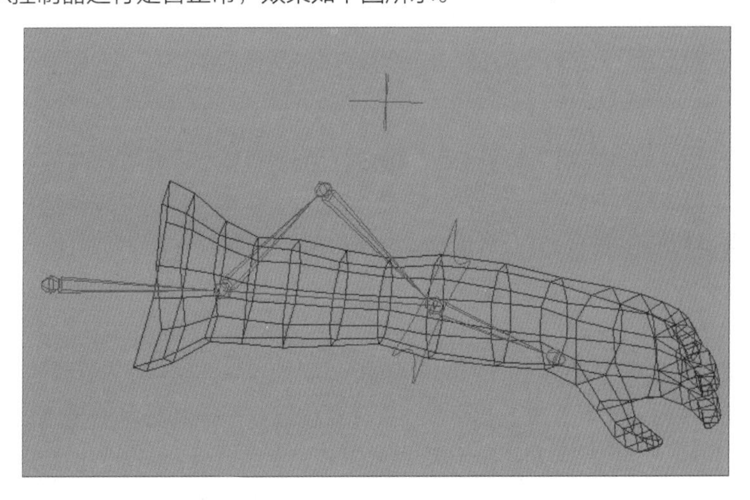

步骤 09 选中SK骨骼链并加选模型，执行绑定模块下的“蒙皮>绑定蒙皮”命令，并绘制手臂的权重，如下列四张图所示。

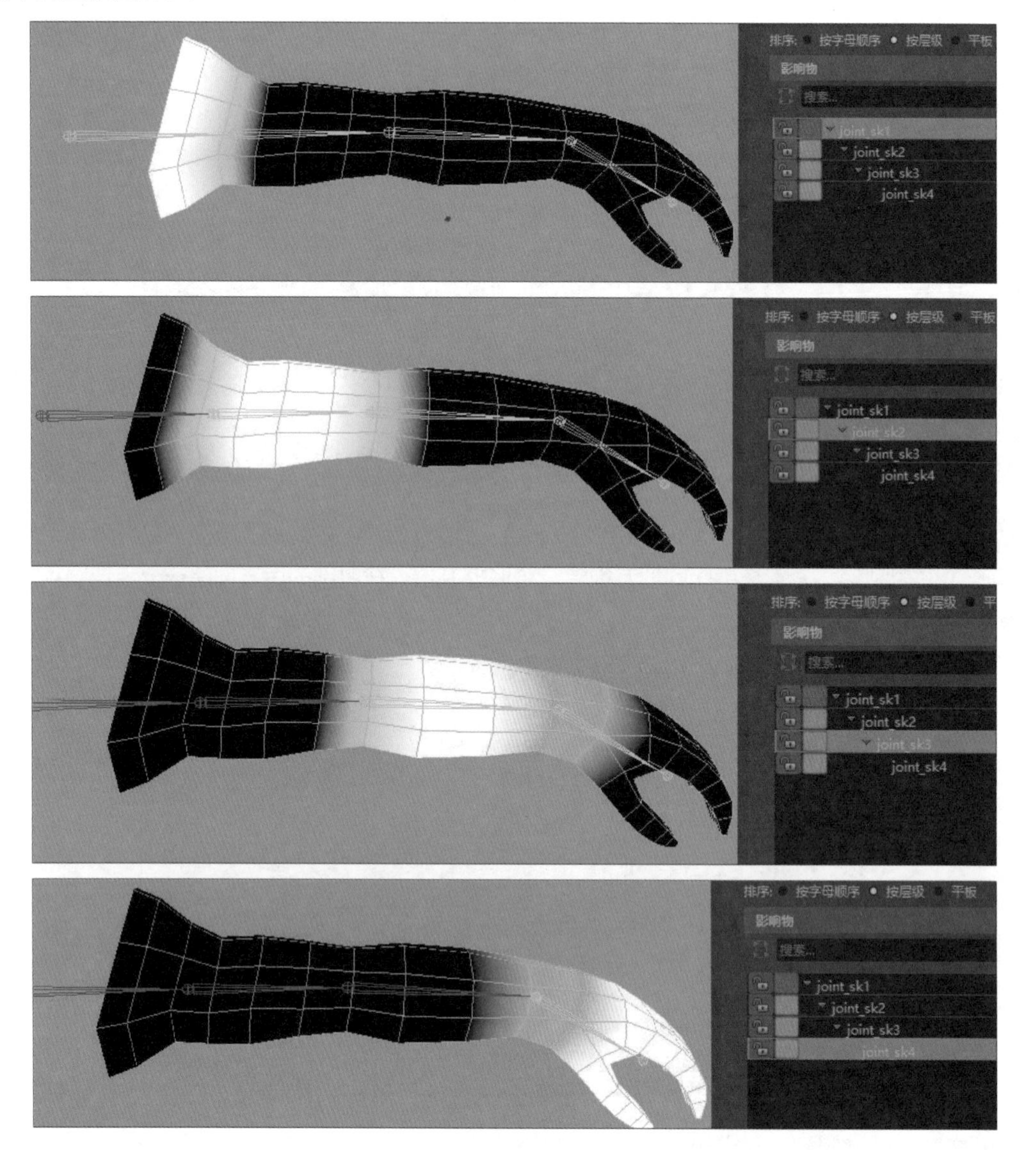

12.3 关联三套骨骼

扫码看视频

三套骨骼创建完成后，需要先用“父子约束”命令，用FK骨骼和IK骨骼同时控制SK骨骼，并创建一个控制器来控制切换，具体操作如下。

步骤 01 使用IK骨骼和FK骨骼同时对SK骨骼做父子约束。选中joint_ik2骨骼加选joint_fk2，最后加选joint_sk2骨骼执行父子约束，如下页左上图所示。依次对joint_sk2、joint_sk3和joint_sk4骨骼进行父子约束。

步骤 02 创建完成后移动IK控制器会发现SK骨骼由于同时受到IK骨骼和FK骨骼的影响，所以骨骼的运动轨迹会在两套骨骼的中间，如下页右上图所示。下面要创建一个控制器对SK骨骼上的父子约束节点进行控制，也就是做一个IKFK切换的控制器，用来决定SK骨骼此时是受到IK骨骼控制还是FK骨骼控制。

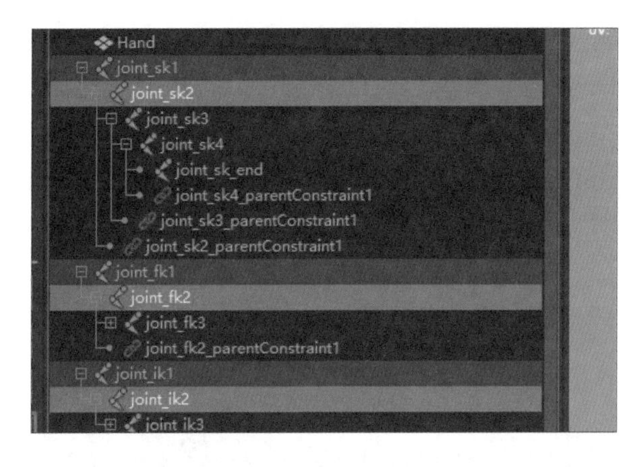

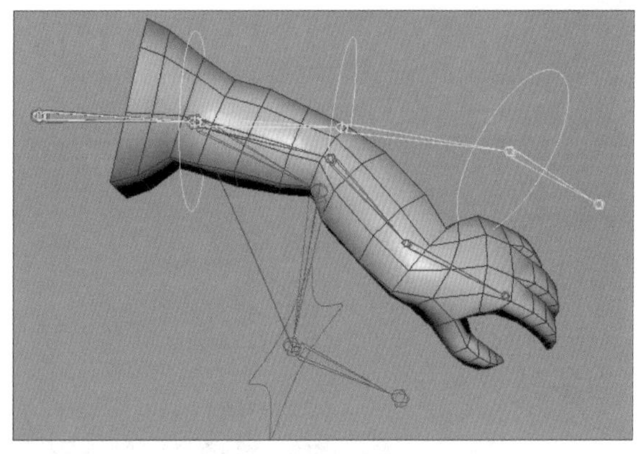

步骤 03 在手腕上方创建一个控制器，并执行“编辑>添加属性”命令，如下图所示。

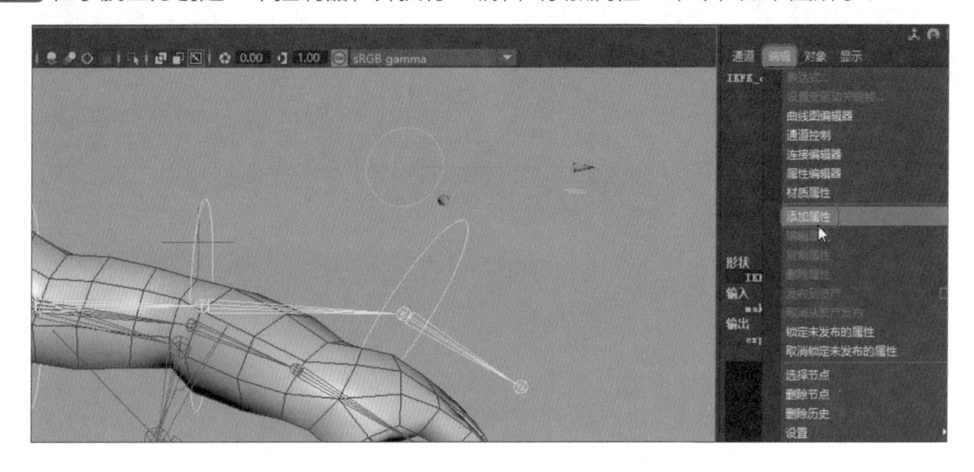

步骤 04 在弹出的“添加属性”对话框中将“长名称”设置为IKFK，“数据类型”为“枚举”，并将“枚举名称”改成FK和IK，如下左图所示。

步骤 05 执行动画模块下的“关键帧>设置受驱动关键帧>”设置命令，用关联驱动关键帧的方式让控制器对父子约束的节点属性进行控制。当控制器是FK的时候设置父子约束节点的FK权重为1，IK权重为0，如下右图所示。

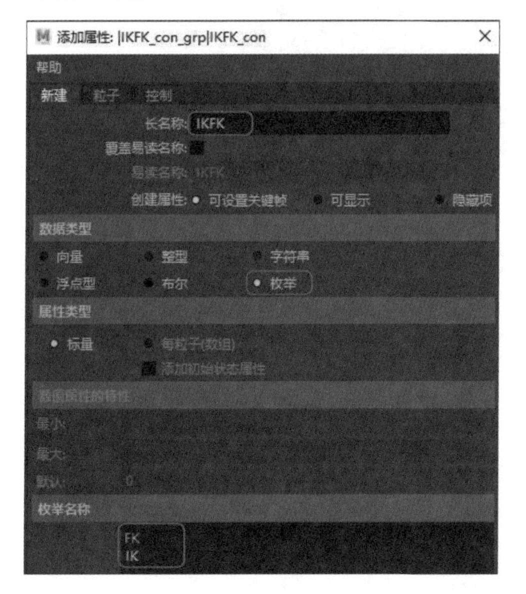

步骤 06 当控制器是IK的时候设置父子约束节点的FK权重为0，IK权重为1，如下左图所示。

步骤 07 设置好关联后，当IKFK属性为IK时，SK骨骼会与IK骨骼保持一致，如下右图所示。

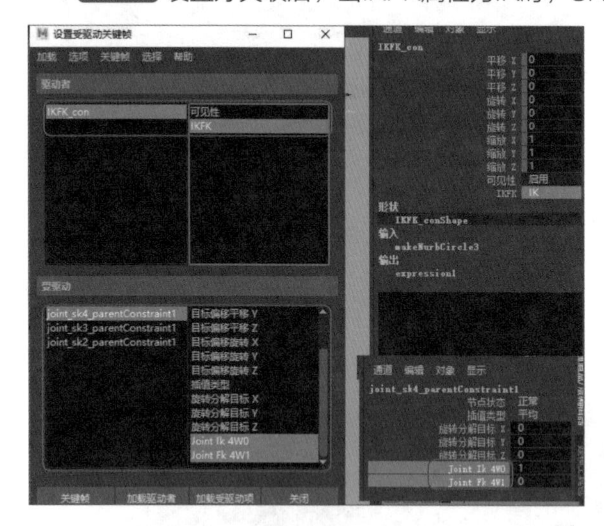

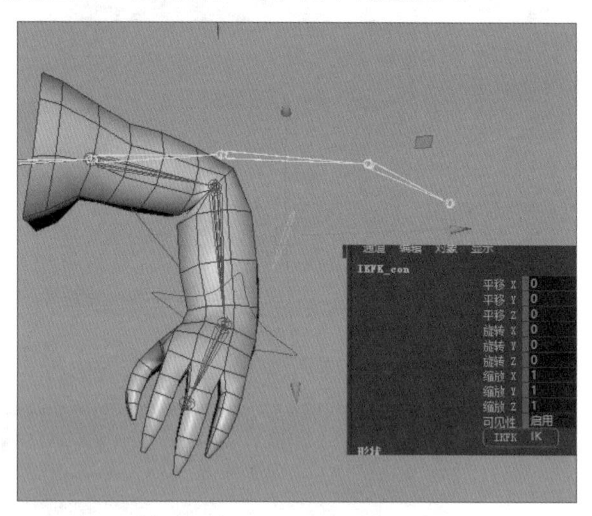

步骤 08 当IKFK属性为FK时，SK骨骼会与FK骨骼保持一致，如下图所示。此时三套骨骼已经设置完成，下面要通过代码的编写来实现无缝切换的效果。

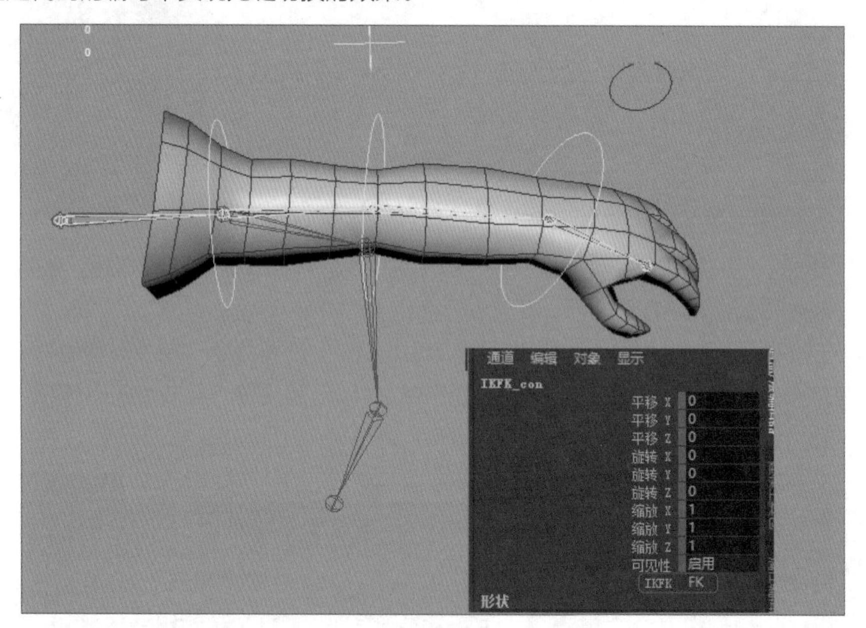

12.4 编写无缝切换代码

扫码看视频

无缝切换的准备工作已经完成了，IK与FK也已经可以进行切换了，只不过这时还不是“无缝”切换，下面我们将编写代码，来实现无缝切换的最终效果，具体操作如下。

步骤 01 在Maya 2022界面的右下角单击“脚本编辑器”按钮，运行后会弹出“脚本编辑器”对话框，如下页左上图所示。

步骤 02 “脚本编辑器”对话框上部为代码运行区域，下部为代码编写区域，在代码编写区域内编写代码并按键盘回车键即可运行代码，如下页右上图所示。

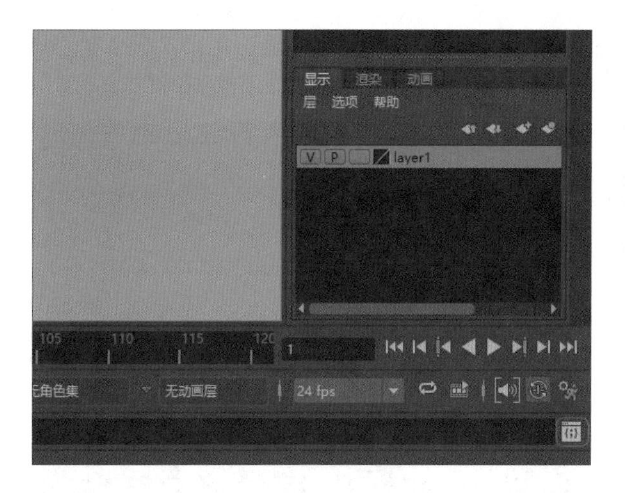

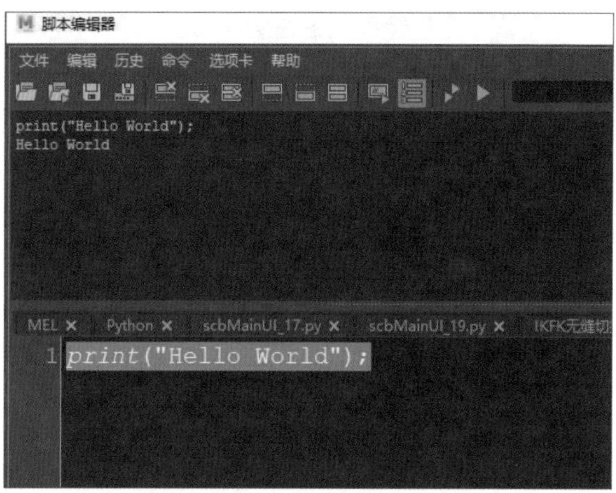

步骤 03 在脚本编辑器中编写代码，如下图所示。前三行分别是用xform代码获取IK骨骼链上的三节骨骼的旋转参数，下面三行是将获取到的旋转参数辅助FK的控制器。在由IK骨骼切换至FK骨骼后运行这几行代码，可以实现FK的骨骼与IK骨骼在旋转时保持一致的效果。

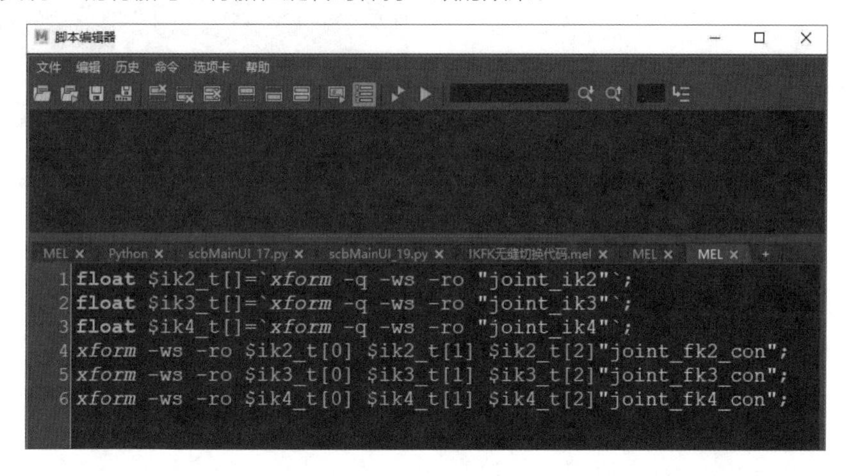

步骤 04 当FK切换至IK时，需要让IK控制器的位置及旋转与joint_fk4骨骼保持一致，代码编写如下图所示。

```
脚本编辑器
文件 编辑 历史 命令 选项卡 帮助
MEL Python scbMainUI_17.py scbMainUI_19.py IKFK无缝切换代码.mel MEL MEL
1 float $fk4_t[]=`xform -q -ws -t "joint_fk4"`;
2 float $fk4_r[]=`xform -q -ws -ro "joint_fk4"`;
3 float $fkloc_t[]=`xform -q -ws -t "loc_fk_con"`;
4 xform -ws -t $fk4_t[0] $fk4_t[1] $fk4_t[2]"joint_ik_con";
5 xform -ws -ro $fk4_r[0] $fk4_r[1] $fk4_r[2]"joint_ik_con";
6 xform -ws -t $fkloc_t[0] $fkloc_t[1] $fkloc_t[2]"loc_ik_con";
```

步骤 05 这两段代码就已经可以实现IKFK的无缝切换效果了，如下页左上图所示。下面要将两段代码进行整理，把两段代码写在一个函数下，用户运行代码就可以自动实现IKFK的无缝切换效果。

步骤 06 完整代码如下右图所示。“//”为注释命令，这里是给用户备注每行代码的含义，不参与代码运算，可以不用编写。

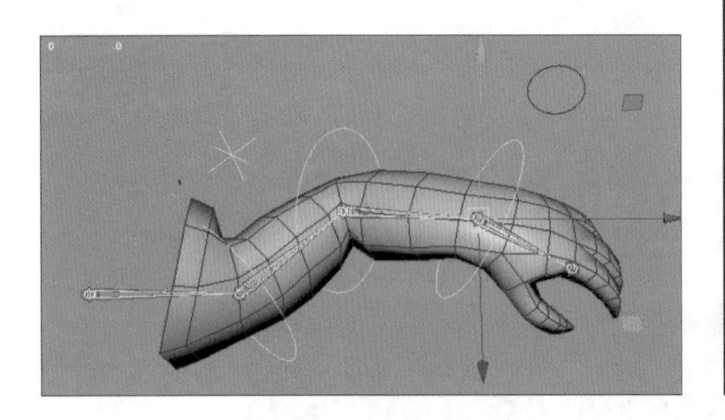

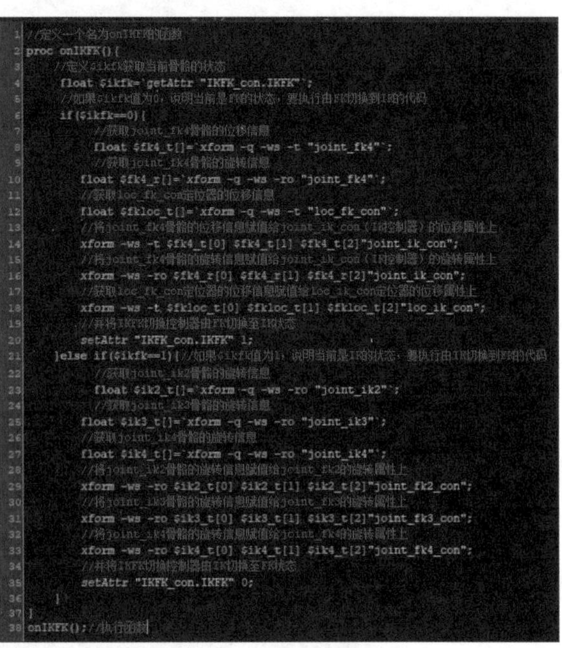

```
//定义一个名为onIKFK的函数
proc onIKFK(){
    //定义$ikfk获取当前骨骼的状态
    float $ikfk=`getAttr "IKFK_con.IKFK"`;
    //如果$ikfk值为0，说明当前是FK的状态，要执行由FK切换到IK的代码
    if($ikfk==0){
        //获取joint_fk4骨骼的位移信息
        float $fk4_t[]=`xform -q -ws -t "joint_fk4"`;
        //获取joint_fk4骨骼的旋转信息
      float $fk4_r[]=`xform -q -ws -ro "joint_fk4"`;
      //获取loc_fk_con定位器的位移信息
      float $fkloc_t[]=`xform -q -ws -t "loc_fk_con"`;
      //将joint_fk4骨骼的位移信息赋值给joint_ik_con（IK控制器）的位移属性上
      xform -ws -t $fk4_t[0] $fk4_t[1] $fk4_t[2]"joint_ik_con";
      //将joint_fk4骨骼的旋转信息赋值给joint_ik_con（IK控制器）的旋转属性上
      xform -ws -ro $fk4_r[0] $fk4_r[1] $fk4_r[2]"joint_ik_con";
      //获取loc_fk_con定位器的位移信息赋值给loc_ik_con定位器的位移属性上
      xform -ws -t $fkloc_t[0] $fkloc_t[1] $fkloc_t[2]"loc_ik_con";
      //并将IKFK切换控制器由FK切换至IK状态
      setAttr "IKFK_con.IKFK" 1;
    }else if($ikfk==1){//如果$ikfk值为1，说明当前是IK的状态，要执行由IK切换到FK的代码
        //获取joint_ik2骨骼的旋转信息
        float $ik2_t[]=`xform -q -ws -ro "joint_ik2"`;
        //获取joint_ik3骨骼的旋转信息
      float $ik3_t[]=`xform -q -ws -ro "joint_ik3"`;
      //获取joint_ik4骨骼的旋转信息
      float $ik4_t[]=`xform -q -ws -ro "joint_ik4"`;
      //将joint_ik2骨骼的旋转信息赋值给joint_fk2的旋转属性上
      xform -ws -ro $ik2_t[0] $ik2_t[1] $ik2_t[2]"joint_fk2_con";
      //将joint_ik3骨骼的旋转信息赋值给joint_fk3的旋转属性上
      xform -ws -ro $ik3_t[0] $ik3_t[1] $ik3_t[2]"joint_fk3_con";
      //将joint_ik4骨骼的旋转信息赋值给joint_fk4的旋转属性上
      xform -ws -ro $ik4_t[0] $ik4_t[1] $ik4_t[2]"joint_fk4_con";
      //并将IKFK切换控制器由IK切换至FK状态
      setAttr "IKFK_con.IKFK" 0;
    }
}
onIKFK();//执行函数
```

步骤 07 调整IK或FK的控制器并运行代码，就可以实现IKFK的无缝切换效果了，如下面两张图片所示。

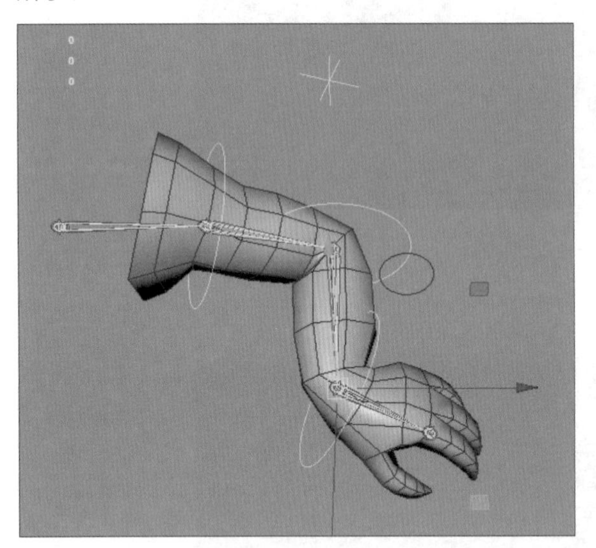

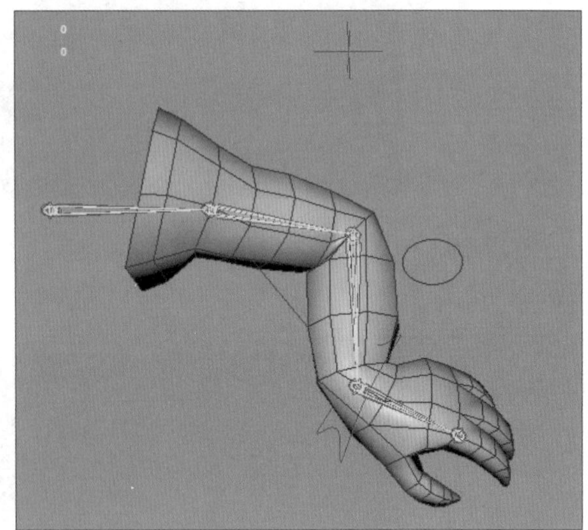